力学丛书·典藏版 18

充液系统动力学

王照林　刘延柱　著

科学出版社

2002

内 容 简 介

全书共九章，分六个部分．第一部分为理论建模；第二部分为充液的刚体运动；第三部分为微重条件下液体微幅晃动的数值分析，复杂结构充液系统晃动动力学与晃动抑制的研究；第四部分为充液系统的定性理论；第五部分为液体大幅晃动的非线性分析与数值模拟；第六部分为函数空间中充液系统动力学与控制的泛函分析方法；最后为附录：微分几何基础．

本书的主要读者对象是高等学校力学、应用数学、控制理论、航空航天及其它相关专业的高年级大学生与研究生，以及从事流-固耦合系统与流-固-控耦合系统等研究的教师和科学技术工作者．

图书在版编目(CIP)数据

充液系统动力学/王照林，刘延柱著．—北京：科学出版社，2002
(力学丛书)
ISBN 7-03-009776-9

Ⅰ．充…　Ⅱ．①王…　②刘…　Ⅲ．一般力学　Ⅳ．O31

中国版本图书馆 CIP 数据核字(2001)第 070038 号

科学出版社 出版
北京东黄城根北街 16 号
邮政编码：100717
http://www.sciencep.com

北京京华虎彩印刷有限公司 印刷

科学出版社发行　各地新华书店经销

*

2002 年 第 一 版　开本：850×1168　1/32
2016 年 印刷　印张：12 1/2
字数：325 000

定价：108.00元

《力学丛书》编委会

前　言

充液系统动力学与控制是一般力学的重要分支,其研究对象是流体-刚体-柔性体-控制相互影响的分布参数大系统.它是一门交叉学科,也是一个非线性和非定常的无限多自由度耦合的复杂系统.

在航天高科技设备中,如液体火箭、充液卫星、飞船、航天飞机、单级入轨充液航天器和空间站等,由于充液量的增大和指向精度的严格要求,液体晃动、晃动抑制(控制)及其对控制系统的影响等问题,是当前国际上研究的前沿课题.此外,对于航空与航海中飞机和船舶贮液箱的晃动抑制(控制),以及储油罐的防震等的研究,也有重要的理论指导意义和工程应用价值.在上述工程技术背景下,产生了充液系统动力学与控制新学科,并受到国际科技界的瞩目.特别是 1977 年由欧空局(ESA)在 Toulouse 召开国际会议研讨"航天器的姿态控制——由于液体引起的技术与动力学问题"以后,研究工作已向广度和深度的方向发展.

充液系统有两个重要的研究方向:自旋稳定的充液系统和三轴稳定的充液系统.按充液量的多少又可分为:全充满液体(全充液)系统和部分充液(半充液)系统;前者的液体只能作旋转运动,而后者还可以引发液体的晃动;在刚性或弹性腔中的液体晃动是一种自由液面的波动(驻波或行波),可能是微幅晃动,也会出现大幅晃动或自由液面的破碎和液体飞溅等现象.一般地说,充液系统的"建模"(创建物理和数学模型)比较重要;其原则是"合理的抽象":既要简明可行,又要不失真.但当前仍有不少数学问题(理论和计算方法等)以及失重流体力学中的问题还没有很好地解决,为本课题的研究带来很大的困难.对于这类高科技问题,一般需要通过理论研究、数值仿真、地面试验和空间观测等联合作业,方可提出一个可行的实施方案.

自1877年Kelvin从试验中观察到充满液体接近球形的容器旋转时,如几何形状由稍扁变为稍长时即可从稳定变为不稳定. Greenhill (1880), Poincaré (1910)等许多数学家参与了论证.1885年Zhukovskiy对全充理想无旋液体的刚体运动,建立了"等效刚体"的概念.经理论分析与物理试验相结合,使得问题的研究逐步深化.1945年以后以Ishilinskiy, Sobolev, Moisejev, Stewartson等为代表的"线性理论"学派,应用算子谱理论,推导了充液刚体系统的稳定性判据;Ishilinskiy领导的研究组还进行了充液陀螺系统动力学和稳定性的试验.以Chetajev与Rumjantsev等为代表的"定性理论"学派,由Hamilton-Ostrogradskiy积分变分原理导出了不可压缩流-刚和流-弹耦合系统动力学方程,提出了用首次积分线性组合构造 V 函数的方法,证明了"关于部分变量稳定性定理",从而将Lyapunov理论(其中含旋转流体位形理论)推广应用于充液系统动力学与稳定性的研究.Wedemeyer进一步考查了粘性流体的影响,补充了Stewartson线性理论,由此导出的充液飞弹稳定性判据与充液飞弹打靶实验结果比较一致.Pfeiffer提出了"准均匀涡旋运动"近似方法,可用于计算非椭球腔内液体流动的特性,是对"椭球腔是流体能实现均匀涡旋运动的惟一几何形状"的Poincaré理论的推广;利用Rumjantsev理论,导出了稳定性判据,并用于欧空局(ESA)充液自旋卫星的姿态控制(姿态稳定与姿态机动),在卫星发射中获得成功.

自20世纪60年代起,我国学者已开始了该领域内的研究工作.在有关高等学校和研究单位,从理论到应用,已获得了多项研究成果.

本书是作者及其合作者,在长期完成科研项目和教学工作的基础上,参考国内外有关文献,经过比较系统的总结完成的,其中有重点地反映了本书作者和历届研究生合作的集体成果.本书的部分内容曾以讲稿或专题的方式,在清华大学、上海交通大学和航天部门等协作单位,为研究生和科技人员进授过.

本书写作特点和主要内容:比较系统地表述新的建模方法,推导充液系统旋转稳定性判据,分析微重环境下晃动和晃动抑制(控制)的特点,揭示大幅晃动和自由液面破碎以及分叉旋转等强非线性现象的特性.重点叙述充液系统晃动动力学的理论分析和数值模拟方法的研究成果,并重视流一刚一弹一控耦合复杂系统动力学与控制在航天高科技中的应用.本书内容共九章,分六个部分.第一部分为理论建模.第二部分为充液刚体的运动.第三部分为微重条件下液体的微幅晃动,复杂结构充液系统晃动动力学与晃动抑制的研究.第四部分为充液系统的定性理论.第五部分为液体大幅晃动的非线性分析与数值模拟.第六部分为函数空间中充液系统动力学与控制的泛函分析方法.最后的附录为:微分几何基础.

本书的结构体系框图:

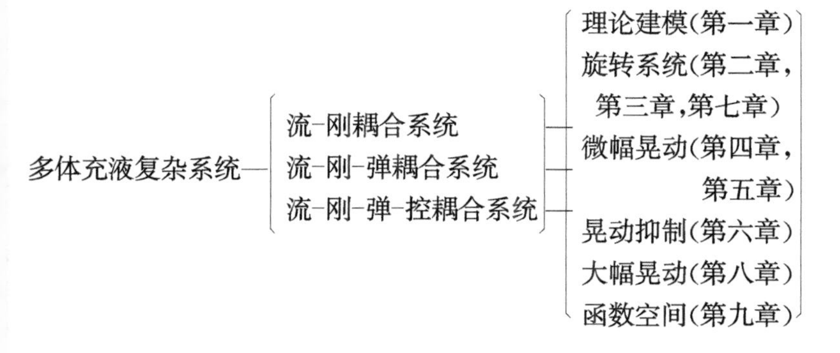

本书第一章至第四章和第七章(部分内容)的撰稿由刘延柱完成.本书其它各章节的撰稿以及全书的统稿工作(其中包括:前言、引言、注记、结语等)由王照林完成.

本书的主要读者对象是高等学校力学、应用数学、控制、航空航天以及相关专业的高年级大学生、研究生、教师和科技工作者.

本书承蒙中国科学院科学出版基金资助出版,本书中的有关科研工作及本书编撰过程中得到国家自然科学基金委员会、高等学校博士学科点专项科研基金委员会、航天部五院、科学出版社以及审稿专家等各方面的支持和帮助,我们对此表示衷心的感谢.我们还要感谢博士生全斌、王士敏、匡金炉、徐建国、李磊、曾江红、程建华、岳宝增、李铁成和研究生黄士涛、廖敏、徐晓云等为本书提供了有关的研究资料并帮助整理书稿.感谢莫斯科大学教授 V.V. Rumjantsev 院士的指导和关心,感谢北京理工大学梅凤翔教授、北京航空航天大学陆启韶教授和北京控制工程研究所李铁寿研究员,审阅了书稿并写了推荐意见.由于水平所限,书中难免有错误与不妥之处.请批评指正.

王照林　刘延柱

2001 年 12 月

目　　录

第一章　充液系统的运动微分方程

§1.1　引　　言

本书所讨论的充液系统的力学模型可以是充液刚体，或是充液弹性体，其状态方程可由 Hamilton-Ostrogradskiy 力学积分变分原理(简称 H-O 原理)导出，亦可用 Jourdain 力学微分变分原理推导.这是一类由常微分方程和偏微分方程组成的混合系统，也是一个分布参数复杂系统，它具有无限多自由度.

本章首先叙述刚体的运动学和液体的运动学，进而推导充液刚体的动力学方程，并由此求出首次积分.最后介绍充液弹性体动力学方程、充有黏性液体的系统动力学方程和有旋流体的 Helmholtz 方程等.

§1.2　刚体的运动学

充液刚体是由带空腔的刚体以及全部或部分充于腔内的液体所组成的特殊质点系.组成刚体的各质点之间必须满足距离不变的约束条件，从而使刚体的自由度减少为 6 个，即刚体中任意选定的参考点 O 的 3 个移动自由度，以及刚体围绕 O 点的 3 个转动自由度.

设 O_0 为惯性空间中的固定参考点，O 点相对 O_0 的矢径为 $\boldsymbol{R}_0$，组成刚体的任意质点 P 相对 O_0 和 O 点的矢径分别记为 $\boldsymbol{R}$ 和 $\boldsymbol{r}$(见图 1.1)，则有

$$\boldsymbol{R} = \boldsymbol{R}_0 + \boldsymbol{r} \tag{1.2.1}$$

将上式对时间求导，设 $\boldsymbol{v}, \boldsymbol{v}_0$ 为 P 点和 O 点的速度，并注意

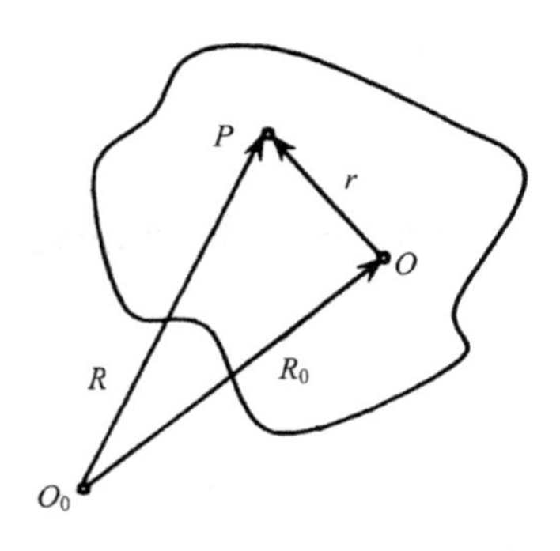

图 1.1

到矢量 $\boldsymbol{r}$ 固结于刚体，ω 为刚体的角速度

$$\boldsymbol{R} = \boldsymbol{v},\ \boldsymbol{R}_0 = \boldsymbol{v}_0,\ \dot{\boldsymbol{r}} = \omega \times \boldsymbol{r} \tag{1.2.2}$$

导出

$$\boldsymbol{v} = \boldsymbol{v}_0 + \omega \times \boldsymbol{r} \tag{1.2.3}$$

系统内各质点在同一时刻、同一位置，并在约束允许条件下的速度变分称为 Jourdain 速度变分[75]，或简称为虚速度，记作 $\delta\boldsymbol{v}$，$\delta\boldsymbol{v}_0$，$\delta\omega$，则从(1.2.3)式导出以下变分关系式

$$\delta\boldsymbol{v} = \delta\boldsymbol{v}_0 + \delta\omega \times \boldsymbol{r} \tag{1.2.4}$$

在刚体不受外部约束的一般情况下，$\delta\boldsymbol{v}_0$ 及 $\delta\omega$ 均为独立变分，所对应的 6 个标量变分恰好与刚体的 6 个自由度相对应.

§1.3　液体的运动学

液体作为不可压缩流体，也可看做是一种特殊的质点系.确切地说，是对每个特定瞬时，由流体内每个确定位置 P 点处的流体质点所组成的质点系.尽管在不同瞬时占据同一位置的可能不是同一个流体质点，但所建立的运动方程可以描述在每个特定时刻和每个确定位置的流体质点的运动状态.

将流体占据的空间称为流场 V,流场内任意点 P 相对 O 点的矢径为 $\boldsymbol{r}$,设 $\boldsymbol{e}_j$($j=1,2,3$)为固结于刚体的坐标系(O-$x_1x_2x_3$)的基矢量,则矢量 $\boldsymbol{r}$ 可写作

$$\boldsymbol{r} = \sum_{j=1}^{3} x_j \boldsymbol{e}_j \tag{1.3.1}$$

流场中各质点相对刚体的流速 $\boldsymbol{u}$ 和压强 p 是位置坐标 x_j($j=1,2,3$)和时间 t 的连续函数. x_j($j=1,2,3$)可作为各流体质点的广义坐标,它们必须满足特殊的约束条件,即连续性条件和不可压缩条件.

在 P 点处取微元六面体,其棱边平行于(O-$x_1x_2x_3$)各轴(见图 1.2).当流体不可压缩时,根据六面体内的流体质量守恒条件

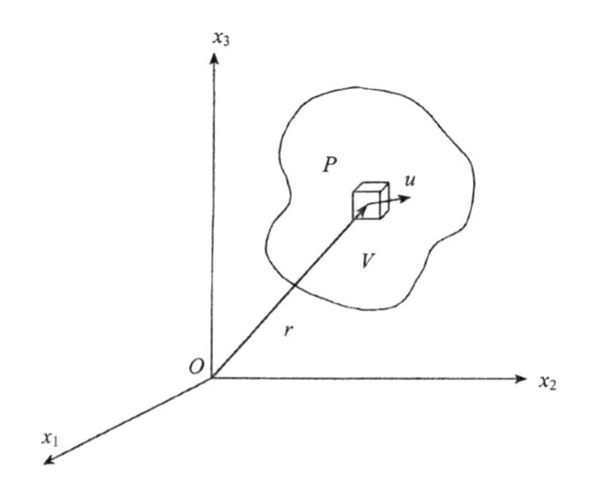

图 1.2

导出以下关系式

$$\operatorname{div}\boldsymbol{u} = \sum_{j=1}^{3} \frac{\partial u_j}{\partial x_j} = 0 \tag{1.3.2}$$

此条件可看作是限制各流体质点运动的非完整约束条件. P 点处

流体质点的绝对速度 $\boldsymbol{v}$ 应等于相对流速 $\boldsymbol{u}$ 与刚体牵连速度之和

$$\boldsymbol{v} = \boldsymbol{v}_0 + \omega \times \boldsymbol{r} + \boldsymbol{u} \tag{1.3.3}$$

直接验算可以证明，$\boldsymbol{v}$ 满足与(1.3.2)式类似的约束条件

$$\operatorname{div} \boldsymbol{v} = \sum_{j=1}^{3} \frac{\partial v_j}{\partial x_j} = 0 \tag{1.3.4}$$

式中 u_j，$\boldsymbol{v}_j$ ($j = 1, 2, 3$) 为 $\boldsymbol{u}$，$\boldsymbol{v}$ 相对 ($O\text{-}x_1 x_2 x_3$) 的投影. 对(1.3.3)式取 Jourdain 速度变分[75]，得到

$$\delta \boldsymbol{v} = \delta \boldsymbol{v}_0 + \delta \omega \times \boldsymbol{r} + \delta \boldsymbol{u} \tag{1.3.5}$$

其中 $\delta \boldsymbol{u}$ 不是独立变分，它受到非完整的约束条件(1.3.2)式或(1.3.4)式的限制

$$\operatorname{div}\delta \boldsymbol{u} = 0 \quad 或 \quad \operatorname{div}\delta \boldsymbol{v} = 0 \tag{1.3.6}$$

定义流体的旋度如下

$$\operatorname{rot} \boldsymbol{v} = \left(\frac{\partial v_3}{\partial x_2} - \frac{\partial v_2}{\partial x_3} \right) \boldsymbol{e}_1 + \left(\frac{\partial v_1}{\partial x_3} - \frac{\partial v_3}{\partial x_1} \right) \boldsymbol{e}_2 + \left(\frac{\partial v_2}{\partial x_1} - \frac{\partial v_1}{\partial x_2} \right) \boldsymbol{e}_3 \tag{1.3.7}$$

将(1.3.3)式代入后，导出

$$\operatorname{rot} \boldsymbol{v} = \operatorname{rot} \boldsymbol{u} + 2\omega \tag{1.3.8}$$

利用 Hamilton 算子符号 ∇

$$\nabla = \frac{\partial}{\partial x_1} \boldsymbol{e}_1 + \frac{\partial}{\partial x_2} \boldsymbol{e}_2 + \frac{\partial}{\partial x_3} \boldsymbol{e}_3 \tag{1.3.9}$$

则(1.3.7)式也可表示为

$$\operatorname{rot} \boldsymbol{v} = \nabla \times \boldsymbol{v} \tag{1.3.10}$$

将 rot $\boldsymbol{v}$ 的 1/2 倍记作 Ω

$$\Omega = \left(\frac{1}{2} \right) \operatorname{rot} \boldsymbol{v} \tag{1.3.11}$$

直接验算可以证明以下公式

$$\mathrm{rot}(\boldsymbol{u}\cdot\nabla)\boldsymbol{v}=2(\boldsymbol{u}\cdot\nabla)\Omega-2(\Omega\cdot\nabla)\boldsymbol{v}+\omega\cdot(\nabla\boldsymbol{v}) \tag{1.3.12}$$

$$\mathrm{rot}(\omega\times\boldsymbol{v})=2\omega\times\Omega-\omega\cdot(\nabla\boldsymbol{v}) \tag{1.3.13}$$

根据 Stokes 定理,流场中沿任意封闭路径 L 的速度环量可用流体旋度的曲面积分表示为

$$\Gamma=\oint_L\boldsymbol{v}\cdot\mathrm{d}\boldsymbol{r}=\oint_S(\nabla\times\boldsymbol{v})\cdot\mathrm{d}\boldsymbol{S}=2\oint_S\Omega\cdot\mathrm{d}\boldsymbol{S} \tag{1.3.14}$$

其中 $\mathrm{d}\boldsymbol{S}$ 为沿外法线方向的微元面积矢量, S 表示封闭路径 L 包围的曲面.

旋度为零的流体称为无旋流体,满足以下条件

$$\frac{\partial v_3}{\partial x_2}-\frac{\partial v_2}{\partial x_3}=0,\ \frac{\partial v_1}{\partial x_3}-\frac{\partial v_3}{\partial x_1}=0,\ \frac{\partial v_2}{\partial x_1}-\frac{\partial v_1}{\partial x_2}=0 \tag{1.3.15}$$

如有函数 φ 存在,满足

$$v_j=\frac{\partial\varphi}{\partial x_j}(j=1,2,3)\ \text{或}\ \boldsymbol{v}=\nabla\varphi \tag{1.3.16}$$

则无旋条件(1.3.15)式自动满足, φ 称为无旋流体的速度势函数. 将(1.3.16)式代入连续条件(1.3.4)式,导出 φ 为 Laplace 方程的解:

$$\Delta\varphi=0 \tag{1.3.17}$$

§1.4　充液刚体的动量、动量矩和动能

设所讨论的动力学系统 $\{S\}$ 由刚体和腔体内液体组成. V 为

液体占据的空间，Σ,Σ'分别为湿润和非湿润腔壁的表面，S 为自由液面，S_c 为 S 与 Σ 的交线，ρ 为液体密度，m_1，m_2 分别为刚体和液体的质量，$m=m_1+m_2$ 为系统的总质量(见图 1.3).

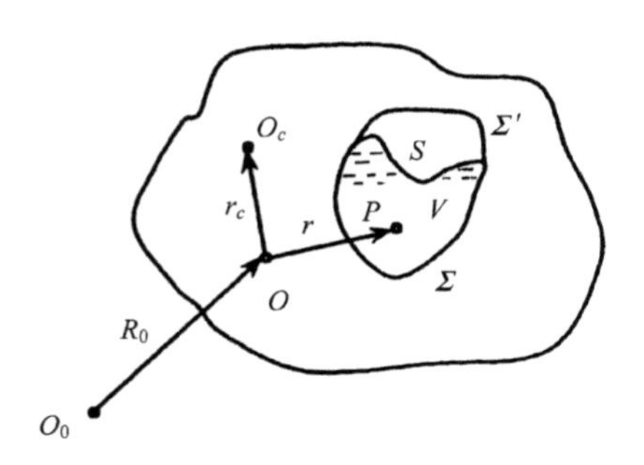

图 1.3

考察组成此系统的第 i 质点，以 P 表示其位置，m_i，$\boldsymbol{r}_i$，$\boldsymbol{u}_i$，$\boldsymbol{v}_i$ 分别为此质点的质量、相对 O 点的矢径、相对($O\text{-}x_1x_2x_3$)的速度和绝对速度.有以下运动学关系

$$\boldsymbol{v}_i=\boldsymbol{v}_0+\omega\times\boldsymbol{r}_i+\boldsymbol{u}_i \tag{1.4.1}$$

在液体部分 V 中，$\boldsymbol{r}_i$，$\boldsymbol{u}_i$，$\boldsymbol{v}_i$ 可表示为坐标 x_1，x_2，x_3 和时间 t 的连续函数，(1.4.1)式改写为

$$\boldsymbol{v}=\boldsymbol{v}_0+\omega\times\boldsymbol{r}+\boldsymbol{u} \tag{1.4.2}$$

在刚体部分中，相对速度 $\boldsymbol{u}_i$ 值为零.

利用(1.4.1)式计算系统的动量 $\boldsymbol{Q}$、相对 O 点的动量矩 $\boldsymbol{H}$ 及动能 T，得到

$$\boldsymbol{Q}=\sum_i m_i\boldsymbol{v}_i=m(\boldsymbol{v}_0+\omega\times\boldsymbol{r}_c)+\rho\int_V\boldsymbol{u}\mathrm{d}V \tag{1.4.3}$$

$$\boldsymbol{H}=\sum_i\boldsymbol{r}_i\times m_i\boldsymbol{v}_i=m\boldsymbol{r}_c\times\boldsymbol{v}_0+\boldsymbol{J}\cdot\omega+\rho\int_V(\boldsymbol{r}\times\boldsymbol{u})\mathrm{d}V \tag{1.4.4}$$

$$
T = \frac{1}{2}\sum_i m_i v_i^2 = \frac{1}{2} m v_0^2 + \frac{1}{2}\omega \cdot \boldsymbol{J} \cdot \omega + m\boldsymbol{v}_0 \cdot (\omega \times \boldsymbol{r}_c)
$$

$$
+ \boldsymbol{v}_0 \cdot \rho\int_V \boldsymbol{u} \mathrm{d} v + \omega \cdot \rho\int_V (\boldsymbol{r} \times \boldsymbol{u}) \mathrm{d} V + \frac{1}{2}\rho\int_V u^2 \mathrm{d} V
$$

$$
= \frac{1}{2}(\boldsymbol{Q} \cdot \boldsymbol{v}_0 + \boldsymbol{H} \cdot \omega + \rho\int_V \boldsymbol{u} \cdot \boldsymbol{v} \mathrm{d} V) \tag{1.4.5}
$$

其中 $\boldsymbol{r}_c$ 为系统的质心 O_c 相对 O 点的矢径，$\boldsymbol{J}$ 为系统相对点 O 点的惯量张量.

§1.5 充液刚体的动力学方程

对于由任意个质点 $m_i(i=1,2,\cdots)$组成的质点系，可列出 Jourdain 形式的动力学普遍定理

$$
\sum_i (m_i \dot{\boldsymbol{v}}_i - \boldsymbol{F}_i) \cdot \delta \boldsymbol{v}_i = 0 \tag{1.5.1}
$$

其中 $\boldsymbol{v}_i$ 为质点 m_i 相对惯性空间的绝对速度，$\boldsymbol{F}_i$ 为作用于 m_i 的主动力，$\delta \boldsymbol{v}_i$ 为 m_i 的 Jourdain 速度变分.方程(1.5.1)可解释为：对于系统内各质点在约束条件允许下的 Jourdain 速度变分，其主动力及惯性力的总虚功率为零，因此亦称为虚功率原理.对于充液刚体系统，由于流体质点的速度变分 $\delta \boldsymbol{u}$ 的非独立性，可利用 Lagrange 乘子方法处理非完整约束(1.3.6).考虑到组成流体的质点有无限多个，因此适用于离散系统的有限个 Lagrange 乘子必须转化为空间和时间的连续函数.又由于 Lagrange 乘子的物理意义为约束引起的反力，因此选择压强 $p = p(x_1, x_2, x_3, t)$作为适用于连续介质的 Lagrange 乘子.方程(1.5.1)改写为[75]

$$
\sum_i (m_i \dot{\boldsymbol{v}}_i - \boldsymbol{F}_i) \cdot \delta \boldsymbol{v}_i - \int_V p \operatorname{div} \delta \boldsymbol{u} \mathrm{d} V = 0 \tag{1.5.2}
$$

利用(1.3.5)式将上式的第一项展开，得到

$$
\sum_i (m_i \dot{\boldsymbol{v}}_i - \boldsymbol{F}_i) \cdot \delta \boldsymbol{v}_i = (\boldsymbol{Q} - \boldsymbol{F}) \cdot \delta \boldsymbol{v}_0 + (\boldsymbol{H} + \boldsymbol{v}_0 \times \boldsymbol{Q} - \boldsymbol{M}) \cdot \delta \omega
$$

$$+\int_V \rho(\dot{\boldsymbol{v}}-\boldsymbol{f})\cdot\delta\boldsymbol{u}\mathrm{d}V+p_0\int_S \boldsymbol{n}\cdot\delta\boldsymbol{u}\mathrm{d}S \tag{1.5.3}$$

其中 $\boldsymbol{Q}$, $\boldsymbol{H}$ 为系统的动量和相对 O 点的动量矩，如(1.4.3)式、(1.4.4)式所定义，$\boldsymbol{F}$, $\boldsymbol{M}$ 为系统中作用的主动力的主矢和相对 O 点的主矩，p_0 为自由液面 S 处作用的气体压强，$\boldsymbol{f}$ 为液体中的比质量力，$\boldsymbol{n}$ 为曲面 S 或 Σ 的外法线单位矢量.

$$\boldsymbol{F}=\sum_i \boldsymbol{F}_i \boldsymbol{M}=\sum_i \boldsymbol{r}_i\times\boldsymbol{F}_i \tag{1.5.4}$$

利用 Gauss 定理计算(1.5.2)式的第二项，得到

$$\int_V p\,\mathrm{div}\delta\boldsymbol{u}\mathrm{d}V=\int_{S+\Sigma}\boldsymbol{n}\cdot p\delta\boldsymbol{u}\mathrm{d}S-\int_V \nabla p\cdot\delta\boldsymbol{u}\mathrm{d}V \tag{1.5.5}$$

将(1.5.3)式、(1.5.5)式代入(1.5.2)式，并注意到在 Σ 处有 $n\cdot\delta\boldsymbol{u}=0$，导出

$$(\boldsymbol{Q}-\boldsymbol{F})\cdot\delta\boldsymbol{v}_0+(\boldsymbol{H}+\boldsymbol{v}_0\times\boldsymbol{Q}-\boldsymbol{M})\cdot\delta\omega+\int_V \rho\left(\dot{\boldsymbol{v}}-\boldsymbol{f}+\frac{1}{\rho}\nabla p\right)\cdot\delta\boldsymbol{u}\mathrm{d}V$$

$$+\int_S (p_0-p)\boldsymbol{n}\cdot\delta\boldsymbol{u}\mathrm{d}S=0 \tag{1.5.6}$$

而 $\delta\boldsymbol{v}_0$, $\delta\omega_0$, $\delta\boldsymbol{u}$ 均为独立变分，故可导出以下动力学方程

$$\frac{\mathrm{d}\boldsymbol{Q}}{\mathrm{d}t}=\boldsymbol{F} \tag{1.5.7}$$

$$\frac{\mathrm{d}\boldsymbol{H}}{\mathrm{d}t}+\boldsymbol{v}_0\times\boldsymbol{Q}=\boldsymbol{M} \tag{1.5.8}$$

$$\frac{\mathrm{d}\boldsymbol{v}}{\mathrm{d}t}=\boldsymbol{f}-\frac{1}{\rho}\nabla p \quad (P\in V) \tag{1.5.9}$$

$$p=p_0 \qquad (P\in S) \tag{1.5.10}$$

其中(1.5.7)式、(1.5.8)式分别为动量定理和动量矩定理，即 Newton 方程和 Euler方程，(1.5.9)式为 Euler 流体动力学方程.

利用相对动坐标系的微分公式，也可将(1.5.7)式～(1.5.9)式改写为[10,75]

$$\frac{\tilde{\mathrm{d}}\boldsymbol{Q}}{\mathrm{d}t}+\omega\times\boldsymbol{Q}=\boldsymbol{F} \tag{1.5.11}$$

$$\frac{\tilde{\mathrm{d}}\boldsymbol{H}}{\mathrm{d}t}+\omega\times\boldsymbol{H}+\boldsymbol{v}_0\times\boldsymbol{Q}=\boldsymbol{M} \tag{1.5.12}$$

$$\frac{\tilde{\mathrm{d}}\boldsymbol{v}}{\mathrm{d}t}+\omega\times\boldsymbol{v}=\boldsymbol{f}-\frac{1}{\rho}\nabla p \tag{1.5.13}$$

其中带波浪号“～”的微分符号表示相对动坐标系(O-$x_1x_2x_3$)的局部导数.计算流场中各质点速度 $\boldsymbol{v}$ 的相对变化率时，不仅要考虑质点所在位置的流速随时间变化，还必须考虑质点在流场中的位置改变，可写作

$$\frac{\tilde{\mathrm{d}}\boldsymbol{v}}{\mathrm{d}t}=\frac{\partial\boldsymbol{v}}{\partial t}+\sum_{j=1}^{3}\frac{\partial\boldsymbol{v}}{\partial x_j}\frac{\mathrm{d}x_i}{\mathrm{d}t}=\frac{\partial\boldsymbol{v}}{\partial t}+(\boldsymbol{u}\cdot\nabla)\boldsymbol{v} \tag{1.5.14}$$

其中 $\mathrm{d}x_j/\mathrm{d}t=u_j\,(j=1,2,3)$ 为流体质点的相对流速.因此方程(1.5.13)也可写作

$$\frac{\partial\boldsymbol{v}}{\partial t}+(\boldsymbol{u}\cdot\nabla)\boldsymbol{v}+\omega\times\boldsymbol{v}=\boldsymbol{f}-\frac{1}{\rho}\nabla p \tag{1.5.15}$$

利用(1.3.3)式，上式还可改写为

$$\frac{\partial\boldsymbol{u}}{\partial t}+(\boldsymbol{u}\cdot\nabla)\boldsymbol{u}+2\omega\times\boldsymbol{u}+\frac{\mathrm{d}\boldsymbol{v}_0}{\mathrm{d}t}+\omega\times(\omega\times\boldsymbol{r})+\frac{\mathrm{d}\omega}{\mathrm{d}t}\times\boldsymbol{r}=\boldsymbol{f}-\frac{1}{\rho}\nabla p \tag{1.5.16}$$

(1.5.10)式为液体压强在自由液面处应满足的边界条件.在流场 V 中，各质点速度还必须满足连续性方程

$$\operatorname{div}\boldsymbol{v}=0 \text{ 或 } \operatorname{div}\boldsymbol{u}=0 \tag{1.5.17}$$

于是(1.5.7)式～(1.5.9)式和(1.5.17)式就组成了充液系统的动力学方程组，包括 6 个常微分方程和 4 个偏微分方程，确定以下

10个未知变量

$$v_{o_j}(t), \omega_j(t), u_j(x_i, x_2, x_3, t),$$

$$p(x_1, x_2, x_3, t) \quad (j = 1,2,3)$$

§1.6 液体的边界条件

除自由液面 S 处的压强条件(1.5.10)式以外，液体流速 $\boldsymbol{u}$ 应满足以下边界条件：

在湿润腔壁 Σ 处，由于液体不可能向刚体内部渗透，也不可能脱离腔壁，其法向相对流速必须为零，写作

$$u_n = \boldsymbol{u} \cdot \boldsymbol{n} = 0 \quad (P \in \Sigma) \tag{1.6.1}$$

在自由液面 S 处，设各质点的位置用以下方程表示

$$F(x_1, x_2, x_3, t) = 0 \tag{1.6.2}$$

液面法线 $\boldsymbol{n}$ 的方向余弦为

$$n_j = \frac{1}{k}\left(\frac{\partial F}{\partial x_j}\right) \quad (j = 1,2,3) \tag{1.6.3}$$

其中

$$k = \sqrt{\left(\frac{\partial F}{\partial x_1}\right)^2 + \left(\frac{\partial F}{\partial x_2}\right)^2 + \left(\frac{\partial F}{\partial x_3}\right)^2} = |\nabla F| \tag{1.6.4}$$

设在 $t + \Delta t$ 时刻，液面上各点有微小位移 $\Delta \boldsymbol{r}$，其投影 $\Delta x_j (j=1, 2,3)$应满足

$$F(x_1 + \Delta x_1, x_2 + \Delta x_2, x_3 + \Delta x_3, t + \Delta t) = 0 \tag{1.6.5}$$

将上式展成 Taylor 级数，只保留一次项，导出

$$\sum_{j=1}^{3}\left(\frac{\partial F}{\partial x_j}\right)\Delta x_j + \left(\frac{\partial F}{\partial t}\right)\Delta t = 0 \tag{1.6.6}$$

再将上式各项除以 Δt，令 $\lim\limits_{\Delta t\to 0}(\Delta x_j/\Delta t)=u_j$，得到

$$\sum_{j=1}^{3}\left(\frac{\partial F}{\partial x_j}\right)u_j+\frac{\partial F}{\partial t}=0 \tag{1.6.7}$$

代入(1.6.3)式，导出以下条件

$$ku_n+\frac{\partial F}{\partial t}=0\quad (P\in S) \tag{1.6.8}$$

§1.7 考虑表面张力的液体边界条件

液体内部的分子引力在界面上表现为表面张力.只有当腔体的体积足够大或流体的质量力足够大时才允许忽略表面张力.讨论微重或失重条件下的充液刚体运动时，表面张力作用必须加以考虑.

分别以 α，α_1，α_2 表示液体与气体、液体与刚体、气体与刚体之间的界面上单位长度范围内作用的表面张力系数.在自由液面 S 上围绕任意点 P 沿液面的主曲率方向取由边长为 $\mathrm{d}s_1$，$\mathrm{d}s_2$ 组成的微元弧段所组成的微元面积 $\mathrm{d}\sigma$，计算液面上各质点的 Jourdain 速度变分所引起的液面伸展速度，并计算由此产生的表面张力的虚功率 δP(见图 1.4，图 1.5)

$$\delta P=\alpha\mathrm{d}s_1\delta u_n\varphi_2+\alpha\mathrm{d}s_2\delta u_n\varphi_1 \tag{1.7.1}$$

其中 φ_1，φ_2 为弧段 $\mathrm{d}s_1$，$\mathrm{d}s_2$ 的张角

$$\varphi_j=\frac{\mathrm{d}s_j}{R_j}\quad (j=1,2) \tag{1.7.2}$$

R_1，R_2 为 P 点处液面的主曲率半径.将(1.7.2)式代入(1.7.1)式，令 $\mathrm{d}S=\mathrm{d}s_1\mathrm{d}s_2$，化作

$$\delta P=\alpha\left(\frac{1}{R_1}+\frac{1}{R_2}\right)\delta u_n\mathrm{d}S \tag{1.7.3}$$

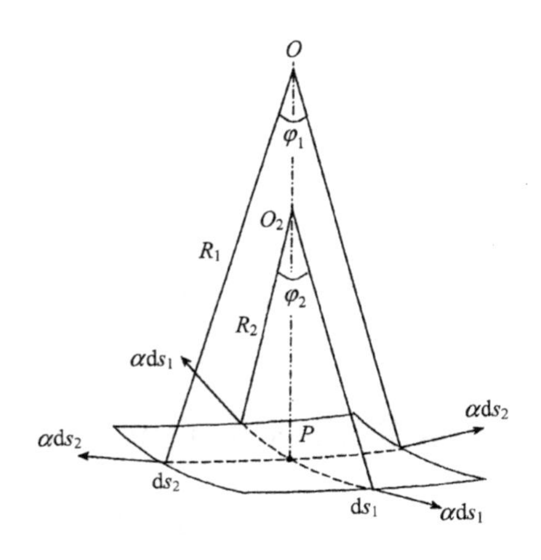

图 1.4

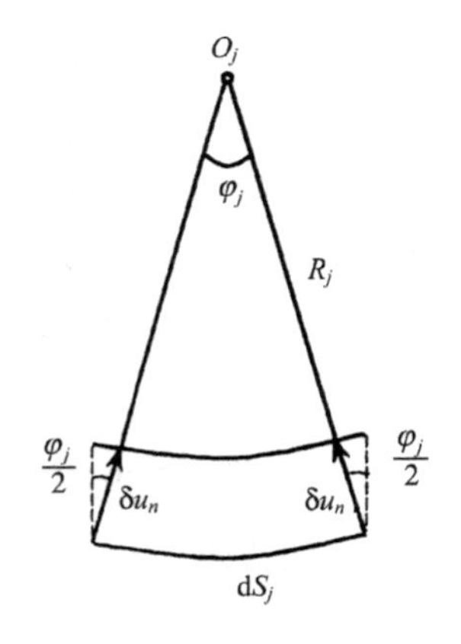

图 1.5

因此在(1.5.6)式的左边应增加表面张力所产生的虚功率增量：

$$\delta P = -\int_S \alpha K \boldsymbol{n} \cdot \delta \boldsymbol{u} \mathrm{d} S \tag{1.7.4}$$

其中 K 为二倍平均主曲率，以下简称为曲率

$$K=\frac{1}{R_1}+\frac{1}{R_2} \tag{1.7.5}$$

在自由液面与刚性腔壁相交的边缘 S_c 处，即刚体、液体、气体三种介质的界面 S,Σ,Σ' 公共交线处，还必须考虑由 Jourdain 速度变分所引起不同介质之间的界面伸展速度所对应的表面张力虚功率．设在 S_c 处 S 与 Σ 的法线夹角为 θ_c，称为接触角，利用图 1.6 所示的几何关系，可写出此虚功率增量 $\delta P'$ 为

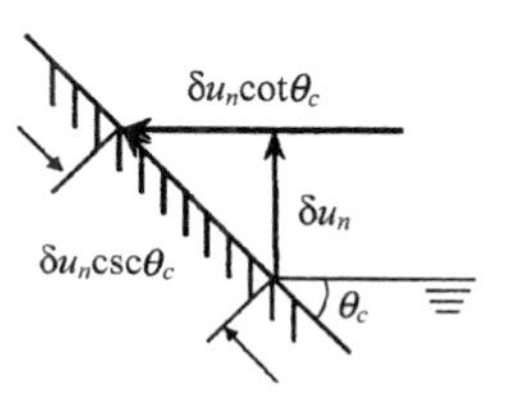

图 1.6

$$\delta P'=\int_{S_c}(\alpha\cos\theta_c+\alpha_1-\alpha_2)\csc\theta_c\boldsymbol{n}\cdot\delta\boldsymbol{u}\mathrm{d}l \tag{1.7.6}$$

将(1.7.4)式、(1.7.6)式表示的虚功率 δP 和 $\delta P'$ 加入(1.5.6)式的左边，导出以下考虑表面张力的自由液面边界条件[10,75,88]

$$p=p_0+\alpha K \qquad (p\in S) \tag{1.7.7}$$

$$\cos\theta_c=\frac{\alpha_2-\alpha_1}{\alpha} \qquad (p\in S_c) \tag{1.7.8}$$

(1.7.7)式也称为 Laplace-Young 表面张力公式．

§1.8 首 次 积 分

1.8.1 能量积分

将(1.4.5)式对时间求导，并将(1.4.1)式代入，整理后得到

$$\begin{aligned}\frac{\mathrm{d}T}{\mathrm{d}t}&=\sum_i m_i\boldsymbol{v}_i\cdot\frac{\mathrm{d}\boldsymbol{v}_i}{\mathrm{d}t}\\&=\boldsymbol{v}_0\frac{\mathrm{d}\boldsymbol{Q}}{\mathrm{d}t}+\omega\cdot\frac{\mathrm{d}\boldsymbol{H}}{\mathrm{d}t}+\rho\int_V\boldsymbol{u}\cdot\frac{\mathrm{d}\boldsymbol{v}}{\mathrm{d}t}\mathrm{d}V\end{aligned} \tag{1.8.1}$$

如外力 $\boldsymbol{F}$ 和力矩 $\boldsymbol{M}$ 有势，势能为 Π_1，则上式右边第一、二项可写作

$$\boldsymbol{v}_0 \cdot \frac{\mathrm{d}\boldsymbol{Q}}{\mathrm{d}t} + \omega \cdot \frac{\mathrm{d}\boldsymbol{H}}{\mathrm{d}t} = -\frac{\mathrm{d}\Pi_1}{\mathrm{d}t} \tag{1.8.2}$$

利用方程(1.5.9)计算(1.8.1)式的最后一项，导出

$$\begin{aligned} \rho\int_V \boldsymbol{u}\cdot\frac{\mathrm{d}\boldsymbol{v}}{\mathrm{d}t}\mathrm{d}V &= \rho\int_V \boldsymbol{u}\cdot\left(\boldsymbol{f}-\frac{1}{\rho}\nabla p\right)\mathrm{d}V \\ &= \rho\int_V \boldsymbol{f}\cdot\boldsymbol{u}\mathrm{d}V - \int_V \boldsymbol{u}\cdot\nabla p\mathrm{d}V \end{aligned} \tag{1.8.3}$$

上式右边第一项为体积力所作的功.如体积力 $\boldsymbol{f}$ 有势，则有

$$\boldsymbol{f} = \nabla U \tag{1.8.4}$$

其中 U 为单位质量的力函数.将(1.8.4)式代入(1.8.3)式右边的第一项,化作

$$\begin{aligned} \rho\int_V \boldsymbol{f}\cdot\boldsymbol{u}\mathrm{d}V &= \rho\int_V \nabla U\cdot\boldsymbol{u}\mathrm{d}V \\ &= \rho\int_V \frac{\mathrm{d}U}{\mathrm{d}t}\mathrm{d}V = -\frac{\mathrm{d}\Pi_2}{\mathrm{d}t} \end{aligned} \tag{1.8.5}$$

其中

$$\Pi_2 = -\rho\int_V U\mathrm{d}V \tag{1.8.6}$$

利用 Gauss 定理和(1.7.7)式将(1.8.3)式的最后一项化作

$$\begin{aligned} -\int_V \boldsymbol{u}\cdot\nabla p\mathrm{d}V &= -\int_S p u_n\mathrm{d}S \\ &= -p_0\int_S u_n\mathrm{d}S - \alpha\int_S K u_n\mathrm{d}S \end{aligned} \tag{1.8.7}$$

根据流体的连续性可以断定上式右边第一项为零.在接触角条件(1.7.8)满足的前提下,(1.8.7)式的第二项可利用表面张力势能 Π^* 表示，得到

$$-\int_V \boldsymbol{u}\cdot\nabla p\mathrm{d}V = -\alpha\int_S K\boldsymbol{u}_n\mathrm{d}S = -\frac{\mathrm{d}\Pi^*}{\mathrm{d}t} \tag{1.8.8}$$

势能 Π^* 定义为

$$\Pi^* = \alpha S + \alpha_1 \Sigma + \alpha_2 \Sigma' \tag{1.8.9}$$

将(1.8.2)式、(1.8.5)式、(1.8.8)式代入(1.8.3)和(1.8.1)式，导出以下能量积分

$$T + \Pi = \text{const}, \ \Pi = \Pi_1 + \Pi_2 + \Pi^* \tag{1.8.10}$$

1.8.2 动量积分

设外力 $\boldsymbol{F}$ 沿惯性空间中确定方向 $\boldsymbol{e}^0$ 的投影为零，计算(1.5.7)式与 $\boldsymbol{e}^0$ 的标量积：

$$\frac{\mathrm{d}\boldsymbol{Q}}{\mathrm{d}t} \cdot \boldsymbol{e}^0 = \frac{\mathrm{d}}{\mathrm{d}t}(\boldsymbol{Q} \cdot \boldsymbol{e}^0) = \boldsymbol{F} \cdot \boldsymbol{e}^0 = 0 \tag{1.8.11}$$

得到动量积分为

$$\boldsymbol{Q} \cdot \boldsymbol{e}^0 = \text{const} \tag{1.8.12}$$

如果外力 $\boldsymbol{F}$ 为零，则 $\mathrm{d}\boldsymbol{Q}/\mathrm{d}t=0$，动量积分的范围扩展为

$$\boldsymbol{Q} = \text{const} \tag{1.8.13}$$

1.8.3 动量矩积分

如外力矩 $\boldsymbol{M}$ 沿过固定点 O_0 的确定方向 $\boldsymbol{e}^0$ 的投影为零，令 $\boldsymbol{r}_0 = O_0 O$，计算(1.5.7)式与 $\boldsymbol{r}_0$ 的矢量积并与(1.5.8)式相加，得到

$$\frac{\mathrm{d}}{\mathrm{d}t}(\boldsymbol{H} + \boldsymbol{r}_0 \times \boldsymbol{Q}) = \boldsymbol{M} + \boldsymbol{r}_0 \times \boldsymbol{F} \tag{1.8.14}$$

或

$$\frac{\mathrm{d}\boldsymbol{H}_0}{\mathrm{d}t} = \boldsymbol{M}_0 \tag{1.8.15}$$

其中 $\boldsymbol{H}_0$，$\boldsymbol{M}_0$ 为系统相对 O_0 点的动量矩以及外力对 O_0 点的矩：

$$\boldsymbol{H}_0 = \boldsymbol{H} + \boldsymbol{r}_0 \times \boldsymbol{Q}, \boldsymbol{M}_0 = \boldsymbol{M} + \boldsymbol{r}_0 \times \boldsymbol{F} \tag{1.8.16}$$

将(1.8.15)式各项与 $\boldsymbol{e}^0$ 点乘，得到

$$\frac{\mathrm{d}\boldsymbol{H}_0}{\mathrm{d}t} \cdot \boldsymbol{e}^0 = \frac{\mathrm{d}}{\mathrm{d}t}(\boldsymbol{H}_0 \cdot \boldsymbol{e}^0) = \boldsymbol{M}_0 \cdot \boldsymbol{e}^0 = 0 \tag{1.8.17}$$

得到以下面积积分

$$\boldsymbol{H}_0 \cdot \boldsymbol{e}^0 = \text{const} \tag{1.8.18}$$

如 $\boldsymbol{M}_0$ 为零，$\mathrm{d}\boldsymbol{H}_0/\mathrm{d}t=0$,则得到动量矩积分为

$$\boldsymbol{H}_0 = \text{const} \tag{1.8.19}$$

如 $\boldsymbol{F}, \boldsymbol{M}$ 皆为零，计算(1.5.8)与 $\boldsymbol{Q}$ 的标量积

$$\boldsymbol{Q} \cdot \frac{\mathrm{d}\boldsymbol{H}}{\mathrm{d}t} + \boldsymbol{Q} \cdot (\boldsymbol{v}_0 \times \boldsymbol{Q}) = \frac{\mathrm{d}}{\mathrm{d}t}(\boldsymbol{Q} \cdot \boldsymbol{H}) = 0 \tag{1.8.20}$$

还可导出以下首次积分

$$\boldsymbol{Q} \cdot \boldsymbol{H} = \text{const} \tag{1.8.21}$$

1.8.4 几何积分

设 $\boldsymbol{e}_j^0 (j=1,2,3)$为惯性坐标系($O_0$-$x_1^0 x_2^0 x_3^0$)的基矢量,将 $\boldsymbol{e}_j^0$ 相对于刚体固结的动坐标系(O-$x_1 x_2 x_3$)对时间微分,导出以下 Poisson 方程

$$\frac{\mathrm{d}\boldsymbol{e}_j^0}{\mathrm{d}t} = \frac{\tilde{\mathrm{d}}\boldsymbol{e}_j^0}{\mathrm{d}t} + \omega \times \boldsymbol{e}_j^0 = 0 \tag{1.8.22}$$

将上式各项与 $\boldsymbol{e}_j^0$ 点乘,得到

$$\boldsymbol{e}_j^0 \cdot \frac{\tilde{\mathrm{d}}\boldsymbol{e}_j^0}{\mathrm{d}t} = 0 \tag{1.8.23}$$

设 γ_{ij} 为 $\boldsymbol{e}_j^0$ 与 $\boldsymbol{e}_i$ 之间的方向余弦，可写出

$$\boldsymbol{e}_j^0 = \gamma_{1j}\boldsymbol{e}_1 + \gamma_{2j}\boldsymbol{e}_2 + \gamma_{3j}\boldsymbol{e}_3 \tag{1.8.24}$$

将(1.8.24)式代入(1.8.23)式，得到以下几何积分

$$\gamma_{1j}^2+\gamma_{2j}^2+\gamma_{3j}^2=1 \tag{1.8.25}$$

1.8.5 Kelvin 积分

设 L 为理想流体的流场中连接任意二点 A 与 B 的任意曲线(见图 1.7)，计算沿 L 的速度与路径的标量积积分，然后对时间微分

$$\frac{\mathrm{d}}{\mathrm{d}t}\int_L \boldsymbol{v}\cdot\mathrm{d}\boldsymbol{r}=\int_L\left(\frac{\mathrm{d}\boldsymbol{v}}{\mathrm{d}t}\cdot\mathrm{d}\boldsymbol{r}+\boldsymbol{v}\cdot\mathrm{d}\boldsymbol{v}\right) \tag{1.8.26}$$

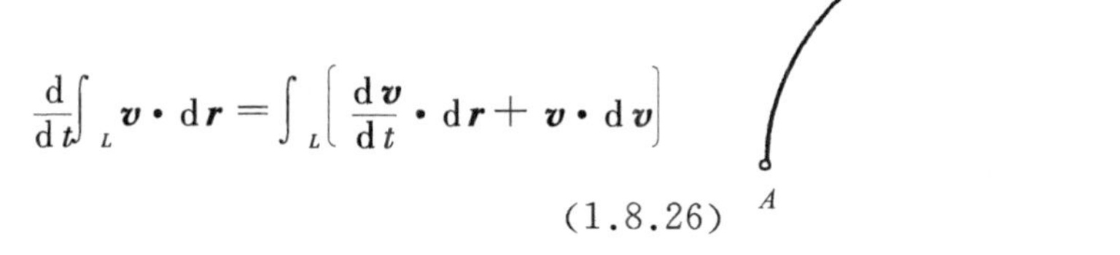

图 1.7

设体积力有势，将方程(1.5.9)及(1.8.4)代入(1.8.26)式，导出

$$\begin{aligned}\frac{\mathrm{d}}{\mathrm{d}t}\int_L \boldsymbol{v}\cdot\mathrm{d}\boldsymbol{r}&=\int_L\left[\nabla\left(U-\frac{p}{\rho}\right)\cdot\mathrm{d}\boldsymbol{r}+\boldsymbol{v}\cdot\mathrm{d}\boldsymbol{v}\right]\\&=\int_L\mathrm{d}\left(U-\frac{p}{\rho}+\frac{1}{2}v^2\right)=\left(U-\frac{p}{\rho}+\frac{v^2}{2}\right)\Bigg|_A^B\end{aligned} \tag{1.8.27}$$

如 A 与 B 重合成为封闭路径，则以上线积分对 t 的导数为零

$$\frac{\mathrm{d}}{\mathrm{d}t}\oint_L \boldsymbol{v}\cdot\mathrm{d}\boldsymbol{r}=0 \tag{1.8.28}$$

积分得到

$$\Gamma=\oint_L \boldsymbol{v}\cdot\mathrm{d}\boldsymbol{r}=\text{const} \tag{1.8.29}$$

即沿理想流体的流场内任意封闭路径的速度环量不随时间改变．如理想流体起始时无旋，$\Gamma=0$，$\Omega=0$，则在此以前或以后都保持无旋．

1.8.6 Bernoulli 积分

设液体为理想无旋流体，存在速度势 φ，体积力也有势，存在力函数如(1.8.4)式所定义，将(1.3.3)式代入(1.5.15)式的左边，消去 u，得到

$$\frac{\partial \boldsymbol{v}}{\partial \boldsymbol{t}}+[(\boldsymbol{v}-\boldsymbol{v}_0-\omega\times\boldsymbol{r})\cdot\nabla]\boldsymbol{v}+\omega\times\boldsymbol{v}=\boldsymbol{f}-\frac{1}{\rho}\nabla p \tag{1.8.30}$$

利用无旋条件(1.3.15)可直接验证以下关系式的存在

$$-[(\boldsymbol{v}_0+\omega\times\boldsymbol{r})\cdot\nabla]\boldsymbol{v}+\omega\times\boldsymbol{v}=-\nabla[\boldsymbol{v}\cdot(\boldsymbol{v}_0+\omega\times\boldsymbol{r})] \tag{1.8.31}$$

将(1.8.31)式、(1.8.4)式、(1.3.16)式代入(1.8.30)式，化作

$$\nabla\left[\frac{\partial\varphi}{\partial t}+\frac{1}{2}v^2-\boldsymbol{v}\cdot(\boldsymbol{v}_0+\omega\times\boldsymbol{r})-U+\frac{p}{\rho}\right]=0 \tag{1.8.32}$$

导出 Bernoulli 积分为

$$\frac{\partial\varphi}{\partial t}+\frac{1}{2}v^2-\boldsymbol{v}\cdot(\boldsymbol{v}_0+\omega\times\boldsymbol{r})-U+\frac{p}{\rho}=C(t) \tag{1.8.33}$$

上式右边的任意时间函数 $C(t)$可并入左边第一项的势函数 φ 内而不影响速度场的分布，因此可以用任意常数代替，写作

$$\frac{\partial\varphi}{\partial t}+\frac{1}{2}v^2-\boldsymbol{v}\cdot(\boldsymbol{v}_0+\omega\times\boldsymbol{r})-U+\frac{p}{\rho}=\text{const} \tag{1.8.34}$$

如流速很小，允许忽略 v 的二次项，则简化为

$$\frac{\partial\varphi}{\partial t}-U+\frac{p}{\rho}=\text{const} \tag{1.8.35}$$

当理想无旋流体的速度势 φ 的边值问题解出后，可利用 Bernoulli 积分(1.8.34)式或(1.8.35)式计算压强 p 的变化规律.

在自由液面 S 处，将条件(1.7.7)式代入(1.8.35)式，p_0 并入积分常数，得到

$$\frac{\partial \varphi}{\partial t} - U + \frac{\alpha K}{\rho} = \text{const} \quad (P \in S) \tag{1.8.36}$$

如忽略表面张力，则简化为

$$\frac{\partial \varphi}{\partial t} - U = \text{const} \quad (P \in S) \tag{1.8.37}$$

对于有旋流体，不存在速度势 φ，但如体积力有势，且为定常流动，刚体无牵连运动，则 Euler 流体动力学方程(1.5.16)写作

$$(\boldsymbol{u} \cdot \nabla)\boldsymbol{u} - \nabla\left(U - \frac{p}{\rho}\right) = 0 \tag{1.8.38}$$

令上式各项与 $\boldsymbol{u}$ 点积，导出

$$\boldsymbol{u} \cdot \nabla\left[\frac{1}{2}u^2 - U + \frac{p}{\rho}\right] = 0 \tag{1.8.39}$$

从而导出沿流线的 Bernoulli 积分

$$\frac{1}{2}u^2 - U + \frac{p}{\rho} = \text{const} \quad (P \in \text{流线}) \tag{1.8.40}$$

此积分对于不同的流线有不同的积分常数.

§1.9 注　　记

1．充液弹性体动力学方程

对于充液弹性体系统，或具有弹性附件的充液大系统，其状态方程可由 H-O 原理导出，即对于充液系统的真实运动而言，下式成立：

$$\int_{t_0}^{t_1} (\delta T + \delta A)\mathrm{d}t = 0 \tag{1.9.1}$$

其中，T 为系统的动能，δT 为其一阶变分，δA 为主动力所做的虚功，t 为时间；则充液弹性系统动力学方程可表为[10,11]：

$$\frac{\tilde{\mathrm{d}}\boldsymbol{Q}}{\mathrm{d}t}+\omega\times\boldsymbol{Q}=\boldsymbol{F} \tag{1.9.2}$$

$$\frac{\tilde{\mathrm{d}}\boldsymbol{H}}{\mathrm{d}t}+\omega\times\boldsymbol{H}+\boldsymbol{v}_0\times\boldsymbol{Q}=\boldsymbol{M} \tag{1.9.3}$$

$$\rho_1\left(\frac{\tilde{\mathrm{d}}\boldsymbol{v}}{\mathrm{d}t}+\omega\times\boldsymbol{v}\right)=\rho_1\boldsymbol{f}+\frac{\partial\boldsymbol{p}_1}{\partial x_1}+\frac{\partial\boldsymbol{p}_2}{\partial x_2}+\frac{\partial\boldsymbol{p}_3}{\partial x_3} \tag{1.9.4}$$

$$\frac{\tilde{\mathrm{d}}\boldsymbol{v}}{\mathrm{d}t}+\omega\times\boldsymbol{v}=\boldsymbol{f}-\frac{1}{\rho_2}\nabla p \tag{1.9.5}$$

其中，ω 为与腔体(不变形状态)相联结的动坐标系($O\text{-}x_1x_2x_3$)的角速度，$\boldsymbol{v}(t,x_1,x_2,x_3)$为系统质点的绝对速度；$\rho_1$，$\boldsymbol{p}_i$($i=1,2,3$)分别为弹性介质的密度和应力；$\rho_2$，$p$ 分别为流体的密度和动压力；$\boldsymbol{f}$ 为作用于弹性体和液体上的比质量力.设 $\boldsymbol{W}$ 为系统内质点的相对速度，它满足液体的不可压缩方程

$$\mathrm{div}\,\boldsymbol{W}=0 \tag{1.9.6}$$

及弹性体的连续方程

$$\frac{\partial\rho_1}{\partial t}+\mathrm{div}(\rho_1\boldsymbol{W})=0 \tag{1.9.7}$$

此外，还要考虑确定的弹性连续介质模型的应力-应变关系，以及热效应等；当然，在不同情况下，必须附加运动学和动力学边界条件(包括微重力条件下表面张力的影响等).

2. 黏性流体的动力学方程

Euler 流体动力学方程(1.5.9)和方程(1.5.10)只适用于理想流体，对于黏性流体，还必须考虑与速度梯度有关的黏性摩擦力.当外力作用于流体或有流动现象发生时，在相邻流体质点之间、流体与固壁之间以及流体与气体之间会产生内部应力作用.设外力是均匀地作用于 P 点处微元六面体内流体上的体积力(见图

1.2).内部应力就是作用在流体微元六面体单位表面积上的力,它可分解为垂直于作用面的法应力和平行于该面的切应力(又称剪应力),记为 σ_i, $\tau_{ij}(i\neq j)(i,j=1,2,3)$, i 表示 x_i 方向, j 表示 x_j 方向, 且有

$$\sigma_i = -p + \tau_{ii} \qquad (i=1,2,3) \tag{1.9.8}$$

$$\tau_{ij} = \mu\left(\frac{\partial u_i}{\partial x_j} + \frac{\partial u_j}{\partial x_i}\right) \qquad (i,j=1,2,3) \tag{1.9.9}$$

其中 μ 为流体的黏性系数.内部应力也可用二阶张量表示为[24,47]

$$p_{ij} = -p\delta_{ij} + \mu\left(\frac{\partial u_i}{\partial x_j} + \frac{\partial u_j}{\partial x_i}\right) \tag{1.9.10}$$

式中 δ_{ij} 为 Kronecker 符号

$$\delta_{ij} = \begin{cases} 1 & (i=j) \\ 0 & (i\neq j) \end{cases} \tag{1.9.11}$$

设过流体任一点(x_1, x_2, x_3)的任一面上的应力矢量为 $\boldsymbol{P}_n$, 它取决于该点的应力张量 $\boldsymbol{P}$ 和作用面的单位法线矢量 $\boldsymbol{n}=(n_1, n_2, n_3)$,这里的 n_i 是 $\boldsymbol{n}$ 在 x_i 上的分量;从而有

$$\boldsymbol{P}_n = \boldsymbol{n}\cdot\boldsymbol{P} \tag{1.9.12}$$

$$\boldsymbol{P}_n = n_1\boldsymbol{P}_1 + n_2\boldsymbol{P}_2 + n_3\boldsymbol{P}_3 \tag{1.9.13}$$

其中的应力张量 $\boldsymbol{P}$ 应由 $p_{ij}(i,j=1,2,3)$的 9 个元素表示为

$$\boldsymbol{P} = \begin{Bmatrix} p_{11} & p_{12} & p_{13} \\ p_{21} & p_{22} & p_{23} \\ p_{31} & p_{32} & p_{33} \end{Bmatrix} \tag{1.9.14}$$

此时,(1.5.2)式可改写为

$$\sum_i (m_i\dot{\boldsymbol{v}}_i - \boldsymbol{F}_i)\cdot\delta\boldsymbol{v}_i - \int_V \boldsymbol{P}\cdot \mathrm{div}\delta\boldsymbol{u}\mathrm{d}V = 0 \tag{1.9.15}$$

利用 Gauss 定理计算上式的第二项，可得

$$\int_V \boldsymbol{P} \cdot \mathrm{div}\delta \boldsymbol{u} \mathrm{d} V$$

$$= \int_{S+\Sigma} \boldsymbol{n} \cdot \boldsymbol{P} \cdot \delta \boldsymbol{u} \mathrm{d} S - \int_V \mathrm{div} \boldsymbol{P} \cdot \delta \boldsymbol{u} \mathrm{d} V \tag{1.9.16}$$

考虑到(1.9.10)式，经过运算可得应力张量的散度为

$$\mathrm{div} \boldsymbol{P} = - \nabla p + \mu \Delta \boldsymbol{u} \tag{1.9.17}$$

其中 $\Delta = \nabla^2$ 为 Laplace 算子.同(1.5.6)式中的处理类似，便可导出充有不可压黏性液体的系统动力学方程,其中流体动力学方程(1.5.9)改为[24,47]

$$\frac{\mathrm{d} \boldsymbol{v}}{\mathrm{d} t} = \boldsymbol{f} - \frac{1}{\rho} \nabla p + \nu \Delta \boldsymbol{u} \quad (P \in V) \tag{1.9.18}$$

式中 $\nu = \mu / \rho$ 为流体的运动黏性系数.方程(1.5.10)改写为

$$- \boldsymbol{P} \cdot \boldsymbol{n} = p_0 \boldsymbol{n} \quad (P \in S) \tag{1.9.19}$$

或写为

$$(p \boldsymbol{I} - \mu S) \cdot \boldsymbol{n} = p_0 \boldsymbol{n} \quad (P \in S) \tag{1.9.20}$$

这里 $\boldsymbol{I}$ 为单位张量，μS 为黏性应力张量，S 的元素为 $S_{ij} = \left[\frac{\partial u_i}{\partial x_j} + \frac{\partial u_j}{\partial x_i} \right]$.方程(1.9.18)称为 Navier-Stokes 方程，也可写为以下不同形式[10,24]

$$\frac{\partial \boldsymbol{v}}{\partial t} + (\boldsymbol{u} \cdot \nabla) \boldsymbol{v} + \omega \times \boldsymbol{v} = \boldsymbol{f} - \frac{1}{\rho} \nabla p + \nu \Delta \boldsymbol{u} \tag{1.9.21}$$

或利用(1.4.2)式将上式中的自变量 $\boldsymbol{v}$ 置换为 $\boldsymbol{u}$,写作

$$\frac{\partial \boldsymbol{u}}{\partial t} + (\boldsymbol{u} \cdot \nabla) \boldsymbol{u} + 2 \omega \times \boldsymbol{u} + \frac{\mathrm{d} \boldsymbol{v}_0}{\mathrm{d} t} + \omega \times (\omega \times \boldsymbol{r}) + \frac{\mathrm{d} \omega}{\mathrm{d} t} \times \boldsymbol{r}$$

$$= \boldsymbol{f} - \frac{1}{\rho} \nabla p + \nu \Delta \boldsymbol{u} \tag{1.9.22}$$

由于

$$(\boldsymbol{u}\cdot\nabla)\boldsymbol{u}=(\mathrm{rot}\,\boldsymbol{u})\times\boldsymbol{u}+\frac{1}{2}\nabla u^2 \tag{1.9.23}$$

因此方程(1.9.22)还可改写为

$$\frac{\partial\boldsymbol{u}}{\partial t}+(\mathrm{rot}\,\boldsymbol{u})\times\boldsymbol{u}+2\omega\times\boldsymbol{u}+\frac{\mathrm{d}\omega}{\mathrm{d}t}\times\boldsymbol{r}+\nabla q=\nu\Delta\boldsymbol{u} \tag{1.9.24}$$

标量函数 q 定义为

$$q=\frac{p}{\rho}-\boldsymbol{f}\cdot\boldsymbol{r}+\frac{\mathrm{d}\boldsymbol{v}_0}{\mathrm{d}t}\cdot\boldsymbol{r}-\frac{1}{2}(\omega\times\boldsymbol{r})^2+\frac{1}{2}u^2 \tag{1.9.25}$$

3. 有旋流体的 Helmholtz 方程

对方程(1.9.21)的各项计算旋度，考虑关系(1.3.12)式、(1.3.13)式可导出

$$\frac{\mathrm{d}\Omega}{\mathrm{d}t}+(\boldsymbol{u}\cdot\nabla)\Omega+\omega\times\Omega=(\Omega\cdot\nabla)\boldsymbol{v}+\mathrm{rot}\,\boldsymbol{f}+\nu\Delta\Omega \tag{1.9.26}$$

此方程称为 Helmholtz 方程，是描述有旋流体运动的另一种数学形式.对于理想流体情形，方程右边第三项为零.如力场有势,单位质量的力函数 U 定义如(1.8.4)式,则方程右边的第二项亦为零,简化为

$$\frac{\mathrm{d}\Omega}{\mathrm{d}t}=(\Omega\cdot\nabla)\boldsymbol{v} \tag{1.9.27}$$

Helmholtz 方程的特点是以旋度 Ω 为未知量，且不包含压强 p 和体积力 $\boldsymbol{f}$. Ω 通常为坐标 x_1, x_2, x_3 及时间 t 的函数.如 Ω 在流场中均匀分布而只是时间 t 的函数，则称为均匀涡旋运动，方程(1.9.27)成为常微分方程.

4．关于充液系统动力学方程的推导

（1）V.V.Rumjantsev 于 1954 年首次利用 H-O 原理推导了充液刚体（流-刚耦合系统）动力学方程，以后在 1969 年用同一原理建立了充液弹性体（流-弹耦合系统）动力学方程及其动力边界条件．其中所考虑的流体为不可压均质无黏流体（理想流体）[10,11]．

（2）刘延柱于 1987 年利用 Jourdain 原理导出了充液刚体动力学方程及其动力边界条件．其中考虑的也是理想不可压流体[75]．以后于 1990 年又利用同一原理推导了充黏性流体的刚体动力学方程[77]．

（3）李铁成等于 1998 年同样利用了 Jourdain 原理，推导了流-刚-弹耦合系统的动力学方程及其动力边界条件．其中的流体是两种互不相溶的可压缩的黏性流体（可以是：一种为液体，而另一种为气体）[142]．

第二章　充无旋液体的刚体运动

§2.1　引　　言

充液系统是由刚体和液体混合组成的具有无限多自由度的力学系统,其动力学分析是一个十分复杂的课题.对于腔内部分充液的一般情况,由于带自由液面的液体产生晃动,其分析过程尤为困难.为了叙述方便,先从最简单的充液系统着手,即腔内全部充满不可压缩理想无旋液体的特殊情形.由于液体的运动有势,可以利用等效刚体概念使液体的运动离散化,从而使分析过程简化.

本章首先介绍 Zhukovskiy 等效刚体的概念与方法[3].对于一些几何形状规则的充液腔,在计算等效刚体的惯量张量时,可以得到解析表达式.在一般情况下,则必须利用数值计算方法.

§2.2　Stokes-Zhukovskiy 势函数[10,88]

设刚体的腔内全部充满理想无旋液体,绕固定点 O_0 转动,O 与 O_0 重合.当刚体以瞬时角速度 ω 转动时,流体质点的绝对速度为

$$\boldsymbol{v} = \omega \times \boldsymbol{r} + \boldsymbol{u} = \nabla \varphi \tag{2.2.1}$$

φ 为速度势,边界条件(1.6.1)可写作

$$v_n = (\omega \times \boldsymbol{r}) \cdot \boldsymbol{n} = (\boldsymbol{r} \times \boldsymbol{n}) \cdot \omega \quad (P \in \Sigma) \tag{2.2.2}$$

将此条件写作势函数 φ 的边界条件

$$\frac{\partial \varphi}{\partial n} = (\boldsymbol{r} \times \boldsymbol{n}) \cdot \omega \quad (P \in \Sigma) \tag{2.2.3}$$

定义矢量函数 Ψ，使满足

$$\varphi = \Psi \cdot \omega \tag{2.2.4}$$

则 Ψ 在界面 Σ 上应满足的条件为

$$\frac{\partial \Psi}{\partial n} = \boldsymbol{r} \times \boldsymbol{n} \quad (P \in \Sigma) \tag{2.2.5}$$

Ψ 称为 Stokes-Zhukovskiy 势函数，其沿(O-$x_1\ x_2\ x_3$)各轴的投影 Ψ_j(j=1,2,3)均为由 Neumann 边值问题确定的调和函数.因此 Ψ 完全取决于腔的几何形状,与刚体的运动状态无关.

§2.3 等效刚体

利用(1.4.4)式计算液体的动量矩 $\boldsymbol{H}^{(2)}$

$$\boldsymbol{H}^{(2)} = \rho\int_V \boldsymbol{r} \times \boldsymbol{v} \mathrm{d}V = \rho\int_V \boldsymbol{r} \times \nabla\varphi \mathrm{d}V \tag{2.3.1}$$

$\boldsymbol{H}^{(2)}$ 沿 Ox_1 轴的投影 $H_1^{(2)}$ 为

$$H_1^{(2)} = \rho\int_V \left[\frac{\partial \varphi}{\partial x_3} x_2 - \frac{\partial \varphi}{\partial x_2} x_3\right] \mathrm{d}V$$

$$= \rho\int_V \left[\frac{\partial}{\partial x_3}(\varphi x_2) - \frac{\partial}{\partial x_2}(\varphi x_3)\right] \mathrm{d}V$$

利用 Gauss 定理,上式化作

$$H_1^{(2)} = \rho\int_\Sigma \varphi(x_2 n_3 - x_3 n_2)\mathrm{d}S \tag{2.3.2}$$

与此类似计算 $H_2^{(2)}$，$H_3^{(2)}$,并利用条件(2.2.4)式、(2.2.5)式导出

$$\boldsymbol{H}^{(2)} = \rho\int_\Sigma (\boldsymbol{r} \times \boldsymbol{n})\varphi \mathrm{d}S = \rho\int_\Sigma \frac{\partial \Psi}{\partial n}(\Psi \cdot \omega)\mathrm{d}S$$

$$= \left(\rho\int_\Sigma \frac{\partial \Psi}{\partial n}\Psi \mathrm{d}S\right) \cdot \omega = \boldsymbol{J}^* \cdot \omega \tag{2.3.3}$$

张量 $\boldsymbol{J}^*$ 定义为等效刚体的惯量张量[3]，由 Stokes-Zhukovskiy 势函数 Ψ 完全确定.

$$\boldsymbol{J}^* = \rho\int_{\Sigma} \frac{\partial \boldsymbol{\Psi}}{\partial \boldsymbol{n}} \boldsymbol{\Psi} \mathrm{d} S \tag{2.3.4}$$

利用 Gauss 定理，上式化作

$$\begin{aligned} \boldsymbol{J}^* &= \rho\int_{\Sigma} \sum_{k=1}^{3} \frac{\partial \boldsymbol{\Psi}}{\partial x_k} \boldsymbol{\Psi} n_k \mathrm{d} S = \rho\int_{V} \sum_{k=1}^{3} \frac{\partial}{\partial x_k}\left(\frac{\partial \boldsymbol{\Psi}}{\partial x_k} \boldsymbol{\Psi}\right) \mathrm{d} V \\ &= \rho\int_{V} \sum_{k=1}^{3} \frac{\partial \boldsymbol{\Psi}}{\partial x_k} \frac{\partial \boldsymbol{\Psi}}{\partial x_k} \mathrm{d} V \end{aligned} \tag{2.3.5}$$

$\boldsymbol{J}^*$ 相对 $O\text{-}x_1 x_2 x_3$ 的坐标 J_{ij}^* 的计算公式为

$$J_{ij}^* = \rho\int_{V} \sum_{k=1}^{3} \frac{\partial \Psi_i}{\partial x_k} \frac{\partial \Psi_j}{\partial x_k} \mathrm{d} V = \rho\int_{\Sigma} \frac{\partial \Psi_i}{\partial \boldsymbol{n}} \Psi_j \mathrm{d} S = [\Psi_i, \Psi_j] \tag{2.3.6}$$

上式中的方括号是简写的积分符号.惯量张量 $\boldsymbol{J}^*$ 的投影矩阵可写作

$$\boldsymbol{J}^* = \begin{bmatrix} [\Psi_1 \Psi_1] & [\Psi_1 \Psi_2] & [\Psi_1 \Psi_3] \\ [\Psi_2 \Psi_1] & [\Psi_2 \Psi_2] & [\Psi_2 \Psi_3] \\ [\Psi_3 \Psi_1] & [\Psi_3 \Psi_2] & [\Psi_3 \Psi_3] \end{bmatrix} \tag{2.3.7}$$

上述等效刚体概念建立以后，腔内流体可用等效刚体代替，与主刚体合并为同一刚体$\{S^*\}$.于是由刚体和液体组成的混合系统$\{S\}$的运动即完全等效于普通刚体$\{S^*\}$的运动.系统的总动量矩可写作

$$\boldsymbol{H} = \boldsymbol{J}_* \cdot \omega \tag{2.3.8}$$

$\boldsymbol{J}_*$ 为主刚体的惯量张量 $\boldsymbol{J}^{(1)}$ 与等效刚体的惯量张量 $\boldsymbol{J}^*$ 之和

$$\boldsymbol{J}_* = \boldsymbol{J}^{(1)} + \boldsymbol{J}^* \tag{2.3.9}$$

充液刚体的动能亦可用普通刚体的动能公式表达：

$$T = \frac{1}{2} \omega \cdot \boldsymbol{J}_* \cdot \omega \tag{2.3.10}$$

等效刚体的惯量张量 $\boldsymbol{J}^*$ 由 Neumann 边值问题的解确定.一般情况下总能用数值方法求出,对于规则几何形状的充液腔则可能找到解析形式解.以下以椭球腔、轴对称腔及柱形腔为例.

§2.4 椭球腔情形

选择椭球腔的中心为坐标原点 O, $O\text{-}x_1x_2x_3$ 为椭球的主轴坐标系，设 $a_j(j=1,2,3)$为椭球半轴，则腔壁 Σ 的曲面方程为

$$F(x_1, x_2, x_3) = \frac{x_1^2}{a_1^2} + \frac{x_2^2}{a_2^2} + \frac{x_3^2}{a_3^2} - 1 = 0 \tag{2.4.1}$$

Σ 曲面上任意点 P 处的法线 $\boldsymbol{n}$ 的方向余弦可利用(1.6.3)式计算，得到

$$n_j = \frac{1}{|\nabla F|}\left(\frac{\partial F}{\partial x_j}\right) = \frac{hx_j}{a_j^2} \quad (j = 1,2,3) \tag{2.4.2}$$

其中 h 定义为

$$h = \left(\sum_{j=1}^{3} \frac{x_j^2}{a_j^4}\right)^{-1/2} \tag{2.4.3}$$

利用(2.4.1)式不难证明，h 就是 O 至 P 点处切平面的距离(见图 2.1).

$$h = \sum_{j=1}^{3} x_j n_j \tag{2.4.4}$$

因此势函数 Ψ 在 Σ 上应满足以下边界条件

$$\frac{\partial \Psi_1}{\partial n} = hx_2x_3\left(\frac{1}{a_3^2} - \frac{1}{a_2^2}\right)$$

$$\frac{\partial \Psi_2}{\partial n} = hx_3 x_1 \left(\frac{1}{a_1^2} - \frac{1}{a_3^2} \right) \quad (P \in \Sigma) \tag{2.4.5}$$

$$\frac{\partial \Psi_3}{\partial n} = hx_1 x_2 \left(\frac{1}{a_2^2} - \frac{1}{a_1^2} \right)$$

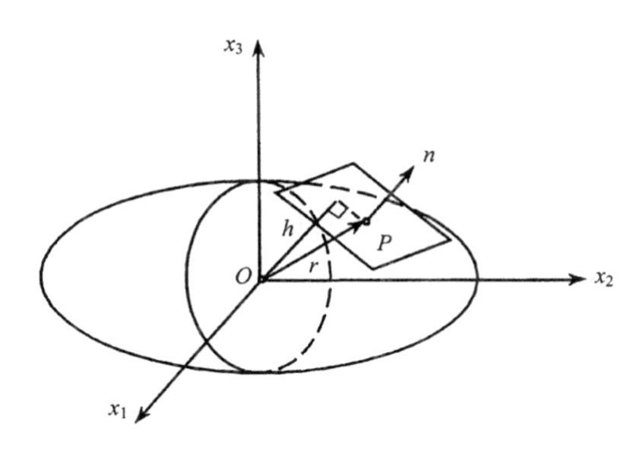

图 2.1

设势函数 Ψ_1, Ψ_2, Ψ_3 有以下形式

$$\Psi_1 = C_1 x_2 x_3, \quad \Psi_2 = C_2 x_3 x_1, \quad \Psi_3 = C_3 x_1 x_2 \tag{2.4.6}$$

代入条件(2.4.5)式，解出各常数 C_j(j=1,2,3)，得到

$$\Psi_1 = \left(\frac{a_2^2 - a_3^2}{a_2^2 + a_3^2} \right) x_2 x_3, \quad \Psi_2 = \left(\frac{a_3^2 - a_1^2}{a_3^2 + a_1^2} \right) x_3 x_1$$

$$\Psi_3 = \left(\frac{a_1^2 - a_2^2}{a_1^2 + a_2^2} \right) x_1 x_2 \tag{2.4.7}$$

代入(2.2.4)式得到

$$\varphi = \left(\frac{a_2^2 - a_3^2}{a_2^2 + a_3^2} \right) \omega_1 x_2 x_3 + \left(\frac{a_3^2 - a_1^2}{a_3^2 + a_1^2} \right) \omega_2 x_3 x_1 + \left(\frac{a_1^2 - a_2^2}{a_1^2 + a_2^2} \right) \omega_3 x_1 x_2 \tag{2.4.8}$$

利用公式(2.3.6)计算等效刚体的惯量张量，导出

$$J_{11}^{*}=\frac{m_2}{5}\frac{(a_2^2-a_3^2)^2}{a_2^2+a_3^2},\quad J_{22}^{*}=\frac{m_2}{5}\frac{(a_3^2-a_1^2)^2}{a_3^2+a_1^2}$$

$$J_{33}^{*}=\frac{m_2}{5}\frac{(a_1^2-a_2^2)^2}{a_1^2+a_2^2},J_{12}^{*}=J_{23}^{*}=J_{31}^{*}=0 \quad (2.4.9)$$

其中 m_2 为全充满于椭球腔内的液体质量

$$m_2=\frac{4\pi}{3}\rho a_1 a_2 a_3 \quad (2.4.10)$$

作为特例，如椭球腔相对 Ox_3 轴对称，$a_1=a_2$，令 $\lambda=a_3/a_1$，得到

$$J_{11}^{*}=J_{22}^{*}=\left(\frac{m_2 a_1^2}{5}\right)\frac{(\lambda^2-1)^2}{\lambda^2+1},J_{33}^{*}=0 \quad (2.4.11)$$

等效刚体缩为质量沿对称轴分布的直线，如为球腔，$a_1=a_2=a_3$，导出

$$J_{11}^{*}=J_{22}^{*}=J_{33}^{*}=0 \quad (2.4.12)$$

等效刚体缩为一个质点.上述结论不难从物理观点作出解释:由于流体无黏性且无旋,当主刚体绕腔的对称轴旋转时,不可能带动原来静止的液体旋转,对于球腔,刚体绕任何轴旋转都不可能影响腔内液体的静止状态.

§2.5 轴对称腔情形

工程技术上使用的充液腔常为轴对称的旋转体，以柱坐标 r,θ,z 表示腔壁 Σ 上任意点 P 的位置，Oz 轴与对称轴 Ox_3 重合.外法线 $\boldsymbol{n}$ 在子午面内相对 Oz 的倾角为 γ(见图 2.2).矢量 $\boldsymbol{r}$，$\boldsymbol{n}$ 相对 $O\text{-}x_1x_2x_3$ 的投影式为

$$\boldsymbol{r}=r(\cos\theta\boldsymbol{e}_1+\sin\theta\boldsymbol{e}_2)+z\boldsymbol{e}_3 \quad (2.5.1)$$

$$\boldsymbol{n} = \sin\gamma(\cos\theta\boldsymbol{e}_1 + \sin\theta\boldsymbol{e}_2) + \cos\gamma\boldsymbol{e}_3 \qquad (2.5.2)$$

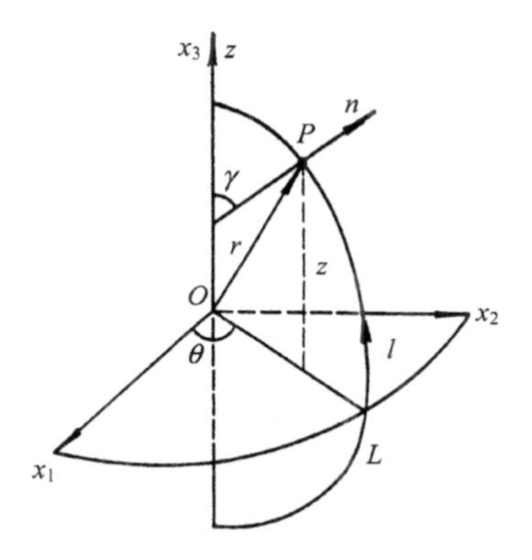

图 2.2

将上式代入边界条件(2.2.5)式，导出

$$\frac{\partial \Psi_1}{\partial n} = (r\cos\gamma - z\sin\gamma)\sin\theta$$

$$\frac{\partial \Psi_2}{\partial n} = -(r\cos\gamma - z\sin\gamma)\cos\theta \quad (P \in \Sigma) \qquad (2.5.3)$$

令

$$\frac{\partial \Psi_3}{\partial n} = 0$$

$$\Psi_1 = \Psi\sin\theta, \quad \Psi_2 = -\Psi\cos\theta, \quad \Psi_3 = \text{const} \qquad (2.5.4)$$

$\Psi(r, z)$应满足以下柱坐标形式的 Laplace 方程

$$\frac{\partial^2 \Psi}{\partial r^2} + \frac{1}{r}\frac{\partial \Psi}{\partial r} - \frac{\Psi}{r^2} + \frac{\partial^2 \Psi}{\partial z^2} = 0 \quad (P \in v) \qquad (2.5.5)$$

边界条件(2.5.3)式化作

$$\frac{\partial \Psi}{\partial n} = r\cos\gamma - z\sin\gamma \quad (P \in \Sigma) \qquad (2.5.6)$$

从边值问题(2.5.5)式、(2.5.6)式解出 Ψ 后代入(2.3.4)式，计算等效刚体的惯量张量 $\boldsymbol{J}^*$ 相对 $O\text{-}x_1x_2x_3$ 的投影矩阵，写作对 θ 和 l 的二重积分，l 为沿腔壁母线 L 的曲线坐标.

$$\boldsymbol{J}^* = \rho\int_L\int_0^{2\pi}\begin{bmatrix} -\sin^2\theta & -\cos\theta\sin\theta & 0 \\ -\cos\theta\sin\theta & \cos^2\theta & 0 \\ 0 & 0 & 0 \end{bmatrix}\Psi r(r\cos\gamma - z\sin\gamma)\mathrm{d}\theta\mathrm{d}l \tag{2.5.7}$$

对 θ 的积分完成后，得到

$$\boldsymbol{J}^* = \begin{bmatrix} J_{11}^* & 0 & 0 \\ 0 & J_{22}^* & 0 \\ 0 & 0 & 0 \end{bmatrix} \tag{2.5.8}$$

其极惯量矩为零，等效刚体为质量沿对称轴 Oz 分布的无限细杆.

$$J_{11}^* = J_{22}^* = A^* = \pi\rho\int_L \Psi r(r - z\tan\gamma)\cos\gamma\mathrm{d}l \tag{2.5.9}$$

令

$$\tan\gamma = -\frac{\mathrm{d}z}{\mathrm{d}r},\ \cos\gamma\mathrm{d}r = -\mathrm{d}r \tag{2.5.10}$$

分别以函数 $z = z_+(r)$及 $z = z_-(r)$表示 L 的上半部分($\mathrm{d}r<0$)及下半部分($\mathrm{d}r>0$)，设 r_k 为 r 的极大值，(2.5.9)式可改写为

$$A^* = \pi\rho\int_0^{r_k}\left\{\left[\Psi r\left(r + z\frac{\mathrm{d}z}{\mathrm{d}r}\right)\right]_{z=z_+(r)} - \left[\Psi r\left(r + z\frac{\mathrm{d}z}{\mathrm{d}r}\right)\right]_{z=z_-(r)}\right\}\mathrm{d}r \tag{2.5.11}$$

以旋转椭球腔为例，令 $a_1 = a_2$，$\lambda = a_3/a_1$，由曲面方程(2.4.1)导出

$$z_{\pm}(r)=\pm\lambda\sqrt{a_1^2-r^2} \tag{2.5.12}$$

将(2.4.7)式与(2.5.4)式对比，可写出势函数 Ψ 为

$$\Psi(r,z)=\left(\frac{1-\lambda^2}{1+\lambda^2}\right)rz \tag{2.5.13}$$

将(2.5.12)式、(2.5.13)式代入(2.5.11)式，积分得到的赤道惯量矩与(2.4.11)式完全相同

$$A^*=\left(\frac{m_2 a_1^2}{5}\right)\frac{(\lambda^2-1)^2}{\lambda^2+1} \tag{2.5.14}$$

§2.6 柱形腔情形

2.6.1 相对纵轴的等效惯量矩

设柱形腔 Σ 的高度为 $2h$，由侧壁 Σ_1、上端面 Σ_2 及下端面 Σ_3 组成(见图 2.3)，各部分腔壁法线 $\boldsymbol{n}$ 有以下特点

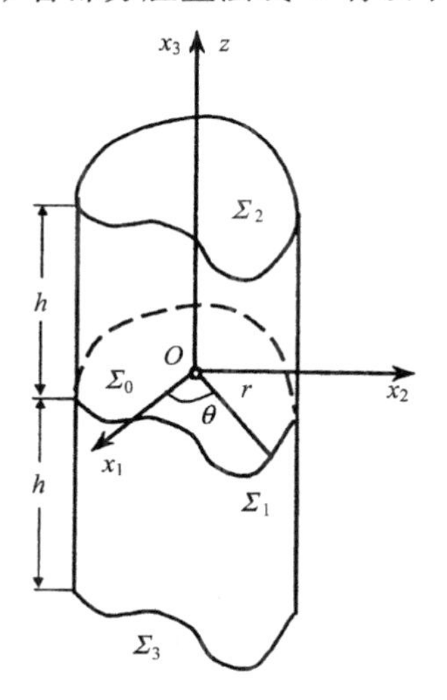

图 2.3

$$n_3 = 0 \qquad (P \in \Sigma_1) \tag{2.6.1a}$$

$$n_1 = n_2 = 0, \ n_3 = \pm 1 \quad (P \in \Sigma_{2,3}) \tag{2.6.1b}$$

将(2.6.1)式代入(2.5.6)式可导出以下边界条件

$$\frac{\partial \Psi_1}{\partial h} = - x_3 n_2, \ \frac{\partial \Psi_2}{\partial h} = - x_3 n_1, \frac{\partial \Psi_3}{\partial h} = x_1 n_2 - x_2 n_1 \quad (P \in \Sigma_1) \tag{2.6.2}$$

$$\frac{\partial \Psi_1}{\partial n} = \pm x_2, \ \frac{\partial \Psi_2}{\partial n} = \mp x_1, \ \frac{\partial \Psi_3}{\partial n} = 0 \quad (P \in \Sigma_{2,3}) \tag{2.6.3}$$

根据柱形腔相对 x_1Ox_2 平面对称的特点，可以推断函数 Ψ_3 必为 x_3 的偶函数，利用(2.3.6)式可导出

$$[\Psi_1 \ \Psi_3] = [\Psi_2 \ \Psi_3] = 0 \tag{2.6.4}$$

计算液体相对纵轴 Ox_3 的等效惯量矩 J_{33}^* 时，假定刚体绕 Ox_3 轴旋转，令 $\omega_1 = \omega_2 = 0$，则有

$$\varphi = \omega_3 \Psi_3 \tag{2.6.5}$$

流体在与 Ox_3 轴正交的截面内作平面流动，符合上、下端面处的边界条件.令

$$\Psi_3 = \Psi_3(x_1, x_2) \tag{2.6.6}$$

从(2.2.1)式计算相对流速 $\boldsymbol{u}$

$$u_1 = \omega_3\left(\frac{\partial \Psi_3}{\partial x_1} + x_2\right), \ u_2 = \omega_3\left(\frac{\partial \Psi_3}{\partial x_2} - x_1\right), \ u_3 = 0 \tag{2.6.7}$$

定义函数 $f(x_1, x_2)$，使满足以下等式

$$\frac{\partial \Psi_3}{\partial x_1} = \frac{\partial f}{\partial x_2}, \qquad \frac{\partial \Psi_3}{\partial x_2} = -\frac{\partial f}{\partial x_1} \tag{2.6.8}$$

f 也是调和函数，满足 $\Delta f=0$. 等效惯量矩 J_{33}^* 也可利用 f 计算，即

$$J_{33}^* = [\Psi_3 \quad \Psi_3] = [f \quad f] \tag{2.6.9}$$

流体的流线可利用以下方程计算

$$\frac{\mathrm{d}x_1}{u_1} = \frac{\mathrm{d}x_2}{u_2} \tag{2.6.10}$$

利用(2.6.7)式、(2.6.8)式，方程(2.6.10)可化作

$$\left(\frac{\partial f}{\partial x_1} + x_1\right)\mathrm{d}x_1 + \left(\frac{\partial f}{\partial x_2} + x_2\right)\mathrm{d}x_2 = 0 \tag{2.6.11}$$

上式为全微分方程，可积出以下流线方程

$$f + \frac{1}{2}(x_1^2 + x_2^2) = \mathrm{const} \tag{2.6.12}$$

在柱形腔的横断面上流线必须与边界线重合. 此边值问题与无限长杆的温度分布或扭转切应力分布的计算相似，可利用 St. Venant 半逆解法. 将调和函数 f 写成以下用极坐标表示的一般形式

$$f = \sum_{n=1}^{\infty} r^n (C_n \cos n\theta + D_n \sin n\theta) \tag{2.6.13}$$

代入(2.6.12)式，相应的流线方程为

$$\sum_{n=1}^{\infty} r^n (C_n \cos n\theta + D_n \sin n\theta) + \frac{1}{2} r^2 = \mathrm{const} \tag{2.6.14}$$

此方程可用来逼近任意形状的断面边界. 例如令 $n=2$，则

$$f = Cr^2 \cos 2\theta = C(x_1^2 - x_2^2) \tag{2.6.15}$$

流线方程为

$$\left(\frac{1}{2} + C\right)x_1^2 + \left(\frac{1}{2} - C\right)x_2^2 = \mathrm{const} \tag{2.6.16}$$

当 C 介于 1/2 与 $-1/2$ 之间时，此截面为椭圆(见图 2.4(a)). 设

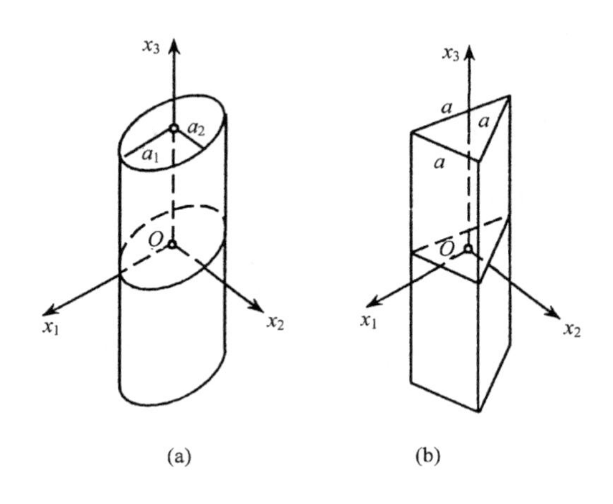

图 2.4

a_1，a_2 为椭圆的半轴，令

$$C = \frac{1}{2}\left(\frac{a_2^2 - a_1^2}{a_2^2 + a_1^2}\right) \tag{2.6.17}$$

将(2.6.15)式代入(2.6.9)式，计算椭圆柱腔的等效惯量矩，得到

$$J_{33}^{*} = [f \quad f] = \frac{m_2}{4}\frac{(a_2^2 - a_1^2)^2}{a_2^2 + a_1^2} \tag{2.6.18}$$

如 $a_1 = a_2$，则 $J_{33}^{*} = 0$，即圆柱腔绕对称轴的等效惯量矩为零．令 $n = 3$，f 写作

$$f = Cr^3\cos 3\theta = C(x_1^3 - 3x_1x_2^2) \tag{2.6.19}$$

流线方程为

$$C = (x_1^3 - 3x_1x_1^2) + \frac{1}{2}(x_1^2 + x_2^2) = \text{const} \tag{2.6.20}$$

令上式右边的常数为 $1/54\,C^2$，则(2.6.20)式可化作

$$(6Cx_1-1)\left[x_2^2-\frac{1}{3}\left(x_1+\frac{1}{3C}\right)^2\right]=0 \qquad (2.6.21)$$

上式所对应的截面为边长 $a=1/\sqrt{3}C$ 的等边三角形(见图 2.4(b)).将(2.6.19)式代入(2.6.9)式计算三角棱柱腔的等效惯量,得到

$$J_{33}^*=[f \quad f]=\frac{1}{30}m_2a^2 \qquad (2.6.22)$$

2.6.2 相对横轴的等效惯量矩

计算液体相对横轴 Ox_1, Ox_2 的等效惯量矩 J_{11}^*, J_{22}^* 时,假定刚体绕 x_1Ox_2 平面内的任意轴旋转,令 $\omega_3=0$,则有

$$\varphi=\omega_1\Psi_1+\omega_2\Psi_2 \qquad (2.6.23)$$

令

$$\Psi_1=F_1-x_2x_3,\quad \Psi_2=F_2+x_1x_3 \qquad (2.6.24)$$

其中 F_1, F_2 均为调和函数,满足边界条件

$$\frac{\partial F_1}{\partial n}=0,\frac{\partial F_2}{\partial n}=0 \quad (P\in\Sigma_1) \qquad (2.6.25a)$$

$$\frac{\partial F_1}{\partial n}=\pm 2x_2,\quad \frac{\partial F_2}{\partial n}=\mp 2x_1 \quad (P\in\Sigma_{2,3}) \qquad (2.6.25b)$$

利用(2.2.1)式计算相对流速 $\boldsymbol{u}$

$$\begin{aligned}u_1&=\omega_1\frac{\partial F_1}{\partial x_1}+\omega_2\frac{\partial F_2}{\partial x_1}\\u_2&=\omega_1\frac{\partial F_1}{\partial x_2}+\omega_2\frac{\partial F_2}{\partial x_2}\\u_3&=\omega_1\left(\frac{\partial F_1}{\partial x_3}-2x_2\right)+\omega_2\left(\frac{\partial F_2}{\partial x_3}+2x_1\right)\end{aligned} \qquad (2.6.26)$$

从(1.4.5)式、(2.3.10)式导出液体的动能 T_2,令其中 $\boldsymbol{v}_0=0$,得到

$$2T_2 = \omega \cdot \boldsymbol{J}^* \cdot \omega = \omega \cdot \boldsymbol{J}^{(2)} \cdot \omega$$

$$+ 2\omega \cdot \rho\int_V (\boldsymbol{r} \times \boldsymbol{u}) \mathrm{d}V + \rho\int_V u^2 \mathrm{d}V \quad (2.6.27)$$

利用(2.2.1)式和 Gauss 定理将上式右边第二项化作

$$2\omega \cdot \rho\int_V (\boldsymbol{r} \times \boldsymbol{u}) \mathrm{d}V = 2\rho\int_V \boldsymbol{u} \cdot (\omega \times \boldsymbol{r}) \mathrm{d}V$$

$$= 2\rho\int_V \boldsymbol{u} \cdot (\nabla\varphi - \boldsymbol{u}) \mathrm{d}V = 2\rho\int_\Sigma \varphi u_n \mathrm{d}S - 2\rho\int_V u^2 \mathrm{d}V$$

$$(2.6.28)$$

上式右边第一项为零,将其代入(2.6.27)后可导出

$$\omega \cdot \boldsymbol{J}^* \cdot \omega = \omega \cdot \boldsymbol{J}^{(2)} \cdot \omega - \rho\int_V u^2 \mathrm{d}V \quad (2.6.29)$$

将(2.6.26)式代入上式的积分中化简，设腔的横截面相对 x_2Ox_3 平面对称，$J_{12}^{(2)} = J_{12}^* = 0$，令(2.6.29)式两边 ω_1，ω_2 的系数相等，导出

$$J_{11}^* = J_{11}^{(2)} - \rho\int_V \left[\left(\frac{\partial F_1}{\partial x_1} \right)^2 + \left(\frac{\partial F_1}{\partial x_2} \right)^2 + \left(\frac{\partial F_1}{\partial x_3} - 2x_2 \right)^2 \right] \mathrm{d}V$$

$$(2.6.30a)$$

$$J_{22}^* = J_{22}^{(2)} - \rho\int_V \left[\left(\frac{\partial F_2}{\partial x_1} \right)^2 + \left(\frac{\partial F_2}{\partial x_2} \right)^2 + \left(\frac{\partial F_2}{\partial x_3} + 2x_1 \right)^2 \right] \mathrm{d}V$$

$$(2.6.30b)$$

利用 Gauss 定理和边界条件(2.6.25)可导出以下等式

$$\int_V \sum_{j=1}^{3} \left(\frac{\partial F_1}{\partial x_j} \right)^2 \mathrm{d}V = \int_\Sigma F_1 \frac{\partial F_1}{\partial n} \mathrm{d}S$$

$$= \int_{\Sigma_0} [(F_1)_{z=h} - (F_1)_{z=-h}] 2x_2 \mathrm{d}S$$

$$\int_V \sum_{j=1}^{3}\left(\frac{\partial F_2}{\partial x_j}\right)^2 \mathrm{d}V = \int_\Sigma F_2 \frac{\partial F_2}{\partial n}\mathrm{d}S$$

$$= -\int_{\Sigma_0}[(F_2)_{z=h} - (F_2)_{z=-h}]2x_1\mathrm{d}S$$

(2.6.31)

$$\int_V \frac{\partial F_1}{\partial x_3}x_2\mathrm{d}V = \int_{\Sigma_0}[(F_1)_{z=h} - (F_1)_{z=-h}]x_2\mathrm{d}S$$

$$\int_V \frac{\partial F_2}{\partial x_3}x_1\mathrm{d}V = \int_{\Sigma_0}[(F_2)_{z=h} - (F_2)_{z=-h}]x_1\mathrm{d}S$$

其中 Σ_0 为腔的横截面.将上式代入(2.6.30)式，得到

$$J_{11}^* = J_{11}^{(2)} + 2\rho\int_{\Sigma_0}[(F_1)_{z=h} - (F_1)_{z=-h}]x_2\mathrm{d}S - 8\rho h\int_{\Sigma_0}x_2^2\mathrm{d}S$$

(2.6.32a)

$$J_{22}^* = J_{22}^{(2)} - 2\rho\int_{\Sigma_0}[(F_2)_{z=h} - (F_2)_{z=-h}]x_1\mathrm{d}S - 8\rho h\int_{\Sigma_0}x_1^2\mathrm{d}S$$

(2.6.32b)

式中 $J_{11}^{(2)}$，$J_{22}^{(2)}$ 为凝固为刚体的液体的惯量矩.

2.6.3 圆柱腔情形

讨论半径为 a，高度为 $2h$ 的圆柱腔(见图 2.5).其相对纵轴的等效惯量矩 J_{33}^* 为零.将 x_1，x_2，x_3 以柱坐标 r, θ, z 表示，令

$$F_1 = \Psi(r, z)\sin\theta,$$

$$F_2 = -\Psi(r, z)\cos\theta \quad (2.6.33)$$

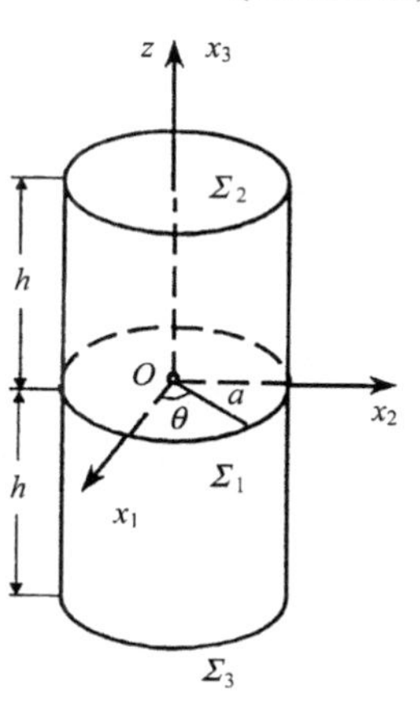

图 2.5

$\Psi(r, z)$是调和函数，由以下边值问题确

定

$$\frac{\partial^2 \Psi}{\partial r^2}+\frac{1}{r}\frac{\partial \Psi}{\partial r}-\frac{\Psi}{r^2}+\frac{\partial^2 \Psi}{\partial z^2}=0 \quad (P\in V) \tag{2.6.34}$$

$$\frac{\partial \Psi}{\partial r}=0 \quad (P\in \Sigma_1) \tag{2.6.35a}$$

$$\frac{\partial \Psi}{\partial z}=2r \quad (P\in \Sigma_{2,3}) \tag{2.6.35b}$$

将 $\Psi(r,z)$分离变量展成双曲线级数

$$\Psi(r,z)=\sum_{i=1}^{\infty} C_i R_i(r)\mathrm{sh}(\lambda_i z) \tag{2.6.36}$$

其中 C_i，λ_i 为待定常数.将上式代入方程(2.6.34)，令 $\zeta=\lambda_i r$，则(2.6.34)式化为一阶 Bessel 方程

$$\zeta^2\frac{\mathrm{d}^2 R_i}{\mathrm{d}\zeta^2}+\zeta\frac{\mathrm{d}R_i}{\mathrm{d}\zeta}+(\zeta^2-1)R_i=0 \tag{2.6.37}$$

解出 R_i 为一阶第一类 Bessel 函数

$$R_i=J_1(\zeta)=\frac{1}{2\pi}\int_{-\pi}^{\pi}\cos(\theta-\zeta\sin\theta)\mathrm{d}\theta \tag{2.6.38}$$

边界条件(2.6.35a)要求

$$J'_1(\zeta)=0 \quad (P\in \Sigma_1) \tag{2.6.39}$$

解出 $\zeta=\zeta_i$ 为 $J'_1(\zeta)$的零点($\zeta_1=1.8412$，$\zeta_2=5.4315$，$\zeta_3=8.5363$，$\zeta_4=11.706$)，从而确定 λ_i

$$\lambda_i=\frac{\zeta_i}{a} \tag{2.6.40}$$

条件(2.6.36b)要求

$$\sum_{i=1}^{\infty} C_i\lambda_i J_1(\lambda_i r)\mathrm{ch}(\lambda_i h)=2r \tag{2.6.41}$$

对上式两边乘以 $rJ_1(\lambda_i r)$，对 r 自 0 至 a 积分，利用以下 Bessel 函数的正交性质

$$\int_0^a J_1(\lambda_i, r) J_1(\lambda_j, r) r \mathrm{d} r = \begin{cases} 0 & (i \neq j) \\ \dfrac{\lambda_i^2 a^2 - 1}{2\lambda_i^2} [J_1(\lambda_i a)]^2 & (i = j) \end{cases}$$

(2.6.42a)

$$\int_0^a J_1(\lambda_i, r) r^2 \mathrm{d} r = \frac{a}{\lambda_i^2} J_1(\lambda_i a) \qquad (2.6.42\text{b})$$

导出

$$C_i = \frac{4a^2}{\zeta_i(\zeta_i^2 - 1) J_1(\zeta_i) \mathrm{ch}(\zeta_i h/a)} \qquad (2.6.43)$$

最终得到

$$\Psi(r, z) = 4a^2 \sum_{i=1}^{\infty} \frac{J_1(\zeta_i r/a) \mathrm{sh}(\zeta_i z/a)}{\zeta_i(\zeta_i^2 - 1) J_1(\zeta_i) \mathrm{ch}(\zeta_i h/a)}$$

(2.6.44)

将上式代入(2.6.33)式、(2.6.32)式，导出

$$J_{11}^* = J_{22}^* = m_2\left(\frac{a_2}{4} + \frac{h^2}{3}\right) - ma^2\left[1 - \frac{8a}{h}\sum_{i=1}^{\infty} \frac{\mathrm{th}(\zeta_i h/a)}{\zeta_i^2(\zeta_i^2 - 1)}\right]$$

(2.6.45)

此结果为 Zhukovskiy 导出. Chetajev 计算了各种带隔板的圆柱腔，计算表明，隔板愈多等效刚体的惯量矩愈接近于凝固为刚体的惯量矩.

§2.7 复连通腔情形

流体在复连通腔内的运动比单连通腔复杂，因为理想流体在

复连通腔内可存在绕“岛”的环量 Γ，但仍满足加隔板后的单连通域内的无旋条件.常数 Γ 可为任意值，由运动的起始条件确定. Zhukovskiy 讨论了封闭的等截面细管，近似令管内流体质点相对刚体的流速沿中心线的切线方向而简化为一元流动.刚体绕固定点 O 转动时利用(2.3.1)式计算液体的动量矩 $\boldsymbol{H}^{(2)}$：

$$\boldsymbol{H}^{(2)} = \rho\int_V \boldsymbol{r}\times(\omega\times\boldsymbol{r}+\boldsymbol{u})\mathrm{d}V = \boldsymbol{J}^{(2)}\cdot\omega+\boldsymbol{H}' \tag{2.7.1}$$

其中

$$\boldsymbol{H}' = \rho\int_V \boldsymbol{r}\times\boldsymbol{u}\mathrm{d}V \tag{2.7.2}$$

$\boldsymbol{J}^{(2)}$ 为凝固的液体相对 O 点的惯量张量，$\boldsymbol{J}^{(2)}\cdot\omega$ 为凝固液体的动量矩，可与主刚体部分的动量矩 $\boldsymbol{H}^{(1)}$ 合并为刚体带凝固液体的总动量矩. $\boldsymbol{H}'$ 由液体在管内的相对流动引起，可用流体质点相对 O 点的扇形速度 $\mathrm{d}\boldsymbol{S}/\mathrm{d}t$ 表示为

$$\boldsymbol{H}' = 2\rho\int_V \frac{\mathrm{d}\boldsymbol{S}}{\mathrm{d}t}\mathrm{d}V \tag{2.7.3}$$

设 c 为管截面，l 为沿细管中心线组成的封闭回路 L 的曲线坐标(见图 2.6)，则有

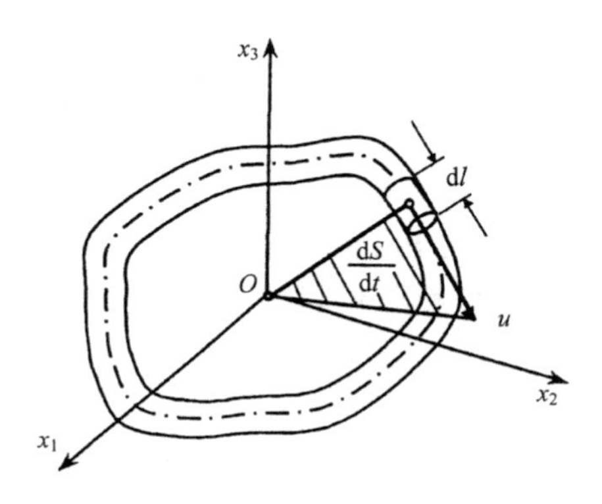

图 2.6

$$\mathrm{d}V = c\mathrm{d}l = cu\mathrm{d}t = q\mathrm{d}t \tag{2.7.4}$$

其中 q 为液体在细管内的流量，可用沿封闭回路 L 的环量 Γ 表示为

$$q = cu = \frac{c\Gamma}{L} \tag{2.7.5}$$

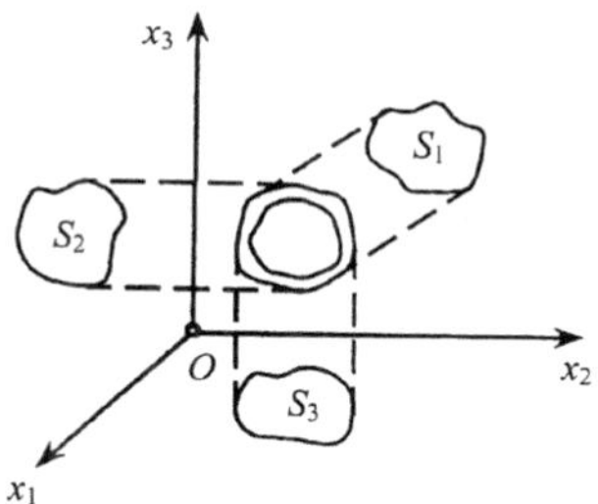

图 2.7

常数 q 或 Γ 取决于流动的起始条件，将(2.7.4)式代入(2.7.3)式，积分后，得到的 $\boldsymbol{H}'$ 相对 $O\text{-}x_1x_2x_3$ 各轴的投影与 L 相对各坐标面的投影所围面积 S_1，S_2，S_3 成正比(见图 2.7).

$$\begin{aligned}\boldsymbol{H}' &= \frac{2\rho c\Gamma}{L}\int_S \mathrm{d}\boldsymbol{S} \\ &= \frac{2\rho c\Gamma}{L}(S_1\boldsymbol{e}_1 + S_2\boldsymbol{e}_2 + S_3\boldsymbol{e}_3)\end{aligned} \tag{2.7.6}$$

因此带充液复连通腔的刚体运动完全类似于陀螺体的运动，$\boldsymbol{H}'$ 相当于匀速旋转的转子相对主刚体的动量矩.

§ 2.8　Ritz 方法

对于任意形状腔的一般情形，可用数值方法计算 Stokes-Zhukovskiy 势函数 $\Psi_j(j=1,2,3)$.后者是以下 Neumann 边值问题的解

$$\Delta\Psi_j = 0 \qquad (P \in V) \tag{2.8.1}$$

$$\frac{\partial\Psi_j}{\partial n} = h_j \qquad (P \in \Sigma) \tag{2.8.2}$$

其中

$$h_j = (\boldsymbol{r} \times \boldsymbol{n}) \cdot \boldsymbol{e}_j \tag{2.8.3}$$

在以下推导过程中，省去下标 j.设 Ψ^0 是边值问题(2.8.1)式、(2.8.2)式的精确解，Ψ 只满足边界条件(2.8.2)式，定义函数 u,f 为

$$u=\Psi-\Psi^0,\ f=\Delta u=\Delta\Psi \tag{2.8.4}$$

则 Ψ 的边值问题可化为 u 的 Poisson 方程的 Dirichlet 问题

$$\Delta u=f\quad (P\in V) \tag{2.8.5}$$

$$\frac{\partial u}{\partial n}=0\quad (P\in\Sigma) \tag{2.8.6}$$

此边值问题可化作以下泛函数 $I(u)$的极值问题

$$I(u)=\int_V(\Delta u\cdot u-2u\cdot f)\mathrm{d}V \tag{2.8.7}$$

证明：设 u^0 是边值问题(2.8.5)式、(2.8.6)式的精确解，则(2.8.7)式化作

$$\begin{aligned}I(u)&=\int_V(\Delta u\cdot u-2u\cdot\Delta u^0)\mathrm{d}V\\&=\int_V(\Delta u\cdot u-2u\cdot\Delta u^0+\Delta u^0\cdot u^0)\mathrm{d}V\\&\quad-\int_V\Delta u^0\cdot u^0\mathrm{d}V\end{aligned} \tag{2.8.8}$$

利用 Laplace 算子的对称性

$$\int_V u\cdot\Delta u^0\mathrm{d}V=\int_V\Delta u\cdot u^0\mathrm{d}V \tag{2.8.9}$$

(2.8.8)式可化作

$$I(u)=\int_V\Delta(u-u^0)\cdot(u-u^0)\mathrm{d}V-\int_V\Delta u^0\cdot u^0\mathrm{d}V \tag{2.8.10}$$

可见当 $u=u^0$ 时 $I(u)$有最小值.证毕.

将(2.8.4)式代回至(2.8.7)式,后化作

$$I(u)=\int_V[(\Delta\Psi-\Delta\Psi^0)\cdot(\Psi-\Psi^0)-2(\Psi-\Psi^0)\cdot\Delta\Psi]\mathrm{d}V$$

$$=-\int_V(\Delta\Psi\cdot\Psi+\Psi\cdot\Delta\Psi^0-\Psi^0\cdot\Delta\Psi-\Delta\Psi^0\cdot\Psi^0)\mathrm{d}V$$

(2.8.11)

作泛函 I^*，定义为

$$I^*=-\int_V(\Delta\Psi\cdot\Psi+\Psi\cdot\Delta\Psi^0-\Psi^0\cdot\Delta\Psi)\mathrm{d}V \tag{2.8.12}$$

利用 Green 公式和边界条件(2.8.2)式，此泛函可化作

$$I^*=\int_V(\nabla\Psi)^2\mathrm{d}V-\int_\Sigma\left(2\Psi h-\Psi^0\frac{\partial\Psi^0}{\partial n}\right)\mathrm{d}S \tag{2.8.13}$$

作泛函 I^{**}，定义为

$$I^{**}=\int_V(\nabla\Psi)^2\mathrm{d}V-2\int_\Sigma\Psi h\mathrm{d}S \tag{2.8.14}$$

于是边值问题(2.8.1)式、(2.8.2)式是最终归结于泛函 I^{**} 的极值问题.

选择坐标 $\{\phi_j\}$ $(j=1,\cdots,N)$，全部或部分满足边界条件(2.8.2)式，令

$$\Psi=\sum_{j=1}^{N}C_j\phi_j \tag{2.8.15}$$

代入(2.8.14)式，得到

$$I^{**}=\int_V\left(\sum_{j=1}^{N}C_j\nabla\phi_j\right)^2\mathrm{d}V-2\int_\Sigma\left(\sum_{j=1}^{N}C_j\phi_j\right)h\mathrm{d}S \tag{2.8.16}$$

令 I^{**} 对 N 个系数 C_j 的偏导数为零

$$\frac{\partial I^{**}}{\partial C_j}=0\quad(j=1,\cdots,N) \tag{2.8.17}$$

导出

$$\sum_{k=1}^{N} \alpha_{kj} C_k = \beta_j \quad (j = 1, \cdots, N) \tag{2.8.18}$$

其中

$$\alpha_{kj} = \int_V \nabla \phi_k \cdot \nabla \phi_j \mathrm{d} V, \ \beta_j = 2\int_\Sigma \phi_j h \mathrm{d} S \tag{2.8.19}$$

解此代数方程组，即得到系数 $C_k(k=1,\cdots,N)$.

§2.9 注　　记

当腔内完全充满液体时，就不形成自由液面，而液体的存在将影响充液系统的重量、重心和惯量张量.对于前两个力学量，只要将液体视为由一种等同比重的“刚体”（凝固液体）所代替就可以.然而，这种处理的方法却不适用于惯量张量的计算.因为“刚体”可以完全伴随腔体做各种姿态运动，但液体与“刚体”相比其伴随性要差得多.因此，和体积相同、重量相等的“刚体”相比较，液体的转动惯量要小.为此，Zhukovskiy“等效刚体”的处理方法，以及“等效刚体惯量张量”的计算等，就有重要的理论方法意义和工程应用价值.

对于完全充满理想无旋液体的刚体，当引进“等效刚体”的概念以后，可以转化为一个普通的刚体系，其中，包含了液体的“等效刚体”和主刚体两个部分，从而将充液刚体混合系统的动力学分析，变成了对于刚体系的分析.此时可将具有无限多自由度的充液刚体系统转化为有限自由度的多刚体系统，用常微分方程组表征它的运动.

可以看到，这种简化的方法为直接应用有限自由度的 Lyapunov 理论研究充液系统的运动稳定性和镇定问题，提供了一条简明有效的途径.理论与实践都表明，上述研究方法在一定条件下对于一些充液航天器是可行的，可供工程设计时参考[4,10].

第三章　充有旋液体的刚体运动

§3.1　引　　言

本章将在不同的情况下讨论腔内全充满理想不可压缩有旋液体的刚体运动.对于带有球形腔的刚体,允许液体相对主刚体作整体的刚体转动,从而使充液刚体系统相当于一个带液体转子的陀螺体.在更一般的情况下,对于充液椭球腔,则存在一种接近刚体转动的液体运动,液体的这种简单运动称为均匀涡旋运动.Poincaré 等已证明:只有在椭球腔内才能实现液体的均匀涡旋运动.而对于其它的非椭球腔, Pfeiffer 提出一种近似理论, 用平均旋度来代替液体的实际旋度.这种平均意义下的均匀涡旋运动可称为准均匀涡旋运动.对于自旋全充液刚体,可通过一次近似方程的特征根的性质来判别无扰运动的稳定性.

§3.2　液体的刚体转动

讨论刚体带球形腔, 腔内全充满理想流体的特殊情形.在球形腔壁的特殊约束条件下,允许液体相对主刚体作与刚体相同的整体转动.充液刚体的运动因而与带球形自由转子的陀螺体完全相同(见图 3.1).以 Ω'表示作刚体转动的流体相对主刚体的角速度,流体质点的相对速度可写作

$$\boldsymbol{u} = \Omega' \times \boldsymbol{r} \tag{3.2.1}$$

设 Ω'相对以球腔中心 O 为原点的坐标系 $O\text{-}x_1x_2x_3$ 的投影为 Ω'_j($j=1,2,3$), 则 $\boldsymbol{u}$ 的投影式为

$$\left.\begin{aligned} u_1 &= \Omega'_2 x_3 - \Omega'_3 x_2 \\ u_2 &= \Omega'_3 x_1 - \Omega'_1 x_3 \\ u_3 &= \Omega'_1 x_2 - \Omega'_2 x_1 \end{aligned}\right\} \tag{3.2.2}$$

流体作刚体转动的绝对速度 Ω 为

$$\Omega = \omega + \Omega' \tag{3.2.3}$$

流体质点的绝对速度 $\boldsymbol{v}$ 为

$$\boldsymbol{v} = \Omega \times \boldsymbol{r} \tag{3.2.4}$$

其投影式为

$$\left.\begin{aligned} v_1 &= \Omega_2 x_3 - \Omega_3 x_2 \\ v_2 &= \Omega_3 x_1 - \Omega_1 x_3 \\ v_3 &= \Omega_1 x_2 - \Omega_2 x_1 \end{aligned}\right\} \tag{3.2.5}$$

其中 $\Omega_j = \omega_j + \Omega'_j$ ($j=1,2,3$)为 Ω 相对 $O\text{-}x_1x_2x_3$ 的投影.将(3.2.5)式代入(1.3.7)式计算流体的旋度，得到

$$\operatorname{rot} \boldsymbol{v} = 2\Omega \tag{3.2.6}$$

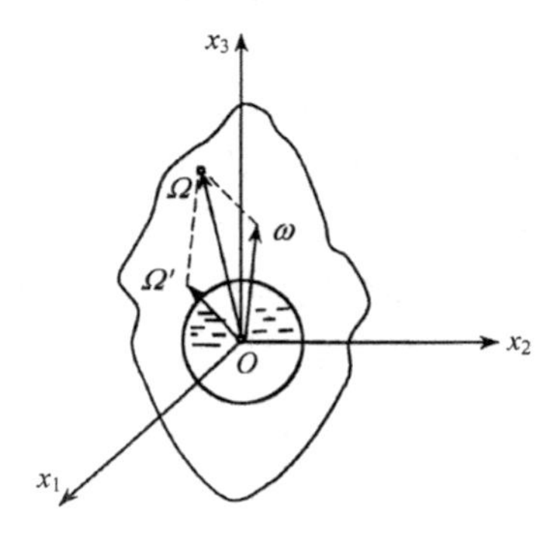

图 3.1

可见角速度 Ω 与按(1.3.7)式定义的流体旋度完全相同.流体的动量矩 $\boldsymbol{H}^{(2)}$ 为

$$\boldsymbol{H}^{(2)} = \boldsymbol{J}^{(2)} \cdot \Omega \tag{3.2.7}$$

$\boldsymbol{J}^{(2)}$ 为凝固的流体相对 O 点的惯量张量.如 $\boldsymbol{J}^{(1)}$ 为主刚体的惯量张量,则充液刚体的总动量矩为

$$\boldsymbol{H} = \boldsymbol{J}^{(1)} \cdot \omega + \boldsymbol{J}^{(2)} \cdot \Omega \tag{3.2.8}$$

§3.3 均匀涡旋运动

上述液体的刚体运动只能在球形腔内实现.在椭球腔内刚体转动不可能发生,但存在一种与刚体转动接近的简单流动.以腔的几何中心为原点建立椭球面的主轴坐标系 $O\text{-}x_1x_2x_3$.设椭球腔壁 Σ 的曲面方程与(2.4.1)式相同,即

$$F(x_1, x_2, x_3) = \frac{x_1^2}{a_1^2} + \frac{x_2^2}{a_2^2} + \frac{x_3^2}{a_3^2} - 1 = 0 \tag{3.3.1}$$

作以下坐标变换

$$x_j = a_j x_{0j} \qquad (j = 1,2,3) \tag{3.3.2}$$

变换后的椭球腔成为球腔(见图 3.2).假定此球腔内流体以相对角速度 Ω'_0 作刚体转动,流体质点的相对速度 $\boldsymbol{u}_0$ 的投影 u_{0j}($j=1,2,3$)为

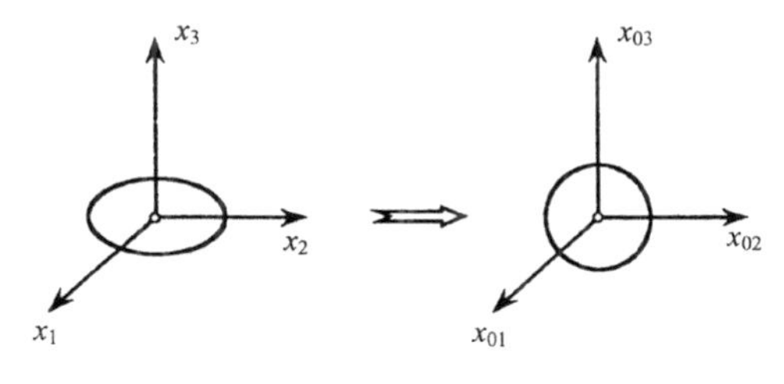

图 3.2

$$
\left.\begin{aligned}
u_{01} &= \Omega'_{02}\, x_{03} - \Omega'_{03}\, x_{02} \\
u_{02} &= \Omega'_{03}\, x_{01} - \Omega'_{01}\, x_{03} \\
u_{03} &= \Omega'_{01}\, x_{02} - \Omega'_{02}\, x_{01}
\end{aligned}\right\} \tag{3.3.3}
$$

此流速 $\boldsymbol{u}_0$ 与椭球腔内的实际流速 $\boldsymbol{u}$ 之间亦遵循与(3.3.2)式相同的比例关系

$$
u_j = a_j u_{0j} \qquad (j = 1,2,3) \tag{3.3.4}
$$

利用(3.3.2)式、(3.3.4)式将(3.3.3)式变为实际流速 $\boldsymbol{u}$

$$
\left.\begin{aligned}
u_1 &= \frac{a_1}{a_3}\Omega'_{02}\, x_3 - \frac{a_1}{a_2}\Omega'_{03}\, x_2 \\
u_2 &= \frac{a_2}{a_1}\Omega'_{03}\, x_1 - \frac{a_2}{a_3}\Omega'_{01}\, x_3 \\
u_3 &= \frac{a_3}{a_2}\Omega'_{01}\, x_2 - \frac{a_3}{a_1}\Omega'_{02}\, x_1
\end{aligned}\right\} \tag{3.3.5}
$$

Poincaré 称这种运动为椭球腔内流体的简单流动.

流体在腔壁处法向相对速度为零的条件(1.6.1)要求

$$
u_1 \frac{\partial F}{\partial x_1} + u_2 \frac{\partial F}{\partial x_2} + u_3 \frac{\partial F}{\partial x_3} = 0 \tag{3.3.6}
$$

将(3.3.1)式、(3.3.5)式代入后,(3.3.6)式为恒等式,从而证明流体的简单流动满足腔壁的边界条件.当刚体以角速度 ω 转动时,流体质点的绝对速度为

$$
\left.\begin{aligned}
v_1 &= \omega_2\, x_3 - \omega_3\, x_2 + u_1 \\
v_2 &= \omega_3\, x_1 - \omega_1\, x_3 + u_2 \\
v_3 &= \omega_1\, x_2 - \omega_2\, x_1 + u_3
\end{aligned}\right\} \tag{3.3.7}
$$

将(3.3.7)式、(3.3.5)式代入(1.3.7)式,计算流体的旋度,得到

$$
\left.\begin{aligned}
\Omega_1 &= \omega_1 + \left(\frac{a_2^2 + a_3^2}{2a_2a_3}\right)\Omega'_{01}\\
\Omega_2 &= \omega_2 + \left(\frac{a_3^2 + a_1^2}{2a_3a_1}\right)\Omega'_{02}\\
\Omega_3 &= \omega_3 + \left(\frac{a_1^2 + a_2^2}{2a_1a_2}\right)\Omega'_{03}
\end{aligned}\right\} \tag{3.3.8}
$$

Ω 与位置无关，即流场内所有质点具有同样的旋度.因此上述简单流动也称为均匀涡旋运动.利用(3.3.8)式将(3.3.5)式中的Ω_{0j}改为以 Ω_j 表示，并代入(3.3.7)式，得到

$$
\boldsymbol{v} = \Omega \times \boldsymbol{r} + \boldsymbol{v}^* \tag{3.3.9}
$$

或

$$
\left.\begin{aligned}
v_1 &= \Omega_2 x_3 - \Omega_3 x_2 + v_1^*\\
v_2 &= \Omega_3 x_1 - \Omega_1 x_3 + v_2^*\\
v_3 &= \Omega_1 x_2 - \Omega_2 x_1 + v_3^*
\end{aligned}\right\} \tag{3.3.10}
$$

与(3.2.5)式对照，流体速度由刚体转动和因腔壁椭球度所引起的速度增量 $\boldsymbol{v}^*$ 所组成. $\boldsymbol{v}^*$ 的存在可保证流体满足椭球形腔壁处的边界条件，其投影式为

$$
\left.\begin{aligned}
v_1^* &= \left(\frac{a_3^2 - a_1^2}{a_3^2 + a_1^2}\right)(\omega_2 - \Omega_2)x_3 + \left(\frac{a_1^2 - a_2^2}{a_1^2 + a_2^2}\right)(\omega_3 - \Omega_3)x_2\\
v_2^* &= \left(\frac{a_1^2 - a_2^2}{a_1^2 + a_2^2}\right)(\omega_3 - \Omega_3)x_1 + \left(\frac{a_2^2 - a_3^2}{a_2^2 + a_3^2}\right)(\omega_1 - \Omega_1)x_3\\
v_3^* &= \left(\frac{a_2^2 - a_3^2}{a_2^2 + a_3^2}\right)(\omega_1 - \Omega_1)x_2 + \left(\frac{a_3^2 - a_1^2}{a_3^2 + a_1^2}\right)(\omega_2 - \Omega_2)x_1
\end{aligned}\right\} \tag{3.3.11}
$$

不难看出 $\boldsymbol{v}^*$ 存在势函数 φ

$$\boldsymbol{v}^* = \nabla \varphi \tag{3.3.12}$$

$$\varphi = \left(\frac{a_2^2 - a_3^2}{a_2^2 + a_3^2}\right)(\omega_1 - \Omega_1) x_2 x_3 + \left(\frac{a_3^2 - a_1^2}{a_3^2 + a_1^2}\right)$$

$$\times (\omega_2 - \Omega_2) x_3 x_1 + \left(\frac{a_1^2 - a_2^2}{a_1^2 + a_2^2}\right)(\omega_3 - \Omega_3) x_1 x_2 \tag{3.3.13}$$

与(2.4.8)式相比可以看出，此势函数与椭球腔内理想无旋流体的势函数相同，只须将 ω 换作 $\omega - \Omega$.因此均匀涡旋运动的流体规律为刚体转动与势流的叠加,即

$$\boldsymbol{v} = \Omega \times \boldsymbol{r} + \nabla \varphi \tag{3.3.14}$$

对于球腔的特殊情形，$a_1 = a_2 = a_3$，附加流动 $\boldsymbol{v}^*$ 及对应的势函数 φ 均不存在.相对 Ox_3 轴对称的旋转椭球腔是另一种特例，即 $a_1 = a_2$，如 $\Omega'_1 = \Omega'_2 = 0$,则附加流动亦不存在,表明流体可绕腔的对称轴作刚体转动.一般情况下,势函数 φ 可写作

$$\varphi = \Psi \cdot (\omega - \Omega) \tag{3.3.15}$$

Ψ 由以下 Neumann 边值问题确定

$$\frac{\partial \Psi}{\partial n} = \boldsymbol{r} \times \boldsymbol{n} \qquad (P \in \Sigma) \tag{3.3.16}$$

§ 3.4 Helmholtz 涡量守恒定理

流体作均匀涡旋流动时，旋度 Ω 只是时间的函数，Helmholtz 方程成为常微分方程

$$\frac{\mathrm{d}\Omega}{\mathrm{d}t} = (\Omega \cdot \nabla) \boldsymbol{v} \tag{3.4.1}$$

将(3.3.10)式、(3.3.11)式代入上式，导出其投影式

$$\left.\begin{aligned}
\frac{\mathrm{d}\Omega_1}{\mathrm{d}t} &= 2a_1^2\left[\frac{\omega_3\Omega_2}{a_1^2+a_2^2}-\frac{\omega_2\Omega_3}{a_3^2+a_1^2}\right]-\frac{2a_1^2(a_3^2-a_2^2)}{(a_1^2+a_2^2)(a_1^2+a_3^2)}\Omega_2\Omega_3\\
\frac{\mathrm{d}\Omega_2}{\mathrm{d}t} &= 2a_2^2\left[\frac{\omega_1\Omega_3}{a_2^2+a_3^2}-\frac{\omega_3\Omega_1}{a_2^2+a_1^2}\right]-\frac{2a_2^2(a_1^2-a_3^2)}{(a_2^2+a_3^2)(a_2^2+a_1^2)}\Omega_3\Omega_1\\
\frac{\mathrm{d}\Omega_3}{\mathrm{d}t} &= 2a_3^2\left[\frac{\omega_2\Omega_1}{a_3^2+a_1^2}-\frac{\omega_1\Omega_2}{a_3^2+a_2^2}\right]-\frac{2a_3^2(a_2^2-a_1^2)}{(a_3^2+a_1^2)(a_3^2+a_2^2)}\Omega_1\Omega_2
\end{aligned}\right\}$$

(3.4.2)

将以上各式分别乘以 $a_2^2a_3^2\Omega_1$，$a_3^2a_1^2\Omega_2$，$a_1^2a_2^2\Omega_3$ 后相加得到

$$a_2^2a_3^2\Omega_1\frac{\mathrm{d}\Omega_1}{\mathrm{d}t}+a_3^2a_1^2\Omega_2\frac{\mathrm{d}\Omega_2}{\mathrm{d}t}+a_1^2a_2^2\Omega_3\frac{\mathrm{d}\Omega_3}{\mathrm{d}t}=0 \qquad (3.4.3)$$

可积分得到

$$a_2^2a_3^2\Omega_1^2+a_3^2a_1^2\Omega_2^2+a_1^2a_2^2\Omega_3^2=\mathrm{const} \qquad (3.4.4)$$

上式称为 Helmholtz 涡量守恒定理.

如椭球腔相对 Ox_3 轴对称，$a_1=a_2$，令 $\lambda=a_3/a_1$ 为椭球的半轴比，则方程(3.4.2)简化为

$$(1+\lambda^2)\left[\frac{\mathrm{d}\Omega_1}{\mathrm{d}t}-\omega_3\Omega_2\right]+2\omega_2\Omega_3-(1-\lambda^2)\Omega_2\Omega_3=0$$

(3.4.5a)

$$(1+\lambda^2)\left[\frac{\mathrm{d}\Omega_2}{\mathrm{d}t}+\omega_3\Omega_1\right]-2\omega_1\Omega_3+(1-\lambda^2)\Omega_3\Omega_1=0$$

(3.4.5b)

$$(1+\lambda^2)\frac{\mathrm{d}\Omega_3}{\mathrm{d}t}+2\lambda^2(\omega_1\Omega_2-\omega_2\Omega_1)=0 \qquad (3.4.5c)$$

积分(3.4.4)简化为

$$\lambda^2(\Omega_1^2+\Omega_2^2)+\Omega_3^2=\text{const} \tag{3.4.6}$$

如为球形腔，$\lambda=1$，则由上式得到

$$\Omega=\text{const} \tag{3.4.7}$$

即旋度的模随时间保持不变.由于理想流体在球腔内处于无力矩状态，不难用动量矩守恒原理对(3.4.7)式作出物理解释.

§3.5 充有旋液体的刚体运动方程

利用(3.3.14)式计算作均匀涡旋运动的流体动量矩 $\boldsymbol{H}^{(2)}$

$$\begin{aligned}\boldsymbol{H}^{(2)}&=\rho\int_V \boldsymbol{r}\times(\Omega\times\boldsymbol{r}+\nabla\varphi)\mathrm{d}V\\&=\boldsymbol{J}^{(2)}\cdot\Omega+\boldsymbol{J}^*\cdot(\omega-\Omega)\end{aligned} \tag{3.5.1}$$

其中 $\boldsymbol{J}^{(2)}$ 和 $\boldsymbol{J}^*$ 分别为凝固液体和等效刚体的惯量张量.设 $\boldsymbol{J}^{(1)}$ 为主刚体的惯量张量，系统的总动量矩 $\boldsymbol{H}$ 为

$$\boldsymbol{H}=\boldsymbol{J}^{(1)}\cdot\omega+\boldsymbol{J}^{(2)}\cdot\Omega+\boldsymbol{J}^*\cdot(\omega-\Omega) \tag{3.5.2}$$

定义以下张量符号

$$\boldsymbol{J}=\boldsymbol{J}^{(1)}+\boldsymbol{J}^{(2)},\quad \boldsymbol{J}_*=\boldsymbol{J}^{(1)}+\boldsymbol{J}^*,\quad \boldsymbol{J}'=\boldsymbol{J}^{(2)}-\boldsymbol{J}^* \tag{3.5.3}$$

其中 $\boldsymbol{J}$ 表示主刚体与凝固液体的合惯量张量，$\boldsymbol{J}_*$ 为主刚体与等效刚体的合惯量张量.利用上述符号可将(3.5.2)式简写为

$$\boldsymbol{H}=\boldsymbol{J}_*\cdot\omega+\boldsymbol{J}'\cdot\Omega \tag{3.5.4}$$

或

$$\boldsymbol{H}=\boldsymbol{J}\cdot\omega+\boldsymbol{J}'\cdot\Omega' \tag{3.5.5}$$

利用(3.3.14)式计算流体的动能 T_2

$$T_2=\frac{\rho}{2}\int_V(\boldsymbol{\Omega}\times\boldsymbol{r}+\nabla\varphi)^2\mathrm{d}V=\frac{\rho}{2}\int_V[(\boldsymbol{\Omega}\times\boldsymbol{r})^2+2(\boldsymbol{\Omega}\times\boldsymbol{r})\cdot\nabla\varphi+(\nabla\varphi)^2]\mathrm{d}V \tag{3.5.6}$$

分别计算右边各项积分

$$\left.\begin{aligned}
&\frac{\rho}{2}\int_V(\boldsymbol{\Omega}\times\boldsymbol{r})^2\mathrm{d}V=\frac{1}{2}\boldsymbol{\Omega}\cdot\boldsymbol{J}^{(2)}\cdot\boldsymbol{\Omega}\\
&\rho\int_V(\boldsymbol{\Omega}\times\boldsymbol{r})\cdot\nabla\varphi\mathrm{d}V=\rho\int_V\boldsymbol{\Omega}\cdot(\boldsymbol{r}\times\nabla\varphi)\mathrm{d}V=\boldsymbol{\Omega}\cdot\boldsymbol{J}^*\cdot(\boldsymbol{\omega}-\boldsymbol{\Omega})\\
&\frac{\rho}{2}\int_V(\nabla\varphi)^2\mathrm{d}V=\frac{1}{2}(\boldsymbol{\omega}-\boldsymbol{\Omega})\cdot\boldsymbol{J}^*\cdot(\boldsymbol{\omega}-\boldsymbol{\Omega})
\end{aligned}\right\} \tag{3.5.7}$$

主刚体的动能为

$$T_1=\frac{1}{2}\boldsymbol{\omega}\cdot\boldsymbol{J}^{(1)}\cdot\boldsymbol{\omega} \tag{3.5.8}$$

将(3.5.7)式代入(3.5.6)式并与(3.5.8)式相加，得到系统的总动能为

$$T=T_1+T_2=\frac{1}{2}\boldsymbol{\omega}\cdot\boldsymbol{J}_*\cdot\boldsymbol{\omega}+\frac{1}{2}\boldsymbol{\Omega}\cdot\boldsymbol{J}'\cdot\boldsymbol{\Omega} \tag{3.5.9}$$

设各惯量张量相对 $O\text{-}x_1x_2x_3$ 的投影矩阵为

$$\boldsymbol{J}=\begin{bmatrix}A&0&0\\0&B&0\\0&0&C\end{bmatrix},\ \boldsymbol{J}_*=\begin{bmatrix}A_*&0&0\\0&B_*&0\\0&0&C_*\end{bmatrix},\ \boldsymbol{J}'=\begin{bmatrix}A'&0&0\\0&B'&0\\0&0&C'\end{bmatrix} \tag{3.5.10}$$

则(3.5.9)式可写作

$$T=\frac{1}{2}(A_*\omega_1^2+B_*\omega_2^2+C_*\omega_3^2)+\frac{1}{2}(A'\Omega_1^2+B'\Omega_2^2+C'\Omega_3^2) \tag{3.5.11}$$

因此,当液体作均匀涡旋运动时,充液刚体的动量矩及动能的表达式都与陀螺体相同.其运动方程可以从陀螺体的 Euler 方程导出

$$\frac{\tilde{\mathrm{d}}\boldsymbol{H}}{\mathrm{d}t}+\omega\times\boldsymbol{H}=\boldsymbol{M} \tag{3.5.12}$$

将(3.5.5)式和(3.5.10)式代入(3.5.12)式,写出其投影式为

$$A\dot{\omega}_1+A'\Omega'_1+(C-B)\omega_2\omega_3+C'\omega_2\Omega'_3-B'\omega_3\Omega'_2=M_1 \tag{3.5.13a}$$

$$B\dot{\omega}_2+B'\Omega'_2+(A-C)\omega_1\omega_3+A'\omega_3\Omega'_1-C'\omega_1\Omega'_3=M_2 \tag{3.5.13b}$$

$$C\dot{\omega}_3+C'\Omega'_3+(B-A)\omega_1\omega_2+B'\omega_1\Omega'_2-A'\omega_2\Omega'_1=M_3 \tag{3.5.13c}$$

Euler 方程 (3.5.13)式、Helmholtz 方程(3.4.2)式及(3.2.3)式组成封闭的方程组,完全确定充液刚体的运动规律.

作为一种常见的特殊情形,设刚体及椭球腔都相对 Ox_3 轴对称,$a_1=a_2$, $A=B$, $A_*=B_*$, $A'=B'$.假定充液刚体的稳定运动是主刚体连同腔内液体绕对称轴 Ox_3 作同步的永久转动,液体的旋转与刚体角速度相同,沿 Ox_3 轴方向保持常值 ω_0.此外,主刚体及液体相对质心都无外力矩作用.只保留 ω_1, ω_2, $\omega_3-\omega_0$, Ω'_1, Ω'_2, Ω'_3 的一阶微量,则方程组(3.5.13)简化为

$$A\dot{\omega}_1+A'\Omega'_1-(A-C)\omega_0\omega_2-A'\omega_0\Omega'_2=0 \tag{3.5.14a}$$

$$A\dot{\omega}_2+A'\Omega'_2+(A-C)\omega_0\omega_1-A'\omega_0\Omega'_1=0 \tag{3.5.14b}$$

$$C\dot{\omega}_3+C'\Omega'_3=0 \tag{3.5.14c}$$

定义复变量

$$\zeta = \omega_1 + i\omega_2,\quad w = \Omega'_1 + i\Omega'_2 \tag{3.5.15}$$

将方程(3.5.14a)与(3.5.14b)合并为复数方程

$$A\zeta + i\omega_0(A - C)\zeta + A'\dot{w} + i\omega_0 A' w = 0 \tag{3.5.16}$$

方程(3.4.5a)与(3.4.5b)中略去二阶微量后亦可化作复数形式

$$(1 + \lambda^2)(\zeta + \dot{w}) + 2i\omega_0 w = 0 \tag{3.5.17}$$

§3.6 Kelvin 问题

流体作均匀涡旋运动时，充液刚体的运动由常微分方程组(3.4.2)式和(3.5.13)式完全确定，其稳定性问题可利用常微分方程稳定性理论解决.不计主刚体质量的椭球形液体绕对称轴旋转的稳定性是最简单的稳定性问题.Kelvin 于 1877 年提出此问题，1880 年 Greenhill 对线性化方程给出最早的分析[74].

设在旋转椭球形的薄壁腔内充满理想流体,无外力矩作用,主刚体的质量忽略不计.如液体质量为 m_2,令 $J_0 = m_2 a_1^2/5$, 可算出

$$A = J_0(1 + \lambda^2),\quad C = 2J_0,\quad A' = \frac{4J_0\lambda^2}{1 + \lambda^2},\quad C' = 2J_0 \tag{3.6.1}$$

代入方程(3.5.16), 化作

$$(1 + \lambda^2)^2\zeta - i\omega_0(1 - \lambda^4)\zeta + 4\lambda^2\dot{w} + 4i\omega_0\lambda^2 w = 0 \tag{3.6.2}$$

(3.6.2)式与(3.5.17)式组成线性方程组，其特征方程为

$$(\lambda^2 - 1)s^2 + i\omega_0(\lambda^2 - 1)s - 2\omega_0^2 = 0 \tag{3.6.3}$$

导出以下稳定性条件

$$(\lambda^2-1)(\lambda^2-9)\geqslant 0 \qquad (3.6.4)$$

即

$$\lambda\leqslant 1 \text{ 或 } \lambda\geqslant 3, \text{ 稳定}$$

$$1<\lambda<3, \qquad \text{不稳定} \qquad (3.6.5)$$

1979 年 Parks 保留运动方程的非线性项，用 Lyapunov 方法导出与(3.6.5)式相同的稳定性判据[74,98].

此判据表明自旋的球形薄壁充液容器($\lambda=1$)恰好处于稳定域边缘，外形稍有变化即可能从稳定转为不稳定. Kelvin 提出的上述问题可从判据(3.6.5)得到满意的解释. 生鸡蛋绕长轴旋转时，由于其 λ 值通常在 1 与 3 之间，其旋转必不稳定.

§3.7 准均匀涡旋运动

Dirichlet 和 Poincaré 指出椭球腔是液体能实现匀涡旋运动的惟一几何形状. 除椭球形以外的任何形状腔内都不可能有均匀涡旋运动存在. 1974 年 Pfeiffer 提出一种计算非椭球的任意轴对称腔的近似理论，他将流场内各点的旋度在腔内作平均化，所得到的平均旋度用来近似代替流体的实际旋度. 于是流体运动的平均效果可近似地用均匀涡旋运动描述，称作准均匀涡旋运动[182,189].

对于全充于任意轴对称腔内的流体，定义其平均旋度 Ω_a 为

$$\Omega_a=\frac{1}{V}\int_V \Omega \mathrm{d}V \qquad (3.7.1)$$

其中 V 为腔的体积. 将方程(3.4.1)各项在腔内平均化，可证实 Ω_a 满足以下平均化的 Helmholtz 方程

$$\frac{\mathrm{d}\Omega_a}{\mathrm{d}t}=\frac{1}{V}\int_V(\Omega\cdot\nabla)\boldsymbol{v}\mathrm{d}V \qquad (3.7.2)$$

设腔内流体的流动接近于均匀涡旋运动，其流速分布规律为

$$\boldsymbol{v} = \Omega_a \times \boldsymbol{r} + \nabla \varphi \tag{3.7.3}$$

将(3.7.3)式代入(3.7.2)式的右边，并考虑以下关系

$$\begin{aligned}(\Omega \cdot \nabla)(\Omega_a \times \boldsymbol{r}) &= \left[\sum_{j=1}^{3} \Omega_j \frac{\partial}{\partial x_j}\right](\Omega_a \times \boldsymbol{r}) \\ &= \sum_{j=1}^{3} \Omega_j \frac{\partial}{\partial x_j}[(\Omega_a \times \boldsymbol{r}) \cdot \boldsymbol{e}_j]\boldsymbol{e}_j \\ &= \sum_{j=1}^{3} \Omega_j [(\Omega_a \times \boldsymbol{e}_j) \cdot \boldsymbol{e}_j]\boldsymbol{e}_j = 0\end{aligned} \tag{3.7.4}$$

导出

$$\begin{aligned}\frac{1}{V}\int_V (\Omega \cdot \nabla)\boldsymbol{v}\mathrm{d}V &= \frac{1}{V}\int_V (\Omega \cdot \nabla)(\Omega_a \times \boldsymbol{r} + \nabla \varphi)\mathrm{d}V \\ &= \frac{1}{V}\int_V (\Omega \cdot \nabla)\nabla \varphi \mathrm{d}V\end{aligned} \tag{3.7.5}$$

设充液刚体的稳态运动是主刚体连同凝固的液体绕 Ox_3 轴作角速度为 ω_0 的永久转动，在受扰运动中略去$|\Omega_a - \omega_0 \boldsymbol{k}|$，$|\omega - \omega_0 \boldsymbol{k}|$及$|\nabla \varphi|$的二阶以上微量，并使用图 2.2 所示的柱坐标，利用 Gauss 定理将(3.7.5)式化作

$$\begin{aligned}\frac{1}{V}\int_V (\Omega \cdot \nabla)\nabla \varphi \mathrm{d}V &= \frac{\omega_0}{V}\int_V \frac{\partial}{\partial x_3}(\nabla \varphi)\mathrm{d}V \\ &= \frac{\omega_0}{V}\int_{\Sigma} \nabla \varphi n_3 \mathrm{d}S\end{aligned} \tag{3.7.6}$$

其中 n_3 为 Σ 曲面上任意点的法线 $\boldsymbol{n}$ 相对 Ox_3 轴的方向余弦.设 l 为沿壁腔母线 L 的曲线坐标，则有

$$n_3 \mathrm{d}l = -\mathrm{d}r \tag{3.7.7}$$

则(3.7.6)式化作

$$\frac{\omega_0}{V}\int_{\Sigma}\nabla\varphi n_3\,\mathrm{d}S=\frac{\omega_0}{V}\int_L\int_0^{2\pi}\nabla\varphi n_3\;r\mathrm{d}\theta\mathrm{d}l$$

$$=-\frac{\omega_0}{V}\int_L\int_0^{2\pi}\nabla\varphi\mathrm{d}\theta r\mathrm{d}r \qquad (3.7.8)$$

将势函数 φ 写作与(2.2.4)式类似的形式

$$\varphi=\boldsymbol{\Psi}\cdot(\boldsymbol{\omega}-\boldsymbol{\Omega}_a) \qquad (3.7.9)$$

则有

$$\int_0^{2\pi}\nabla\varphi\mathrm{d}\theta=\left(\int_0^{2\pi}\nabla\boldsymbol{\Psi}\mathrm{d}\theta\right)\cdot(\boldsymbol{\omega}-\boldsymbol{\Omega}_a) \qquad (3.7.10)$$

将矢量势函数按(2.5.4)式分离变量

$$\boldsymbol{\Psi}=\psi(r,z)\cdot(\sin\theta\boldsymbol{e}_1-\cos\theta\boldsymbol{e}_2) \qquad (3.7.11)$$

并用柱坐标 r，θ，z 表示 ∇

$$\nabla=\left(\frac{\partial}{\partial r}\cos\theta-\frac{1}{r}\frac{\partial}{\partial\theta}\sin\theta\right)\boldsymbol{e}_1+\left(\frac{\partial}{\partial r}\sin\theta+\frac{1}{r}\frac{\partial}{\partial\theta}\cos\theta\right)\boldsymbol{e}_2+\frac{\partial}{\partial z}\boldsymbol{e}_3$$

$$(3.7.12)$$

则并矢 $\nabla\boldsymbol{\Psi}$ 相对 $O\text{-}x_1x_2x_3$ 的坐标矩阵为

$$\nabla\boldsymbol{\Psi}=\begin{pmatrix}\left(\frac{\partial\psi}{\partial r}-\frac{\psi}{r}\right)\cos\theta\sin\theta & -\left(\frac{\partial\psi}{\partial r}\right)\cos^2\theta+\frac{\psi}{r}\sin^2\theta & 0\\ \frac{\partial\psi}{\partial r}\sin^2+\frac{\psi}{r}\cos^2\theta & -\left(\frac{\partial\psi}{\partial r}-\frac{\psi}{r}\right)\cos\theta\sin\theta & 0\\ \frac{\partial\psi}{\partial z}\sin\theta & -\frac{\partial\psi}{\partial z}\cos\theta & 0\end{pmatrix}$$

$$(3.7.13)$$

导出

$$\int_0^{2\pi} \nabla \Psi \mathrm{d}\theta = \pi \begin{pmatrix} 0 & -\left(\dfrac{\partial \psi}{\partial r} + \dfrac{\psi}{r}\right) & 0 \\ \dfrac{\partial \psi}{\partial r} + \dfrac{\psi}{r} & 0 & 0 \\ 0 & 0 & 0 \end{pmatrix} \tag{3.7.14}$$

将(3.7.14)式代入(3.7.10)式，化作

$$\int_0^{2\pi} \nabla \varphi \mathrm{d}\theta = \pi\left(\frac{\partial \psi}{\partial r} + \frac{\psi}{r}\right)[\boldsymbol{k} \times (\omega - \Omega_a)] \tag{3.7.15}$$

其中 $\boldsymbol{k} = \boldsymbol{e}_3$ 为沿对称轴 Oz 即 Ox_3 的单位矢量.将(3.7.15)式代入(3.7.8)式、(3.7.6)式，导出

$$\frac{1}{V}\int_V (\Omega \cdot \nabla) \boldsymbol{v} \mathrm{d} V = - \omega_0 \Gamma[\boldsymbol{k} \times (\omega - \Omega_a)] \tag{3.7.16}$$

其中 Γ 为由腔的母线 L 的几何形状所确定的曲线积分.设 $z = z_+(r)$及 $z = z_-(r)$分别表示腔壁曲面 Σ 的上半部分($\mathrm{d}r<0$)及下半部分($\mathrm{d}r>0$)，r_k 为 r 的极大值,则 Γ 定义为

$$\Gamma = \frac{\pi}{V}\int_L \left(r\frac{\partial \psi}{\partial r} + \psi\right) \mathrm{d} r = \frac{\pi}{V}\int_0^{r_k}\left[\left(r\frac{\partial \psi}{\partial r} + \psi\right)_{z=z_-(r)} - \left(r\frac{\partial \psi}{\partial r} + \psi\right)_{z=z_+(r)}\right] \mathrm{d} r \tag{3.7.17}$$

方程(3.7.2)式的左边可改写为

$$\frac{\tilde{\mathrm{d}}\, \Omega_a}{\mathrm{d} t} + \omega \times \Omega_a = \frac{\tilde{\mathrm{d}}\, \Omega_a}{\mathrm{d} t} - \omega_0 \boldsymbol{k} \times (\omega - \Omega_a) \tag{3.7.18}$$

将(3.7.15)式、(3.7.17)式代入方程(3.7.2)，并略去 Ω_a 的角标 a，则平均化的 Helmholtz 方程可写作

$$\frac{\tilde{d}\,\Omega}{d\,t}+(\Gamma-1)\,\omega_0\,\boldsymbol{k}\times(\omega-\Omega)=0 \tag{3.7.19}$$

对于任意形状轴对称腔，参数 Γ 总能用数值方法积分得到.如腔具有简单几何形状,则有可能导出 Γ 的解析式,例如对旋转椭球腔,令(2.4.1)式中 $a_1=a_2$，$\lambda=a_3/a_1$，则用柱坐标表示的曲面方程简化为

$$z_{\pm}(r)=\pm\lambda\sqrt{a_1^2-r^2} \tag{3.7.20}$$

利用(2.5.13)式表示的势函数 Ψ，代入(3.7.17)式后利用(3.7.20)式消去 z，令 $V=(4\pi/3)\,a_1^2\,a_3$，得到

$$\Gamma=\frac{3}{a_1^3}\left(\frac{\lambda^2-1}{\lambda^2+1}\right)\int_0^{a_1}r\sqrt{a_1^2-r^2}\,d\,r=\frac{\lambda^2-1}{\lambda^2+1} \tag{3.7.21}$$

圆柱形腔是能导出解析积分的另一个特例.设 a 和 h 为圆柱的半径和高，将(3.7.17)式写作

$$\Gamma=\frac{\pi}{V}\left\{\int_0^a\left[\left(r\frac{\partial\psi}{\partial r}+\psi\right)_{z=-h}-\left(r\frac{\partial\psi}{\partial r}+\psi\right)_{z=h}\right]d\,r\right.$$

$$\left.+\int_{-h}^{h}\left(r\frac{\partial\psi}{\partial r}+\psi\right)_{r=z}d\,z\right\} \tag{3.7.22}$$

令其中

$$\psi(r,\ z)=\Psi(r,\ z)-rz \tag{3.7.23}$$

势函数 $\Psi(r,\ z)$由边值问题的解(2.6.44)式确定，导出

$$r\frac{\partial\psi}{\partial r}+\psi=4\,a^2\sum_{i=1}^{\infty}\frac{[(\zeta_i r/a)J'_1(\zeta_i r/a)+J_1(\zeta_i r/a)]\mathrm{sh}(\zeta_i z/a)}{\zeta_i(\zeta_i^2-1)J_1(\zeta_i)\mathrm{ch}(\zeta_i h/a)}$$

$$-2\,rz \tag{3.7.24}$$

将(3.7.24)式代入(3.7.22)式，令 $V=2\pi a^2 h$，积分得到

$$\Gamma=1-\frac{4\,a}{h}\sum_{i=1}^{\infty}\frac{\mathrm{th}(\zeta_i h/\mathrm{a})}{\zeta_n(\zeta_n^2-1)} \tag{3.7.25}$$

对于带非椭球腔充液刚体的一般情形，在准均匀涡旋运动的

假定条件下，仍可近似地使用均匀涡旋运动情形的 Euler 方程(3.5.12),只是其中的 Ω 应理解为流体的平均涡量.Helmholtz 方程必须以(3.7.19)式代替.

将平均化的 Helmholtz 方程(3.7.19)式与 Euler 方程(3.5.12)式联立，可解出 ω 及 Ω.

§3.8 Euler 情形的充液刚体

讨论 Euler 情形充液刚体的自旋稳定性.设充液刚体及腔体均相对 Ox_3 轴对称,系统无力矩作用,绕与质心重合的固定点 O 转动，轴对称腔内充满理想流体，讨论此充液刚体绕对称轴自旋的稳定性.以 O 为原点建立惯性坐标系 $O\text{-}x_1^0x_2^0x_3^0$，其中 Ox_3^0 轴沿系统相对 O 点的总动量矩 $\boldsymbol{H}$ 方向，由于无外力矩，矢量 $\boldsymbol{H}$ 守恒. $O\text{-}x_1^0x_2^0x_3^0$ 绕 Ox_1^0 轴转过 α 角再绕 Ox_2^0 的新位置转过 β 角后所到达的位置为 $O\text{-}x'_1x'_2x'_3$ 坐标系,其中 Ox'_3 轴为主刚体及充液腔的对称轴. $O\text{-}x'_1x'_2x'_3$ 绕 Ox'_3 轴转过 ϕ 角后的位置为主刚体坐标系 $O\text{-}x_1x_2x_3$，其中 Ox 与 Ox'_3 重合. $O\text{-}x_1x_2x_3$ 与 $O\text{-}x'_1x'_2x'_3$ 都是主刚体的主轴坐标系,但后者不参与主刚体的自旋. α,β,ϕ 为主刚体相对 $O\text{-}x_1^0x_2^0x_3^0$ 的 Cardan 角(见图 3.3).充液刚体的稳态运动是主刚体连同凝固的液体以角速度 ω_0 绕与 Ox_3^0 重合的对称轴作永久转动.设受扰后 Ox_3 轴仍保持在 Ox_3^0 附近，α，β 为小量.只保留其一次项时,动量矩矢量 $\boldsymbol{H}$ 相对 $O\text{-}x'_1x'_2x'_3$ 的投影为

$$H_1 = -H\beta,\ H_2 = H\alpha,\ H_3 = H \tag{3.8.1}$$

H 为常数，取决于运动的初始条件.刚体的绝对角速度 ω 对 $O\text{-}x'_1x'_2x'_3$ 各轴的投影为

$$\omega_1 = \dot{\alpha},\ \omega_2 = \dot{\beta},\ \omega_3 = \dot{\phi} \tag{3.8.2}$$

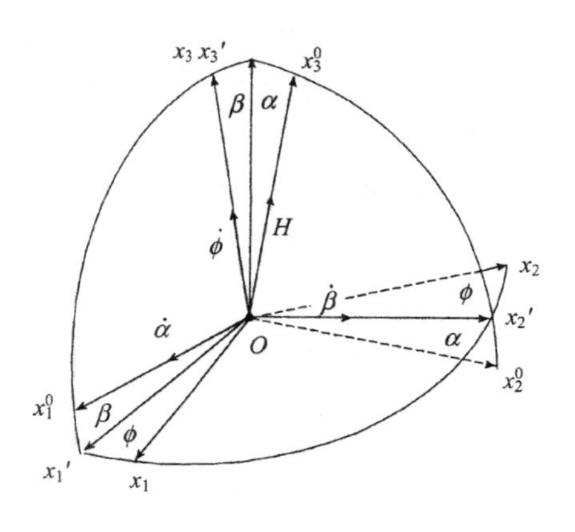

图 3.3

(3.5.5)式表示的系统动量矩 $\boldsymbol{H}$ 相对 $O\text{-}x'_1\,x'_2\,x'_3$ 的投影式为

$$H_1 = A\omega_1 + A'\Omega'_1, \quad H_2 = A_2\omega_2 + A'\Omega'_2$$

$$H_3 = C\omega_3 + C'\Omega'_3 \tag{3.8.3}$$

其中 A, A', C, C' 的定义见(3.5.10)式.令(3.8.3)式依次与(3.8.1)各式相等，并将(3.8.2)式代入，得到

$$A\dot{\alpha} + H\beta + A'\Omega'_1 = 0 \tag{3.8.4 a}$$

$$A\dot{\beta} - H\alpha + A'\Omega'_2 = 0 \tag{3.8.4b}$$

$$\dot{\phi} = \omega_0 - (C'/C)\Omega'_3 \tag{3.8.4c}$$

其中常数 $\omega_0 = H/C$.设稳态转动时，腔内流体与刚体同步转动，则 $\Omega'_3 = 0$，ω_0 即为刚体的稳态转速.方程组(3.8.4)可看作是在无力矩条件下，从 Euler 方程导出的首次积分.引入无量纲时间变量 $\tau = \omega_0 t$,并定义以下复变量

$$\dot{z} = \alpha + \mathrm{i}\beta, \quad w = \Omega'_1 + \mathrm{i}\Omega'_2 \tag{3.8.5}$$

则方程(3.8.4a)与(3.8.4b)可合并为复数方程

$$\dot{z} - \mathrm{i}\Lambda z + \gamma w = 0 \tag{3.8.6}$$

其中

$$\Lambda = C/A, \ \gamma = A'/A \tag{3.8.7}$$

由于参考坐标系$(O\text{-}x'_1 x'_2 x'_3)$不完全与刚体固定，平均化的 Helmholtz 方程(3.7.2)中的 ω 必须用$(O\text{-}x'_1 x'_2 x'_3)$坐标系的转动角速度 ω_1 代替，即

$$\frac{\tilde{\mathrm{d}}\,\Omega}{\mathrm{d}t} + \omega_1 \times \Omega = \frac{1}{V}\int_V (\Omega \cdot \nabla)\,\boldsymbol{v}\mathrm{d}V \tag{3.8.8}$$

其中

$$\omega_1 = \dot{\alpha}\boldsymbol{e}_1 + \dot{\beta}\,\boldsymbol{e}_2 \tag{3.8.9}$$

利用(3.2.3)式和(3.7.16)式将方程(3.8.8)化作

$$\frac{\tilde{\mathrm{d}}}{\mathrm{d}t}(\omega + \Omega') - \omega_0\,\boldsymbol{k} \times (\omega_1 \times \Gamma\Omega') = 0 \tag{3.8.10}$$

将(3.8.2)式与(3.8.9)式代入上式，写出其相对 Ox'_1，Ox'_2 轴的投影式

$$\ddot{\alpha} + \omega_0\,\dot{\beta} + \dot{\Omega}'_1 + \Gamma\omega_0\,\Omega'_2 = 0 \tag{3.8.11a}$$

$$\ddot{\beta} - \omega_0\,\dot{\alpha} + \dot{\Omega}'_2 - \Gamma\omega_0\,\Omega'_1 = 0 \tag{3.8.11b}$$

将时间变量改作 τ 后，也可写作复数形式

$$\ddot{z} - \mathrm{i}\dot{z} + \dot{w} - \mathrm{i}\Gamma w = 0 \tag{3.8.12}$$

从方程(3.8.6)和(3.8.12)消去 w，得到 z 的二阶线性方程

$$(\gamma - 1)\ddot{z} + \mathrm{i}(\Gamma + \Lambda - \gamma)\dot{z} + \Lambda\Gamma z = 0 \tag{3.8.13}$$

充液刚体的自旋稳定性条件即方程(3.8.13)的特征方程纯虚根条件，可写作

$$(\Gamma+\Lambda-\gamma)^2-4\Gamma\Lambda(1-\gamma)\geqslant 0 \tag{3.8.14a}$$

也可写作另一种形式

$$(\Gamma-\Lambda-\gamma)^2+4\Gamma\Lambda(\gamma-1)\geqslant 0 \tag{3.8.14b}$$

根据(3.7.21)式和(3.8.7)式可以估计 γ 介于 0 与 1 之间，Γ 介于 1 与 -1 之间.稳定性条件(3.8.14)式对于 $\gamma=0$ 或 $\Gamma\leqslant 0$ 的情况均自动满足.前者表明不充液的无阻尼刚体绕对称轴自旋必稳定,后者表明带扁椭球充液腔的刚体绕对称轴自旋必稳定.对于长椭球腔,即 $\Gamma>0$ 情形,将条件(3.8.14a)式改写为

$$\Lambda^2-2(\Gamma+\gamma-2\Gamma\gamma)\Lambda+(\Gamma-\gamma)^2\geqslant 0 \tag{3.8.15}$$

此方程确定的 Λ 的 2 个实根为

$$\Lambda_{1,2}=\Gamma+\gamma-2\Gamma\gamma\pm 2\sqrt{\Gamma\gamma(1-\gamma)(1-\Gamma)} \tag{3.8.16}$$

设 $\Lambda_1>\Lambda_2$，则条件(3.8.15)式转化为

$$\begin{gathered}\Lambda>\Lambda_1 \text{ 或 } \Lambda<\Lambda_2\text{:稳定}\\ \Lambda_1>\Lambda>\Lambda_2\text{:不稳定}\end{gathered} \tag{3.8.17}$$

图 3.4 给出(γ,Λ)参数平面内不同 Γ 对应的稳定域划分.由封闭曲线组成的不稳定域都集中在 $\Lambda\leqslant 1$ 范围内,因此绕最大惯量矩主轴自旋的带长椭球充液腔的刚体必满足一次近似稳定性条件.

以 Kelvin 问题作为最简单的特例.利用(3.6.1)式导出以下表达式[74]

$$\Lambda=\frac{2}{\lambda^2+1},\quad \gamma=\left(\frac{2\lambda}{\lambda^2+1}\right)^2 \tag{3.8.18}$$

将(3.8.18)式、(3.7.21)式代入(3.8.14)式，此稳定性判据简化为下述关系式，与(3.6.4)式完全相同.

$$(\lambda^2-1)(\lambda^2-9)\geqslant 0 \tag{3.8.19}$$

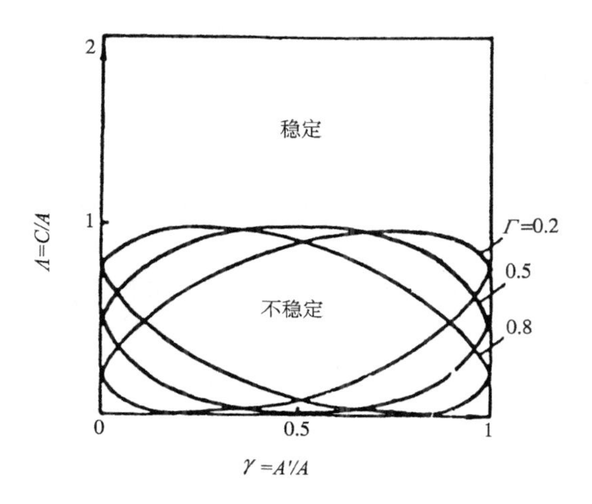

图 3.4

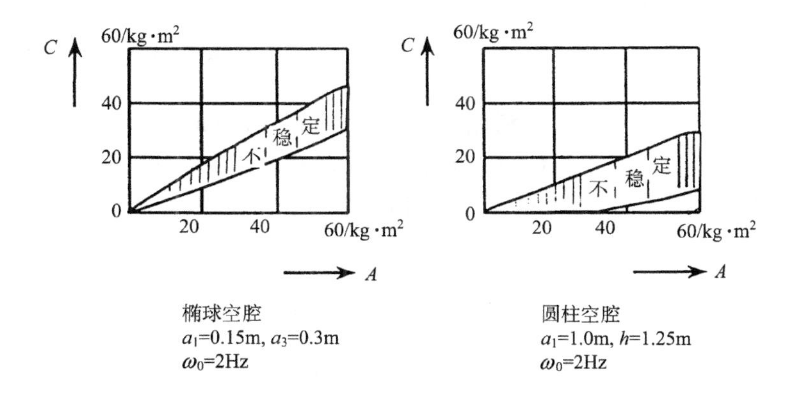

图 3.5

如充液腔的几何参数和液体比重均已确定,可以从(3.8.14)式导出(A,C)参数平面内的稳定域边界线

$$C = A' + (A - 2A')\Gamma \pm 2\sqrt{A'\Gamma(1-\Gamma)(A-A')} \tag{3.8.20}$$

利用(3.6.1)式、(3.7.22)式，或(2.6.21)式、(3.7.25)式，可以计算带椭球腔或圆柱腔的稳定域曲线，计算结果如图 3.5 所示.关于任意形状腔的更一般的计算可见文献[76].

§3.9 Lagrange 情形的充液刚体

讨论 Lagrange 情形充液刚体绕定点转动的稳定性.仍假定刚体及腔体均相对 Ox_3 轴对称，腔内充满理想流体.固定点 O 和系统的质心 O_c 都在对称轴上，令 $\boldsymbol{a}=\overrightarrow{OO_c}$.建立与上节相同的参考坐标系，令其中 Ox_3^0 轴为垂直轴(如图 3.6).以 $O\text{-}x'_1x'_2x'_3$ 为参考坐标系，列写系统相对 O 点的欧拉方程，得到

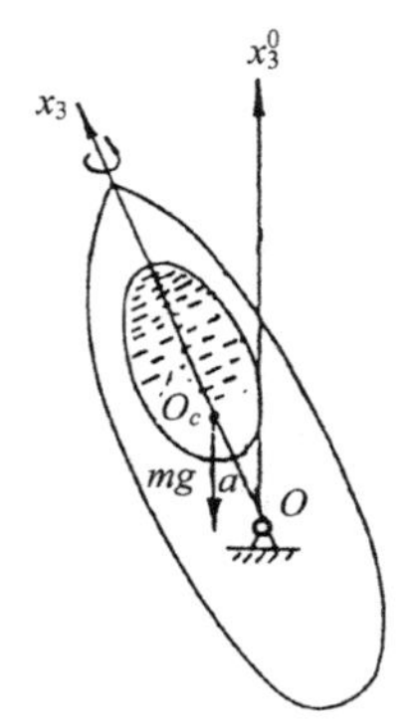

图 3.6

$$\frac{\tilde{\mathrm{d}}\boldsymbol{H}}{\mathrm{d}t}+\omega\times\boldsymbol{H}=\boldsymbol{a}\times mg \quad (3.9.1)$$

仍利用图 3.3 定义的 Cardan 角 α,β,ϕ,将(3.8.2)式、(3.8.3)式、(3.8.9)式代入上式，导出上式沿 Ox'_3 轴的投影式有首次积分(3.8.4c)，沿 Ox'_1 和 Ox'_2 的投影式化作

$$\ddot{\alpha}+\Lambda\omega_0\dot{\beta}-\mu\omega_0^2\alpha+\gamma\Omega'_1=0 \quad (3.9.2a)$$

$$\ddot{\beta}+\Lambda\omega_0\dot{\alpha}-\mu\omega_0^2\beta+\gamma\Omega'_2=0 \quad (3.9.2b)$$

其中参数 Λ,γ 的定义见(3.8.7)式，参数 μ 定义为

$$\mu=\frac{mga}{A\omega_0^2} \quad (3.9.3)$$

利用时间变量 $\tau=\omega_0 t$ 和(3.8.5)式定义的复变量，将方程(3.9.2a)式、(3.9.2b)式合并为复数方程，与平均化的 Helmholtz 方程(3.8.12)联立确定 z 和 w

$$\ddot{z} - \mathrm{i}\Lambda \dot{z} - \mu z + \gamma \dot{w} = 0 \tag{3.9.4}$$

$$\ddot{z} - \mathrm{i}\dot{z} - \dot{w} - \mathrm{i}\Gamma w = 0 \tag{3.9.5}$$

设 σ 为充液系统的章动频率，令

$$z = Z\mathrm{e}^{\mathrm{i}\sigma\tau},\ w = W\mathrm{e}^{\mathrm{i}\sigma\tau} \tag{3.9.6}$$

代入方程(3.9.4)式、(3.9.5)式后，导出频率方程

$$\sigma^3 + a\sigma^2 + b\sigma + c = 0 \tag{3.9.7}$$

其中

$$a = \frac{\Lambda + \Gamma - \gamma}{1 - \gamma},\ b = -\frac{\mu + \Lambda\Gamma}{1 - \gamma},\ c = -\frac{\mu\Gamma}{1 - \gamma} \tag{3.9.8}$$

方程(3.9.7)的根均为实根的充要条件即充液系统在一次近似意义下绕 Ox_3 轴的自旋稳定性条件，亦即原系统稳定的必要条件

$$b^2(4b - a^2) - c(4a^3 - 18ab + 27c) \leqslant 0 \tag{3.9.9}$$

作为特例，若 $\mu=0$，则条件(3.9.9)式化作 Euler 情形充液刚体的自旋稳定性条件(3.8.14)式.另一特例是令 $\gamma=0$,可从条件(3.9.9)式导出不充液的 Lagrange 重刚体的自旋稳定性条件

$$\mu \leqslant \frac{\Lambda^2}{4} \quad 或 \quad \omega_0 \geqslant \frac{2\sqrt{Amga}}{C} \tag{3.9.10}$$

以上分析可用来判断受空气动力作用的充液弹丸的自旋稳定性.将重力以空气动力合力代替,固定点 O 以弹丸质心代替，即可直接利用判据(3.9.9).设弹丸带圆柱形充液腔，将判据中的 Γ 以(3.7.25)式代入，并利用(2.6.45)式计算参数 γ.令 $h/a=1.6$,对应于 $\Gamma=0.42$,导出 Λ-μ 参数平面内的稳定域边界曲线族,如图 3.7 所示.曲线族的上界为 Lagrange 重刚体的稳定性条件(3.9.10)，下界为直线，即 Rumjantsev 导出的 Lagrange 充液陀螺的稳定性充分条件[9]

$$\mu \leqslant \Lambda - 1 \quad 或 \quad \omega_0^2 \geqslant \frac{mga}{C - A} \tag{3.9.11}$$

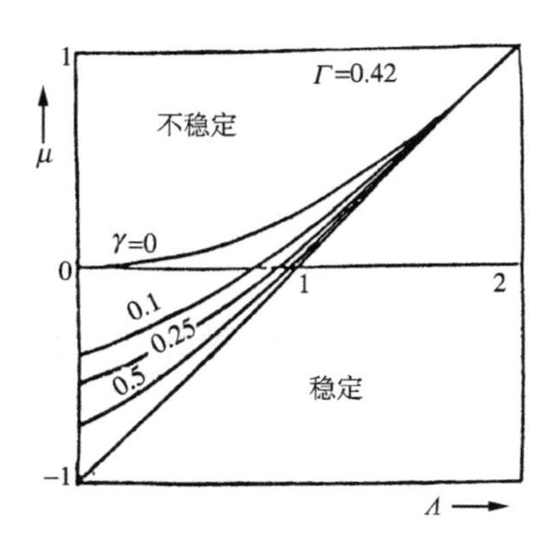

图 3.7

稳定域随系统内液体成分的增多而明显缩小.对于 $\mu>0$, $\Lambda<1$ 的细长体弹丸,虽然 Rumjantsev 稳定性条件(3.9.11)式不可能满足,但 γ 不很大时仍有可能提高转速使条件(3.9.9)式得到满足,弹丸仍有可能稳定.计算表明,腔体外形趋向短粗,则参数 Γ 减小而稳定域扩大.将单个圆柱腔用横隔板等分为 2 个或 4 个腔,则 Γ 分别减小为 −0.06 或 −0.48.对稳定域边界进行比较,二分隔腔体的稳定域明显扩大,而四分隔腔体与二分隔腔体相比,稳定效果不够明显(见图 3.8)[80].

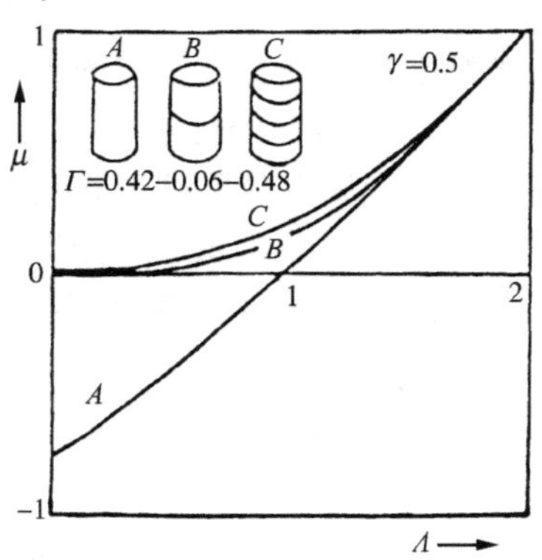

图 3.8

§ 3.10 平面上滚动的充液陀螺

讨论在粗糙平面上滚动的充液陀螺的稳定性.设刚体及腔体均相对 Ox_3 轴对称,腔内充满理想流体.陀螺与支承平面的接触点 O 附近的刚体表面为半径为 r 的球面,球心 Q 和质心 O_c 均在对称轴上.令 $\boldsymbol{a}=\overrightarrow{O_cQ}$,$\boldsymbol{r}=\overrightarrow{QO}$,$\boldsymbol{l}=\boldsymbol{a}+\boldsymbol{r}$,设陀螺质心速度为 $\boldsymbol{v}$,角速度为 ω,则陀螺在 O 点处的滑动速度 $\boldsymbol{v}_0$ 为

$$\boldsymbol{v}_0=\boldsymbol{v}+\omega\times\boldsymbol{l} \tag{3.10.1}$$

根据 Contensou 和 Magnus 的分析[79],O 点处作用的滑动摩擦力 $\boldsymbol{F}$ 与 $\boldsymbol{v}_0$ 成正比(参考图 3.9)

$$\boldsymbol{F}=-k\boldsymbol{v}_0 \tag{3.10.2}$$

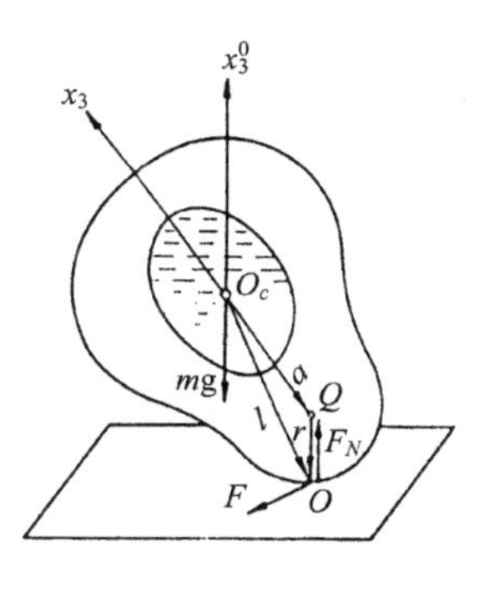

图 3.9

设 $\boldsymbol{F}_N$ 为 O 点处的法向约束力,列出系统的质心运动方程

$$m\dot{\boldsymbol{v}}=m\boldsymbol{g}+\boldsymbol{F}_N+\boldsymbol{F} \tag{3.10.3}$$

以 $O\text{-}x'_1x'_2x'_3$ 为参考坐标系,列出系统相对质心的欧拉方程

$$\frac{\tilde{\mathrm{d}}\boldsymbol{H}}{\mathrm{d}t}+\omega\times\boldsymbol{H}=\boldsymbol{l}\times(\boldsymbol{F}_N+\boldsymbol{F}) \tag{3.10.4}$$

其中 $\boldsymbol{H}$ 为系统相对质心的动量矩,如(3.5.5)式所示.建立与上节相同的参考坐标系,使用相同的 Cardan 角 α,β,ϕ,将(3.8.2)式、(3.8.3)式、(3.8.9)式代入(3.10.3)、(3.10.4)等式,只保留 α,β 及速度 $\boldsymbol{v}$ 沿 Ox_1^0,Ox_2^0 的投影 v_1,v_2 的一次项.方程(3.10.3)沿 Ox'_3 轴的投影式要求 $F_N=mg$,方程(3.10.4)沿 Ox'_3 的投影式有一次积分(3.8.4c).方程(3.8.3)、(3.8.4)沿

Ox'_1，Ox'_2 投影式整理为

$$m\dot{v}_1 + k(v_1 - h\beta + r\omega_0 \alpha) = 0 \tag{3.10.5a}$$

$$m\dot{v}_2 + k(v_2 + h\dot{\alpha} + r\omega_0 \beta) = 0 \tag{3.10.5b}$$

$$\ddot{\alpha} + \Lambda\omega_0 \beta + \gamma\Omega'_1 - (mg/A)\alpha + (kh/A)(v_2 + h\dot{\alpha} + r\omega_0 \beta) = 0 \tag{3.10.6a}$$

$$\ddot{\beta} + \Lambda\omega_0 \dot{\alpha} + \gamma\Omega'_2 - (mga/A)\beta + (kh/A)(v_1 - h\beta + r\omega_0 \alpha) = 0 \tag{3.10.6b}$$

其中 $h=a+r$ 为陀螺直立时的质心最大高度.利用无量纲时间变量 $\tau=\omega_0 t$,除(3.8.5)式定义的复变量以外，再引入复变量 u

$$u = \frac{v_1 + \mathrm{i}\, v_2}{\omega_0 h} \tag{3.10.7}$$

将方程(3.10.5)、(3.10.6)式合并为复数方程，与平均化的 Helmhotz 方程(3.8.12)联立确定 z，w 和 u

$$\varepsilon\dot{u} + K(u + \mathrm{i}\dot{z} + \rho z) = 0 \tag{3.10.8}$$

$$\ddot{z} + (K - \mathrm{i}\Lambda)\dot{z} + [\mu(1-\rho) + \mathrm{i}K\rho]z - \mathrm{i}Ku + \gamma\dot{w} = 0 \tag{3.10.9}$$

$$\ddot{z} - \mathrm{i}\dot{z} + \dot{w} - \mathrm{i}\Gamma w = 0 \tag{3.10.10}$$

各无量纲参数定义为

$$\varepsilon = \frac{mh^2}{A},\ \rho = \frac{r}{h},\ \mu = \frac{mgh}{A\omega_0^2},\ K = \frac{kh^2}{A\omega_0} \tag{3.10.11}$$

设 σ 为充液系统的章动频率，令

$$z = Z\mathrm{e}^{\mathrm{i}\sigma\tau},\ w = W\mathrm{e}^{\mathrm{i}\sigma\tau},\ u = U\mathrm{e}^{\mathrm{i}\sigma\tau} \tag{3.10.12}$$

代入方程组(3.10.8)、(3.10.9)、(3.10.10)后导出频率方程：

$$\varepsilon\sigma\{(\sigma-\Gamma)[\sigma^2-\Lambda\sigma+\mu(1-\rho)]+\gamma\sigma^2(1-\sigma)\}$$
$$-\mathrm{i}K\{(\sigma-\Gamma)[(1+\varepsilon)\sigma^2-(\Lambda+\rho\varepsilon)\sigma+\mu(-\rho)]$$
$$+\gamma\sigma^2(1-\sigma)\}=0 \qquad (3.10.13)$$

Lagrange 情形充液刚体的频率方程(3.9.7)是上式中 $K=0$, $\rho=0$ 时的特例.令方程(3.10.13)的实部和虚部分别为零, 得到

$$(\sigma-\Gamma)[\sigma^2-\Lambda\sigma+\mu(1-\rho)]+\gamma\sigma^2(1-\sigma)=0 \qquad (3.10.14a)$$

$$(\sigma-\Gamma)[(1+\varepsilon)\sigma^2-(\Lambda+\rho\varepsilon)\sigma+\mu(1-\rho)]+\gamma\sigma^2(1-\sigma)=0 \qquad (3.10.14b)$$

将以上二式相减, 得到

$$\varepsilon\sigma(\sigma-\rho)(\sigma-\Gamma)=0 \qquad (3.10.15)$$

将方程(3.10.15)的 3 个根分别代回方程(3.10.14), 则 $\sigma=0$ 要求 $\rho=1$, 即质心 O_c 与球心 Q 重合的特殊情形. $\sigma=\Gamma$ 要求 $\Gamma=0$ 或 1, 即球形腔或无限细长腔的特殊情形. $\sigma=\rho$ 适用于更普遍情况,代入方程(3.10.14a)后可导出稳定域的边界.利用倒摆的不稳定性确定边界一侧的不稳定域,导出充液陀螺自旋稳定性的必要条件:

$$(\rho-\Gamma)[\rho^2-\Lambda\rho+\mu(1-\rho)]+\gamma\rho^2(1-\rho)<0 \qquad (3.10.16)$$

若刚体无充液腔, 令 $\gamma=0$, 可从条件(3.10.16)导出判断刚体陀螺稳定性的 Contensou-Magnus 条件:

$$\frac{mga}{A\omega_0^2}+\frac{r}{h}\left(\frac{r}{h}-\frac{C}{A}\right)>0 \qquad (3.10.17)$$

对于确定的腔几何形状, 例如球形腔, $\Gamma=0$,稳定性条件(3.10.16)在 γ, Λ, ρ 三维参数空间中划出 4 个区域(见图

3.10),其中区域Ⅰ为渐近稳定，区域Ⅱ为不稳定，区域Ⅲ,Ⅳ的稳定性与陀螺转速有关,

$$\omega_0 \begin{cases} > \omega_{cr}: \text{渐近稳定(Ⅲ),不稳定(Ⅳ)} \\ < \omega_{cr}: \text{不稳定(Ⅲ),渐近稳定(Ⅳ)} \end{cases}$$

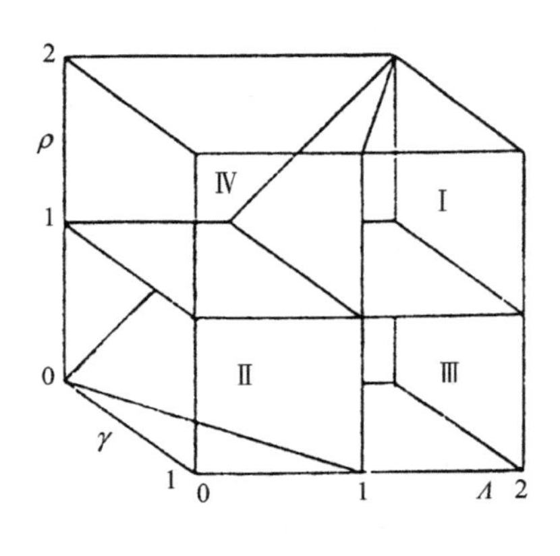

图 3.10

临界转速 ω_{cr}定义为

$$\omega_{cr} = \sqrt{\frac{mga}{A\rho[\Lambda - \rho - \gamma(1-\rho)]}} \tag{3.10.18}$$

可以看出随着充液量的增大区域Ⅰ,Ⅱ扩大而区域Ⅲ,Ⅳ缩小的趋势.

§3.11 黏性流体的边界层

真实的流体是存在黏性的，为了表达黏性流体的运动特性，不少学者作了研究.继 Euler 之后的重要进展是在 Euler 的理想流体动力学方程中增加摩擦力项. Navier, Cauchy, Poisson, St.Venant 和 Stokes 以不同的方式进行了深入研究.Navier 等人用一个

未知的分子函数写出运动方程式，而 Stokes 则首次采用黏性系数 μ.因此,通常就把这组描述黏性流体运动的方程式称为 Navier-Stokes 方程.

可以看到,Navier-Stokes 方程的建立，使得黏性流体流动问题的分析在理论方法上有了一个可用的手段.然而,这组方程在数学上求解非常困难,而且通常是不稳定的.为此人们又研究了其他一些方法.对于黏性较小的大 Re 数情形,Prandtle 建立了边界层理论，认为黏性的影响仅局限于与器壁表面接触的薄边界层以内，在边界层以外区域内的流动规律接近于理想流体.因此对于小黏性流体,可以直接使用理想流体的研究结果,同时在薄边界层内补充讨论黏性的影响.

讨论沿固定平板一元流动的最简单情形,设 x 轴沿流动方向，y 轴沿平板的法线方向(见图 3.11).忽略质量力，Navier-

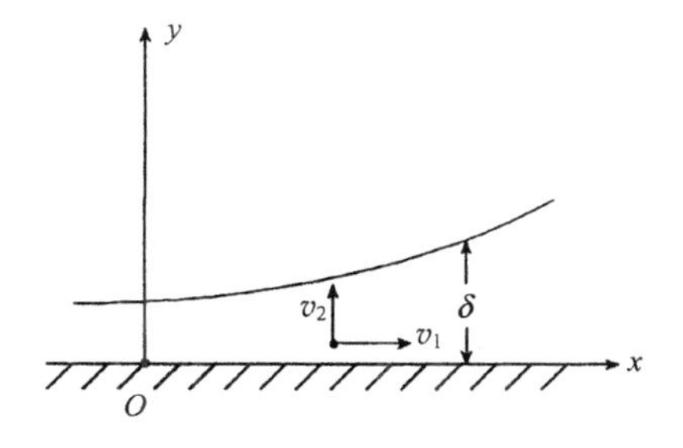

图 3.11

Stokes 方程(1.9.18)及连续方程(1.3.4)简化为

$$\frac{\partial v_1}{\partial t}+v_1\frac{\partial v_1}{\partial x}+v_2\frac{\partial v_1}{\partial y}=-\frac{1}{\rho}\frac{\partial p}{\partial x}+\nu\left(\frac{\partial^2 v_1}{\partial x^2}+\frac{\partial^2 v_1}{\partial y^2}\right) \tag{3.11.1a}$$

$$\frac{\partial v_2}{\partial t}+v_1\frac{\partial v_2}{\partial x}+v_2\frac{\partial v_2}{\partial y}=-\frac{1}{\rho}\frac{\partial p}{\partial y}+\nu\left(\frac{\partial^2 v_2}{\partial x^2}+\frac{\partial^2 v_2}{\partial y^2}\right) \tag{3.11.1b}$$

$$\frac{\partial v_1}{\partial x}+\frac{\partial v_2}{\partial y}=0 \tag{3.11.1c}$$

以边界层厚度 δ 为小参数，则 $y\sim\delta$，设 x_1，v_1 的数量级为 1，可导出

$$\frac{\partial v_1}{\partial x}\sim v_1\frac{\partial v_1}{\partial x}\sim\frac{\partial^2 v_1}{\partial x^2}\sim 1,\ \frac{\partial v_1}{\partial y}\sim\delta^{-1},\ \frac{\partial^2 v_1}{\partial y^2}\sim\delta^{-2}$$

利用(3.11.1c)式还可导出

$$\frac{\partial v_2}{\partial y}\sim 1,\ \frac{\partial^2 v_2}{\partial y^2}\sim\delta^{-1},\ v_2\sim\frac{\partial v_2}{\partial x}\sim\frac{\partial^2 v_2}{\partial x^2}\sim\delta$$

设惯性力项内$\partial v_1/\partial t$ 与 $v_1(\partial v_1/\partial x)$，$\partial v_2/\partial t$ 与 $v_1(\partial v_2/\partial x)$有相同数量级，则有

$$\frac{\partial v_1}{\partial t}\sim 1,\ \frac{\partial v_2}{\partial t}\sim\delta$$

设边界层内的黏性力与惯性力同数量级，从(3.11.1a)式、(3.11.1b)式导出

$$\nu\left(\frac{\partial^2 v_1}{\partial x^2}+\frac{\partial^2 v_1}{\partial y^2}\right)\sim 1,\ \nu\left(\frac{\partial^2 v_2}{\partial x^2}+\frac{\partial^2 v_2}{\partial y^2}\right)\sim\delta$$

从而证明

$$\nu\sim\delta^2 \quad 或 \quad \delta\sim\sqrt{\nu} \tag{3.11.2}$$

即边界层厚度 δ 与黏度 ν 的平方根成比例.

(3.11.1b)式中除$\partial p/\partial y$ 以外的各项都与 δ 同数量级，导出

$$\frac{\partial p}{\partial y}\sim\delta \tag{3.11.3}$$

表明边界层内沿厚度方向的压强变化率极小.忽略此变化率后，边界层内的压强 p 与邻近外区内的理想流体压强完全相同.压强沿流动方向的变化率是更高阶微量，$\partial p/\partial x\sim\delta^2$.

为了分析主刚体高频振动对腔内流体运动的影响，用振动平板作为腔壁的简化模型．略去方程(3.11.1a)式中的非线性项和与 δ^2 同阶的压强梯度项，将 v_1 写作 v 得到

$$\frac{\partial v}{\partial t}=\nu\frac{\partial^2 v}{\partial y^2} \tag{3.11.4}$$

设平板沿 x 方向作频率为 σ 的振动，由于黏性，流体附着于刚体边界，方程(3.11.4)的边界条件为

$$v\mid_{y=0}=v_0\mathrm{e}^{\mathrm{i}\sigma t} \tag{3.11.5}$$

忽略 v_0 沿流动方向的变化，设有以下形式解，能满足边界条件(3.11.5)式

$$v(y,\ t)=v_0\mathrm{e}^{\mathrm{i}\sigma t}\cdot\mathrm{e}^{-(1+\mathrm{i})ky} \tag{3.11.6}$$

将(3.11.6)式代入方程(3.11.4)式，解出

$$k=\sqrt{\frac{\sigma}{2\nu}} \tag{3.11.7}$$

如将流速与外区流速的差别为百分之一处作为边界层的分界线，则算出边界层厚度 δ 为(见图 3.12)．

$$\delta=\ln 100\sqrt{\frac{2\nu}{\sigma}}=6.5\sqrt{\frac{\nu}{\sigma}} \tag{3.11.8}$$

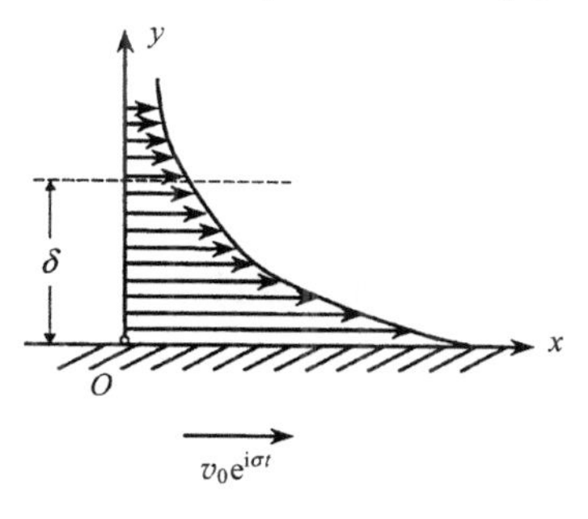

图 3.12

可根据(3.11.6)式算出腔壁上的摩擦剪力为

$$\tau = \rho v\left(\frac{\partial v_1}{\partial y}\right)_{y=0} = -\rho v\sqrt{\frac{\sigma}{2\nu}}(1+\mathrm{i})\, v_0 \mathrm{e}^{\mathrm{i}\sigma t} \quad (3.11.9)$$

§3.12 液体黏性对稳定性的影响

当充液刚体的腔内液体按理想流体规律运动时，在腔壁 Σ 处刚体相对液体有相对速度 $U(P,\ t)$存在.考虑到实际存在的流体黏性,必须在理想流体速度分布曲线上叠加边界层内由于腔壁影响而产生的附加速度，其分布规律可近似按(3.11.6)式估计

$$\boldsymbol{v}(P,\ y,\ t) = \boldsymbol{U}(P,\ t)\mathrm{e}^{-(1+\mathrm{i})ky} \quad (P \in \Sigma) \quad (3.12.1)$$

实际流体的动量矩 $\boldsymbol{H}^{(2)}$ 必须在理想流体动量矩上加上由于边界层的存在而产生的修正项 $\boldsymbol{H}''$

$$\boldsymbol{H}'' = \int_{\Sigma}\left(\boldsymbol{r} \times \int_0^{\infty} \boldsymbol{v}\mathrm{d}y\right)\mathrm{d}S = \int_{\Sigma}\left[\boldsymbol{r} \times \int_0^{\infty} \boldsymbol{U}\mathrm{e}^{-(1+\mathrm{i})ky}\mathrm{d}y\right]\mathrm{d}S$$

$$= (1-\mathrm{i})\sqrt{\frac{\nu}{2\sigma}}\int_{\Sigma}(\boldsymbol{r} \times \boldsymbol{U})\mathrm{d}S \quad (3.12.2)$$

当理想流体在腔内作均匀涡旋运动时，$\boldsymbol{U}(P,\ t)$可写作

$$\boldsymbol{U}(P,\ t) = \omega \times \boldsymbol{r} - \Omega \times \boldsymbol{r} - \nabla[\Psi \cdot (\omega - \Omega)] \quad (3.12.3)$$

将(3.12.3)式代入(3.12.2)式，得到

$$\boldsymbol{H}'' = (1-\mathrm{i})\sqrt{\frac{\nu}{2\sigma}}\int_{\Sigma}\{\boldsymbol{r} \times [(\omega - \Omega) \times \boldsymbol{r}] - \boldsymbol{r} \times \nabla[\Psi \cdot (\omega - \Omega)]\}\mathrm{d}S$$

$$= (1-\mathrm{i})\sqrt{\frac{\nu}{2\sigma}}\int_{\Sigma}\{\boldsymbol{r}\times[(\omega-\Omega)\times\boldsymbol{r}]-(\boldsymbol{r}\times\nabla\Psi)$$

$$\cdot(\omega-\Omega)]\}\mathrm{d}S = (1-\mathrm{i})\boldsymbol{J}''\cdot(\omega-\Omega) \qquad (3.12.4)$$

其中二阶张量 $\boldsymbol{J}''$定义为

$$\boldsymbol{J}'' = \sqrt{\frac{\nu}{2\sigma}}\int_{\Sigma}(\boldsymbol{r}^2\boldsymbol{E}-\boldsymbol{rr}-\boldsymbol{r}\times\nabla\Psi)\mathrm{d}S = \begin{pmatrix} A'' & 0 & 0 \\ 0 & B'' & 0 \\ 0 & 0 & C'' \end{pmatrix}$$

(3.12.5)

其中 σ 为充液刚体的章动频率，$\boldsymbol{E}$ 为单位张量.作为零次近似值，σ 可由忽略黏性的运动方程(3.8.13)式确定为

$$\frac{\sigma}{\omega_0} = \frac{\Lambda+\Gamma-\gamma\pm\sqrt{(\Lambda+\Gamma-\gamma)^2-4\Lambda\Gamma(1-\gamma)}}{2(1-\gamma)}$$

(3.12.6)

最终得到考虑边界层影响的充液刚体动量矩公式为

$$\boldsymbol{H} = \boldsymbol{J}\cdot\omega+[\boldsymbol{J}'-(1-\mathrm{i})\boldsymbol{J}'']\cdot\Omega' \qquad (3.12.7)$$

当讨论液体黏性对 Euler 陀螺自旋稳定性影响时，重复 3.8 节中的推导过程，但必须将 γ 以 $\gamma-\varepsilon(1-\mathrm{i})$代替，其中 $\varepsilon = A''/A \leqslant 1$ 为小参数.得到充黏性液体的刚体运动方程为

$$[\gamma-1-\varepsilon(1-\mathrm{i})]\ddot{z}+\mathrm{i}[\Gamma+\Lambda-\gamma+\varepsilon(1-\mathrm{i})]\dot{z}+\Lambda\Gamma z = 0$$

(3.12.8)

只保留 ε 的一次项时，解出方程(3.12.8)的特征根为

$$\mathrm{i}\sigma\{1+\varepsilon(1-\mathrm{i})(1-\sigma)[2\sigma(1-\gamma)-\Lambda-\Gamma+\gamma]^{-1}\}$$

(3.12.9)

充液刚体的自旋稳定性取决于此特征根实部的符号.将(3.12.6)

式代入(3.12.9)式,导出以下渐近稳定性条件

$$\frac{1}{2}\left[\Lambda+\Gamma+\gamma+\sqrt{(\Lambda+\Gamma-\gamma)^2-4\Lambda\Gamma(1-\gamma)}\right]>1$$

$$>\frac{1}{2}\left[\Lambda+\Gamma+\gamma-\sqrt{(\Lambda+\Gamma-\gamma)^2-4\Lambda\Gamma(1-\gamma)}\right]$$

$$(3.12.10)$$

作为特例，如刚体腔内无液体，则 $\Gamma=\gamma=0$，此条件简化为

$$\Lambda>1 \quad \text{或} \quad C>A \tag{3.12.11}$$

即 Rumjantsev 利用 Lyapunov 理论得到的结果[9,10].

§3.13 液体的压强计算

以上在利用 Helmholtz 方程的计算过程中不出现液体压强 p，因此如有必要计算液体对腔壁的压力，或有必要在讨论液体晃动问题时列写自由液面的动力学条件(1.5.10)式或(1.7.7)式，都需要利用解出的 ω 和 Ω 算出液体压强 p.

流场中各流体质点的流速可根据(3.7.3)式写作

$$\boldsymbol{v}=\Omega\times\boldsymbol{r}+\nabla\varphi \tag{3.13.1}$$

其中 Ω 为省去下标的平均涡量. $\boldsymbol{v}$ 也可写作相对流速 $\boldsymbol{u}$ 与牵连速度 $\omega\times\boldsymbol{r}$ 之和

$$\boldsymbol{v}=\omega\times\boldsymbol{r}+\boldsymbol{u} \tag{3.13.2}$$

令(3.3.1)式与(3.3.2)式互等，导出

$$\boldsymbol{u}=(\Omega-\omega)\times\boldsymbol{r}+\nabla\varphi \tag{3.13.3}$$

将上式代入 Navier-Stokes 方程(1.9.22)，设体积力有势且忽略流体黏性，导出

$$\Omega\times\boldsymbol{r}+2\Omega\times\boldsymbol{u}+\nabla q=0 \tag{3.13.4}$$

标量函数 q 定义为

$$q=\frac{\partial \varphi}{\partial t}+\frac{1}{2} u^{2}+\frac{\mathrm{d} \boldsymbol{v}_{0}}{\mathrm{d} t} \cdot \boldsymbol{r}-\frac{1}{2}(\omega \times \boldsymbol{r})^{2}-U+\frac{p}{\rho} \tag{3.13.5}$$

当 ω, Ω 已自 Euler 方程及 Helmholtz 方程解出，φ 已由边值问题(3.3.15)式、(3.3.16)式确定以后，即可代入方程(3.13.4)式以确定压强 p.如 $\Omega \times \boldsymbol{r}$ 与 $2 \Omega \times \boldsymbol{u}$ 项远小于 ∇q 而允许忽略，则方程(3.13.4)简化为

$$\nabla q=0 \tag{3.13.6}$$

从而得到 Bernoulli 积分

$$\frac{\partial \varphi}{\partial t}+\frac{1}{2} u^{2}+\frac{\mathrm{d} \boldsymbol{v}_{0}}{\mathrm{d} t} \cdot \boldsymbol{r}-\frac{1}{2}(\omega \times \boldsymbol{r})^{2}-U+\frac{p}{\rho}=C(t) \tag{3.13.7}$$

设刚体的稳态运动是连同凝固在腔内的液体绕 Ox_3 轴作速度为 ω_0 的永久转动，令 $\boldsymbol{v}_0=0$,只保留 $|\Omega-\omega_0 \boldsymbol{k}|$，$|\omega-\omega_0 \boldsymbol{k}|$，$|\boldsymbol{u}|$，$|\nabla \varphi|$的一阶微量，将任意常数 $C(t)$并入速度势 φ 得到

$$\frac{\partial \varphi}{\partial t}-\frac{1}{2} \omega_{0} r^{2}-\omega_{0} r z\left(\omega_{2} \sin \theta+\omega_{1} \cos \theta\right)-U+\frac{p}{\rho}=\text{const} \tag{3.13.8}$$

§3.14 注 记

1. 研究表明，对于完全充满理想无旋液体或均匀涡旋液体的刚体运动，可以把无限多自由度的充液混合系统归结为有限自由度的力学系统来研究.此时，充液刚体的运动可由常微分方程组来描述.从而,使复杂的力学系统,得到一定程度的简化.

2. 对于这类简化的力学系统,可以采用有限自由度的运动稳

定性理论来研究无扰运动的稳定性问题.例如,利用一次近似的特征方程式的根来判别稳定性;通过寻求系统的不变量构造 V 函数来分析稳定性(含关于部分分量的稳定性);也可以应用大系统加权 V 函数方法(无需寻求不变量)来研究运动的稳定性等.

3. 对于完全充满黏性液体的刚体的稳定性问题,可以通过不同的途径导出无扰运动的稳定性条件.例如,通过黏性流体的边界层修正理论;应用黏性作用下系统总能量耗散的不等式;在一定的假设下,都可能给出稳定或不稳定的条件.

4. 一般地说,对充液系统运动特性的研究是一个复杂的问题.在研究方法上,除了在"建模"基础上的理论分析和数值模拟以外,物理实验与观测方法起着十分重要的作用.特别是当研究流体耗散时,为了确定阻尼系数及其它动力学参数,物理实验是必不可少的.可以进行真实充液贮箱的试验,也可以通过模型进行缩比试验或部分元件试验等.例如,有的实验表明,对于充液飞行器小偏航振幅情形,以边界层假设为基础的黏性修正理论的预测结果与试验数据比较一致;但对于大偏航振幅情形,边界层黏性修正理论则不适用.这是一个专门的研究课题,可以参考有关的文献[19,24].

第四章　液体在运动体内的晃动

§4.1 引　言

在前面两章里已分析了腔内全充满液体的情况，其中假设液体是无旋的，或者液体作有旋运动(如，像刚体一样的整体旋转、均匀涡旋、准均匀涡旋等运动).而在这一章里，将研究腔内液体不充满的情况(半充液或部分充液).在本书的前言中已指出过:此时液体除可能产生旋转运动以外，还会出现晃动.作为充液系统晃动动力学特性的研究，可以分为重力场内的液体晃动动力学与微重力场内的液体晃动动力学.其中，液体可能作小幅晃动或大幅晃动，有时在腔内的液体还会出现重新定位或飞溅等强非线性现象.一般地讲，当液体晃动的幅值在 0.15 腔内液面半径以下，则可视为线性区域.在此状态下，线性理论与实验结果比较一致.本章主要论述液体微幅晃动动力学的线性理论及有关的分析方法.在下一章里将介绍液体微幅晃动特性的数值分析，并结合实例给出数值结果.至于液体大幅晃动非线性动力学的研究，将在以后的章节里讨论.

§4.2 液体的静平衡表面

腔内液体不充满时，必出现自由液面.在一般情况下，自由液面的几何形状与表面张力有关.计算静平衡状态下的自由液面时，令 Bernoulli 积分(1.8.36)式中的 φ 为零，即得到液体静平衡表面应满足的条件

$$-U+\frac{\alpha K}{\rho}=\text{const} \tag{4.2.1}$$

上式表示流体质点在体积力和表面张力作用下的平衡．U 为体积力的力函数,微重力场和离心力场所对应的 U 分别为

$$U = - cgz \tag{4.2.2}$$

$$U = - \frac{1}{2} \omega_0^2 r^2 \tag{4.2.3}$$

其中 z，r 为自由液面处质点位置的柱坐标，cg 为微重力，地球重力场 $c=1$，为其特例，ω_0 为容器的自旋角速度.将(4.2.2)式代入(4.2.1)式，选择某个特征长度 a,化作无量纲形式

$$BZ + k = \text{const} \tag{4.2.4}$$

各无量纲量定义为

$$B = \frac{\rho cga^2}{\alpha},\ Z = \frac{z}{a},\ k = Ka \tag{4.2.5}$$

通常将 B 称为 Bond 数，其物理意义为体积力与表面张力之比．表面张力仅当 Bond 数足够大时才允许忽略，此时液面方程(4.2.1)式简化为

$$U = \text{const} \tag{4.2.6}$$

从(4.2.2)式、(4.2.3)式导出重力或离心力单独作用时的液面方程，分别为水平面和圆柱面(见图 4.1(a),(b))

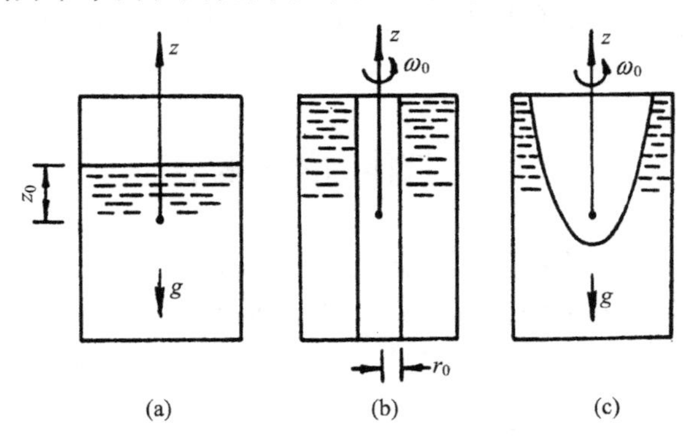

图 4.1

$$z = z_0, \quad r = r_0 \tag{4.2.7}$$

如重力与离心力共同作用，则自由液面为旋转抛物面(见图 4.1(c))

$$z = z_0 + \left(\frac{\omega_0^2}{2cg} \right) r^2 \tag{4.2.8}$$

对于小 Bond 数情形，表面张力不允许忽略，曲率 K 由液面的曲面方程确定.设用柱坐标表示的液面方程为

$$z = f(r, \theta) \tag{4.2.9}$$

则曲率 K 按以下公式计算

$$K = \frac{1}{r}\frac{\partial}{\partial r}\left\{ \frac{rf_r}{[1 + f_r^2 + (f_\theta / r)^2]^{1/2}} \right\} + \frac{1}{r^2}\frac{\partial}{\partial \theta}\left\{ \frac{rf_\theta}{[1 + f_r^2 + (f_\theta / r)^2]^{1/2}} \right\} \tag{4.2.10}$$

其中 f_r，f_θ 分别表示 f 相对 r 和 θ 的偏导数.对于液面相对 z 轴对称的特殊情形,上式简化为

$$K = \frac{1}{r}\frac{\partial}{\partial r}\left\{ \frac{rf_r}{(1 + f_r^2)^{1/2}} \right\} \tag{4.2.11}$$

将(4.2.10)式代入(4.2.1)式，导出确定平衡自由液面的非线性微分方程

$$\frac{\alpha}{\rho r}\frac{\partial}{\partial r}\left\{ \frac{rf_r}{[1 + f_r^2 + (f_\theta / r)^2]^{1/2}} \right\} + \frac{\alpha}{\rho r^2}\frac{\partial}{\partial \theta}\left\{ \frac{f_\theta}{[1 + f_r^2 + (f_\theta / r)^2]^{1/2}} \right\} - U(z) = \text{const} \tag{4.2.12}$$

此方程的解必须满足确定的边界条件，以保证

(1) 自由液面 S 与湿润腔壁 Σ 所包围的体积应等于给定的液体体积.

(2) 自由液面在与腔壁的界线 S_c 处应同时满足腔壁的曲面方程.

(3) 自由液面与腔壁的接触角 θ_c 应满足与表面张力特性有关的物理条件(1.7.8)式.

§ 4.3 液体晃动的动力学方程

讨论刚体作微幅平移振动时的液体晃动问题.建立刚体的连体基 $O\text{-}x_1x_2x_3$，设刚体沿 x_1 轴平移,速度为 $\boldsymbol{v}_0$

$$\boldsymbol{v}_0 = v_0(t)\boldsymbol{e}_1 \tag{4.3.1}$$

设腔内部分充有理想无旋流体，存在速度势 φ.对于轴对称情形，任意点 P 的位置以柱坐标(r, θ, z)表示(见图 4.2)，其绝对流速 $\boldsymbol{v}$ 为

$$\boldsymbol{v} = \frac{\partial\varphi}{\partial r}\boldsymbol{r}^0 + \frac{1}{r}\frac{\partial\varphi}{\partial\theta}\theta^0 + \frac{\partial\varphi}{\partial z}\boldsymbol{z}^0 \tag{4.3.2}$$

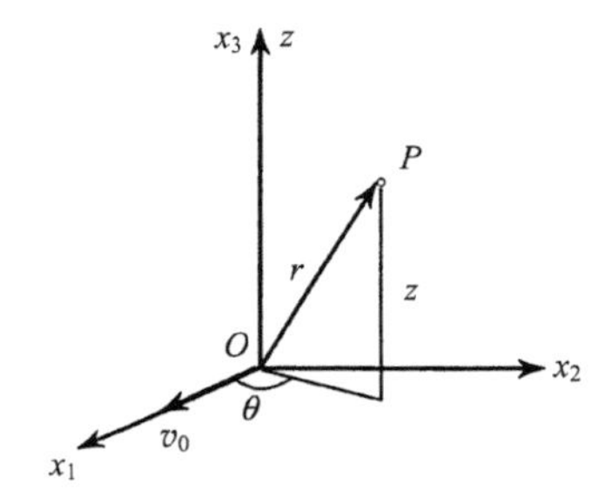

图 4.2

力函数 U 除微重力场以外，还必须考虑刚体牵连运动所产生的惯性力场

$$U = -cgz - \dot{v}_0 r\cos\theta \tag{4.3.3}$$

将上式及(4.2.10)式代入 Bernoulli 积分(1.8.36)式，以 C 表示积分常数，设刚体及液体均作微幅振动，只保留刚体速度及液体流速的一次项，得到自由液面处应满足的动力学条件

$$\frac{\partial\varphi}{\partial t} + cgz + v_0 r\cos\theta + \frac{\alpha}{\rho r}\frac{\partial}{\partial r}\left\{\frac{rf_r}{[1 + f_r^2 + (f_\theta/r)^2]^{1/2}}\right\}$$

$$+ \frac{\alpha}{\rho r^2}\frac{\partial}{\partial\theta}\left\{\frac{f_\theta}{[1 + f_r^2 + (f_\theta/r)^2]^{1/2}}\right\} = C \quad (P \in S) \tag{4.3.4}$$

自由液面处的运动学条件可利用(1.6.7)式写出

$$\frac{\partial z}{\partial r}u_r + \frac{1}{r}\frac{\partial z}{\partial\theta}u_\theta - u_z + \frac{\partial z}{\partial t} = 0 \quad (P \in S) \tag{4.3.5}$$

其中 u_r，u_θ，u_z 为相对流速 $\boldsymbol{u}$ 沿柱坐标的投影

$$u_r = \frac{\partial\varphi}{\partial r} - v_0\cos\theta,\quad u_\theta = \frac{1}{r}\left(\frac{\partial\varphi}{\partial\theta} + v_0 r\sin\theta\right)$$

$$u_z = \frac{\partial\varphi}{\partial z} \tag{4.3.6}$$

将上式代入(4.3.5)式，化作

$$\frac{\partial\varphi}{\partial z} - \left(\frac{\partial\varphi}{\partial r} - v_0\cos\theta\right)z_r - \frac{1}{r^2}\left(\frac{\partial\varphi}{\partial\theta} + v_0 r\sin\theta\right)z_\theta - z_t = 0 \ (P \in S) \tag{4.3.7}$$

湿润腔壁 Σ 处应满足运动学条件(1.6.1)式.设腔壁曲面方程为

$$z = w(r, \theta) \tag{4.3.8}$$

则腔壁 Σ 的法线单位矢量为

$$\boldsymbol{n}_w = -\left[1 + w_r^2 + \left(\frac{w_\theta}{r}\right)^2\right]^{-1/2}\left[w_r\boldsymbol{r}^0 + \left(\frac{w_\theta}{r}\right)\theta^0 - \boldsymbol{z}^0\right] \tag{4.3.9}$$

以(4.3.9)式代替(1.6.1)式中的 $\boldsymbol{n}$，导出以下条件

$$w_r u_r + \left(\frac{w_\theta}{r}\right) u_\theta - u_z = 0 \quad (P \in \Sigma) \tag{4.3.10}$$

将(4.3.6)式代入上式，得到

$$\frac{\partial \varphi}{\partial z} - \left(\frac{\partial \varphi}{\partial r} - v_0 \cos\theta\right) w_r - \frac{1}{r^2}\left(\frac{\partial \varphi}{\partial \theta} + v_0 r\sin\theta\right) w_\theta = 0 \quad (P \in \Sigma)$$

(4.3.11)

在自由液面与腔壁的接触线 S_c 处，还必须满足接触角条件(1.7.8)式，可写作

$$\boldsymbol{n}_f \cdot \boldsymbol{n}_w = \cos\theta_c \quad (P \in S_c) \tag{4.3.12}$$

其中 $\boldsymbol{n}_f$ 为自由液面 S 的法线单位矢量

$$\boldsymbol{n}_f = \left[1 + z_r^2 + \left(\frac{z_r}{r}\right)^2\right]^{-1/2}\left[z_r \boldsymbol{r}^0 + \left(\frac{z_\theta}{r}\right)\theta^0 - \boldsymbol{z}^0\right]$$

(4.3.13)

将(4.3.9)式、(4.3.13)式代入(4.3.12)式，导出

$$\left[1 + z_r^2 + \left(\frac{z_\theta}{r}\right)^2\right]^{-1/2}\left[1 + w_r^2 + \left(\frac{w_\theta}{r}\right)^2\right]^{-1/2}$$

$$\times\left[1 + z_r w_r + \left(\frac{z_\theta w_\theta}{r^2}\right)\right] = \cos\theta_c \quad (P \in S_c) \tag{4.3.14}$$

于是液体在腔内的晃动问题化作调和函数 φ 及液面方程的边值问题，由方程(1.3.17)式、(4.3.4)式、(4.3.7)式、(4.3.11)式及(4.3.14)式完全确定.

§4.4 轴对称腔情形

设腔壁相对 z 轴对称，液体的平衡自由液面亦相对 z 轴对

称,分别写作 r 的函数 $w(r)$和 $f(r)$

$$\Sigma: z = w(r), \quad S: z = f(r) \tag{4.4.1}$$

设晃动引起液面高度的摄动规律为 $h(r, \theta, t)$(见图 4.3),则受扰液面方程为

$$z(r, \theta, t) = f(r) + h(r, \theta, t) \tag{4.4.2}$$

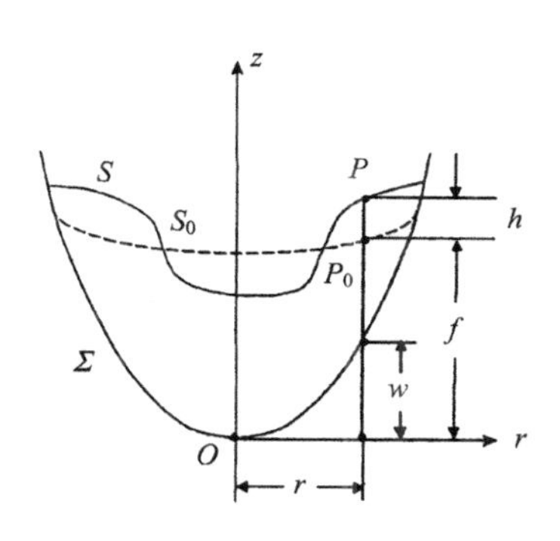

图 4.3

只保留刚体速度及液体流速的一次项,将(4.4.2)式代入(4.2.10)式及 Bernoulli 积分(4.3.4)式,导出

$$K = \frac{1}{r}\frac{\partial}{\partial r}\left[\frac{rf_r}{(1+f_r^2)^{1/2}} + \frac{rh_r}{(1+f_r^2)^{3/2}}\right] + \frac{1}{r^2}\frac{\partial}{\partial \theta}\left[\frac{h_\theta}{(1+f_r^2)^{1/2}}\right] \tag{4.4.3}$$

$$\frac{\partial \varphi}{\partial t} + cg(f+h) + \dot{v}_0 r\cos\theta + \frac{\alpha}{\rho}\left\{\frac{1}{r}\frac{\partial}{\partial r}\left[\frac{rf_r}{(1+f_r^2)^{1/2}} + \frac{rh_r}{(1+f_r^2)^{3/2}}\right] + \frac{1}{r^2}\frac{\partial}{\partial\theta}\left[\frac{h_\theta}{(1+f_r^2)^{1/2}}\right]\right\} = C \tag{4.4.4}$$

不受扰的平衡自由液面对应的 Bernoulli 积分为

$$cgf+\frac{\alpha}{\rho r}\frac{\partial}{\partial r}\left[\frac{rf_r}{(1+f_r^2)^{1/2}}\right]=C \qquad (4.4.5)$$

将(4.4.4)式与(4.4.5)式相减,得到以下动力学方程

$$\frac{\partial \varphi}{\partial t}+cgh+\dot{v}_0 r\cos\theta+\frac{\alpha}{\rho}\left\{\frac{1}{r}\frac{\partial}{\partial r}\left[\frac{rh_r}{(1+f_r^2)^{3/2}}\right]\right.$$

$$\left.+\frac{1}{r^2}\frac{\partial}{\partial\theta}\left[\frac{h_\theta}{(1+f_r^2)^{1/2}}\right]\right\}=0 \qquad (P\in S) \qquad (4.4.6)$$

运动学条件(4.3.7)式、(4.3.11)式简化为

$$\frac{\partial \varphi}{\partial z}-\left(\frac{\partial \varphi}{\partial r}-v_0\cos\theta\right)f_r=\frac{\partial h}{\partial t} \quad (P\in S) \qquad (4.4.7)$$

$$\frac{\partial \varphi}{\partial z}-\left(\frac{\partial \varphi}{\partial r}-v_0\cos\theta\right)w_r=0 \quad (P\in \Sigma) \qquad (4.4.8)$$

为满足条件(1.7.8)式的要求可作以下推演:在平衡自由液面 S_0 与腔壁 Σ 的交线 s_{c0} 上取任意点 P_0,其受扰后液面 S 与 Σ 的交线 s_c 在同一子午面内的对应点为 P', P'在 S_0 延伸曲面上的垂足为 P^*,在过 P_0 的水平线上的垂足为 Q.设 θ_{w0}, θ_{f0} 为 P_0 处 Σ 及 S_0 的法线相对 z 轴的倾角,θ_f^* 为 P^* 点处 S 的法线相对 z 轴的倾角, θ_w, θ_f 为 P'点处 Σ 及 S 的法线相对 z 轴倾角(见图 4.4),令 $P_0Q=\mathrm{d}r$,则有

$$\left.\begin{aligned}\theta_w&=\theta_{w0}+\left(\frac{\partial\theta_w}{\partial r}\right)_0\mathrm{d}r\\ \theta_f^*&=\theta_{f0}+\left(\frac{\partial\theta_f^*}{\partial r}\right)_0\mathrm{d}r\\ \theta_f&=\theta_f^*+\frac{\partial h}{\partial r}\end{aligned}\right\} \qquad (4.4.9)$$

条件(1.7.8)式要求

$$\theta_w - \theta_f = \theta_{w0} - \theta_{f0} = \theta_c \tag{4.4.10}$$

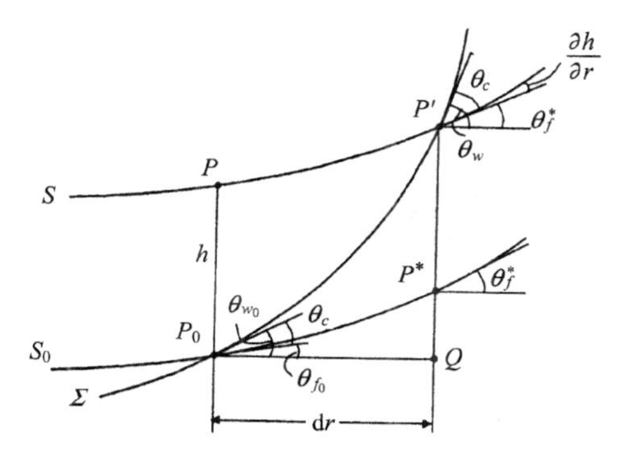

图 4.4

将(4.4.9)式代入(4.4.10)式，导出

$$\frac{\partial h}{\partial r} = \left[\left(\frac{\partial \theta_w}{\partial r} \right)_0 - \left(\frac{\partial \theta_f^*}{\partial r} \right)_0 \right] \mathrm{d}r \tag{4.4.11}$$

dr 与 h 之间满足以下几何关系(见图 4.5)

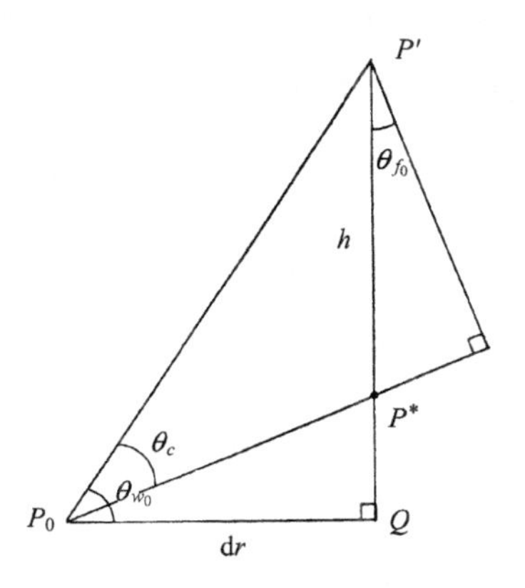

图 4.5

$$h\cos\theta_{f0} = \frac{\sin\theta_c \mathrm{d} r}{\cos\theta_{w0}} \tag{4.4.12}$$

将上式代入(4.4.11)式消去 dr，导出与(1.7.8)式等效的边界条件

$$\frac{\partial h}{\partial r} = \gamma h \quad (P = S_c) \tag{4.4.13}$$

参数 γ 定义为

$$\gamma = \left[\left(\frac{\partial \theta_w}{\partial r}\right)_0 - \left(\frac{\partial \theta_f^*}{\partial r}\right)_0\right] \frac{\cos\theta_{w0}\cos\theta_{f0}}{\sin\theta_c}$$

$$= \frac{1}{(1+w_r^2)^{1/2}(1+f_r^2)^{1/2}\sin\theta_c} \cdot \left[\frac{w_{rr}}{1+w_r^2} - \frac{f_{rr}}{1+f_r^2}\right] \tag{4.4.14}$$

如 $\theta_c=0$，则 $\gamma=\infty$，对应于液体与腔壁完全黏着的极端情形.

刚体运动时可带动容器底部附近的液体一同运动，远离底部的自由液面附近产生微小晃动.将速度势 φ 分解为两部分，即刚体运动部分 ϕ_0 及自由液面附近的晃动部分 ϕ

$$\varphi = \phi_0 + \phi, \quad \phi_0 = v_0 r\cos\theta \tag{4.4.15}$$

势函数 ϕ 由以下 Neumann 边值问题确定

$$\Delta\phi = 0 \quad (P \in V) \tag{4.4.16a}$$

$$\frac{\partial \phi}{\partial z} - \frac{\partial \phi}{\partial r} w_r = 0 \quad (P \in \Sigma) \tag{4.4.16b}$$

$$\frac{\partial \phi}{\partial z} - \frac{\partial \phi}{\partial r} f_r = \frac{\partial h}{\partial t} \quad (P \in S) \tag{4.4.16c}$$

$$\frac{\partial \phi}{\partial t} + cgh + \frac{\alpha}{\rho}\left\{\frac{1}{r}\frac{\partial}{\partial r}\left[\frac{rh_r}{(1+f_r^2)^{3/2}}\right]\right.$$

$$+\frac{1}{r^2}\frac{\partial}{\partial\theta}\left[\frac{h_\theta}{(1+f_r^2)^{1/2}}\right]\Bigg\}=-2\dot{v}_0\, r\cos\theta\quad (P\in S)$$

(4.4.16d)

$$\frac{\partial h}{\partial r}=\gamma h\quad (P\in S_c)\qquad (4.4.16e)$$

§4.5 重力场内的液体晃动

4.5.1 液体的自由晃动

在重力场内仍考虑轴对称的情形，$c=1$，由于 Bond 数足够大，表面张力可以忽略，静止液面为水平面(见图 4.6).如将坐标选在液面上,则有 $f=0$.设刚体保持静止，$v_0\equiv 0$,方程(4.4.16d)简化为

$$\frac{\partial\phi}{\partial t}+gh=0\qquad (P\in S)\qquad (4.5.1)$$

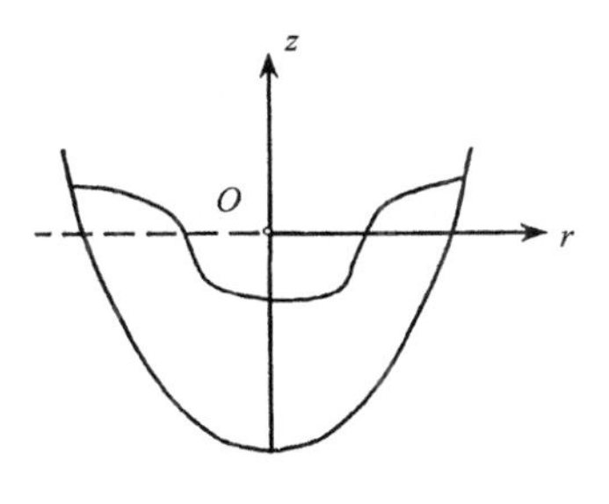

图 4.6

利用 Hamilton 原理可将以上边值问题(4.5.1)式化作变分问题.先定出 Hamilton 作用量泛函

$$L=\int_0^{t_1}(T-\Pi)\mathrm{d}t=\frac{\rho}{2}\int_0^{t_1}\left[\int_V(\nabla\phi)^2\mathrm{d}V-\frac{\rho g}{2}\int_S h^2\mathrm{d}S\right]\mathrm{d}t$$

(4.5.2)

其中，$T=\frac{\rho}{2}\int_V(\nabla\phi)^2\mathrm{d}V$，$\Pi=\frac{\rho g}{2}\int_S h^2\mathrm{d}S$.

Hamilton 原理可表示为

$$\delta L=\rho\int_0^{t_1}\left[\int_V(\nabla\phi)\cdot(\nabla\delta\phi)\mathrm{d}V-g\int_S h\delta h\mathrm{d}S\right]\mathrm{d}t=0 \tag{4.5.3}$$

利用 Gauss 原理和(4.4.16a)式、(4.4.16b)式、(4.4.16c)式等计算(4.5.3)式中的第一个积分

$$\begin{aligned}\int_V(\nabla\phi)\cdot(\nabla\delta\phi)\mathrm{d}V&=\int_V\left[\sum_{j=1}^{3}\frac{\partial}{\partial x_j}\left(\phi\frac{\partial\delta\phi}{\partial x_j}\right)-\phi\Delta\delta\phi\right]\mathrm{d}V\\&=\int_{\Sigma+S}\phi\frac{\partial\delta\phi}{\partial n}\mathrm{d}S=\int_{\Sigma+S}\phi\delta\left(\frac{\partial\phi}{\partial n}\right)\mathrm{d}S\\&=\int_S\phi\delta\left(\frac{\partial h}{\partial t}\right)\mathrm{d}S\end{aligned} \tag{4.5.4}$$

将(4.5.4)式代入(4.5.3)式，作分部积分，得到

$$\begin{aligned}\delta L&=\rho\int_0^{t_1}\left\{\int_S\left[\phi\delta\left(\frac{\partial h}{\partial t}\right)-gh\delta h\right]\mathrm{d}S\right\}\mathrm{d}t\\&=\left[\rho\int_S\phi\delta h\mathrm{d}S\right]_0^{t_1}-\rho\int_0^{t_1}\left[\int_S\left(\frac{\partial\phi}{\partial t}+gh\right)\delta h\mathrm{d}S\right]\mathrm{d}t=0\end{aligned} \tag{4.5.5}$$

上式右边第一项为零，由第二项中虚位移 δh 的任意性，可导出方程(4.5.1).将(4.5.1)式代入泛函(4.5.2)式消去 h 后得到

$$L=\frac{\rho}{2}\int_0^{t_1}\left[\int_V(\nabla\phi)^2\mathrm{d}V-\frac{1}{g}\int_S\left(\frac{\partial\phi}{\partial t}\right)^2\mathrm{d}S\right]\mathrm{d}t \tag{4.5.6}$$

由于重力场中 $f_r\equiv0$，则(4.4.16b)式、(4.4.16c)式的左边可近似以$\partial\phi/\partial n$代替，则势函数 ϕ 应为以下 Neumann 边值问题的解

$$\Delta\phi=0\quad(P\in V) \tag{4.5.7a}$$

$$\frac{\partial \phi}{\partial n} = \begin{cases} 0 & (P \in \Sigma) \qquad (4.5.7\text{b}) \\ \partial h / \partial t & (P \in S) \qquad (4.5.7\text{c}) \end{cases}$$

ϕ 同时必须使泛函 L 为极值.

设液体在腔内作频率为 σ 的振动,令

$$\phi(P,\ t) = \Phi(P)\sin\sigma t, \quad h(P,\ t) = \Psi(P)\cos\sigma t \tag{4.5.8}$$

将上式代入(4.5.6)式得到

$$L = \frac{\rho}{2}\int_0^{t_1}\left\{\left[\int_V (\nabla \Phi)^2 \mathrm{d}V\right]\sin^2\sigma t - \frac{\sigma^2}{g}\left[\int_S \Phi^2 \mathrm{d}S\right]\cos^2\sigma t\right\}\mathrm{d}t \tag{4.5.9}$$

令

$$t_1 = \frac{2\pi}{\sigma},\ \lambda = \frac{\sigma^2}{g} \tag{4.5.10}$$

将(4.5.9)式对 t 积分后得到

$$L = \frac{\pi\rho}{2}\left[\int_V (\nabla \Phi)^2 \mathrm{d}V - \lambda\int_S \Phi^2 \mathrm{d}S\right] \tag{4.5.11}$$

泛函(4.5.11)式中的第一项表示动能的最大值，第二项表示势能的最大值.在真实运动过程中,此二项应相等,导出 λ 的最低值.

$$\lambda = \min\frac{\int_V (\nabla \Phi)^2 \mathrm{d}V}{\int_S \Phi^2 \mathrm{d}S} \tag{4.5.12}$$

利用上式求出 λ 的最低值 λ_1，及对应的特征函数 Φ_1 后，在与 Φ_1 正交的函数族中可继续利用此公式求出次低固有频率，如此可求出无限多个自然频率 σ_i 和对应的特征函数 $\Phi^{(i)}$ 和 $\Psi^{(i)}$ ($i=1,\ 2,\ \cdots$).利用(4.5.1)式、(4.5.7c)式导出 $\Phi^{(i)}$，$\Psi^{(i)}$ 在自由液面 S 处应满足的边界条件

$$\Psi^{(i)} = -\frac{\sigma_i}{g}\Phi^{(i)} \quad (P \in S) \tag{4.5.13a}$$

$$\frac{\partial \Phi^{(i)}}{\partial n} = \lambda_i \Phi^{(i)} \quad (P \in S) \tag{4.5.13b}$$

4.5.2 Ritz 方法

上述变分问题可利用各种近似方法求解，例如可使用 Ritz 方法.选择正交的调和函数族$\{\phi_j\}$($j=1, 2, \cdots, N$),将 Φ 写作$\{\phi_j\}$的线性组合

$$\Phi = \sum_{j=1}^{N} C_j \phi_j \tag{4.5.14}$$

将上式代入(4.5.11)式，得到

$$L = \frac{\pi\rho}{2}\left[\int_V \left(\sum_{j=1}^{N} C_j \nabla \phi_j\right)^2 \mathrm{d}V - \lambda \int_S \left(\sum_{j=1}^{N} C_j \phi_j\right)^2 \mathrm{d}S\right] \tag{4.5.15}$$

令 L 对 N 个系数 C_j 的偏导数为零

$$\frac{\partial L}{\partial C_j} = 0 \quad (j = 1, 2, \cdots, N) \tag{4.5.16}$$

由(4.5.15)式则得

$$\sum_{k=1}^{N} C_k (\alpha_{kj} - \lambda\beta_{kj}) = 0 \quad (j = 1, 2, \cdots, N) \tag{4.5.17}$$

其中

$$\alpha_{kj} = \int_V (\nabla \phi_k)\cdot(\nabla \phi_j)\mathrm{d}V, \quad \beta_{kj} = \int_S \phi_k \phi_j \mathrm{d}S \tag{4.5.18}$$

C_k 有非零解的条件为

$$\det(\alpha_{kj} - \lambda\beta_{kj}) = 0 \tag{4.5.19}$$

因$[\alpha_{kj}]$，$[\beta_{kj}]$为对称矩阵，从方程(4.5.19)确定的特征根 λ_i 必为实根.从而得到液体晃动的固有频率 σ_i 为

$$\sigma_i^2 = \lambda_i g \quad (i = 1, 2, \cdots, N) \tag{4.5.20}$$

每个频率 σ_i 对应于各自的主模态 $\Phi^{(i)}$，$\Psi^{(i)}$.

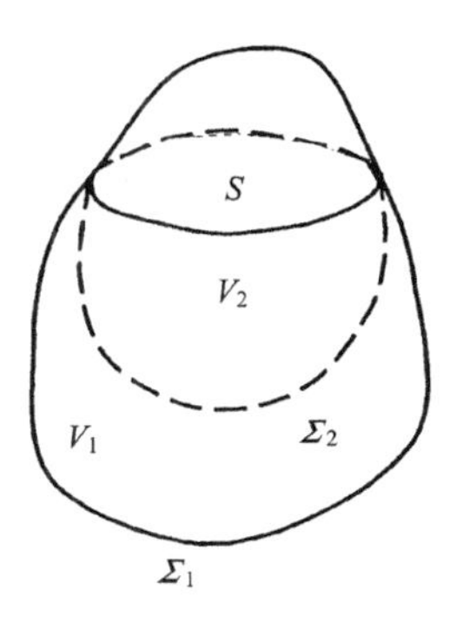

图 4.7

设有两种腔具有相同的自由液面 S 但不同的底面 Σ_1，Σ_2，后者被包含于前者之内，$V_1 > V_2$(见图 4.7).

对于任意势函数 Φ，以下不等式都成立

$$\int_{V_1} (\nabla \Phi)^2 \mathrm{d} V > \int_{V_2} (\nabla \Phi)^2 \mathrm{d} V \tag{4.5.21}$$

分别以 Φ_1，Φ_2 表示流场 V_1 及 V_2 中的特征函数，令

$$\lambda_1 = \frac{\int_{V_1} (\nabla \Phi_1)^2 \mathrm{d} V}{\int_S \Phi_1^2 \mathrm{d} S}, \quad \lambda_2 = \frac{\int_{V_2} (\nabla \Phi_2)^2 \mathrm{d} V}{\int_S \Phi_2^2 \mathrm{d} S} \tag{4.5.22}$$

如将 λ_2 中的函数 Φ_2 换成 Φ_1，则算出的值必大于 λ_2 的实际值，可导出

$$\lambda_2 \leqslant \frac{\int_{V_2} (\nabla \Phi_1)^2 \mathrm{d} V}{\int_S \Phi_1^2 \mathrm{d} S} < \frac{\int_{V_1} (\nabla \Phi_1)^2 \mathrm{d} V}{\int_S \Phi_1^2 \mathrm{d} S} = \lambda_1 \tag{4.5.23}$$

即 $\lambda_2 < \lambda_1$.从而证明，在自由液面相同，两容器的湿润壁面一个被另一个包含的条件下，液体晃动的固有频率随容器的增大而升高.

4.5.3 液体的强迫晃动

设重力场中的刚体沿 x_1 轴作线性振动，加速度 $\dot{v}_0$ 的变化规律为

$$\dot{v}_0 = g\beta(t) \tag{4.5.24}$$

将上式代入方程(4.4.16d)，略去与表面张力有关的最后二项，得到

$$\frac{\partial \phi}{\partial t} + gh = -2g\beta(t)r\cos\theta \tag{4.5.25}$$

将 ϕ，h 写作上节中导出的液体自由振动的特征函数 $\Phi^{(i)}$，$\Psi^{(i)}$ 的线性组合

$$\phi = \sum_{i=1}^{N} p_i(t)\Phi^{(i)}(P), \quad h = \sum_{i=1}^{N} q_i(t)\Psi^{(i)}(P) \tag{4.5.26}$$

将上式代入(4.4.16c)式，导出

$$\sum_{i=1}^{N} p_i(t)\frac{\partial \Phi^{(i)}}{\partial n} = \sum_{i=1}^{N} \dot{q}_i(t)\Psi^{(i)} \tag{4.5.27}$$

将(4.5.13a)式代入上式并令等号两边 $\Phi^{(i)}$ 系数相等，得到

$$\sigma_i p_i(t) = -\dot{q}_i(t) \tag{4.5.28}$$

将(4.5.26)式代入(4.5.25)式，考虑(4.5.13a)式、(4.5.28)式，对 t 微分，导出

$$\sum_{i=1}^{N} (\ddot{p}_i + \sigma_i^2 p_i)\Phi^{(i)} = -2g\dot{\beta}\, r\cos\theta \tag{4.5.29}$$

考虑$\{\Phi^{(i)}\}$为正交函数，有以下关系

$$\int_S \Phi^{(i)}\Phi^{(j)}\mathrm{d}S = \delta_{ij} \tag{4.5.30}$$

将(4.5.29)式两边乘以 $\Phi^{(i)}$，在 S 域内积分，利用(4.5.30)式，导出以下 N 个强迫振动方程

$$\ddot{p}_i + \sigma_i^2 p_i = -2gA_i\dot{\beta}(t) \quad (i = 1, 2, \cdots, N) \tag{4.5.31}$$

其中

$$A_i = \int_S \Phi^{(i)} r\cos\theta \mathrm{d}S \quad (i = 1, 2, \cdots, N) \tag{4.5.32}$$

从方程(4.5.31)解出 $p_i(t)$后，代入(4.5.28)式计算 $q_i(t)$，则液面的强迫振动规律被完全确定.

§4.6 微重力场内的液体晃动

4.6.1 无量纲化动力学方程

在微重力场内 $c \ll 1$，不允许忽略表面张力.设刚体保持静止,令 $v_0 = 0$.选择平衡自由液面 S_e 的半径 a 为特征长度,将方程组(4.4.16)无量纲化.设 ϕ, h 的振动规律为

$$\phi = \Phi(ga^3)^{1/2}\sin\sigma t, \quad h = \Psi(ga)^{1/2}\sigma^{-1}\cos\sigma t \tag{4.6.1}$$

除 Φ, Ψ 均为无量纲量以外，再定义

$$R = \frac{r}{a},\ Z = \frac{z}{a},\ N = \frac{n}{a},\ F = \frac{f}{a}$$

$$W = \frac{w}{a},\ \Gamma = \gamma a,\ B = \frac{\rho c g a^2}{\alpha},\ \Omega^2 = \frac{\rho a^3 \sigma^2}{\alpha} \tag{4.6.2}$$

将方程组(4.4.16)化作无量纲形式

$$\Delta\Phi = 0 \quad (P \in V) \tag{4.6.3a}$$

$$\Phi_Z - W_R\Phi_R = 0 \quad (P \in \Sigma) \tag{4.6.3b}$$

$$\Phi_Z - F_R\Phi_R = \Psi \quad (P \in S) \tag{4.6.3c}$$

$$\Omega^2\Phi+B\Psi+\frac{1}{R}\frac{\partial}{\partial R}\left[\frac{R\partial\Psi_R}{(1+F_R^2)^{3/2}}\right]$$

$$+\frac{1}{R^2}\frac{\partial}{\partial\theta}\left[\frac{\partial\Psi_\theta}{(1+F_R^2)^{1/2}}\right]=0\quad(P\in S)\tag{4.6.3d}$$

$$\Psi_R=\Gamma\Psi\quad(P\in S_c)\tag{4.6.3e}$$

4.6.2 正交性条件

函数 Φ,Ψ 在平衡自由液面 S 域内满足以下正交性条件

$$\int_S\Psi^{(i)}\Phi^{(j)}\mathrm{d}S=\delta_{ij}\tag{4.6.4}$$

证明：将方程(4.6.3d)中的 Ω, Φ, Ψ 分别以第 i 和第 j 频率 v_i, v_j 的对应值 Ω_i, $\Phi^{(i)}$, $\Psi^{(i)}$ 及 Ω_j, $\Phi^{(j)}$, $\Psi^{(j)}$ 代替，列出

$$\Omega_i^2\Phi^{(i)}+B\Psi^{(i)}+\frac{1}{R}\frac{\partial}{\partial R}\left[\frac{R\Psi_R^{(i)}}{(1+F_R^2)^{3/2}}\right]+\frac{1}{R^2}\frac{\partial}{\partial\theta}\left[\frac{\Psi_\theta^{(i)}}{(1+F_R^2)^{1/2}}\right]=0\tag{4.6.5a}$$

$$\Omega_j^2\Phi^{(j)}+B\Psi^{(j)}+\frac{1}{R}\frac{\partial}{\partial R}\left[\frac{R\Psi_R^{(j)}}{(1+F_R^2)^{3/2}}\right]+\frac{1}{R^2}\frac{\partial}{\partial\theta}\left[\frac{\Psi_\theta^{(j)}}{(1+F_R^2)^{1/2}}\right]=0\tag{4.6.5b}$$

将上面二式分别乘以 $\Psi^{(j)}$, $\Psi^{(i)}$ 后相减，再将各项乘以 $R\mathrm{d}R\mathrm{d}\theta$，在 $R\in[0,1]$，$\theta\in[0,2\pi]$范围内积分，得到

$$\Omega_i^2P_{ji}-\Omega_j^2P_{ij}+Q_{ji}-Q_{ij}=0\tag{4.6.6}$$

其中

$$P_{ij}=\int_S\Psi^{(i)}\Phi^{(j)}R\mathrm{d}R\mathrm{d}\theta\tag{4.6.7a}$$

$$Q_{ij}=\int_S\Psi^{(i)}\left\{\frac{\partial}{\partial R}\left[\frac{R\Psi_R^{(j)}}{(1+F_R^2)^{3/2}}\right]+\frac{1}{R}\frac{\partial}{\partial\theta}\left[\frac{\Psi_\theta^{(j)}}{(1+F_R^2)^{1/2}}\right]\right\}\mathrm{d}R\mathrm{d}\theta\tag{4.6.7b}$$

将自由液面 S 或腔壁面 Σ 的法线 $\boldsymbol{n}$ 与 z 轴的夹角记作 γ，则有

$$R\mathrm{d}R\mathrm{d}\theta = \mathrm{d}S\cos\gamma = \begin{cases} (1+F_R^2)^{-1/2}\mathrm{d}S & (P\in S) \\ (1+W_R^2)^{-1/2}\mathrm{d}S & (P\in \Sigma) \end{cases} \tag{4.6.8}$$

将上式及(4.6.3c)式代入(4.6.7a)式，得到

$$P_{ij} = \int_S \Phi^{(j)}(\Phi_z^{(i)} - F_R\Phi_R^{(i)})R\mathrm{d}R\mathrm{d}\theta = \int_S \Phi^{(j)}\Phi_N^{(i)}\mathrm{d}S \tag{4.6.9}$$

利用 Green 第一定理导出以下等式

$$\int_V \nabla\Phi^{(i)}\cdot\nabla\Phi^{(j)}\mathrm{d}V + \int_V \Phi^{(j)}\Delta\Phi^{(i)}\mathrm{d}V = \int_{S+\Sigma}\Phi^{(j)}\Phi_N^{(i)}\mathrm{d}S \tag{4.6.10}$$

根据(4.6.3a)式、(4.6.3b)式，从上式导出

$$P_{ij} = \int_V \nabla\Phi^{(i)}\cdot\nabla\Phi^{(j)}\mathrm{d}V \tag{4.6.11}$$

从而证实

$$P_{ij} = P_{ji} \tag{4.6.12}$$

将(4.6.7b)式中的两项分别进行分部积分，并将(4.6.3e)式代入，导出

$$\int_0^1 \Psi^{(i)}\frac{\partial}{\partial R}\left[\frac{R\Psi_R^{(j)}}{(1+F_R^2)^{3/2}}\right]\mathrm{d}R = \left[\frac{\Gamma R\Psi^{(i)}\Psi^{(j)}}{(1+F_R^2)^{3/2}}\right]_{R=1} - \int_0^1 \frac{R\Psi_R^{(i)}\Psi_R^{(j)}}{(1+F_R^2)^{3/2}}\mathrm{d}R \tag{4.6.13a}$$

$$\int_0^{2\pi}\Psi^{(i)}\frac{\partial}{\partial\theta}\left[\frac{\Psi_\theta^{(j)}}{(1+F_R^2)^{1/2}}\right]\mathrm{d}\theta = -\int_0^{2\pi}\frac{\Psi_\theta^{(i)}\Psi_\theta^{(j)}}{(1+F_R^2)^{1/2}}\mathrm{d}\theta \tag{4.6.13b}$$

从上式的对称性可以推断

$$Q_{ij} = Q_{ji} \tag{4.6.14}$$

将(4.6.12)式、(4.6.14)式代入(4.6.6)式，得到

$$(\Omega_j^2 - \Omega_i^2)\int_S \Psi^{(i)}\Phi^{(j)}\,\mathrm{d}S = 0 \tag{4.6.15}$$

从而证明正交性条件(4.6.4)式.

4.6.3 液体的自由晃动

上述边值问题在一般情况下只能用数值方法求解.以下证明，此边值问题可以转化为变分问题.定义泛函 I 如下：

$$I = \Omega^2\int_V (\nabla\Phi)^2\,\mathrm{d}V - \int_S\left[2\Omega^2\Phi\Psi + B\Psi^2 - \frac{\Psi_R^2}{(1+F_R^2)^{3/2}} - \frac{\Psi_\theta^2}{R^2(1+F_R^2)^{1/2}}\right]R\,\mathrm{d}R\,\mathrm{d}\theta - \Gamma\int_0^{2\pi}\left[\frac{\Psi^2}{(1+F_R^2)^{3/2}}\right]_{R=1}\mathrm{d}\theta \tag{4.6.16}$$

泛函 I 的极值条件为

$$\delta I = 0 \tag{4.6.17}$$

导出

$$\Omega^2\int_V \nabla\Phi\cdot\nabla\delta\Phi\,\mathrm{d}V - \int_S\left[\Omega^2(\Phi\delta\Psi + \Psi\delta\Phi) + B\Psi\delta\Psi - \frac{\Psi_R\delta\Psi_R}{(1+F_R^2)^{3/2}} - \frac{\Psi_\theta\delta\Psi_\theta}{R^2(1+F_R^2)^{1/2}}\right]R\,\mathrm{d}R\,\mathrm{d}\theta - \Gamma\int_0^{2\pi}\left[\frac{\Psi\delta\Psi}{(1+F_R^2)^{3/2}}\right]_{R=1}\mathrm{d}\theta = 0 \tag{4.6.18}$$

利用 Green 公式导出

$$\Omega^2\int_V \nabla\Phi\cdot\nabla\delta\Phi \mathrm{d}V = -\Omega^2\int_V \Delta\Phi\delta\Phi\mathrm{d}V + \Omega^2\int_{S+\Sigma}\Phi_N\delta\Phi\mathrm{d}S \tag{4.6.19}$$

利用分部积分公式导出

$$\int_0^1 \frac{\Psi_R\delta\Psi_R}{(1+F_R^2)^{3/2}}R\mathrm{d}R = \left[\frac{\Psi_R\delta\Psi}{(1+F_R^2)^{3/2}}\right]_{R=1} - \int_0^1 \frac{1}{R}\frac{\partial}{\partial R}\left[\frac{R\Psi_R}{(1+F_R^2)^{3/2}}\right]\delta\Psi R\mathrm{d}R \tag{4.6.20a}$$

$$\int_0^{2\pi} \frac{\Psi_\theta\delta\Psi_\theta}{R(1+F_R^2)^{1/2}}\mathrm{d}\theta = -\int_0^{2\pi}\frac{1}{R}\frac{\partial}{\partial\theta}\left[\frac{\Psi_\theta}{(1+F_R^2)^{1/2}}\right]\delta\Psi\mathrm{d}\theta \tag{4.6.20b}$$

将(4.6.19)式、(4.6.20)式、(4.6.8)式代入(4.6.18)式，整理后得到

$$\begin{aligned}
&-\Omega^2\int_V \Delta\Phi\delta\Phi\mathrm{d}V + \Omega^2\int_\Sigma(\Phi_z - W_R\Phi_R)\delta\Phi R\mathrm{d}R\mathrm{d}\theta \\
&+\Omega^2\int_S(\Phi_z - F_R\Phi_R - \Psi)\delta\Phi R\mathrm{d}R\mathrm{d}\theta \\
&-\int_S\left\{\Omega^2\Phi + B\Psi + \frac{1}{R}\frac{\partial}{\partial R}\left[\frac{R\Psi_R}{(1+F_R^2)^{3/2}}\right]\right. \\
&\left.+\frac{1}{R^2}\frac{\partial}{\partial\theta}\left[\frac{\Psi_\theta}{(1+F_R^2)^{1/2}}\right]\right\}\delta\Psi R\mathrm{d}R\mathrm{d}\theta + \int_0^{2\pi}\left[\frac{\Psi_R - \Gamma\Psi}{(1+F_R^2)^{3/2}}\right]_{R=1}\delta\Psi\mathrm{d}\theta = 0
\end{aligned} \tag{4.6.21}$$

由于 $\delta\Phi$,$\delta\Psi$ 为独立变分，从以上 5 个积分式中导出与(4.6.3)式完全相同的方程及边界条件，从而证明边值问题与变分问题的等效性.如速度势 Φ 由调和函数组成,则方程(4.6.3a)式自动满足，利用 Green 公式可将泛函 I 中的体积分化为面积分以便利计算，

导出

$$\int_V (\nabla\Phi)^2 \mathrm{d}V = \int_{S+\Sigma} \Phi\Phi_N \mathrm{d}S \tag{4.6.22}$$

利用(4.6.8)式，上式化作

$$\int_{S+\Sigma} \Phi\Phi_N \mathrm{d}S = \int_S \Phi(\Phi_Z - F_R\Phi_R) R\mathrm{d}R\mathrm{d}\theta + \int_\Sigma \Phi(\Phi_Z - W_R\Phi_R) R\mathrm{d}R\mathrm{d}\theta \tag{4.6.23}$$

若供选择的函数 Φ 已满足(4.6.3c)式，则泛函 I 化作

$$\begin{aligned} I = & -\int_S \left[2\Omega^2 \Phi\Psi + B\Psi^2 - \frac{\Psi_R^2}{(1+F_R^2)^{3/2}} - \frac{\Psi_\theta^2}{R^2(1+F_R^2)^{1/2}} \right] R\mathrm{d}R\mathrm{d}\theta \\ & - \Omega^2 \int_\Sigma \Phi(\Phi_Z - W_R\Phi_R) R\mathrm{d}R\mathrm{d}\theta + \Gamma\int_0^{2\pi} \left[\frac{\Psi^2}{(1+F_R^2)^{3/2}} \right]_{R=1} \mathrm{d}\theta \end{aligned} \tag{4.6.24}$$

4.6.4 Ritz 方法

选择正交的调和函数族$\{\phi_j\}$($j=1, \cdots, N$)组成速度势

$$\Phi = \sum_{j=1}^{N} C_j \phi_j \tag{4.6.25}$$

定义函数 Ψ_j，ξ_j($j=1, \cdots, N$)如下

$$\Psi_j = (\phi_j)_Z - F_R(\phi_j)_R \quad (P \in S) \tag{4.6.26a}$$

$$\xi_j = (\phi_j)_Z - W_R(\phi_j)_R \quad (P \in \Sigma) \tag{4.6.26b}$$

将(4.6.25)式、(4.6.26)式代入泛函(4.6.24)式，令 I 对 N 个系数 C_j 的偏导数为零

$$\frac{\partial I}{\partial C_j} = 0 \quad (j = 1, 2, \cdots, N) \tag{4.6.27}$$

化作

$$\sum_{k=1}^{N} C_k(\alpha_{kj} - \Omega^2 \beta_{kj}) = 0 \quad (j = 1, 2, \cdots, N) \qquad (4.6.28)$$

其中

$$\alpha_{kj} = 2\int_S \left[\frac{(\Psi_k)_R(\Psi_j)_R}{(1+F_R^2)^{3/2}} + \frac{(\Psi_k)_\theta(\Psi_j)_\theta}{R^2(1+F_R^2)^{1/2}} - B(\Psi_k)_\theta(\Psi_j)_\theta \right] R\mathrm{d}R\mathrm{d}\theta + \int_\Sigma (\phi_k \xi_j + \phi_j \xi_k) R\mathrm{d}R\mathrm{d}\theta - 2\Gamma\int_0^{2\pi} \left[\frac{\Psi_k \Psi_i}{(1+F_R^2)^{3/2}} \right]_{R=1} \mathrm{d}\theta \qquad (4.6.29a)$$

$$\beta_{kj} = \int_S (\phi_k \Psi_j + \phi_j \Psi_k) R\mathrm{d}R\mathrm{d}\theta \qquad (4.6.29b)$$

C_k 有非零解的条件为

$$\det(\alpha_{kj} - \Omega^2 \beta_{kj}) = 0 \qquad (4.6.30)$$

$[\alpha_{kj}]$，$[\beta_{kj}]$为对称矩阵，从方程(4.6.30)解出液体晃动的固有频率 Ω_i 及对应的主模态 $\Phi^{(i)}$，$\Psi^{(i)}$ $(i=1, 2, \cdots, N)$.

4.6.5 液体的强迫晃动

设刚体沿 x 轴作频率为 ω_0 的振动，液体产生沿 x 轴的牵连速度 $\boldsymbol{v}_0$

$$\boldsymbol{v}_0 = v_0 \sin\omega_0 t\boldsymbol{e}_1 \qquad (4.6.31)$$

液体在惯性力及腔壁作用力的影响下产生强迫晃动.设 ϕ, h 的强迫振动规律为

$$\phi = \Phi(ga^3)^{1/2} \sin\omega_0 t$$

$$h = \Psi(ga)^{1/2} \omega_0^{-1} \cos\omega_0 t \qquad (4.6.32)$$

将(4.6.31)式、(4.6.32)式代入方程(4.4.16d)式，导出无量纲形

式的液面动力学条件

$$\Omega^2\Phi + B\Psi + \frac{1}{R}\frac{\partial}{\partial R}\left[\frac{R\Psi_R}{(1+F_R^2)^{3/2}}\right] + \frac{1}{R^2}\frac{\partial}{\partial\theta}\left[\frac{\Psi_\theta}{(1+F_R^2)^{1/2}}\right]$$

$$= -2\Omega_0^2 V_0 R\cos\theta \quad (P\in S) \tag{4.6.33}$$

其中 V_0 为 v_0 的无量纲化

$$V_0 = v_0(ga)^{-1/2} \tag{4.6.34}$$

方程组(4.6.3)中的(4.6.3d)式应以方程(4.6.33)式代替.

将 Φ,Ψ 写作自由晃动的各阶固有频率 Ω_j 所对应的主模态 $\Phi^{(j)},\Psi^{(j)}(j=1, 2, \cdots, N)$的线性组合

$$\Phi = \sum_{j=1}^{N} a_j\Phi^{(j)},\quad \Psi = \sum_{j=1}^{N} a_j\Psi^{(j)} \tag{4.6.35}$$

将(4.6.35)式代入(4.6.33)式，得到

$$\sum_{j=1}^{N} a_j\left\{\Omega_0^2\Phi^{(j)} + B\Psi^{(j)} + \frac{1}{R}\frac{\partial}{\partial R}\left[\frac{R\Psi_R^{(j)}}{(1+F_R^2)^{3/2}}\right]\right.$$

$$\left.+\frac{1}{R^2}\frac{\partial}{\partial\theta}\left[\frac{\Psi_\theta^{(j)}}{(1+F_R^2)^{1/2}}\right]\right\} = 2\Omega_0^2 V_0 R\cos\theta \tag{4.6.36}$$

函数 $\Phi^{(j)}$，$\Psi^{(j)}(j=1, 2, \cdots, N)$应满足自由振动方程(4.6.3d)

$$\Omega_j^2\Phi^{(j)} + B\Psi^{(j)} + \frac{1}{R}\frac{\partial}{\partial R}\left[\frac{R\Psi_R^{(j)}}{(1+F_R^2)^{3/2}}\right]$$

$$+\frac{1}{R^2}\frac{\partial}{\partial\theta}\left[\frac{\Psi_\theta^{(j)}}{(1+F_R^2)^{1/2}}\right] = 0 \quad (j=1, 2, \cdots, N)$$

$$\tag{4.6.37}$$

将方程(4.6.37)式乘以 a_j，对 $j=1, 2, \cdots, N$ 求和，再与(4.6.36)式相减，导出

$$\sum_{j=1}^{N} a_j (\Omega_j^2 - \Omega_0^2) \Phi^{(j)} = 2 R_0^2 V_0 R\cos\theta \qquad (4.6.38)$$

将上式两边乘以 $\Psi^{(i)}$，在 S 域内积分，利用 $\Psi^{(i)}$ 与 $\Phi^{(j)}$ 的正交性条件(4.6.4)，导出系数 a_j

$$a_j = \frac{2\Omega_0^2 V_0}{\Omega_j^2 - \Omega_0^2} \int_S \Psi^{(j)} R\cos\theta \mathrm{d}S \qquad (4.6.39)$$

将(4.6.39)式代入(4.6.35)式、(4.6.32)式，即得到强迫晃动规律.

§4.7 充液转子的弹性振动

设刚性转子带圆柱形腔，腔内半充理想流体.转子由弹性轴支承作高速旋转,当转速足够高时,所引起的离心惯性力远远超过重力,后者的影响可予忽略.设圆柱半径为 a,长度为 $2h$,且 $h \gg a$,腔内液体的轴向流动极小,可予忽略,从而简化为二元流动.主刚体的质心与腔的几何中心重合于 O 点，弹性轴不变形时 O 点在旋转轴上，其位置记作 O_0 点.建立惯性坐标系(O_0-$x_1^0 x_2^0 x_3^0$)及主刚体坐标系(O-$x_1 x_2 x_3$),其中 $O_0 x_3^0$ 为旋转轴,与主刚体 Ox_3 平行(见图 4.8).系统的稳态运动是主刚体连同腔内液体凝固为一体绕与 $O_0 x_3^0$ 重合的 Ox_3 轴以角速度 ω_0 匀速旋转.但实际上难以避免的微小质量偏心或其他扰动使系统偏离 O_0 点，$\boldsymbol{r}_0 = \overrightarrow{O_0 O}$为偏心距矢量.腔内液体在不对称的惯性力场作用下产生相

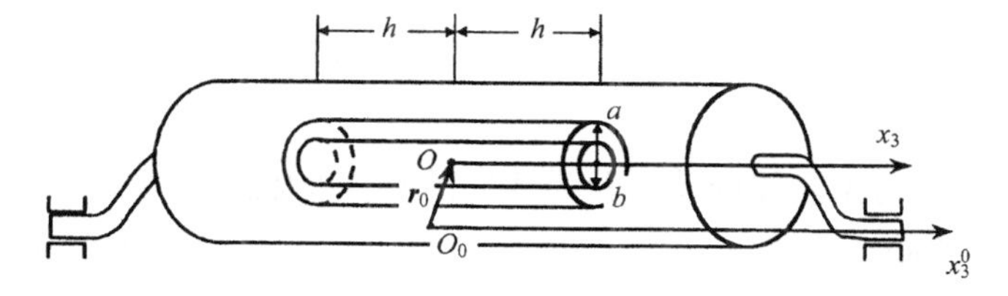

图 4.8

对流动，影响对腔壁的压力分布，从而影响主刚体的质心运动.刚体的转动规律由驱动电机确定，受液体运动的影响极小而予以忽略.

只讨论过 O 点的横截面内流体的二元流动.由于是有旋流动，不能利用 Bernoulli 积分，必须直接处理 Euler 流体力学方程(1.5.16).设受扰后流体质点的相对流速极小，略去方程(1.5.16)式中 $\boldsymbol{u}$ 的二阶以上微量，令 $\boldsymbol{r}$ 为流场中任意点 P 相对 O 点的矢径，并令

$$\omega = \omega_0 = \omega_0 \boldsymbol{e}_3, \quad \boldsymbol{v}_0 = \frac{\mathrm{d}\boldsymbol{r}_0}{\mathrm{d}t}, \quad \boldsymbol{f} = 0 \qquad (4.7.1)$$

得到流体相对主刚体的运动方程为

$$\frac{\partial \boldsymbol{u}}{\partial t} + 2\omega_0 \times \boldsymbol{u} = -\nabla q - \frac{\mathrm{d}^2 \boldsymbol{r}_0}{\mathrm{d}t^2} \qquad (4.7.2)$$

函数 q 定义为

$$q = \frac{p}{\rho} - \frac{1}{2}\omega_0^2 r^2 \qquad (4.7.3)$$

主刚体在弹性恢复力、阻尼力和腔内液体压力的共同作用下，其质心 O 相对(O-$x_1^0 x_2^0 x_3^0$)的运动方程为

$$\frac{\mathrm{d}^2 \boldsymbol{r}_0}{\mathrm{d}t^2} + 2\zeta k \frac{\mathrm{d}\boldsymbol{r}_0}{\mathrm{d}t} + k^2 \boldsymbol{r}_0 = \frac{2h\alpha}{m_1}\int_0^{2\pi} (\boldsymbol{p})_{r=a}\mathrm{d}\theta \qquad (4.7.4)$$

其中

$$2\zeta k = \frac{C}{m_1}, \quad k^2 = \frac{K}{m_1} \qquad (4.7.5)$$

m_1, K, C 为主刚体的质量及弹性轴的刚度及阻尼系数.设 $\boldsymbol{r}$ 相对 Ox_1 轴的倾角为 θ,(x_1, x_2)坐标面相对(x_1^0, x_2^0)的转角为 $\omega_0 t$ (见图 4.9).令 u_j ($j=1, 2, 3$)为 $\boldsymbol{u}$ 相对(O- $x_1 x_2 x_3$)的投影，r_{oj} ($j=1, 2, 3$)为 $\boldsymbol{r}_0$ 相对(O_0- $x_1^0 x_2^0 x_3^0$)的投影，列出方程(4.7.

2)相对 Ox_1，Ox_2 轴的投影式及方程(4.7.4)相对 $O_0 x_1^0$，$O_0 x_2^0$ 的投影式

$$\frac{\partial u_1}{\partial t} - 2\omega_0 u_2 = -\frac{\partial q}{\partial x_1} - w_1 \tag{4.7.6a}$$

$$\frac{\partial u_2}{\partial t} + 2\omega_0 u_1 = -\frac{\partial q}{\partial x_2} - w_2 \tag{4.7.6b}$$

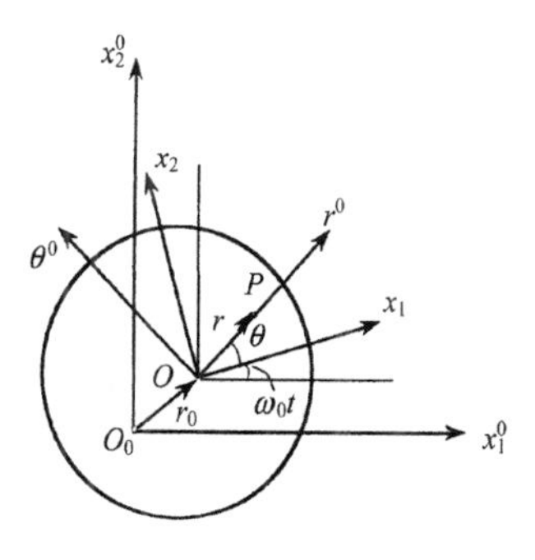

图 4.9

$$\frac{\mathrm{d}^2 r_{01}}{\mathrm{d}t^2} + 2\zeta k \frac{\mathrm{d}r_{01}}{\mathrm{d}t} + k^2 r_{01} = \frac{2ha}{m_1}\int_0^{2\pi} (p)_{r=a}\cos(\omega_0 t + \theta)\mathrm{d}\theta \tag{4.7.7a}$$

$$\frac{\mathrm{d}^2 r_{02}}{\mathrm{d}t^2} + 2\zeta k \frac{\mathrm{d}r_{02}}{\mathrm{d}t} + k^2 r_{02} = \frac{2ha}{m_1}\int_0^{2\pi} (p)_{r=a}\sin(\omega_0 t + \theta)\mathrm{d}\theta \tag{4.7.7b}$$

其中 $w_j(j=1, 2)$为 O 点加速度沿 Ox_j 的投影

$$\left.\begin{aligned} w_1 &= \frac{\mathrm{d}^2 r_{01}}{\mathrm{d}t^2}\cos\omega_0 t + \frac{\mathrm{d}^2 r_{02}}{\mathrm{d}t^2}\sin\omega_0 t \\ w_2 &= -\frac{\mathrm{d}^2 r_{01}}{\mathrm{d}t^2}\sin\omega_0 t + \frac{\mathrm{d}^2 r_{02}}{\mathrm{d}t^2}\cos\omega_0 t \end{aligned}\right\} \tag{4.7.8}$$

设扰动引起的惯性力 w_1，w_2 以频率 σ 周期变化，在其影响下液体受扰运动为同一频率的周期运动.令

$$u_j = U_j e^{i\sigma t}, \quad w_j = W_j e^{i\sigma t} \quad (j = 1, 2),$$

$$q = Q e^{i\sigma t} \tag{4.7.9}$$

代入(4.7.6)式，得到

$$i\sigma U_1 - 2\omega_0 U_2 = -\frac{\partial Q}{\partial x_1} - W_1 \tag{4.7.10a}$$

$$2\omega_0 U_1 + i\sigma U_2 = -\frac{\partial Q}{\partial x_2} - W_2 \tag{4.7.10b}$$

解出

$$U_1 = -(4\omega_0^2 - \sigma^2)^{-1}\left(i\sigma\frac{\partial Q}{\partial x_1} + 2\omega_0\frac{\partial Q}{\partial x_2} + i\sigma W_1 + 2\omega_0 W_2\right) \tag{4.7.11}$$

$$U_2 = (4\omega_0^2 - \sigma^2)^{-1}\left(2\omega_0\frac{\partial Q}{\partial x_1} - i\sigma\frac{\partial Q}{\partial x_2} + 2\omega_0 W_1 - i\sigma W_2\right)$$

将(4.7.11)式代入流体的连续方程，导出 Q 应满足的 Laplace 方程为

$$\Delta Q = 0 \tag{4.7.12}$$

写作以 r，θ 表示的极坐标形式

$$\frac{\partial^2 Q}{\partial r^2} + \frac{1}{r}\frac{\partial Q}{\partial r} + \frac{1}{r^2}\frac{\partial^2 Q}{\partial \theta^2} = 0 \tag{4.7.13}$$

利用(4.7.9)式、(4.7.11)式计算液体沿 $\boldsymbol{r}$ 方向的径向流速 u_r 为

$$u_r = u_1\cos\theta + u_2\sin\theta = -(4\omega_0^2 - \sigma^2)^{-1} \cdot \left[i\sigma\frac{\partial Q}{\partial r} + \frac{2\omega_0}{r}\frac{\partial Q}{\partial \theta} + i\sigma W_r + 2\omega_0 W_\theta\right] e^{i\sigma t} \tag{4.7.14}$$

其中

$$W_r = W_1\cos\theta + W_2\sin\theta$$
$$W_\theta = -W_1\sin\theta + W_2\cos\theta \tag{4.7.15}$$

在刚体腔壁处，$r=a$，法向流速 u_r 为零，利用(4.7.14)式此条件可写作

$$\frac{\partial Q}{\partial r} - \frac{2\mathrm{i}}{as}\frac{\partial Q}{\partial \theta} = -W_r + \frac{2\mathrm{i}}{s}W_\theta \quad (P \in \Sigma) \tag{4.7.16}$$

其中无量纲频率 s 定义为

$$s = \frac{\sigma}{\omega_0} \tag{4.7.17}$$

根据(4.2.7)式，设未扰的自由液面是半径为 b 的圆柱面，受扰后的自由液面方程变为

$$F(r,\ \theta) = r - [b + \eta(\theta,\ t)] = 0 \tag{4.7.18}$$

自由液面处压强 p 维持常值 p_0；将上式代入(4.7.3)式消去 r，只保留 η 的一阶微量，(4.7.3)式化作

$$q = \frac{p_0}{\rho} - \frac{1}{2}\omega_0^2(b^2 + 2b\eta) \quad (P \in S) \tag{4.7.19}$$

自由液面处的运动学条件(1.6.8)式中的参数 k 近似为 1，从而导出

$$u_r = \frac{\mathrm{d}\eta}{\mathrm{d}t} \quad (P \in S) \tag{4.7.20}$$

利用(4.7.19)式将上式中的 η 换作 q，得到

$$u_r = -\frac{1}{b\omega_0^2}\frac{\partial q}{\partial t} \quad (P \in S) \tag{4.7.21}$$

将(4.7.9)式、(4.7.14)式代入上式，导出

$$\frac{\partial Q}{\partial r} - \frac{2\mathrm{i}}{bs}\frac{\partial Q}{\partial \theta} - (4 - s^2)\frac{Q}{b} = -W_r + \frac{2\mathrm{i}}{s}W_\theta \quad (P \in S) \tag{4.7.22}$$

可见主刚体的受扰运动对液体流动的影响由边界条件(4.7.16)式、(4.7.22)式所体现.

将函数 $Q(r,\theta)$展成 θ 的 Fourier 级数

$$Q(r,\theta)=\sum_{n=0}^{\infty}\Psi_n(r)e^{in\theta} \tag{4.7.23}$$

将此级数代入(4.7.9)式,由(4.7.3)计算 p,再代入(4.7.7)式的右边.除 $n=1$ 以外的其余各项积分都等于零,因此只须考虑 $n=1$ 情形,写作

$$Q(r,\theta)=\Psi(r)e^{i\theta} \tag{4.7.24}$$

代入方程(4.7.13),得到 $\Psi(r)$的常微分方程

$$\frac{d^2\Psi}{dr^2}+\frac{1}{r}\frac{d\Psi}{dr}-\frac{\Psi}{r^2}=0 \tag{4.7.25}$$

其一般解为

$$\Psi(r)=Cr+\frac{D}{r} \tag{4.7.26}$$

C,D 为积分常数.代入(4.7.24)式,得到

$$Q(r,\theta)=\left(Cr+\frac{D}{r}\right)e^{i\theta} \tag{4.7.27}$$

将上式代入(4.7.9)式,由(4.7.3)式计算 p,再代入(4.7.7)式右边的积分式,得到

$$\frac{d^2r_{01}}{dt^2}+2\zeta k\frac{dr_{01}}{dt}+k^2r_{01}=\alpha\left(C+\frac{D}{a^2}\right)e^{i(\sigma-\omega_0)t} \tag{4.7.28a}$$

$$\frac{d^2r_{02}}{dt^2}+2\zeta k\frac{dr_{02}}{dt}+k^2r_{02}=i\alpha\left(C+\frac{D}{a^2}\right)e^{i(\sigma-\omega_0)t} \tag{4.7.28b}$$

无量纲常数 α 定义为充满在腔内的液体质量 $m_2=2\pi\rho a^2h$ 与主刚

体质量 m_1 之比

$$\alpha=\frac{2\pi\rho a^2 h}{m_1} \tag{4.7.29}$$

方程(4.7.28)式的强迫振动特解为

$$r_{01}=-\mathrm{i}\,r_{02}=\frac{(\alpha/\omega_0^2)(C+D/a^2)}{\gamma^2-(s-1)^2+\mathrm{i}2\zeta\gamma(s-1)}\mathrm{e}^{\mathrm{i}(\sigma-\omega_0)t} \tag{4.7.30}$$

无量纲参数 γ 定义为

$$\gamma=\frac{k}{\omega_0} \tag{4.7.31}$$

将(4.7.30)式代入(4.7.8)式，导出

$$W_1=-\mathrm{i}\,W_2=-\frac{\alpha(s-1)^2(C+D/a^2)}{\gamma^2-(s-1)^2+\mathrm{i}2\zeta\gamma(s-1)} \tag{4.7.32}$$

将(4.7.27)式、(4.7.32)式代入边界条件(4.7.16)式、(4.7.22)式，导出 C, D 的齐次方程

$$l_1 C+l_2 D=0 \tag{4.7.33a}$$

$$l_3 C+l_4 D=0 \tag{4.7.33b}$$

各系数 l_1，…，l_4 为频率 s 的函数

$$l_1=\frac{s+2}{s}\left[1+\frac{\alpha(s-1)^2}{\gamma^2-(s-1)^2+\mathrm{i}2\zeta\gamma(s-1)}\right]$$

$$l_2=\frac{1}{a^2 s}\left[2-s+\frac{\alpha(s+2)(s-1)^2}{\gamma^2-(s-1)^2+\mathrm{i}2\zeta\gamma(s-1)}\right]$$

$$l_3=\frac{s+2}{s}\left[1+\frac{\alpha(s-1)^2}{\gamma^2-(s-1)^2+\mathrm{i}2\zeta\gamma(s-1)}\right]+s^2-4$$

$$l_4 = \frac{1}{a^2 s}\left[\frac{\alpha(s+2)(s-1)^2}{\gamma^2-(s-1)^2+\mathrm{i}2\zeta\gamma(s-1)}\right]+\left(\frac{a}{b}\right)^2\left[\frac{2-s}{s}+s^2-4\right]$$

(4.7.34)

利用方程(4.7.33)的非平凡解条件

$$l_1 l_4 - l_2 l_3 = 0 \tag{4.7.35}$$

导出特征方程以确定无量纲频率 s，根据其虚部符号判断系统的稳定性.

§4.8 自旋充液刚体的章动

4.8.1 线性理论

讨论腔内半充理想流体的自旋刚体绕固定点 O 的运动，刚体和腔都相对 Ox_3 轴对称，且无外力作用(见图 4.10).系统的稳态运动是主刚体连同腔内凝固液体共同绕 Ox_3 轴作 ω_0 角速度的永久转动.将理想流体的动力学方程写作(1.5.16)式形式，令其中 $\mathrm{d}\boldsymbol{v}_0/\mathrm{d}t$ 和 $\boldsymbol{f}$ 为零,得到

$$\frac{\partial \boldsymbol{u}}{\partial t}+(\boldsymbol{u}\cdot\nabla)\boldsymbol{u}+2\omega\times\boldsymbol{u}+\frac{\mathrm{d}\omega}{\mathrm{d}t}\times\boldsymbol{r}=-\nabla q \tag{4.8.1}$$

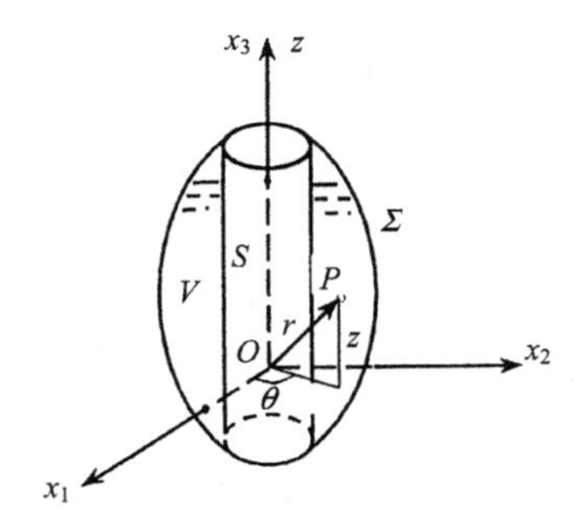

图 4.10

其中

$$q = \frac{p}{\rho} - \frac{1}{2}(\omega \times \boldsymbol{r})^2 \tag{4.8.2}$$

液体在腔内相对刚体的流速较小时，忽略方程(4.8.1)中 $\boldsymbol{u}$ 的二阶以上微量，简化为

$$\frac{\partial \boldsymbol{u}}{\partial t} + 2\omega \times \boldsymbol{u} + \frac{d\omega}{dt} \times \boldsymbol{r} = -\nabla q \tag{4.8.3}$$

设刚体作频率为 σ 的微幅章动，令

$$\omega_1 = \omega_{10} e^{i\sigma t}, \quad \omega_2 = \omega_{20} e^{i\sigma t}, \quad \omega_3 = \omega_0 \tag{4.8.4}$$

在周期变化的科氏惯性力作用下，流体的相对流动和压强也以 σ 频率作周期变化，写作

$$u_j = U_j e^{i\sigma t} \quad (j = 1, 2, 3), \quad q = Q e^{i\sigma t} \tag{4.8.5}$$

代入(4.8.3)式，略去 ω_{10}，ω_{20} 和 U_j 的二阶微量，并消去两边的 $e^{i\sigma t}$，得到

$$i\sigma U_1 - 2\omega_0 U_2 = -i\sigma\omega_{20} x_3 - \frac{\partial Q}{\partial x_1} \tag{4.8.6a}$$

$$2\omega_0 U_1 + i\sigma U_2 = i\sigma\omega_{10} x_3 - \frac{\partial Q}{\partial x_2} \tag{4.8.6b}$$

$$U_3 = -\frac{1}{i\sigma}\frac{\partial Q}{\partial x^3} - \omega_{10} x_2 + \omega_{20} x_1 \tag{4.8.6c}$$

从(4.8.6a)式、(4.8.6b)式解出

$$U_1 = (4\omega_0^2 - \sigma^2)^{-1}\left[-i\sigma\frac{\partial Q}{\partial x_1} - 2\omega_0\frac{\partial Q}{\partial x_2} + x_3(\sigma^2\omega_{20} + i2\sigma\omega_0\omega_{10})\right] \tag{4.8.7a}$$

$$U_2 = (4\omega_0^2 - \sigma^2)^{-1}\left[-i\sigma\frac{\partial Q}{\partial x_2} + 2\omega_0\frac{\partial Q}{\partial x_1} + x_3(-\sigma^2\omega_{10} + i2\sigma\omega_0\omega_{20})\right]$$

(4.8.7b)

将(4.8.7)式、(4.8.6c)式代入连续方程，得到

$$\frac{\partial^2 Q}{\partial x_1^2} + \frac{\partial^2 Q}{\partial x_2^2} + \left[1 - \left(\frac{2}{s}\right)^2\right]\frac{\partial^2 Q}{\partial x_3^2} = 0 \qquad (4.8.8)$$

无量纲参数 s 的定义同(4.7.17)式.定义 r，θ，z 为流场内任意点 P 的柱坐标

$$x_1 = r\cos\theta,\quad x_2 = r\sin\theta,\quad x_3 = z \qquad (4.8.9)$$

将方程(4.8.8)式变换为以柱坐标表示

$$\frac{\partial^2 Q}{\partial r^2} + \frac{1}{r}\frac{\partial Q}{\partial r} + \frac{1}{r^2}\frac{\partial^2 Q}{\partial \theta^2} + \left[1 - \left(\frac{2}{s}\right)^2\right]\frac{\partial^2 Q}{\partial z^2} = 0$$

(4.8.10)

腔壁曲面相对 Ox_3 轴对称，其方程形式为

$$F(r,\ z) = 0 \qquad (4.8.11)$$

上式也可表示为参数方程

$$r = r_k(l),\quad z = z_k(l) \qquad (4.8.12)$$

l 为任意参数，例如可选择沿腔壁断面线的曲线坐标.将(4.8.11)式对参数 l 微分，导出

$$\frac{\partial F}{\partial r}r_k' + \frac{\partial F}{\partial z}z_k' = 0 \qquad (4.8.13)$$

其中 r_k'，z_k' 为 r_k，z_k 对 l 的导数.将角速度 ω 和流速 $\boldsymbol{u}$ 也相对柱坐标投影，有

$$\omega_r = \omega_1\cos\theta + \omega_2\sin\theta,\quad \omega_\theta = -\omega_1\sin\theta + \omega_2\cos\theta,\quad \omega_z = \omega_3$$
$$u_r = u_1\cos\theta + u_2\sin\theta,\quad u_\theta = -u_1\sin\theta + u_2\cos\theta,\quad u_z = u_3$$

(4.8.14)

令

$$\omega_r = \omega_{r0} e^{i\sigma t}, \ \omega_\theta = \omega_{\theta 0} e^{i\sigma t}, \ u_r = U_r e^{i\sigma t}, \ u_\theta = U_\theta e^{i\sigma t} \tag{4.8.15}$$

边界条件(1.6.1)写作

$$U_r \frac{\partial F}{\partial r} + U_z \frac{\partial F}{\partial z} = 0$$

利用(4.8.13)式,上式可化作

$$U_r z_k' - U_z r_k' = 0 \tag{4.8.16}$$

将(4.8.7)代入上式，导出方程(4.8.10)在刚性腔壁处的边界条件

$$\begin{aligned}&\left(\frac{\partial Q}{\partial r} - \frac{2i}{sr}\frac{\partial Q}{\partial \theta}\right) z_k' - \left[1 - \left(\frac{2}{s}\right)^2\right]\frac{\partial Q}{\partial z} r_k' \\ &= -i\sigma\left\{\left[1 - \left(\frac{2}{s}\right)^2\right] r r_k' + z z_k'\right\}\omega_{\theta 0} \\ &\quad + 2\omega_0 z z_k' \omega_{r0} \quad (P \in \Sigma)\end{aligned} \tag{4.8.17}$$

设未扰的自由液面是半径为 b 的圆柱面，受扰后的液面方程与(4.7.18)式相同，则自由液面处的运动学条件与(4.7.21)式完全相同.可改写为

$$U_r = -\frac{is}{b\omega_0^2} Q \quad (P \in S) \tag{4.8.18}$$

将(4.8.7)式代入上式后，导出方程(4.8.10)式在自由液面处的边界条件.

$$\frac{\partial Q}{\partial r} - \frac{2i}{sr}\frac{\partial Q}{\partial \theta} - (4 - s^2)\frac{Q}{r} = -i\sigma z\omega_{\theta 0} + 2\omega_0 z\omega_{r0} \quad (P \in S) \tag{4.8.19}$$

边界条件(4.8.17)式、(4.8.19)式中的 ω_{r0}，$\omega_{\theta 0}$ 体现了刚体运动对腔内液体流动的影响.从物理观点考虑,刚体章动在液体质点上所引起的科氏惯性力是使腔内液体产生相对流动的原因.因此 Q 应与径向角速度分量 ω_{r0} 有关，写作

$$Q = \omega_0 \omega_{r0} \Psi(r, z) = \omega_0 \Psi(r, z)(\omega_{10} \cos\theta + \omega_{20} \sin\theta) \tag{4.8.20}$$

代入方程(4.8.10)式及边界条件(4.8.17)式、(4.8.19)式，得到

$$\frac{\partial^2 \Psi}{\partial r^2} + \frac{1}{r}\frac{\partial \Psi}{\partial r} - \frac{\Psi}{r^2} + \left(1 - \frac{4}{s^2}\right)\frac{\partial^2 \Psi}{\partial z^2} = 0 \quad (P \in V) \tag{4.8.21}$$

$$(A\omega_{10} + B\omega_{20})\cos\theta + (A\omega_{20} - B\omega_{10})\sin\theta = 0 \ (P \in \Sigma) \tag{4.8.22a}$$

$$(C\omega_{10} + D\omega_{20})\cos\theta + (C\omega_{20} - D\omega_{10})\sin\theta = 0 \ (P \in S) \tag{4.8.22b}$$

其中

$$\left.\begin{aligned}
A &= \frac{\partial \Psi}{\partial r} z'_k - \left(1 - \frac{4}{s^2}\right)\frac{\partial \Psi}{\partial z} r'_k - 2 z_k z'_k \\
B &= -\frac{2\mathrm{i}}{s}\left(\frac{\Psi}{r_k}\right) z'_k + \mathrm{i} s\left[\left(1 - \frac{4}{s^2}\right) r_k r'_k + z_k z'_k\right] \\
C &= \frac{\partial \Psi}{\partial r} - (4 - s^2)\frac{\Psi}{r} - 2z \\
D &= -\frac{2\mathrm{i}}{s}\frac{\Psi}{r} + \mathrm{i} s z
\end{aligned}\right\} \tag{4.8.23}$$

如方程(4.8.22)式中的系数为零，则该式对任意 θ 都能满足，此条件可写作复数形式

$$(A-\mathrm{i}B)(\omega_{10}+\mathrm{i}\omega_{20})=0 \tag{4.8.24a}$$

$$(C-\mathrm{i}D)(\omega_{10}+\mathrm{i}\omega_{20})=0 \tag{4.8.24b}$$

上式对任意 ω_{10}，ω_{20}都成立的充分条件为

$$A-\mathrm{i}B=0,\quad C-\mathrm{i}D=0 \tag{4.8.25}$$

即

$$\left[\frac{\partial\Psi}{\partial r}-\left(\frac{2}{s}\right)\frac{\Psi}{r}\right]z_k'-\left(1-\frac{4}{s^2}\right)\frac{\partial\Psi}{\partial z}r_k'$$

$$=-s\left[\left(1-\frac{4}{s^2}\right)r_k r_k'+\left(1-\frac{2}{s}\right)zz_k'\right]\quad(P\in\Sigma)$$

(4.8.26a)

$$\frac{\partial\Psi}{\partial r}-\frac{\Psi}{r}\left(\frac{2}{s}+4-s^2\right)=(2-s)z\quad(P\in S)$$

(4.8.26b)

在上述边值问题中章动频率 σ 尚未确定，必须列出主刚体的Euler方程与之联立以解出 σ 和 Ψ，为此先要计算液体对腔壁压力的合力矩 $\boldsymbol{M}$

$$\boldsymbol{M}=\int_{\Sigma}(\boldsymbol{r}\times p\boldsymbol{n})\mathrm{d}\sigma \tag{4.8.27}$$

将(4.8.4)式、(4.8.5)式、(4.8.20)式代入上式计算 p，只保留一阶微量，得到

$$p=\rho\left[\omega_0 r\left(\frac{\Psi}{r}-z\right)(\omega_{10}\cos\theta+\omega_{20}\sin\theta)\mathrm{e}^{\mathrm{i}\sigma t}+\frac{1}{2}\omega_0^2r^2\right]$$

(4.8.28)

腔壁上任意点 P 的矢径 $\boldsymbol{r}$ 和法向单位矢量 $\boldsymbol{n}$ 可根据函数 $r_k(l)$，$z_k(l)$确定

$$\boldsymbol{r} = r_k \boldsymbol{r}^0 + z_k \boldsymbol{z}^0, \quad \boldsymbol{n} = (z'_k \boldsymbol{r}^0 - r'_k \boldsymbol{z}^0)(r'^2_k + z'^2_k)^{-1/2}$$

(4.8.29)

导出

$$\boldsymbol{r} \times \boldsymbol{n} = (r_k r'_k + z_k z'_k)(r'^2_k + z'^2_k)^{-1/2}(-\sin\theta \boldsymbol{e}_1 + \cos\theta \boldsymbol{e}_2)$$

(4.8.30)

将(4.8.28)式、(4.8.30)式及 $\mathrm{d}S = r_k \mathrm{d}\theta \mathrm{d}l$ 代入积分式(4.8.27)，导出

$$\boldsymbol{M} = M_1 \boldsymbol{e}_1 + M_2 \boldsymbol{e}_2 \tag{4.8.31}$$

$$M_1 = -\pi\rho\omega_0 \omega_{20} \mathrm{e}^{\mathrm{i}\sigma t} \int_L \left[\frac{\Psi}{r} - z \right] (r_k r'_k + z_k z'_k)(r'^2_k + z'^2_k)^{-1/2} r^2 \mathrm{d}l$$

(4.8.32a)

$$M_2 = \pi\rho\omega_0 \omega_{10} \mathrm{e}^{\mathrm{i}\sigma t} \int_L \left[\frac{\Psi}{r} - z \right] (r_k r'_k + z_k z'_k)(r'^2_k + z'^2_k)^{-1/2} r^2 \mathrm{d}l$$

(4.8.32b)

其中 l 为沿腔壁断面轮廓线 L 的曲线坐标.将上式及(4.8.4)式代入主刚体的 Euler 方程

$$\frac{\tilde{\mathrm{d}} \boldsymbol{H}_1}{\mathrm{d}t} + \omega \times \boldsymbol{H}_1 = \boldsymbol{M} \tag{4.8.33}$$

得到

$$[\mathrm{i}\sigma A_1 \omega_{10} - (A_1 - C_1)\omega_0 \omega_{20}]\mathrm{e}^{\mathrm{i}\sigma t} = M_1 \tag{4.8.34a}$$

$$[\mathrm{i}\sigma A_1 \omega_{20} + (A_1 - C_1)\omega_0 \omega_{10}]\mathrm{e}^{\mathrm{i}\sigma t} = M_2 \tag{4.8.34b}$$

令(4.8.34b)与 i 相乘并与(4.8.34a)相加，消去 $\mathrm{i}(\omega_{10} + \mathrm{i}\omega_{20})\mathrm{e}^{\mathrm{i}\sigma t}$，合并为

$$A_1(1 + s) - C_1 = \pi\rho \int_L \left[\frac{\Psi}{r} - z \right] (r_k r'_k + z_k z'_k)(r'^2_k + z'^2_k)^{-1/2} r^2 \mathrm{d}l$$

(4.8.35)

将上式与(4.8.21)式、(4.8.26)式联立，解出章动频率 σ 和函数 $\Psi(r, z)$，然后代入(4.8.7)式，即得到液体的相对速度.

4.8.2 圆柱腔情形

对于几何外形规则的腔，上述边值问题有可能用解析方法求解.以圆柱形腔为例，设 Ox_3 为对称轴，腔的几何中心 O_1 与 O 点的距离为 c，圆柱高度为 $2h$，半径为 a，主刚体绕 Ox_3 轴稳态旋转时的自由液面为半径 b 的圆柱腔面(见图4.11).将腔壁曲面 Σ 区分为侧面 Σ_1 和端面 Σ_2，Σ_3，则有

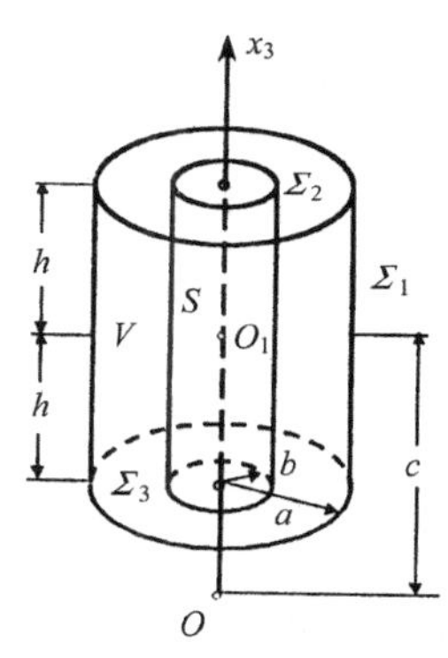

图 4.11

$$
\left.\begin{aligned}
r_k &= a \quad (P \in \Sigma_1) \\
z_k &= c \pm h \quad (P \in \Sigma_{2,3}) \\
r &= b \quad (P \in S)
\end{aligned}\right\} \tag{4.8.36}
$$

将(4.8.36)式代入边界条件(4.8.26)式，导出

$$
\frac{\partial \Psi}{\partial r} - \left(\frac{2}{s}\right)\frac{\Psi}{r} = (2 - s)z \qquad (P \in \Sigma_1) \tag{4.8.37a}
$$

$$
\frac{\partial \Psi}{\partial z} - sr = 0 \qquad (P \in \Sigma_{2,3}) \tag{4.8.37b}
$$

$$
\frac{\partial \Psi}{\partial r} - \left(\frac{2}{s} + 4 - s^2\right)\frac{\Psi}{r} = (2 - s)z \qquad (P \in S) \tag{4.8.37c}
$$

引入新函数 $\Phi(r, z)$，定义为

$$
\Phi(r, z) = \Psi(r, z) - srz \tag{4.8.38}
$$

则边界条件(4.8.37)简化为

$$\frac{\partial \Phi}{\partial r}-\left(\frac{2}{s}\right)\frac{\Phi}{r}=2(2-s)z \quad (P\in \Sigma_1) \tag{4.8.39a}$$

$$\frac{\partial \Phi}{\partial z}=0 \qquad (P\in \Sigma_{2,3}) \tag{4.8.39b}$$

$$\frac{\partial \Phi}{\partial r}-\left(\frac{2}{s}+4-s^2\right)\frac{\Phi}{r}=(4+2s-s^3)z \quad (P\in S) \tag{4.8.39c}$$

微分方程(4.8.21)化作

$$\frac{\partial^2 \Phi}{\partial r^2}+\frac{1}{r}\frac{\partial \Phi}{\partial r}-\frac{\Phi}{r^2}+\left(1-\frac{4}{s^2}\right)\frac{\partial^2 \Phi}{\partial z^2}=0 \quad (P\in V) \tag{4.8.40}$$

将函数 $\Phi(r, z)$分离变量，展开为 z 的 Fourier 级数

$$\Phi(r, z)=\sum_{n=1}^{\infty}X_n(r)\cos n(z-c+h) \tag{4.8.41}$$

将(4.8.41)式代入方程(4.8.40)，导出 $X_n(r)$应满足以下一阶 Bessel 方程

$$\rho^2\frac{\mathrm{d}^2 X_n}{\mathrm{d}\rho^2}+\rho\frac{\mathrm{d}X_n}{\mathrm{d}\rho}+(\rho^2-1)X_n=0 \tag{4.8.42}$$

自变量 ρ定义为

$$\rho=\alpha n r, \quad \alpha^2=\frac{4}{s^2}-1 \tag{4.8.43}$$

以第一类和第二类 Bessel 函数 $J_1(\rho)$，$Y_1(\rho)$表示其通解

$$X_n=C_nJ_1(\rho)+D_nY_1(\rho) \tag{4.8.44}$$

C_n，D_n 为待定常数.将(4.8.41)式代入(4.8.39)式，在下端面 $z=c-h$处的条件自动满足.为保证在上端面 $z=c+h$ 处也能满足条件，应选择常数 n 为

$$n = \frac{\pi}{2h}(2k+1) \quad (k = 0, 1, \cdots, \infty) \tag{4.8.45}$$

选择 $2k+1$ 为奇数的原因是由于刚体绕 Ox_1，Ox_2 的转动使上、下端面产生反对称运动，Q 亦必具有反对称性质.将(4.8.41)式改为对 k 求和

$$\Phi(r, z) = \sum_{k=0}^{\infty} X_k(r)\cos n(z - c + h) \tag{4.8.46}$$

代入条件(4.8.39b)，令 $\rho_1 = \alpha na$，得到

$$\left[\frac{\mathrm{d}X_k}{\mathrm{d}\rho} - \left(\frac{2}{s}\right)\frac{X_k}{\rho}\right]_{\rho=\rho_1} = 2(2-s)A_k \tag{4.8.47}$$

将(4.8.44)式代入上式，得到

$$C_k\left[J_1'(\rho_1) - \left(\frac{2}{s}\right)\frac{J_1(\rho_1)}{\rho_1}\right] + D_k\left[Y_1'(\rho_1) - \left(\frac{2}{s}\right)\frac{Y_1(\rho_1)}{\rho_1}\right]$$

$$= 2(2-s)A_k \tag{4.8.48}$$

Bessel 函数存在以下递推公式

$$\left.\begin{aligned} J_1'(\rho) &= J_0(\rho) - \frac{1}{\rho}J_1(\rho) \\ Y_1'(\rho) &= Y_0(\rho) - \frac{1}{\rho}Y_1(\rho) \end{aligned}\right\} \tag{4.8.49}$$

利用此公式，(4.8.48)式改写为

$$C_k\left[J_0(\rho_1) - \left(1+\frac{2}{s}\right)\frac{1}{\rho}J_1(\rho)\right]$$

$$+ D_k\left[Y_0(\rho_1) - \left(1+\frac{2}{s}\right)\frac{1}{\rho}Y_1(\rho)\right] = 0 \tag{4.8.50}$$

讨论条件(4.8.39c)时，必须将右边的 z 在[$c-h$, $c+h$]区间内展成 Fourier 级数

$$z = \sum_{k=0}^{\infty} A_k \cos n(z - c + h) \tag{4.8.51}$$

其中

$$A_0 = c, \ A_k = -\frac{8h}{\pi^2 (2k+1)^2} \qquad \left(n = \frac{(2k+1)\pi}{2h}, \ k = 0, 1, \cdots \right) \tag{4.8.52}$$

将(4.8.46)式、(4.8.51)式代入(4.8.39c)式，令 $\rho_2 = \alpha n b$，得到

$$\left[\frac{\mathrm{d} X_k}{\mathrm{d} \rho} - \left(\frac{2}{s} + 4 - s^2 \right) \frac{X_k}{\rho} \right]_{\rho = \rho_2} = (4 + 2s - s^3) A_k \tag{4.8.53}$$

将(4.8.44)式代入上式，并利用递推公式(4.8.49)导出

$$\begin{aligned} & C_k \left[J_0(\rho_2) - \left(\frac{2}{s} + 5 + s^2 \right) \frac{J_1(\rho_2)}{\rho_2} \right] \\ & + D_k \left[Y_0(\rho_2) - \left(\frac{2}{s} + 5 + s^2 \right) \frac{Y_1(\rho_2)}{\rho_2} \right] \\ & = (4 + 2s - s^3) A_k \end{aligned} \tag{4.8.54}$$

从方程(4.8.50)式、(4.8.54)式解出的常数 C_k，D_k 中含有未知量 $s = \sigma / \omega_0$，必须与主刚体的 Euler 方程(4.8.35)联立求解. 将(4.8.36)式、(4.8.38)式代入(4.8.35)式的右边，积分后得到

$$\begin{aligned} A(1+s) - C = 2\pi\rho \Bigg\{ & \sum_n \left[\int_a^b X_k(r) r^2 \mathrm{d} r - \frac{2a}{n^2} X_k(a) \right] \\ & + (1-s) \left[\frac{h}{4} (a^4 - b^4) - \frac{a^2 h}{3} (3c^2 + h^2) \right] \Bigg\} \end{aligned} \tag{4.8.55}$$

从方程(4.8.55)解出 s.

4.8.3 Galerkin 方法

一般情况下，对任意几何外形的腔必须用数值方法解边值问题(4.8.21)式、(4.8.26)式.例如可使用 Galerkin 方法，先叙述其基本思想.

选择 N 个坐标函数 $\Psi_n(n=1, \cdots, N)$满足边界条件但不一定能满足方程 $L(\Psi)=0$.令

$$\Psi = \sum_{n=1}^{N} a_n \Psi_n \tag{4.8.56}$$

代入方程后，以 ε 表示其误差

$$\varepsilon = L\left[\sum_{n=1}^{N} a_n \Psi_n\right] \tag{4.8.57}$$

选择系数 a_n 使 ε 与权函数 $\Psi_m(m=1, \cdots, N)$的乘积在 V 域中的积分，即带权的平均误差为零

$$\int_V \varepsilon \Psi_m \mathrm{d} V = \int_V L\left[\sum_{n=1}^{N} a_n \Psi_n \Psi_m\right] \mathrm{d} V = 0 \quad (m = 1, \cdots, N) \tag{4.8.58}$$

以上列出的 N 个方程可确定 N 个系数 $a_1, \cdots, a_N$.

将方程(4.8.21)和条件(4.8.26)写作以下普遍形式

$$-\sum_{i,j} \frac{\partial}{\partial x_i}\left[A_{ij} \frac{\partial \Psi}{\partial x_j}\right] + C\Psi - f = 0 \quad (P \in V) \tag{4.8.59}$$

$$\sum_{i,j} A_{ij} \frac{\partial \Psi}{\partial x_j} n_i + D\Psi - g = 0 \quad (P \in \Sigma, S) \tag{4.8.60}$$

将(4.8.56)式代入方程(4.8.59)式，得到

$$\varepsilon = \sum_{n=1}^{N} a_n \left[-\sum_{i,j} \frac{\partial}{\partial x_i}\left[A_{ij} \frac{\partial \Psi_n}{\partial x_j}\right] + C\Psi_n\right] - f \tag{4.8.61}$$

将上式各项乘以函数 Ψ_m 在 V 域内积分

$$\int_V \left\{ \sum_{n=1}^{N} a_n \left[-\sum_{i,j} \Psi_m \frac{\partial}{\partial x_i}\left(A_{ij} \frac{\partial \Psi_n}{\partial x_j} \right) + C\Psi_n \Psi_m \right] - f\Psi_m \right\} \mathrm{d}V = 0$$

$$(m = 1, \cdots, N) \tag{4.8.62}$$

利用 Gauss 定理，将上式中第一项积分化作

$$\begin{aligned} &\int_V \Psi_m \frac{\partial}{\partial x_i}\left(A_{ij} \frac{\partial \Psi_n}{\partial x_j} \right) \mathrm{d}V \\ &= \int_V \left[\frac{\partial}{\partial x_i}\left(A_{ij} \Psi_m \frac{\partial \Psi_n}{\partial x_j} \right) - A_{ij} \frac{\partial \Psi_m}{\partial x_i} \frac{\partial \Psi_n}{\partial x_j} \right] \mathrm{d}V \\ &= \int_{\Sigma+S} A_{ij} \Psi_m \frac{\partial \Psi_n}{\partial x_j} n_i \mathrm{d}S - \int_V A_{ij} \frac{\partial \Psi_m}{\partial x_i} \frac{\partial \Psi_n}{\partial x_j} \mathrm{d}V \end{aligned} \tag{4.8.63}$$

(4.8.56)式能满足边界条件(4.8.60)式

$$\sum_{n=1}^{N} a_n \left[\sum_{i,j} A_{ij} \frac{\partial \Psi_n}{\partial x_j} n_i + D\Psi_n \right] - g = 0 \tag{4.8.64}$$

将上式各项乘以 Ψ_m，在界面 $\Sigma + S$ 上积分

$$\int_{\Sigma+S} \left\{ \sum_{n=1}^{N} a_n \left[\sum_{i,j} A_{ij} \Psi_m \frac{\partial \Psi_n}{\partial x_j} n_i + D\Psi_m \Psi_n \right] - g\Psi_m \right\} \mathrm{d}S = 0$$

或

$$\begin{aligned} &\sum_{n=1}^{N} a_n \int_{\Sigma+S} \sum_{i,j} A_{ij} \Psi_m \frac{\partial \Psi_n}{\partial x_j} n_i \mathrm{d}S \\ &= -\sum_{n=1}^{N} a_n \int_{\Sigma+S} D\Psi_m \Psi_n \mathrm{d}V + \int_{\Sigma+S} g\Psi_m \mathrm{d}V \end{aligned} \tag{4.8.65}$$

将(4.8.63)式、(4.8.65)式代入(4.8.62)式，整理后得到

$$\begin{aligned} &\sum_{n=1}^{N} a_n \left[\int_V \left(\sum_{i,j} A_{ij} \frac{\partial \Psi_m}{\partial x_i} \frac{\partial \Psi_n}{\partial x_j} + C\Psi_m \Psi_m \right) \mathrm{d}V + \int_{\Sigma+S} D\Psi_m \Psi_n \mathrm{d}S \right] \\ &= \int_V f\Psi_m \mathrm{d}V + \int_{\Sigma+S} g\Psi_m \mathrm{d}S \quad (m = 1, \cdots, N) \end{aligned} \tag{4.8.66}$$

定义以下积分

$$
\left.\begin{aligned}
\alpha_{mn} &= \sum_{i,j}\int_V A_{ij}\frac{\partial \Psi_m}{\partial x_i}\frac{\partial \Psi_n}{\partial x_j}\mathrm{d}V \\
\beta_{mn} &= \int_V C\Psi_m\Psi_n\mathrm{d}V \\
\delta_{mn} = \int_{\Sigma+S} D\Psi_m\Psi_n\mathrm{d}S,\quad & \varepsilon_m = \int_V f\Psi_m\mathrm{d}V + \int_{\Sigma+S} g\Psi_m\mathrm{d}S
\end{aligned}\right\}
$$

(4.8.67)

则方程(4.8.66)简写为

$$
\sum_{n=1}(\alpha_{mn}+\beta_{mn}+\delta_{mn})a_n = \varepsilon_m \quad (m=1,\cdots,N)
$$

(4.8.68)

解此代数方程组,得到 $a_n(n=1,\cdots,N)$.

为了保证(4.8.67)各积分式可积,坐标函数 Ψ_n,Ψ_m 通常写作 r,z 的代数式.(4.8.56)式可改写为

$$
\Psi = \sum_{m,n}^{M,N} a_{mn} r^m z^n \tag{4.8.69}
$$

将(4.8.21)式、(4.8.26)式各项与 r 相乘,并与(4.8.59)式、(4.8.60)式相比较,得到

$$
x_1 = r,\ x_2 = z,\ A_{11} = r,\ A_{12} = A_{21} = 0
$$

$$
A_{22} = \left(1-\frac{4}{s^2}\right)r,\ C = \frac{1}{r},\ f = 0
$$

刚性腔壁处($P\in\Sigma$):

$$
n_1 = z'_k,\ n_2 = -r'_k,\ D = -\frac{2}{s}z'_k,
$$

$$
g = -s\left[\left(1-\frac{4}{s^2}\right)r^2 r'_k + \left(1-\frac{2}{s}\right)rzz'_k\right] \tag{4.8.70}
$$

自由液面处($P\in S$):

$$n_1=1,\ n_2=0,\ D=-\left(\frac{s}{2}+4-s^2\right),\ g=(2-s)rz$$

讨论液体在等角速度定轴转动(无章动)刚体内的自由振动时,令 $\varepsilon_m=0$,方程(4.8.68)变为齐次,从 a_n 的非平凡解条件导出频率方程

$$\det(\alpha_{mn}+\beta_{mn}+\delta_{mn})=0 \tag{4.8.71}$$

用数值方法可解出液体自由振动的特征值 $s=\sigma/\omega_0$ 和特征向量.

讨论液体与刚体章动的耦合运动时,还必须将(4.8.68)式代入主刚体的 Euler 方程(4.8.35)式,得到

$$A_1(1+s)-C_1=\pi\rho\int_L\left[\sum_{m,n}^{M,N}a_{mn}r_k^{m+1}z_k^n-r_k^2z_k\right]$$

$$\times(r_kr_k'+z_kz_k')(r_k'^2+z_k'^2)^{-\frac{1}{2}}\mathrm{d}l \tag{4.8.72}$$

由方程组(4.8.68)确定的系数 a_{mn} 为 s 的函数,代入(4.8.72)式后最终解出频率 s.

§4.9 注　　记

1. Stewartson 理论及其进展[163,170]

在对充液陀螺、充液弹丸和充液航天器的运动稳定性研究中,有一种简化物理模型称为自旋进动(或称自旋圆锥运动)充液腔体,与上一节自旋章动充液刚体的运动很相近,但其研究内容有些不同.其代表性的工作就是 1959 年 K.Stewartson 的理论研究.虽然他仅研究了腔内(圆柱形)充有理想液体的情况,但他证明了当内部液体振动的固有频率接近充液腔体的进动(圆锥运动)频率时,就会导致腔体丧失原有的陀螺稳定性.这个结论基本上反映了此类充液系统产生运动不稳定性的物理本质,后来有人称这种不

稳定性为 Stewartson 共振不稳定性. Stewartson 还编制计算了一套表格,它反映了共振不稳定频带随腔体长细比、充液比和波数变化的规律,在工程设计中,有直接应用价值.

此后,主要是美国阿伯丁试验场(Aberdeen Proving Ground)对 Stewartson 的理论进行系统的深入研究和改进工作,直至1992年还有 Hall, Sedney 和 Gerber 的研究工作.这期间,有 Wedemeyer 的黏性边界层修正理论, Murph 的黏性剪切应力计算,以及 Kitchens, Gerber 和 Sedney 对 Navier-Stokes 方程进行数值求解的工作等.目前,这些研究在充液系统的设计中,都发挥了应有的作用.国内在这方面的研究工作有关于自由液面表面张力和章动角增大对共振频带的影响,等等,参见有关文献[123,125].

2. 关于数值分析方法[35,38]

对于常重和微重条件下腔内理想不可压缩流体的微幅晃动,可以提出 Laplace 方程的线性系统初边值问题.在一般情况下,对这类问题可以通过近似方法和数值方法求解.例如,特征函数展开法,基于变分原理的 Ritz 法和 Galerkin 法、有限差分法、有限单元法、边界单元法以及混合法等.凡是由 Laplace 方程控制的系统,均称为定常位势问题. 对于由积分方程表示的位势理论的基本边值问题,可以利用高速电子计算机实现离散过程,并可证明方程解的存在性,从而能获得数值解.

3. 关于阻尼系数的确定[19]

由于真实的流体存在黏滞性,因此流体在运动时有能量的耗散.在通常情况下,黏性流体的动态特性是用 Navier-Stokes 方程(简称 N-S 方程)来描述的;但由于求解 N-S 方程的复杂性(对于非线性非定常的 N-S 方程初边值问题,在一般的情况下,其适定问题还没有完全解决),因此在研究工程技术问题时,除了求解某些简化的 N-S 方程以外,往往是在研究 Euler 理想流体动力学方程的基础上,应用边界层修正理论,近似地确定流体晃动时的能量耗散,从而确定液体晃动的阻尼系数.例如,在大 Reynolds 数(小黏性)情况下,液体晃动的能量损失明显地小于总能量;文献

[19]中指出：在弱衰减情况下(小黏性)，液体晃动对数衰减率 δ(阻尼系数)与液体一个周期中被耗散的能量 ΔE 以及系统的总能量 E，有下列近似关系式：

$$\delta = \frac{\Delta E}{2E}$$

第五章　充液系统微幅晃动的数值分析

§5.1　引　　言

本章将对充液刚体和充液弹性体系统的液体微幅晃动进行数值分析．首先应用边界曲线离散化方法研究了微重状态下任意旋转对称腔内液体的晃动特性．另外应用能量法和有限元法等考查了具有弹性底板的部分充液的有限长方形容器内的液弹耦合晃动问题，以及带有弹性隔板的球形贮箱中液体晃动的有限元解．进而针对部分充液球形贮箱的旋转系统动力学问题，以及液体晃动气浮台仿真试验系统的运动特性作了分析．

对于由偏微分方程描述的液体晃动的初值边值问题，只有在一定的条件才是"适定的"(well-posed)[35]，即方程解的存在性、惟一性，并连续地依赖于有关数据(初始条件、边界条件、系数和力函数)．对于本章的内容，已设定所讨论的初边值问题是适定的；而且在应用各类数值分析方法的过程中，由适定问题微分方程组导出的近似代数方程组也是适定的．因此，以后在应用特征函数展开法、Galerkin 法、有限元和边界元法等作数值分析时，都是在这个基础上获得方程数值解的．

§5.2　微重状态下任意旋转对称容器内液体晃动特性研究

本节研究了微重状态下任意旋转对称容器内液体晃动力学问题，分析了液体晃动的等效力学模型．本节介绍的算法适用于旋转对称容器，采用边界曲线离散化，具有输入数据简单、计算 CPU 时间较少等特点[117]．

5.2.1 微重时旋转对称容器内的静液面

微重时，重力铅垂向下，表力张力的作用使静液面呈“新月形”. 参考图 5.1，设 $y(\theta)$为由参考点 O_1 到静液面的矢径长，$Y(\theta)=y(\theta)/a_0$，这里 a_0 为特征尺寸. 考虑到容器对称性和 §1.7 的 Laplace-Young 公式(1.7.7)：$p-p_0=\alpha K$，由 §4.2，将(4.2.11)式代入(4.2.1)式后，可得静液面方程：

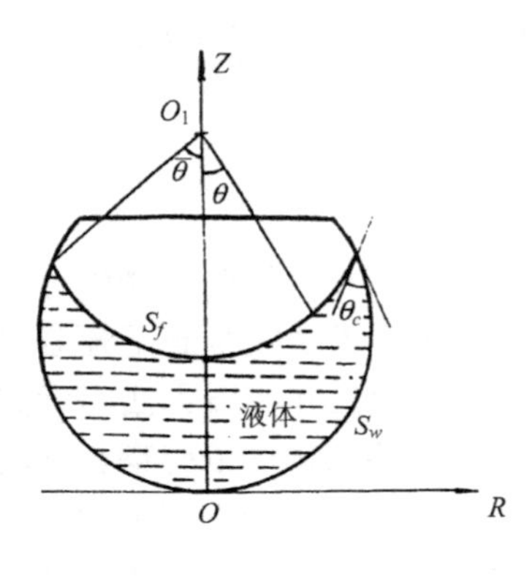

图 5.1 微重时旋转对称容器内静液面

$$\frac{1}{r}\frac{\partial}{\partial r}\left\{\frac{rf_r}{(1+f_r^2)^{1/2}}\right\}=\frac{\rho gz}{\alpha}+C \tag{5.2.1a}$$

引进无量纲参数：$R=r/a_0$，$Z=z/a_0$，$k=a_0K$，$B=\rho g a_0^2/\alpha$；C 为常数；并作变换：$R=Y(\theta)\sin\theta$，$Z=|OO_1|-Y(\theta)\cos\theta$，则得关于 $Y(\theta)$的二阶非线性常微分方程为

$$\begin{aligned}Y''(\theta)=&\left[2Y(\theta)^2+3Y'(\theta)^2\right]/Y(\theta)-Y(\theta)'\cot\theta\left[Y(\theta)^2+\right.\\&\left.Y'(\theta)^2\right]/Y(\theta)^2+\left\{B\cdot Y(\theta)\cos\theta-\left[\frac{2K(0)+Y(0)^2\cdot B}{Y(0)}\right]\right\}\\&\times\left[Y(\theta)^2+Y'(\theta)^2\right]^{3/2}/Y(\theta)\end{aligned} \tag{5.2.1b}$$

初值条件为 $Y(0)=Y_0$，$Y'(0)=0$，且 $Y(0)$为 $\theta=0$ 处的静液面矢径长，$K(0)$为 $\theta=0$ 处的静液面曲率，B 为 Bond 数，ρ 为液体密度，g 为当地微重加速度，α 为表面张力系数. 假设腔壁线的方程为 $R_W=R_W(\theta)$，$Z_W=Z_W(\theta)$，接触角 θ_c 满足：

$$\tan\theta_c=(A_W-A_f)/(1+A_WA_f) \tag{5.2.2}$$

式中

$$A_f = \frac{Y(\bar{\theta})\sin\bar{\theta} - Y'(\bar{\theta})\cos\bar{\theta}}{Y(\bar{\theta})\cos\bar{\theta} + Y'(\bar{\theta})\sin\bar{\theta}'} \quad A_W = \frac{Z'_W(\bar{\theta})}{R'_W(\bar{\theta})}$$

若腔体的体积为 V_0，液体的体积为 V，则充液比 $\varepsilon = V/V_0$. 给定初值 $Y(0)$和初始曲率 $K(0)$,通过标准的 Runge-Kutta 方法将方程(5.2.1)积分，得曲线 $Y = Y(\theta)$，求出相应的接触角 θ_c 及充液比 ε. 反之,给定 θ_c 及 ε,试寻曲线的 $Y(0)$与 $K(0)$,从而得到所要求的曲线 $Y = Y(\theta)$.

5.2.2 液体晃动动力学控制方程

在静液面 S_f 上建立正交曲线坐标系 ξsq，ξ 表示 S_f 的法向，q 表示极角，s 表示以静液面最低点为原点的弧坐标,此时静液面方程 $r = r(s)$，$z = z(s)$. 微重状态下的理想不可压的无旋液体相对于静液面(平衡位置)微幅晃动的控制方程在§4.3，§4.4，§4.6 等节中已有详尽的讨论. 引入无量纲速度势 Φ,无量纲晃动频率 Ω,气、液、固的分界线记为 r_c，K_f，K_w 分别记为自由液面与腔壁在 q=常数的平面在 r_c 线处的斜率. 微重液体微幅晃动的特征方程为

$$[A_{kl}]\{a\} = \lambda[B_{kl}]\{a\} \tag{5.2.3}$$

$$B\Omega^2\{C\} = [a_{ij}]\{C\} \tag{5.2.4}$$

式中

$$A_{kl} = \int_{Lf+L_\omega} R\left[W_1 \frac{\partial W_k}{\partial N} + W_k \frac{\partial W_l}{\partial N}\right] \mathrm{d}l$$

$$B_{kl} = \int_{Lf} R[W_k W_l + W_l W_k]\mathrm{d}l$$

$$\{a\} = [a_1 \ a_2 \ \cdots \ a_n]^{\mathrm{T}}$$

$$W_k = \frac{J_1(\xi_K R)\mathrm{ch}(\xi_k z)}{\xi_k J_1(\xi_k)\mathrm{sh}(\xi_k D)}$$

$$a_{ij}=\left\{\int_0^{\bar{S}_w}\lambda_j R\left[B\Psi_i\Psi_j/R^2-G\Psi_i\Psi_j\right]+\frac{\partial\Psi_i}{\partial S}\frac{\partial\Psi_j}{\partial S}\right]\mathrm{d}S$$

$$-\lambda_i\Gamma\left[R\Psi_i\Psi_j\right]_{S=\bar{S}_w}\Big\}/a_j^2$$

$$a_j^2=\int_0^{\bar{S}_w}\Psi_j^2 R\mathrm{d}S$$

$$\Gamma=(K_w-K_f\cos\theta_c)/\sin\theta_c$$

$$G=\left(\frac{1}{R}\frac{\partial F}{\partial S}\right)^2+\left(\frac{\partial R}{\partial S}\frac{\partial^2 F}{\partial S^2}-\frac{\partial F}{\partial S}\frac{\partial^2 R}{\partial S^2}\right)^2$$

$$\{C\}=[C_1\ C_2\ \cdots\ C_m]^{\mathrm{T}}$$

$$\Psi_j=\sum_{k=1}^{n}a_{ij}W_k \tag{5.2.5}$$

这里 $\bar{S}_w$ 为自由液面在 r_c 处的弧坐标，L_f 与 L_w 分别为 q=常数的平面与 S_f，S_w 的交线，S 为无量纲弧坐标，N 为无量纲法向距离，F 为无量纲静液面高度，D 为液体的无量纲深度，ξ_k 为方程 $\frac{\mathrm{d}J_1(\xi)}{\mathrm{d}\xi}=0$ 的第 k 个根，$J_1(\xi)$为一阶 Bessel 函数，a_{jk} 为特征值问题(5.2.3)的特征向量矩阵的元素．广义特征值问题(5.2.3)的特征值为 $\lambda_i(1\leqslant i\leqslant n)$．广义特征值问题(5.2.4)的特征值为 $\Omega_i^2(1\leqslant i\leqslant m)$，与之对应的晃动模态为

$$\Phi_k=\sum_{j=i}^{m}C_{jk}\Psi_j\cos q \tag{5.2.6}$$

这里 Φ_k 为无量纲参数，C_{jk} 为特征值问题(5.2.4)中矩阵$\{C\}$的元素．

5.2.3 边界曲线离散化

广义特征值问题(5.2.3)和(5.2.4)的系数矩阵元素都为边界曲线的积分，即形如

$$I_g = \int_{A_1}^{A_2} g_0(R, Z)\Big|_{z=z(R)} \mathrm{d}S \tag{5.2.7}$$

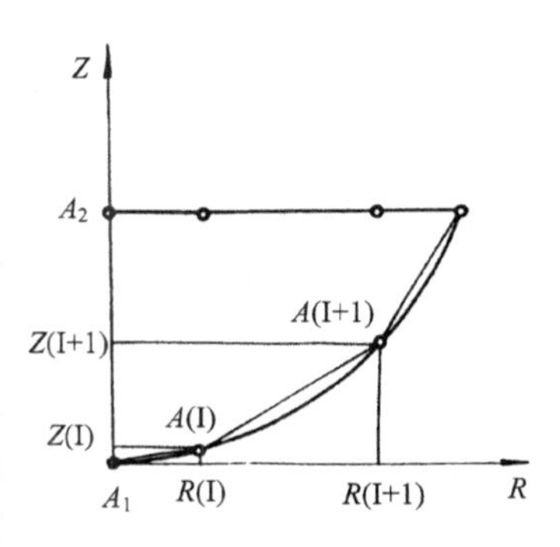

图 5.2　边界曲线离散化

式中 A_1，A_2 为曲线的起点和终点，$g_0(R, Z)$为被积函数，$Z = Z(R)$为边界曲线方程，$\mathrm{d}S$ 为弧微分．参考图 5.2，假设边界曲线被离散成 N_A 段折线，取典型段 $A(I)$至 $A(I+1)$，则(5.2.7)式化为

$$I_g = \sum_{I=1}^{N_A} \int_{A(I)}^{A(I+1)} g_0(R, Z)\Big|_{z=z(R)} \mathrm{d}S(I)$$

$$= \sum_{I=1}^{N_A} S(I) \int_0^1 g_0(R, Z)\Big|_{Z=Z(R)} \mathrm{d}\xi_a \tag{5.2.8}$$

式中

$$R = R(I) + [R(I+1) - R(I)]\xi_a$$

$$Z = Z(I) + [Z(I+1) - Z(I)]\xi_a$$

$$S(I) = [(R(I+1) - R(I))^2 + (Z(I+1) - Z(I))^2]^{1/2}$$

定积分(5.2.8)式可以利用四个 Gauss 点进行数值积分．只要充液腔体的边界曲面具有旋转对称性,采用边界曲线离散化,从数值上积分特征值问题(5.2.3)式和(5.2.4)式的系数，通过求解特征值问题(5.2.3)式与(5.2.4)式能够求得液体晃动的动力学参数——固有频率和模态等．

5.2.4　等效力学模型简述

等效力学模型是由一系列弹簧、减振器、质量块及无质量杆组成的系统，该系统能够完成相应的复杂动力学系统的动力学行为．等效原则为原系统与等效力学模型的动力相等效、动力矩相等效、频率相等、质量相等、质心坐标相等以及转动惯量特性相同．

常用的等效力学模型有弹簧振子模型与单摆模型等两种[103, 179]．这里将给出弹簧振子模型的力学参数公式，参考图 5.3.

质量块 $$m_j = \lambda_j^2 / \mu_j \tag{5.2.9}$$

弹簧刚度 $$K_j = m_j \omega_j^2 \tag{5.2.10}$$

位置 $$Z_j = \lambda_{0j} / \lambda_j \tag{5.2.11}$$

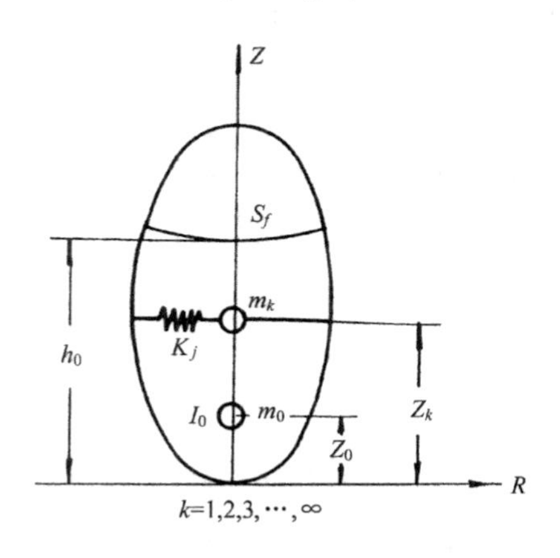

图 5.3　等效力学模型

式中

$$\lambda_j = \rho \iint_{S_w} \varphi_j \cos(n, x) \mathrm{d} S_w$$

$$\lambda_{0j} = \rho \iint_{S_w} \varphi_j [z\cos(n, x) - x\cos(n, z)] \mathrm{d} S_w$$

$$\mu_i = \rho \iint_{S_f} \varphi_j \frac{\partial \varphi_j}{\partial \boldsymbol{n}} \mathrm{d} S_f$$

这里 φ_j 为第 j 阶有量纲速度势，n 为有量纲法向距离，据等效原则有

$$
\left.\begin{aligned}
& m_0+\sum_{k=1}^{\infty} m_k = M_F\,,\ m_0 Z_0+\sum_{k=1}^{\infty} m_k Z_k = M_F\cdot Z_{CG} \\
& I_0+m_0 Z_0^2+\sum_{k=1}^{\infty} m_k Z_k^2 = I_F
\end{aligned}\right\} \tag{5.2.12}
$$

这里 m_0 为固定质量块的质量，Z_0 为 m_0 的坐标值，I_0 为固定质量块对自己的质心转动惯量，M_F 为液体的总质量，Z_{CG} 为静止液体的质心坐标值，I_F 为 Zhukovskiy 等效转动惯量，工程设计时，I_F 可用固化液体的转动惯量替代.

5.2.5 算例

1. 圆柱形容器，高 Bond 数，自由液面为平面. $B=1000$，$h_0/a_0=2.34$，$a_0=0.68\text{m}$，$\theta_c=90°$，$\Gamma=0$，$N_A=18$,通过数值解求得：

$$\omega_1^2 a_0/g=1.85,\quad \omega_2^2 a_0/g=5.48,\quad \omega_3^2 a_0/g=9.15$$

$$m_1/\rho a_0^3=1.42,\quad m_2/\rho a_0^3=0.0429,\quad m_3/\rho a_0^3=0.0104$$

$$z_1/a_0=1.826,\quad z_2/a_0=2.152,\quad z_3/a_0=2.222$$

与文献[19]解析解完全符合，CPU=8.0 s.

2. 圆柱形容器，低 Bond 数，自由液面视为平面时，$B=10$，$h_0/a_0=2.34$，$a_0=0.68\text{m}$，$\theta_c=90°$，$\Gamma=0$，$N_A=18$,无量纲频率 $\omega_1^2 a_0/g=2.46$，与近似解相符合：$\omega_1^2 a_0/g=\frac{1}{B}(6.25+1.84B-3.45\cos\theta_c)\text{th}(1.84h_0/a_0)=2.46$.

3. 圆柱形容器，自由液面为“弯月面”，$B=100$，$h_0/a_0=2.34$，$a_0=0.68\text{m}$，$\theta_c=2°$，$\Gamma=-151.4$，$N_A=19$，求得无量纲参数 $\omega_1^2 a_0/g=1.76$,与文献[179]中的近似解 1.86 的相对误差为

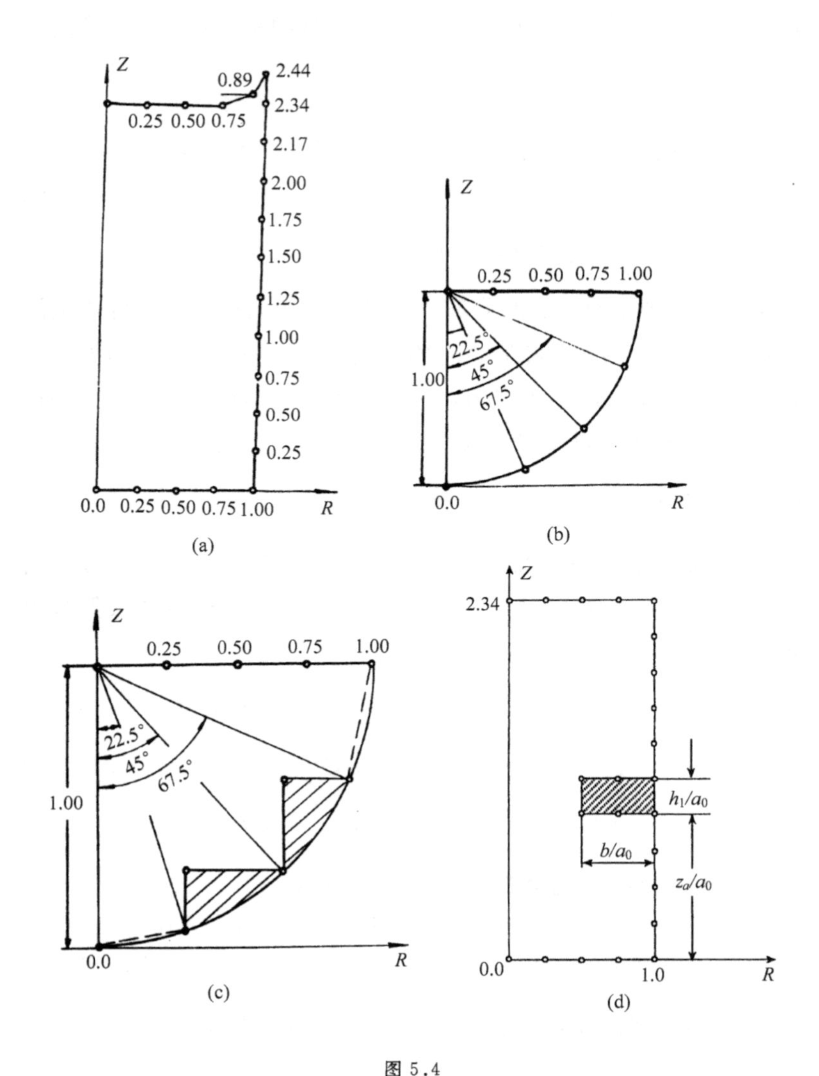

图 5.4

(a)圆柱形容器流体边界曲线离散化

(b)球形容器流体边界离散化

(c)带台阶的球形容器流体边界曲线离散化

(d)带环球形隔板的圆柱容器流体边界曲线离散化

5%, CPU=12 s,参看图 5.4(a).

4. 球形容器,自由液面为平面时, $B=1000$, $h_0/a_0=1.0$, $a_0=1.0\text{m}$, $\theta_c=90°$, $\Gamma=0$, $N_A=8$, 求得 $\omega_1^2 a_0/g=1.54$, 与文献[179]和文献[100]中的计算结果完全符合, CPU=8.5 s, 参看图 5.4(b).

5. 带台阶的球形容器, 自由液面为平面, $B=1000$, $h_0/a_0=1.0$, $a_0=1.0\text{m}$,台阶位置如图 5.4(c), $N_A=10$, 求得 $\omega_1^2 a_0/g=1.46$, 与球形容器的固有基频 1.54 比较, 显然降低了, CPU=8.5 s.

6. 圆柱形容器, 高 Bond 数, 自由液面为平面, 带球形隔板, $B=1000$, $h_0/a_0=2.34$, $a_0=0.68\text{m}$, $\theta_c=90°$,隔板厚度 $h_1/a_0=0.25$, 位置 $Z_a/a_0=1.0$, 宽度 $b/a_0=0.5$, 如图 5.4(d), $N_A=22$, 求得无量纲参数:

$$\omega_1^2 a_0/g = 1.82, \quad \omega_2^2 a_0/g = 5.35, \quad \omega_3^2 a_0/g = 8.60$$

$$m_1/\rho a_0^3 = 1.34, \quad m_2/\rho a_0^3 = 0.0426, \quad m_3/\rho a_0^3 = 0.0102$$

$$z_1/a_0 = 1.874, \quad z_2/a_0 = 2.157, \quad z_3/a_0 = 2.222$$

CPU=12.0 s.

以上分析了微重状态下任意轴对称容器内液体晃动动力学问题, 给出了等效力学模型弹簧振子的参数公式. 所采用的将边界曲线离散化的思想适用于考虑隔板的复杂结构的液体晃动问题. 腔体加上刚性台阶与隔板后,系统的固有频率与等效质量下降.

§5.3 弹性底板有限长方形容器内液体晃动

本节考虑了具有弹性底板的部分充液的有限长方形容器的液体的耦合晃动问题. 采用能量法导出了耦合频率的方程,数值结果表明基频随液面高度增加而提高,且趋于刚性容器内的液体晃动的极限基频[114].

5.3.1 模型分析

假设流体是理想流体．容器的长、宽、高度分别为 a，b，c；四壁刚性，而其底板是弹性的．容器受扰前是静止的自由体，坐标系如图 5.5．

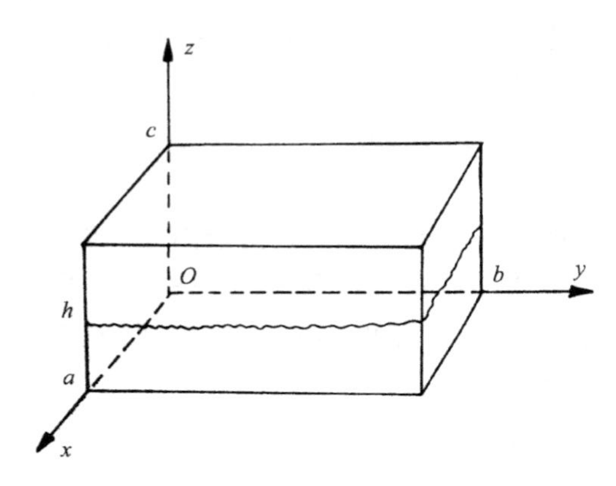

图 5.5 弹性底、刚性壁的有限方形容器

考虑到液体做微幅晃动，下述公式体系忽略了相应的高阶微量．

假设板在$(x, y, 0)$点的挠度为 $W(x, y, t)$，受扰后流体速度势为 $\phi(x, y, z, t)$，则有

$$\frac{\partial^2 \phi}{\partial x^2}+\frac{\partial^2 \phi}{\partial y^2}+\frac{\partial^2 \phi}{\partial z^2}=0 \tag{5.3.1}$$

在 x，y，z 方向的速度分量为

$$u=\frac{\partial \phi}{\partial x}, v=\frac{\partial \phi}{\partial y}, w=\frac{\partial \phi}{\partial z}$$

在 $z=f(x, y, t)$自由液面上考虑运动学和动力学的边界条件，对于液体微幅晃动，有

$$\frac{\partial \phi}{\partial z}=\frac{\partial f}{\partial t}, \text{在 } z=f(x, y, t) \text{ 上} \quad (5.3.2)$$

$$\frac{\partial \phi}{\partial t}+\frac{p}{\rho}+g z=0, \text{在 } z=f(x, y, t) \text{ 上} \quad (5.3.3)$$

式中：ρ 为液体密度，g 为重力加速度，p 为液体压力．微幅晃动时，在自由液面上气-液压力差（p_0-p）满足 Laplace-Young 公式：

$$p_0-p=\sigma\left[\frac{\partial^2 f}{\partial x^2}+\frac{\partial^2 f}{\partial y^2}\right], \text{在 } z=f(x, y, t) \text{ 上} \quad (5.3.4)$$

式中：σ 为液体表面张力系数．(5.3.2)式～(5.3.4)式已分别在参考文献的基础上考虑到微幅、常重条件而忽略了相应的高阶微量[167,177]．

$$\frac{\partial^2 \phi}{\partial t^2}+g \frac{\partial \phi}{\partial z}+\frac{\sigma}{\rho}-\frac{\partial^3 \phi}{\partial z^3}=0, \text{在 } z=f(x, y, t) \text{ 上} \quad (5.3.5)$$

在刚性壁上的流体速度边界条件为

$$\frac{\partial \phi}{\partial x}=0, \text{在 } x=0, a \text{ 上}$$

$$\frac{\partial \phi}{\partial y}=0, \text{在 } y=0, b \text{ 上} \quad (5.3.6)$$

根据 Bernoulli 积分知作用在底板上的动压力为

$$p_A=-\rho \frac{\partial \phi}{\partial t}, \text{在 } z=0 \text{ 上} \quad (5.3.7)$$

底板的挠度方程为

$$\left[\frac{\partial^2}{\partial x^2}+\frac{\partial^2}{\partial y^2}\right]^2 W+\frac{\rho_A}{D} \frac{\partial^2 W}{\partial t^2}=-\frac{p_A}{D} \quad (5.3.8)$$

式中：ρ_A 为板材料的面密度；D 为板的弯曲刚度，$D=E h_A^3/12(1$

$-\bar{\nu}^2$),其中 E 为弹性模量,h_A 为板的厚度,$\bar{\nu}$ 为 Poisson 比.

考虑到容器四壁是刚性的,板的挠度必须满足边界条件:

$$W(x, y, t) = 0,\ \frac{\partial W(x, y, t)}{\partial x} = 0,\ \text{在}\ x = 0,\ a\ \text{上}$$

$$W(x, y, t) = 0,\ \frac{\partial W(x, y, t)}{\partial y} = 0,\ \text{在}\ y = 0,\ b\ \text{上}$$

$$(5.3.9)$$

最后,考虑到液体与弹性底板的法向速度应该相等,因此有

$$\frac{\partial W}{\partial t} = \frac{\partial \phi}{\partial z},\ \text{在}\ z = 0\ \text{上} \tag{5.3.10}$$

方程(5.3.1)式～(5.3.10)式即为具有刚性壁弹性底板的长方形容器内液体微幅晃动流弹耦合边值问题的数学描述式.

5.3.2 耦合边值问题的求解

利用数理方程理论,(5.3.1)式和(5.3.6)式的固有值函数为

$$\phi_{mn}(x, y, z, t) = A_{mn}\cos\left(\frac{m\pi}{a}x\right)\cos\left(\frac{n\pi}{b}y\right)\left[e^{-k_{mn}z} + B_{mn}e^{k_{mn}z}\right]e^{i\omega t} \tag{5.3.11}$$

式中:$k_{mn} = \sqrt{\left(\frac{m\pi}{a}\right)^2 + \left(\frac{n\pi}{b}\right)^2}$ ($m, n=1,2,\cdots$); ω 为耦合系统的固有频率.

将(5.3.11)式代入(5.3.5)式得

$$B_{mn} = \frac{\left(gk_{mn} + \omega^2 + \frac{\sigma}{\rho}k_{mn}^3\right)e^{-k_{mn}h}}{\left(gk_{mn} - \omega^2 + \frac{\sigma}{\rho}k_{mn}^3\right)e^{k_{mn}h}} \tag{5.3.12}$$

式中 h 为静止时的液面高度($z=f=h$). 因此动压力由(5.3.7)式决定,即为

$$p_{mn} = -\rho \mathrm{i} \omega A_{mn} \cos \frac{m\pi}{a} x \cos \frac{n\pi y}{b} (1 + B_{mn}) \mathrm{e}^{\mathrm{i}\omega t}$$

(5.3.13)

假设弹性底板挠度为

$$W(x, y, t) = W_{mn}(x, y) \mathrm{e}^{\mathrm{i}\omega t} \tag{5.3.14}$$

联立(5.3.8)式、(5.3.10)式、(5.3.13)式、(5.3.14)式得知

$$\frac{\partial^2 \psi}{\partial t^2} + \omega^2 \psi = 0, \quad \psi(t) = \mathrm{e}^{\mathrm{i}\omega t}$$

$$D\left(\frac{\partial^2}{\partial x^2} + \frac{\partial^2}{\partial y^2}\right)^2 W_{mn} - \bar{\rho}_A \cdot \omega^2 W_{mn} = 0 \tag{5.3.15}$$

$$\bar{\rho}_A = \rho_A - \frac{\rho(B_{mn} + 1)}{k_{mn}(B_{mn} - 1)}$$

值得说明的是，(5.3.12)式表明，B_{mn}是 ω 的函数. 因此 $\bar{\rho}_A$ 与固有频率 ω 有关,称 $\bar{\rho}_A$ 为动密度. 由(5.3.15)式得板的最大动能和最大势能分别为

$$T_{\max} = \frac{1}{2} \bar{\rho}_A \omega_{mn}^2 \iint_A W_{mn}^2(x, y) \mathrm{d}x \mathrm{d}y \tag{5.3.16}$$

$$V_{\max} = \frac{1}{2} D \iint_A \left\{ \left(\frac{\partial^2 W_{mn}}{\partial x^2} + \frac{\partial^2 W_{mn}}{\partial y^2} \right)^2 - 2(1-\nu)\left[\frac{\partial^2 W_{mn}}{\partial x^2} \cdot \frac{\partial^2 W_{mn}}{\partial y^2} - \left(\frac{\partial^2 W_{mn}}{\partial x \partial y} \right)^2 \right] \right\} \mathrm{d}x \mathrm{d}y$$

(5.3.17)

式中积分域 A 为:$0 \leqslant x \leqslant a, 0 \leqslant y \leqslant b$.

根据能量守恒定律有:

$$V_{\max} = T_{\max}$$

因此,由(5.3.16)式、(5.3.17)式立即得知:

$$\omega_{mn}^2 \cdot \bar{\rho}_A / D = e_{mn} \tag{5.3.18}$$

式中

$$e_{mn} = \frac{\iint_A \left\{ \left[\frac{\partial^2 W_{mn}}{\partial x^2} + \frac{\partial^2 W_{mn}}{\partial y^2} \right]^2 - 2(1-\nu)\left[\frac{\partial^2 W_{mn}}{\partial x^2} \cdot \frac{\partial^2 W_{mn}}{\partial y^2} - \left(\frac{\partial^2 W_{mn}}{\partial x \partial y} \right)^2 \right] \right\} \mathrm{d}x\mathrm{d}y}{\iint_A W_{mn}^2 \mathrm{d}x\mathrm{d}y}$$

由(5.3.12)式、(5.3.15)式、(5.3.18)式知耦合固有频率方程为

$$a_{nn}\omega_{mn}^4 - b_{mn}\omega_{mn}^2 + c_{mn} = 0 \tag{5.3.19}$$

式中

$$a_{mn} = \rho_A k_{mn} \mathrm{ch}(k_{mn}h) + \rho \mathrm{sh}(k_{mn}h)$$

$$b_{mn} = \left(gk_{mn} + \frac{\sigma}{\rho} k_{mn}^3 \right) [\rho_A k_{mn} \mathrm{sh}(k_{mn}h) + \rho \mathrm{ch}(k_{mn}h)]$$

$$+ De_{mn} k_{mn} \mathrm{ch}(k_{mn}h)$$

$$c_{mn} = De_{mn} k_{mn} \left(gk_{mn} + \frac{\sigma}{\rho} k_{mn}^3 \right) \mathrm{sh}(k_{mn}h)$$

考虑到边界条件,假设

$$W_{mn}(x, y) = \left(1 - \cos \frac{2m\pi}{a} x \right) \left(1 - \cos \frac{2n\pi}{b} y \right)$$

将它代入(5.3.18)式中的 e_{mn} 表达式,得

$$e_{mn} = \frac{1}{3}\left[\left(\frac{2m\pi}{a} \right)^4 + \left(\frac{2n\pi}{b} \right)^4 + \frac{2}{3}\left(\frac{2m\pi}{a} \right)^2 \left(\frac{2n\pi}{b} \right)^2 \right]$$

假如没有液体,ρ 趋向于零,由(5.3.18)式立即得出弹性固支板的频率公式为

$$\omega_{mn,p}^2 = D \cdot e_{mn} / \rho_A \tag{5.3.20}$$

假如板的弯曲刚度 D 趋向∞,则由(5.3.19)式立即导出刚性

容器内液体的晃动频率：

$$\omega_{mn}^2=\left(gk_{mn}+\frac{\sigma}{\rho}k_{mn}^3\right)\text{th}(k_{mn}h) \tag{5.3.21}$$

5.3.3 基频数值算例

弹性板长 $a=4\text{m}$，宽 $b=4\text{m}$，Poisson 比 $\nu=0$，厚度 $h=6\text{cm}$，液体密度 $\rho=1446\text{N}\cdot\text{s}^2\cdot\text{m}^{-4}$，重力加速度 $g=9.8\text{m}\cdot\text{s}^{-2}$，容器高度 $c=3.0\text{m}$，表面张力系数 $\sigma=0.2\text{mN}\cdot\text{cm}^{-1}$.

弹性板弯曲刚度 $D=54.0\text{N}\cdot\text{m}$，材料面密度 $\rho_A=153\text{N}\cdot\text{s}^2\cdot\text{m}^{-3}$.

基频数据如表 5.1 所示.

表 5.1　耦合固有基频随液体深度(h)及弯曲刚度(D)变化表

h/m	D	$D\times10$	$D\times10^2$	$D\times10^3$	∞
0.4	2.126	2.129	2.130	2.130	2.130
0.6	2.514	2.517	2.518	2.518	2.518
0.8	2.777	2.780	2.780	2.781	2.781
1.0	2.956	2.958	2.959	2.959	2.959
1.2	3.075	3.077	3.077	3.077	3.077
1.4	3.153	3.155	3.155	3.155	3.155
1.6	3.205	3.206	3.206	3.206	3.206
1.8	3.238	3.239	3.239	3.239	3.239
2.0	3.260	3.260	3.261	3.261	3.261
2.2	3.273	3.274	3.274	3.274	3.274
0*	138.3	436.9	1381.7	4396.5	∞

*栏表示弹性固支板的固有基频.

表 5.1 中数据表明容器底板弹性会使液体晃动基频略有下降. 随着板弯曲刚度 D 的增加，耦合基频趋向于刚性容器内液体的晃动基频[162,177].

§ 5.4 带有弹性隔板的贮箱内液体晃动的有限元解

本节根据对称性采用半解析有限元法，将带有球形弹性隔板的球形贮箱中的三维流弹耦合问题化为两维问题，对流体域采用三角形环单元，球壳隔板采用截锥单元，分别应用 Galerkin 方法和 Hamilton 原理对流体和球壳隔板推导出了有限元离散方程．编制了计算机计算程序，并利用 Arnoldi 方法进行了算例计算与分析[137]．

5.4.1 基本方程

本节基本假设：刚性贮箱壁，理想不可压、无旋微幅晃动流体及线弹性小挠度隔板．物理模型如图 5.6，防晃隔板将流体域分为上下两部分，采用压力位移格式，控制方程为：

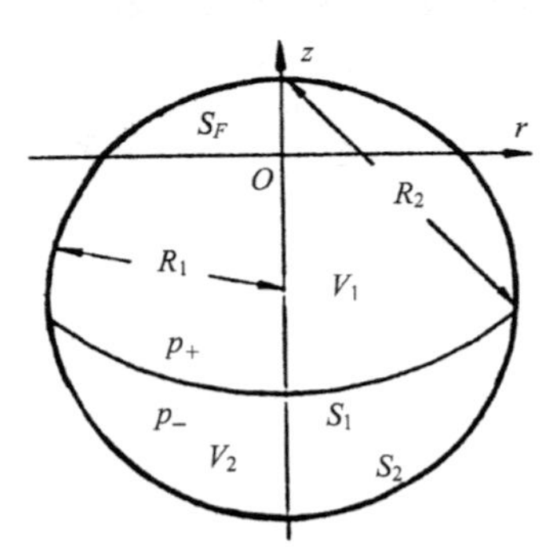

图 5.6 系统的物理模型

在上流体域中，

$$\nabla^2 p_+ = 0, \text{在 } V_1 \text{ 内}$$

$$\frac{\partial p_+}{\partial n} + \frac{1}{g}\frac{\partial^2 p_+}{\partial t^2} = 0, \text{在 } S_F \text{ 上}$$

$$\frac{\partial p_+}{\partial n} + \rho_F \ddot{w}_n = 0, \text{在 } S_1^+ \text{ 上}$$

$$\frac{\partial p_+}{\partial n} = 0, \text{在 } S_2 \text{ 上}$$

在下流体域中，

$$\nabla^2 p_- = 0, \text{在 } V_2 \text{ 内}$$

$$\frac{\partial p_-}{\partial n} + \rho_F \ddot{w}_n = 0, \text{在 } S_1^- \text{ 上}$$

$$\frac{\partial p_-}{\partial n} = 0, \text{在 } S_2 \text{ 上}$$

其中 V_1 表示上流体域，V_2 表示下流体域，S_F 表示自由液面，S_1 表示液体和隔板的交界面，S_2 表示液体和贮箱壁的交界面，w_n 表示隔板的法向位移，g 表示重力加速度，ρ_F 表示液体的密度，p 表示液体的动压力.

由结构的对称性对流体域可设 $p=\sum p_m(r, z, t)\cos m\theta$,对隔板壳假设(在局部坐标系中如图 5.7)

$$u = \sum_m [a_1(t) + a_2(t)s]_m \cos m\theta$$

$$v = \sum_{vm} [a_3(t) + a_4(t)s]_m \overline{\sin m\theta}$$

$$w = \sum_m [a_5(t) + a_6(t)s + a_7(t)s^2 + a_8(t)s^3]_m \cos m\theta$$

其中

$$\overline{\sin m\theta} = \begin{cases} 1, & m = 0 \\ \sin m\theta, & m \neq 0 \end{cases}$$

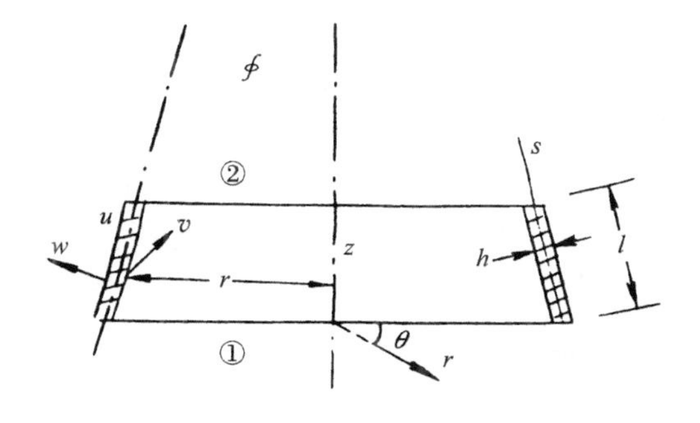

图 5.7　球壳的截锥单元

5.4.2 有限元离散方程

在上流体域中，推导 Galerkin 方程的弱表示式为

$$\iint_{V_1}\left[\frac{\partial p_+}{\partial x}\frac{\partial\delta p_+}{\partial x}+\frac{\partial p_+}{\partial y}\frac{\partial\delta p_+}{\partial y}+\frac{\partial p_+}{\partial z}\frac{\partial\delta p_+}{\partial z}\right]\mathrm{d}V+\int_{s}\frac{\partial p_+}{\partial n}\delta p_+\,\mathrm{d}s=0$$

根据三角函数的正交性，可推导出在极坐标系中对应周向波数 m 的变分方程

$$a\pi\iint_{\Omega_1}\left[\frac{\partial p_+}{\partial r}\frac{\partial\delta p_+}{\partial r}+\frac{n^2}{r^2}p_+\,\partial p_+ +\frac{\partial p_+}{\partial z}+\frac{\partial\delta p_+}{\partial z}\right]r\mathrm{d}r\mathrm{d}z$$

$$+\frac{a\pi}{g}\int_{s_F}\ddot{p}_+\,\delta p_+\,r\mathrm{d}s+\rho_F a\pi\int_{s_1^-}\ddot{w}_+\,\delta p_+\,r\mathrm{d}s=0$$

其中 $a=\begin{cases}1, & m>0\\ 2, & m=0,\end{cases}$ 为方便起见在上面方程中省略了下标 m，而 Ω_1 表示对应于上流体域的两维区域. 对流体域采用三角形环单元(如图 5.8)，设压力插值函数为

$$p(r,\ z,\ t)=\sum_{i=1}^{3}N_i(r,\ z)\,p_i(t)$$

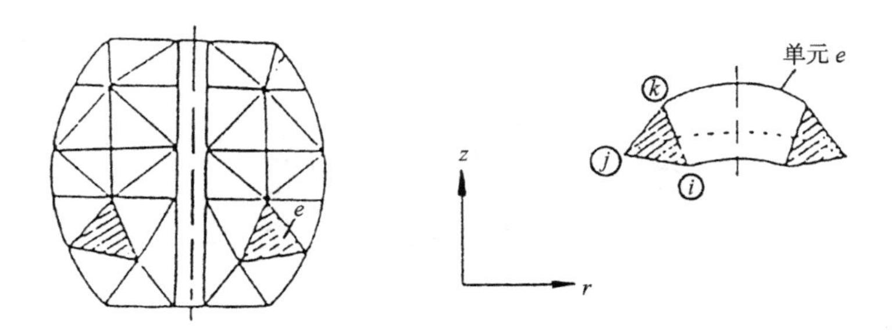

图 5.8　球腔中流体域的三角形环单元的理想划分

$$[N]=\begin{bmatrix} N_1(r, z) \\ N_2(r, z) \\ N_3(r, z) \end{bmatrix}^{\mathrm{T}}=\begin{bmatrix} (a_1+rb_1+zc_1)/A^e \\ (a_2+rb_2+zc_2)/A^e \\ (a_3+rb_3+zc_3)/A^e \end{bmatrix}^{\mathrm{T}}$$

$$\{p(t)\}=\begin{Bmatrix} p_1(t) \\ p_2(t) \\ p_3(t) \end{Bmatrix}$$

其中 A^e 代表三角形单元的面积，N_i 代表单元内部压力插值函数，p_i 代表单元节点动压力.推导出上流体域中的有限元离散方程为

$$A^e\ddot{p}_+ + B^e p_+ = f_1^e \tag{5.4.1}$$

而且,对应的矩阵与矢量如下：

$$[A^e]=\frac{a\pi}{g}\int_{S_F^e}[N]^{\mathrm{T}}[N]r\mathrm{d}s$$

$$[B^e]= a\pi\int_{\Omega_1^e}[B_1]^{\mathrm{T}}[B_1]r\mathrm{d}r\mathrm{d}z+a\pi\iint_{\Omega_1^e}n^2[N]^{\mathrm{T}}[N]\frac{1}{r}\mathrm{d}r\mathrm{d}z$$

$$[B_1]=\begin{bmatrix} \dfrac{\partial N_1}{\partial r} & \dfrac{\partial N_2}{\partial r} & \dfrac{\partial N_3}{\partial r} \\ \dfrac{\partial N_1}{\partial z} & \dfrac{\partial N_2}{\partial z} & \dfrac{\partial N_3}{\partial z} \end{bmatrix}$$

$$\{f_1^e\}=-\rho_F a\pi\int_{S_1^{e-}}[N]^{\mathrm{T}}\ddot{w}_n r\mathrm{d}s$$

$$= -\rho_F a\pi\int_{S_1^{e-}}[N]^{\mathrm{T}}\{n^-\}^{\mathrm{T}}[H]\mathrm{d}s[R]\{\ddot{q}\}$$

同理可推得在下流体域 Ω_2 中的有限元离散方程

$$Q^e p_- = f_2^e \tag{5.4.2}$$

这里$[Q]$和$[B]$表达方式类似，但积分应在 Ω_2^e 中进行，而$\{f_1^e\}$中的 S_1^{e-}，$\{n^-\}$分别用 S_1^{e+}，$\{n^+\}$代替就得到$\{f_2^e\}$，以上表达式中的$[H]$和$[R]$分别表示球壳隔板的单元位移插值函数矩阵和坐标变换矩阵(详见下面的推导)，$\{n^-\}$和$\{n^+\}$分别表示隔板的内法向和外法向.

对弹性球壳阻尼板设单元位移插值函数为

$$\{f\} = \{u\ v\ w\}^{\mathrm{T}} = [N^*(s,\ \theta)]\{q(t)\}$$

而$\{\bar{\varepsilon}\}=[E]\{q\}$，$[\sigma]=[D][\bar{\varepsilon}]$，$[E]$为应变矩阵，$[D]$为弹性系数矩阵，由此得到弹性变形势能

$$U=\iint_{S_1}\frac{1}{2}\{\bar{\varepsilon}\}^{\mathrm{T}}[D]\{\bar{\varepsilon}\}\mathrm{d}s$$

$$=\frac{1}{2}\{q\}^{\mathrm{T}}\iint_{S_1}\frac{1}{2}[E]^{\mathrm{T}}[D][E]\mathrm{d}s\{q\}$$

动能

$$T=\frac{\rho_s h}{2}\iint_{S_1}\{f\}^{\mathrm{T}}\{f\}\mathrm{d}s$$

$$=\frac{\rho_s h}{2}\{q\}^{\mathrm{T}}\iint_{S_1}\{\dot{q}\}^{\mathrm{T}}[N^*]^{\mathrm{T}}[N^*]\mathrm{d}s\{\dot{q}\}$$

其中 ρ_s 为隔板的质量密度，h 为隔板厚度.

外力对弹性体所做功(本文只考虑自由晃动，故外力只有液

体动压力）

$$W=\iint_{S_1}\{f\}^{\mathrm{T}}\{p\}\mathrm{d}s,\ p=p_{+}-p_{-}$$

按 Kirchhoff 直法线假设的薄壳理论有

$$\{\varepsilon\}=\begin{bmatrix} \frac{\partial}{\partial s}, & 0, & 0, \\ \frac{\sin\phi}{r}, & \frac{\partial}{r\partial\theta}, & \frac{\cos\phi}{r}, \\ \frac{\partial}{r\partial\theta}, & \frac{\partial}{\partial s}-\frac{\sin\phi}{r}, & 0, \\ 0, & 0, & -\frac{\partial^2}{\partial s^2}, \\ 0, & \frac{\cos\phi}{r^2}\frac{\partial}{\partial\theta}, & -\frac{1}{r}\sin\phi\frac{\partial}{\partial s}-\frac{1}{r^2}\frac{\partial^2}{\partial\theta^2}, \\ 0, & \frac{2\cos\phi}{r}\frac{\partial}{\partial s}-\frac{2}{r^2}\sin\phi\cos\phi, & -\frac{2}{r}\frac{\partial^2}{\partial s\partial\theta}+\frac{2\sin\phi}{r}\frac{\partial}{\partial\theta}, \end{bmatrix}\begin{Bmatrix} u \\ v \\ w \end{Bmatrix}$$

$$\begin{Bmatrix} u \\ v \\ w \end{Bmatrix}=\begin{bmatrix} \cos m\theta, & 0, & 0, \\ 0, & \sin m\theta, & 0, \\ 0, & 0, & \cos m\theta \end{bmatrix}[H]$$

$$[H]=\begin{bmatrix} 1-\beta, & 0, & 0, & 0, & \beta, 0, & 0, & 0, \\ 0, & 1-\beta, & 0, & 0, & 0, \beta, & 0, & 0, \\ 0, & 0, & 1-3\beta^2+2\beta^3, & l(\beta-2\beta^2+\beta^3), & 0, 0, & 3\beta^2-2\beta^3, & l(-\beta^2+\beta^3), \end{bmatrix}\{q\}$$

$$\{q\}=\{u_i\ v_i\ w_i\ \gamma_i\ u_j\ v_j\ w_j\ \gamma_j\}^{\mathrm{T}}$$

经过繁杂的推演得到$[E]=[J][B_1]$,

$$[J]=\begin{bmatrix} J_1 & \\ & J_1 \end{bmatrix},\ [J_1]=\begin{bmatrix} \cos m\theta, & 0, & 0, \\ 0, & \cos m\theta, & 0, \\ 0, & 0, & \sin m\theta \end{bmatrix}$$

$$
[B_1]=
\begin{bmatrix}
-\dfrac{1}{l}, & 0, & 0, & 0, & \dfrac{1}{l}, & 0, & 0, & 0, \\
\dfrac{\sin\phi}{r}(1-\beta), & n\dfrac{1-\beta}{r}, & \cos\phi\dfrac{(1-3\beta^2+2\beta^2)}{r}, & l\cos\phi\dfrac{(\beta-2\beta^2+\beta^3)}{r}, & \dfrac{\sin\phi}{r}\beta, & n\dfrac{\beta}{r}, & \dfrac{(3\beta^2-2\beta^3)}{r}\cos\phi, & l\cos\phi\dfrac{(-\beta^2+\beta^3)}{r}, \\
-n\dfrac{1-\beta}{r}, & -\dfrac{1}{l}-\dfrac{\sin\phi}{r}(1-\beta), & 0, & 0, & -n\dfrac{\beta}{r}, & \dfrac{1}{l}-\sin\phi\dfrac{\beta}{r}, & 0, & 0, \\
0, & 0, & \dfrac{6}{l^2}-\dfrac{12}{l^2}\beta, & \dfrac{4}{l}-\dfrac{6\beta}{l}, & 0, & 0, & -\dfrac{6}{l^2}+\dfrac{12\beta}{l^2}, & \dfrac{2-6\beta}{l}, \\
0, & n\cos\phi\dfrac{1-\beta}{r^2}, & \begin{matrix}\dfrac{\sin\phi}{l}\dfrac{(6\beta-6\beta^2)}{r}+ \\ \dfrac{n^2}{r^2}(1-3\beta^2+2\beta^3),\end{matrix} & \begin{matrix}-\sin\phi\dfrac{(1-4\beta+3\beta^2)}{r}+ \\ \dfrac{n^2}{4}l(\beta-2\beta^2+\beta^3),\end{matrix} & 0, & n\sin\phi\dfrac{\beta}{r^2}, & \begin{matrix}-\dfrac{\sin\phi}{l}\dfrac{(6\beta-6\beta^2)}{r}+ \\ \dfrac{n^2}{r^2}(3\beta^2-2\beta^3),\end{matrix} & \begin{matrix}-\sin\phi\dfrac{(-2\beta+3\beta^2)}{r}+ \\ n^2 l\dfrac{(-\beta+\beta^3)^2}{r^2},\end{matrix} \\
0, & \begin{matrix}-\dfrac{2\cos\phi}{lr}- \\ \dfrac{2}{r^2}(1-\beta)\sin\phi\cos\phi,\end{matrix} & \begin{matrix}\dfrac{2n}{l}\dfrac{(-6\beta+6\beta^2)}{r}- \\ 2n\sin\phi\dfrac{(1-3\beta^2+2\beta^3)}{r^2},\end{matrix} & \begin{matrix}2n\dfrac{(1-4\beta+3\beta^2)}{r}- \\ 2nl\sin\phi\dfrac{(\beta-2\beta^2+\beta^3)}{r^2},\end{matrix} & 0, & \begin{matrix}\dfrac{2\cos\phi}{lr}- \\ \dfrac{2}{r^2}\sin\phi\cos\beta,\end{matrix} & \begin{matrix}\dfrac{2n}{lr}(6\beta-6\beta^2)- \\ \dfrac{2n\sin\phi}{r^2}(3\beta^2-2\beta^3),\end{matrix} & \begin{matrix}\dfrac{2n}{r^2}(-2\beta+3\beta^2)- \\ 2nl\sin\phi\dfrac{(-\beta^2+\beta^3)}{r^2}\end{matrix}
\end{bmatrix}
$$

在以上式中，$\beta = s/l$.

根据 H-O 原理$\int_{t_0}^{t_1}(\delta T - \delta U + \delta w)\mathrm{d}t = 0$，可推出

$$-\rho_s h \iint_{S_1} [N^*]^{\mathrm{T}}[N]\mathrm{d}s\{\ddot{q}\} - \iint_{S_1}[E]^{\mathrm{T}}[D][E]\mathrm{d}s\{q\} +$$

$$\int_{S_1^+}\int_{S_1^-}[N^*]^{\mathrm{T}}\{p\}\mathrm{d}s = 0$$

结合以上的有关单元特性矩阵，并经过简化处理可得到隔板的有限元离散方程为

$$X^e\ddot{q} + Y^e q = -C_-^e p_- + C_+^e p_+ \qquad (5.4.3)$$

而且

$$[X^e] = lh[R]^{\mathrm{T}}\int_0^1 [H]^{\mathrm{T}}[J_2]^{\mathrm{T}}[J_2][H]r\mathrm{d}\beta[R]$$

$$[Y^e] = [R]^{\mathrm{T}} l\int_0^1 [B_1]^{\mathrm{T}}[D_1][B_1]r\mathrm{d}\beta[R]$$

$$[C_-^e] = la\pi\int_{S_1^+}[R]^{\mathrm{T}}[H]^{\mathrm{T}}\{n\}[N]r\mathrm{d}\beta$$

$$[C_+^e] = la\pi\int_{S_1^-}[R]^{\mathrm{T}}[H]^{\mathrm{T}}\{n\}[N]r\mathrm{d}\beta$$

有关系数矩阵为

$$[R] = \begin{bmatrix} R_0 & \\ & R_0 \end{bmatrix}$$

$$[R_0] = \begin{bmatrix} \cos\phi & 0 & -\sin\phi & 0 \\ 0 & 1 & 0 & 0 \\ \sin\phi & 0 & \cos\phi & 0 \\ 0 & 0 & 0 & 1 \end{bmatrix}$$

$$[J_2] = \begin{bmatrix} \cos m\theta, & 0, & 0, \\ 0, & \sin m\theta, & 0, \\ 0, & 0, & \cos m\theta \end{bmatrix}$$

$$[D_1] = \begin{bmatrix} [D'_1] & \\ & [D'_2] \end{bmatrix}$$

$$[D'_1] = \frac{Eh}{1-\nu} \begin{bmatrix} a\pi, & a\pi\nu, & 0, \\ a\pi\nu, & a\pi, & 0, \\ 0, & 0, & \frac{1-\nu}{2} a_1 \pi \end{bmatrix}$$

$$[D'_2] = \frac{Eh^3}{12} \begin{bmatrix} a\pi, & a\pi\nu, & 0, \\ a\pi\nu, & a\pi, & 0, \\ 0, & 0, & \frac{1-\nu}{2} a_1 \pi \end{bmatrix}$$

$$a_1 = \begin{cases} 1, & m > 0 \\ 0, & m = 0 \end{cases}$$

其中 E 为 Young 模量，ν 为 Poisson 比.

5.4.3 系统的耦合振动方程

将上节的方程(5.4.1)～(5.4.3)联立，并在整个区域进行单元叠加，则有

$$X\ddot{q} + Yq - C_+ \; p_+ + C_- \; p_- = 0 \tag{5.4.4}$$

$$\rho_F C_-^{\mathrm{T}} \; \ddot{q} + Qp_- = 0 \tag{5.4.5}$$

$$\rho_F C_+^{\mathrm{T}} \; \ddot{q} + A\ddot{p}_+ + Bp_+ = 0 \tag{5.4.6}$$

或写成方程组的形式

$$\begin{bmatrix} X & 0 & 0 \\ \rho_F C_-^{\mathrm{T}} & 0 & 0 \\ \rho_F C_+^{\mathrm{T}} & A & 0 \end{bmatrix} \begin{Bmatrix} \ddot{q} \\ \ddot{p}_+ \\ \ddot{p}_- \end{Bmatrix} + \begin{bmatrix} Y & -C_+ & C_- \\ 0 & 0 & Q \\ 0 & B & 0 \end{bmatrix} \begin{Bmatrix} q \\ p_+ \\ p_- \end{Bmatrix} = 0$$

对下流体域自由度进行减缩可得如下形式的方程

$$\begin{bmatrix} X - \rho_F C_-^{\mathrm{T}} \ Q^{-1} \ C_-^{\mathrm{T}} & 0 \\ \rho_F C_+^{\mathrm{T}} & A \end{bmatrix} \begin{Bmatrix} \ddot{q} \\ \ddot{p}_+ \end{Bmatrix} + \begin{bmatrix} Y & -C_+ \\ 0 & B \end{bmatrix} \begin{Bmatrix} q \\ p_+ \end{Bmatrix} = 0 \tag{5.4.7}$$

或记为

$$Kz + M\ddot{z} = 0 \tag{5.4.8}$$

5.4.4 算例分析结果

Arnoldi 方法是集减缩系统自由度和约化成上 Hessenberg 矩阵于一身的求解大型非对称特征值问题的一个行之有效的方法.本节利用 Arnoldi 方法进行了算例分析与比较.

设充液比 $\varepsilon=0.961$,隔板厚度 $h=20\mathrm{mm}$,$\rho_S=7800\mathrm{kg\cdot m^{-3}}$,$\rho_F=1000\mathrm{kg\cdot m^{-3}}$,Poisson 比 $\nu=0.28$,球腔半径 $R_1=1\mathrm{m}$,隔板半径 $R_2=\sqrt{2}\mathrm{m}$,不加隔板的有限元一阶频率解[109] $f=1.0106\mathrm{Hz}$,加入隔板后本节计算结果见表 5.2、表 5.3. 隔板的弹性模量 $E=1\times10^6\mathrm{kPa}$.

表 5.2 频率随刚度的变化(周向波数 $m=1$ 刚度单位:kN·m)

阶数	1×10^5	1×10^6	1×10^7	1×10^8	1×10^9	1×10^{10}
1	0.562522	0.385529	0.159155	0.159155	0.159155	0.093349
2	0.815332	0.501114	0.159155	0.159155	0.159155	0.157923
3	1.523990	1.111311	0.310522	0.307118	0.164738	0.159155

表 5.3 频率随周向波数的变化

周向波数	0	1	2	3
基频/Hz	0.027943	0.385529	0.417487	2.00173

所得结论如下[175]：

1. 从以上计算结果看出，加入隔板后，防晃效果比较明显，和文献[109]所得结论基本一致.

2. 当网络划分较少时，计算结果是有振荡，特别对高频尤为明显，本节采用 16 个自由液面环单元，16 个隔板截锥单元，65 个上流体三角形环单元，32 个下流体三角形环单元，计算效果较好.

3. 在实际应用中，防晃隔板常带有细密网孔，并考虑上下串通效应，所以本节结果应加以修正. 可以参考本书第六章的分析.

§5.5 带部分充液球形贮箱的旋转系统的运动分析

本节试图研究液体与刚体间的相互作用，着重点放在液体对自旋刚体的影响上，由于这些影响部分地反映在系统的章动角的变化上，给出了一些有关章动角的时间常数的数值结果，并给出了根据边界层理论估算出的液体内的能量耗散率.

整个求解过程是从选择满足 Laplace 方程和齐次边界条件的试验函数 ϕ_j 开始的，考虑旋转作用引起的力场，最后化为求解常微分方程组的问题.

本节采用的是中心球形贮箱的模型，假设有四个中心在自旋轴上的贮箱，并采用理想流体的基本方程，这是由于对于黏性较小的流体，除流体的边界层外，流体的运动规律与理想流体几乎相同. 同时，由于在空间轨道上，卫星等空间飞行器常处于失重或微重状态下，本节为了集中研究旋转系统与液体间的相互影响，没有考虑微重力因素．并且，由于旋转引起的力场要比表面张力和附着力场强得多，本节也没有考虑液体表面和液体与固体交界面处的毛细作用力[106]．

5.5.1 基本方程

设 $CXYZ$ 是原点在系统质心 C 与刚体固结的旋转坐标系，对惯性空间的角速度 $\omega_R = \Omega_0 + \omega$，$Oxyz$ 是原点在球心 O 上的局部坐标系，与 $CXYZ$ 平行．其中 $\Omega_0 = \Omega_0 \boldsymbol{k}$，表示稳定运动下系统的角速度，$\boldsymbol{k}$ 表示 z 轴方向上的单位矢量；ω 为小扰动量．设球形贮箱的球心 O 位于于 CZ 轴上，O 点与 C 点的距离为 Z_0．将球腔内液体所占的空间用 V 表示，液体的自由表面用 S_f 表示，液体与腔壁的接触表面用 S_w 表示，见图 5.9．

假定当系统转动时，由于液体的运动而产生的系统质心 C 相对于刚体的运动很小，可以忽略，将球心 O 相对于质心 C 的矢径 $\boldsymbol{R}_0$ 视为常矢量，$\boldsymbol{R}$ 是从质心 C 到球腔 V 内或边界面 S 上 P 点的位置矢径，$\boldsymbol{r}$ 是从球心 O 到 P 点的位置矢径，有 $\boldsymbol{R} = \boldsymbol{R}_0 + \boldsymbol{r}$，见图 5.10．

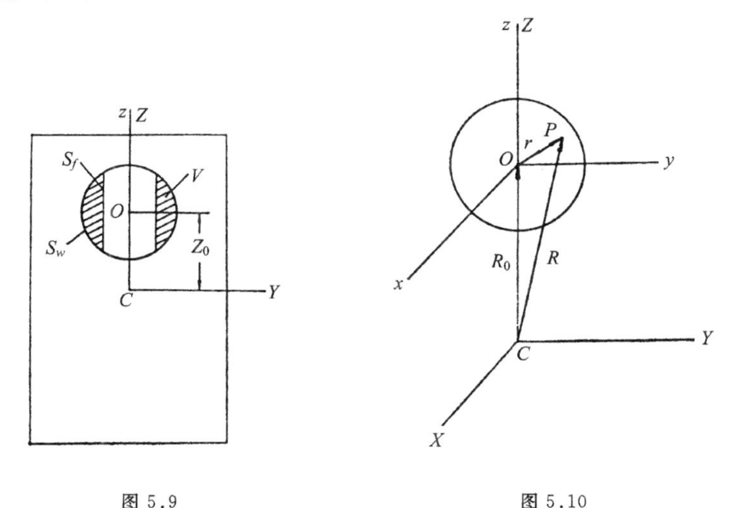

图 5.9　　　　图 5.10

P 点的绝对速度

$$\boldsymbol{v}=\frac{\mathrm{d}\boldsymbol{R}}{\mathrm{d}t}=\frac{\mathrm{d}}{\mathrm{d}t}(\boldsymbol{R}_0+\boldsymbol{r})=\boldsymbol{v}_0+\boldsymbol{u}+\omega_R\times\boldsymbol{r}$$

其中，$\boldsymbol{v}_0=\dfrac{\mathrm{d}\boldsymbol{R}_0}{\mathrm{d}t}$，$\boldsymbol{u}$ 是液体质点相对坐标系 $Oxyz$ 的速度.

由文献[202]，在流体中可以忽略小周期转动 ω 的影响，所以 P 点的绝对加速度量

$$\boldsymbol{a}=\mathrm{d}\boldsymbol{v}/\mathrm{d}t=\dot{\omega}\times\boldsymbol{R}_0+\Omega_0\times(\Omega_0\times\boldsymbol{R})+\mathrm{d}\boldsymbol{u}/\mathrm{d}t+2\Omega_0\times\boldsymbol{u}$$

流体动量方程是

$$\partial\boldsymbol{u}/\partial t+\frac{1}{2}\nabla\boldsymbol{u}^2-\boldsymbol{u}\times(\nabla\times\boldsymbol{u})+2\Omega_0\times\boldsymbol{u}$$
$$+\dot{\omega}\times\boldsymbol{R}_0+\Omega_0\times(\Omega_0\times\boldsymbol{R})=-(1/\rho)\nabla p+\boldsymbol{f} \tag{5.5.1}$$

流体连续方程为

$$\nabla\cdot\boldsymbol{v}=0$$

即

$$\nabla\cdot\boldsymbol{u}=0 \tag{5.5.2}$$

边界条件为

$$\boldsymbol{u}\cdot\boldsymbol{n}=0,\ \text{在 } S_w \text{ 上}$$
$$\partial F(\boldsymbol{R},t)/\partial t+\boldsymbol{u}\cdot\nabla F(R,t)=0,\ \text{在 } S_f \text{ 上} \tag{5.5.3}$$
$$p(\boldsymbol{R},t)=\mathrm{const},\ \text{在 } S_f \text{ 上}$$

其中，$F(\boldsymbol{R},t)=0$ 是自由液面的方程，$p(\boldsymbol{R},t)$是液体压力.

现在对流体方程(5.5.1)式、(5.5.2)式和边界条件(5.5.3)进行简化处理. 设液体相对于 $Oxyz$ 坐标系的运动是无旋的，则可以假设 $\boldsymbol{u}=-\nabla\phi$，这里 ϕ 是速度势. 这样方程(5.5.2)化为

Laplace 方程：

$$\nabla^2\phi = 0,\text{在 } V \text{ 中}$$

由方程(5.5.1)及 $\boldsymbol{f}=\nabla U$，得到

$$\nabla\{-\partial\phi/\partial t+\frac{1}{2}\boldsymbol{u}^2+(\dot{\omega}\times\boldsymbol{R}_0)\cdot\boldsymbol{r}-$$

$$\frac{1}{2}(\Omega_0\times\boldsymbol{R})^2+p/\rho-U\}+2\Omega_0\times\boldsymbol{u}=0 \quad (5.5.4)$$

稳态运动时，有

$$p_0/\rho-U-\frac{1}{2}(\Omega_0\times\boldsymbol{R})^2=0$$

忽略(5.5.4)式中的二阶小量，设扰动压力 $p'=p-p_0$，并忽略 $2\Omega_0\times\boldsymbol{u}$ 项，得

$$p'/\rho=\partial\phi/\partial t-(\dot{\omega}\times\boldsymbol{R}_0)\cdot\boldsymbol{r} \quad (5.5.5)$$

扰动的自由液体的压力条件为

$$p'/\rho=g_R\eta \quad (5.5.6)$$

其中 η 是自由液体上法向波高，g_R 是由旋转系统引起的力场.

由定义得出

$$\eta=\boldsymbol{n}\cdot\boldsymbol{u}=-\boldsymbol{n}\cdot\nabla\phi=-\frac{\partial\phi}{\partial n},\text{在 } S_f \text{ 上} \quad (5.5.7)$$

由此可以得出液体的运动方程及边界条件是

$$\begin{cases}\nabla^2\phi=0, & \text{在 } V \text{ 内}\\ \partial\phi/\partial n=0, & \text{在 } S_w \text{ 上}\\ \partial\phi/\partial n=\eta, & \text{在 } S_f \text{ 上}\\ \partial\phi/\partial t=g_R\eta+(R_0\times r)\cdot\dot{\omega}, & \text{在 } S_f \text{ 上}\end{cases} \quad (5.5.8)$$

对整个刚体加液系统，可列出 Euler 方程

$$\frac{\tilde{\mathrm{d}}\boldsymbol{H}}{\mathrm{d}t}+\omega_R\times\boldsymbol{H}=0 \tag{5.5.9}$$

设 $\boldsymbol{H}=\boldsymbol{H}_1+\boldsymbol{H}_2$，$\boldsymbol{H}_1$ 是对应于刚体加固化液体的动量矩，$\boldsymbol{H}_2$ 是对应于液体相对运动的动量矩，

$$\boldsymbol{H}_1=\begin{bmatrix}A & & \\ & A & \\ & & C\end{bmatrix}\cdot\omega_R,\quad \boldsymbol{H}_2=(h_1,\ h_2,\ h_3)$$

$\omega_R=(\omega_{R1},\ \omega_{R2},\ \omega_{R3})$. 将(5.5.9)式展开后线性化，得

$$\begin{cases}A\dfrac{\mathrm{d}\omega_1}{\mathrm{d}t}+(C-A)\Omega_0\omega_2+\dfrac{\mathrm{d}h_1}{\mathrm{d}t}-\Omega_0 h_2=0\\ A\dfrac{\mathrm{d}\omega_2}{\mathrm{d}t}+(A-C)\Omega_0\omega_1+\dfrac{\mathrm{d}h_2}{\mathrm{d}t}+\Omega_0 h_1=0\\ C\dfrac{\mathrm{d}\omega_3}{\mathrm{d}t}+\dfrac{\mathrm{d}h_3}{\mathrm{d}t}=0\end{cases} \tag{5.5.10}$$

其中

$$\omega=(\omega_1,\ \omega_2,\ \omega_3)$$

$$\boldsymbol{H}_2=\int_V\rho(\boldsymbol{R}\times\boldsymbol{u})\mathrm{d}V=-\int_V\rho(\boldsymbol{R}\times\nabla\phi)\mathrm{d}V=\int_S\rho\phi(\boldsymbol{R}\times\boldsymbol{n})\mathrm{d}S$$

$\boldsymbol{n}=(n_1,\ n_2,\ n_3)$,是液面外法线方向的单位矢量

求解方程(5.5.8)和方程(5.5.10)就可以得出液体运动的速度和刚体的角速度.

所有的真实流体都在不同程度上具有黏性,一般情况下液体的黏性计算是很复杂的动力学问题,是很难解决的. 但对于黏性较小的液体和具有光滑腔壁的贮箱,液体的黏性效应基本上归结于靠腔壁的边界层中的能量的散逸. 散逸力以板在小黏性液体中沿自己的平面作谐振动来确定,在腔壁上液体速度的分布用理想

流体的相应分布来代替.

$$F_\tau = -\rho\sqrt{\omega\nu}\,u_\tau$$

式中 ρ, ν, ω 分别是液体的密度、运动黏性系数和晃动频率，u_τ 是腔壁上液体的切向速度.

能量耗散率以散逸力作功的功率表示

$$E = \rho\sqrt{\omega\nu}\int_{S_w}(u_\tau)^2\mathrm{d}S$$

即

$$E = \rho\sqrt{\omega\nu}\int_{S_w}(\partial\phi/\partial\tau)^2\mathrm{d}S$$

在腔壁处,液体的相对速度在法线方向上的投影为零，所有 $u_\tau = |u|$，即

$$E = \rho\sqrt{\omega\nu}\int_{S_w}(\nabla\phi)^2\mathrm{d}S \tag{5.5.11}$$

用能汇法和刚体小角度章动的模型，推出系统的章动时间常数的表达式是[212]

$$\tau = \frac{\bar{\sigma}(1-\bar{\sigma})A\omega_z^2}{E/\theta^2} \tag{5.5.12}$$

其中，A 是转动惯量，$\bar{\sigma} = C/A$ 是惯量比，θ 是章动角，其运动规律为 $\theta = \theta_0 e^{t/\tau}$，$\omega_z$ 是系统的自转角速度，E 是能量耗散率.

把方程(5.5.8)和(5.5.10)的计算结果代入方程(5.5.11)和(5.5.12)，就可以估算出液体的能量耗散率和由于液体部分的能量耗散引起的系统章动角发散的时间常数.

5.5.2 计算方法与步骤

1. 计算静液面方程

由于在失重或微重及转速较高的情况下，忽略了重力对静液

面形状的影响，所以这时的静液面形状是一圆柱面. 在柱坐标系 (r, θ, z)中，静液面方程是 $r=C$. 用已知的充液比 $\varepsilon=V/V_0$，即可确定出 C 的值,液体的自由表面也就由此确定了. 这里 V 是液体的体积，V_0 是球腔的体积.

2. 求解特征值问题

在求流体速度场时，首先求解如下的特征值问题. 在柱坐标系(r, θ, z)中，

$$\begin{cases} \nabla^2\phi=0, & \text{在 } V \text{ 中} \\ \partial\phi/\partial n=0, & \text{在 } S_w \text{ 上} \\ \partial\phi/\partial n=\alpha\phi, & \text{在 } S_f \text{ 上} \end{cases}$$

设 $\phi(r, \theta, z)=\bar{\phi}(r, z)\cos\theta$，则域内的 Laplace 方程是

$$\frac{\partial^2\bar{\phi}}{\partial r^2}+\frac{1}{r}\frac{\partial\bar{\phi}}{\partial r}+\frac{\partial^2\bar{\phi}}{\partial z^2}-\frac{1}{r^2}\bar{\phi}=0 \tag{5.5.13}$$

取泛函

$$I=\int_q\left[\left(\frac{\partial\bar{\phi}}{\partial z}\right)^2+\left(\frac{\partial\bar{\phi}}{\partial r}\right)^2+\frac{1}{r^2}\bar{\phi}^2\right]r\mathrm{d}r\mathrm{d}z-\alpha\int_{L_0}\bar{\phi}^2 r\mathrm{d}s \tag{5.5.14}$$

其中 q 是 $\theta=\text{const}$ 与 V 的交面，L_0 是 $\theta=\text{const}$ 与 S_f 的交线.

可以证明泛函 I 的极值满足偏微分方程(5.5.13)及其边界条件. 用多项式的组合求 $\bar{\phi}$ 的近似解. 设 $\bar{\phi}(r, z)=\sum_{K=1}^{n}b_K W_K(r, z)$,取在域内 V 满足 Laplace 方程 $\nabla^2 W_K=0$ 的齐次多项式函数 W_K 为[100]

$$W_1=r$$

$$W_2=rz$$

$$
\begin{cases}
W_K = \dfrac{1}{K+1}\left[(2K-1)zW_{K-1} - (K-2)(z^2+r^2)W_{K-2}\right] \\[2ex]
r\dfrac{\partial W_K}{\partial r} = KW_K - (K-1)zW_{K-1} \\[2ex]
\dfrac{\partial W_K}{\partial z} = (K-1)W_{K-1}
\end{cases}
$$

这里 $K=3,4,\cdots,n$.

将 $\bar{\phi}$ 的表达式代入(5.5.14)式，令

$$
\frac{\partial I}{\partial b_K} = 0
$$

则

$$
\sum_{K=1}^{n} b_K(\alpha_{KL} - \alpha\beta_{KL}) = 0,\ L = 1,\cdots,n \tag{5.5.15}
$$

其中

$$
\alpha_{KL} = \int_{L_0+L} \frac{\partial W_K}{\partial n} W_L r\mathrm{d}s
$$

$$
\beta_{KL} = \int_{L_0} W_K W_L r\mathrm{d}s
$$

L 是 $\theta=\mathrm{const}$ 与 S_w 的交线.

由方程(5.5.15)可解出特征值$\{\alpha_j\}$以及对应的特征向量$\{b_{Kj}\}$，从而确定出函数 $\bar{\phi}$ 和 ϕ.

3. 求解液体方程

求出特征值问题(5.5.13)后，就可以利用已知的特征值和特征向量去求解液体方程(5.5.8). 设 $\alpha=\bar{\sigma}^2/g_R$，利用(5.5.15)式解出的特征向量$\{b_{Kj}\}$决定的函数

$$
\bar{\phi}_j(r,z) = \sum_{K=0}^{n} b_{kj} W_K(r,z)
$$

和

$$\phi_j(r, \theta, z) = \overline{\phi}_j(r, z)\cos\theta$$

构造函数

$$\phi(R, t) = \sum_{j=1}^{n} \lambda_j(t)\phi_j(R)$$

$$\eta(R, t) = \sum_{j=1}^{n} \frac{1}{g_R}\xi_j(t)\phi_j(R)$$

因为

$$\frac{\partial \phi}{\partial n} = \sum_{j=1}^{n} \lambda_j(t)\frac{\partial \phi_j}{\partial n} = \sum_{i=1}^{n} \lambda_j \sigma_j^2 \phi_j / g_R$$

$$= -\eta = -\sum_{j=1}^{n} \frac{1}{g_R}\xi\phi_j$$

所以

$$\xi_j = -\sigma_j^2\lambda_j \tag{5.5.16}$$

又因为

$$\sum_{j=1}^{n}(\lambda_j\phi_j - \xi_j\phi_j) = -(\boldsymbol{r}\times\boldsymbol{R}_0)\cdot\dot{\omega}$$

利用 ϕ_j 在 S_f 的正交性，用 ϕ_j 乘上式两边，并在 S_f 上积分，得

$$\xi_j - \lambda_j = \sum_{i=1}^{3} A_{ij}\dot{\omega}_i \quad (j = 1,\cdots,n) \tag{5.5.17}$$

其中

$$A_j = \int_{S_f}(\boldsymbol{r}\times R_c)\phi_j \mathrm{d}S/\alpha_j^2$$

$$\alpha_j^2 = \int_{S_f}\phi_j\cdot\phi_j \mathrm{d}S$$

联立方程(5.5.16)式、(5.5.17)式和(5.5.10)式

$$
\begin{cases}
\xi_j = -\sigma_j^2 \lambda_j \\
\xi_j - \lambda_j = A_j \cdot \dot{\omega} \\
A\dot{\omega}_1 + (C - A)\Omega_0 \omega_2 + \sum_{j=1}^{n} h_{1j}\lambda_j - \Omega_0 \sum_{j=1}^{n} h_{2j}\lambda_j = 0 \\
A\dot{\omega}_2 + (A - C)\Omega_0 \omega_1 + \sum_{j=1}^{n} h_{2j}\lambda_j + \Omega_0 \sum_{j=1}^{n} h_{1j}\lambda_j = 0 \\
C\dot{\omega}_3 + \sum_{j=1}^{n} h_{3j}\lambda_j = 0
\end{cases}
\tag{5.5.18}
$$

其中

$$
h_i = \sum_{j=1}^{n} h_{ij}\lambda_j \quad (i = 1,2,3)
$$

令

$$
q = \{\xi_1, \cdots, \xi_n, \lambda_1, \cdots, \lambda_n, \omega_1, \omega_2, \omega_3\}^{\mathrm{T}}
$$

解的形式为

$$
\xi_j(t) = \xi_{j0} \mathrm{e}^{\lambda t}
$$

$$
\lambda_j(t) = \lambda_{j0} \mathrm{e}^{\lambda t} \quad (j = 1, \cdots, n)
$$

$$
\omega_i(t) = \omega_{i0} \mathrm{e}^{\lambda t} \quad (i = 1,2,3)
$$

则 q 可表为

$$
q = q_0 \mathrm{e}^{\lambda t}
$$

得到矩阵形式的广义特征值问题为

$$
\lambda D q = E q \tag{5.5.19}
$$

其中 D, E 为两个$(2n+3)\times(2n+3)$的矩阵.

求解(5.5.19)式后，就可以得到速度势 ϕ，再根据(5.5.11)式和(5.5.12)式，就可估算出液体中的能量耗散率和系统章动角变化的时间常数.

5.5.3 数字计算与结果分析

在计算过程中，用球腔半径 a，加速度 g_R 和液体的质量密

度 ρ，先将各方程化为无量纲方程，再进行数学计算．首先求解特征值问题(5.5.13)，表 5.4 中列出了第一阶特征值随 n 的取值增加的收敛情况，表中的数据是在充液比 $\varepsilon=50\%$和 $a=1$ 的条件下得到的．根据表 5.4 列出的计算结果，兼顾到计算精度和计算量，在以下的计算中，取 $n=9$．

表 5.4　第一阶特征值

n	3	4	5	6	7	8	9	10	11	12
a	1.233	1.224	0.9853	0.9853	0.9026	0.9026	0.8939	0.8939	0.8889	0.8889

表 5.5、表 5.6 和表 5.7 中分别列出液体的能量耗散率和章动运动的时间常数随转速 ω_z，贮箱中心与系统质心的距离 Z_0 和贮箱内充液比 ε 的变化规律．由这些计算数据可以看出，时间常数 τ 随转速 ω_Z 的增加而减小，即系统的不稳定性增加；时间常数 τ 随距离 Z_0 的增大而减小，也是使系统的不稳定性增加．当贮箱半径取 0.19m 时，贮箱内的充液量为 40%左右，时间常数最小，系统的稳定性最差，这说明此时液体的晃动对系统的影响为最大．

表 5.5　时间常数和能量耗散率的计算 I

($A=700\mathrm{kg\cdot m^2}$，$C=300\mathrm{kg\cdot m^2}$，$R=0.19\mathrm{m}$，$Z_0=0.4\mathrm{m}$)

	$\varepsilon=50\%$		$\varepsilon=70\%$	
ω_Z/s^{-1}	τ/s	E/W	τ/s	E/W
2	60.87×10^{-3}	7.507×10^{-4}	3.422×10^{4}	1.335×10^{-4}
3	4.970×10^{-3}	2.069×10^{-3}	2.794×10^{4}	3.679×10^{-4}
4	4.304×10^{-3}	4.247×10^{-3}	2.420×10^{4}	7.553×10^{-4}
5	3.841×10^{-3}	7.435×10^{-3}	2.164×10^{4}	1.319×10^{-3}
6	3.507×10^{-3}	1.173×10^{-2}	1.974×10^{4}	2.083×10^{-3}
7	3.246×10^{-3}	1.724×10^{-2}	1.827×10^{4}	3.063×10^{-3}
8	3.037×10^{-3}	2.407×10^{-2}	1.711×10^{4}	4.272×10^{-3}
9	2.863×10^{-3}	3.232×10^{-2}	1.612×10^{4}	5.741×10^{-3}
10	2.716×10^{-3}	4.206×10^{-2}	1.529×10^{4}	7.471×10^{-3}
11	2.590×10^{-3}	5.337×10^{-2}	1.458×10^{4}	9.481×10^{-3}
12	2.480×10^{-3}	6.634×10^{-2}	1.397×10^{4}	1.177×10^{-2}

表 5.6 时间常数和能量耗能散率的计算Ⅱ

（$A=600\text{kg}\cdot\text{m}^2$，$C=300\text{kg}\cdot\text{m}^2$，$R=0.19\text{m}$，$\varepsilon=50\%$，$\omega_z=5\text{s}^{-1}$）

Z_0/m	τ/s	$\dot{E}$/W	Z_0/m	τ/s	$\dot{E}$/W
0.05	6.197×10^5	4.608×10^{-5}	0.40	9.669×10^3	2.954×10^{-3}
0.10	1.552×10^5	1.840×10^{-4}	0.45	7.617×10^3	3.749×10^{-3}
0.15	6.927×10^4	4.123×10^{-4}	0.50	6.148×10^3	4.645×10^{-3}
0.20	3.906×10^4	7.311×10^{-4}	0.55	5.058×10^3	5.646×10^{-3}
0.25	2.484×10^4	1.150×10^{-3}	0.60	4.233×10^3	6.746×10^{-3}
0.30	1.727×10^4	1.653×10^{-3}	0.65	3.590×10^3	7.955×10^{-3}
0.35	1.265×10^4	2.257×10^{-3}	0.70	3.078×10^3	9.279×10^{-3}

表 5.7 时间常数和能量耗散率的计算Ⅲ

（$A=600\text{kg}\cdot\text{m}^2$，$C=300\text{kg}\cdot\text{m}^2$，$R=0.19\text{m}$，$Z_0=0.4\text{m}$，$\omega_z=5\text{s}^{-1}$）

ε	40%	45%	50%	55%	60%	65%	70%	80%
τ/s	8.686×10^2	2.061×10^3	3.841×10^3	6.302×10^3	9.669×10^3	1.445×10^4	2.164×10^4	4.923×10^4
$\dot{E}$/W	3.288×10^{-2}	1.386×10^{-2}	7.345×10^{-3}	4.532×10^{-3}	2.954×10^{-3}	1.976×10^{-3}	1.319×10^{-3}	5.801×10^{-4}

由于液体的能量耗散率 E 与时间常数 τ 成反比，从表中可以看到，E 的变化规律与 τ 的变化规律相反．

本节给出的是在假设液体的相对运动是无旋的，只考虑液体的微小晃动的情况下，系统的章动运动的时间常数和液体的能量耗散的一些计算结果．若考虑液体的相对运动为有旋运动，可以假设 $\boldsymbol{u}=-\nabla\phi+\Omega\times\boldsymbol{r}$，其中 Ω 是相对运动的旋度，这样要增加一些计算量．从本节得到的计算结果，已可以初步得到系统运动的一些规律[173,202]．

§5.6 液体晃动气浮台仿真试验系统的运动分析

本节通过边界元数值法求解了部分充液自旋球腔内的液体晃

动问题. 以流体运动的基本方程和系统运动的 Euler 动力学方程为基础，考虑了贮箱偏置、涡旋、重力及 Coriolis 力等因素对流体晃动和系统运动状态的影响，求解出液体的速度场，并在此基础上估算液体的能量耗散率和系统的章动时间常数[134].

5.6.1 自旋充液系统的运动方程

要分析自旋充液系统的运动规律，归结为在一定的边界条件下求解方程(1.5.7)～(1.5.9). 但是该方程组描述的是一个非线性、非定常、具有无限多自由度的分布参数大系统，直接求解是极其困难的. 下面我们对方程作一些推导、简化.

设充液卫星有四个液体贮箱，它们关于卫星的自旋轴对称放置. 考虑到工程技术上的实际需要和研究上的方便，可假定四个充液腔体均为球形. 在地面上我们采用气浮台来进行自旋充液卫星的仿真试验，气浮台装置在质量几何上与卫星相似，气浮台系统的质心与气浮支承球的球心重合. 设系统由刚体和腔内液体组成，液体不可压缩且仅在边界层内考虑其黏性作用. 由于在真空环境中进行试验，所以不考虑外部空气阻力.

建立与充液刚体系统固联的旋转坐标系 $CXYZ$，原点在系统的质心 C 点，Z 轴与自旋轴一致；建立局部旋转正交坐标系 $Oxyz$，其原点取在充液球形贮箱的中心，并且与 $CXYZ$ 平行. 坐标系 $CXYZ$ 相对惯性空间的角速度矢是 $\omega_R = \omega_0 + \omega$，其中 $\omega_0 = \omega_0 \boldsymbol{k}$ 为关于 Z 轴的稳态自旋角速度矢，而 ω 是由于控制、章动和液体晃动作用于刚体系统的小扰动角速度矢. 当系统转动时，由于液体的运动而产生的系统质心 C 相对于刚体的运动很小，可以忽略，将球心 O 相对于 C 的矢径 $\boldsymbol{R}_0$ 视为常矢量；$\boldsymbol{R}$ 是从质心 C 到球腔 V 内或边界 S 上 P 点的位置矢径，$\boldsymbol{r}$ 是从球心 O 到 P 点的位置矢径，有 $\boldsymbol{R} = \boldsymbol{R}_0 + \boldsymbol{r}$(见图 5.11). P 点的绝对速度为

$$\boldsymbol{v} = \frac{\mathrm{d}\boldsymbol{R}}{\mathrm{d}t} + \omega_R \times \boldsymbol{R} = \omega_R \times \boldsymbol{R}_0 + \boldsymbol{u} + \omega_R \times \boldsymbol{r} \tag{5.6.1}$$

其中，$\boldsymbol{u}$ 是液体质点相对于坐标系 $Oxyz$ 的速度矢.

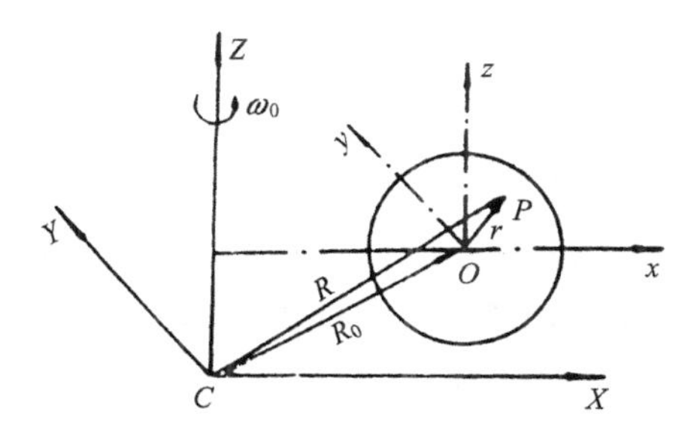

图 5.11　参考坐标系

文献[202]表明，涡旋由腔壁传到流体主要是通过很薄的 Ekman 边界层上的 Coriolis 力和离心力的作用，但在周期运动中并不产生 Ekman 边界层，所以只有稳态的旋转可以在一定时间后传遍整个流场，而关于球腔的局部坐标系中的小周期旋转永运不会传到流体的核心，因此可以在(5.6.1)式中用($\omega_0\times\boldsymbol{r}$)代替($\omega_R\times\boldsymbol{r}$). 则 P 点的绝对加速度矢为

$$\boldsymbol{a}=\frac{\mathrm{d}\boldsymbol{v}}{\mathrm{d}t}=\dot{\omega}\times\boldsymbol{R}_0+\omega_0\times(\omega_0\times\boldsymbol{R})+\frac{\mathrm{d}\boldsymbol{u}}{\mathrm{d}t}+2\,\omega_0\times\boldsymbol{u} \tag{5.6.2}$$

因此流体的动量方程(1.5.9)式成为[202]

$$\frac{\partial\boldsymbol{u}}{\partial t}+\frac{1}{2}\nabla\boldsymbol{u}^2-\boldsymbol{u}\times(\nabla\times\boldsymbol{u})+2\,\omega_0\times\boldsymbol{u}$$

$$+\dot{\omega}\times\boldsymbol{R}_0+\omega_0\times(\omega_0\times\boldsymbol{R})=\boldsymbol{f}-\frac{1}{\rho}\nabla p \tag{5.6.3}$$

边界条件为

$$\boldsymbol{u}\cdot\boldsymbol{n}=0,\text{在湿壁面 } S_w \text{ 上} \tag{5.6.4a}$$

$$\frac{\partial F(\boldsymbol{R},\ t)}{\partial t}+\boldsymbol{u}\cdot\nabla F(\boldsymbol{R},\ t)=0,\text{在自由液面 } S_f \text{ 上}$$

$$\tag{5.6.4b}$$

$$P(\boldsymbol{R},\ t)=\text{const},\text{在 } S_f \text{ 上} \tag{5.6.4c}$$

其中，$\boldsymbol{n}$ 为 S_w 上单位法向矢量，$F(\boldsymbol{R},\ t)=0$ 为自由液面的方程，而 $p(\boldsymbol{R},\ t)$是液体压力．一般地，液体的相对速度矢 $\boldsymbol{u}$ 可表示为一个无旋项和一个有旋项的组合：

$$\boldsymbol{u}=\nabla\varphi+\Omega\times\boldsymbol{r} \tag{5.6.5}$$

这里，$\frac{1}{2}\nabla\times\boldsymbol{v}=\Omega_F=\omega_0+\Omega$，$\Omega_F$ 是总涡旋矢，$\Omega=\frac{1}{2}\nabla\times\boldsymbol{u}$，并假定涡旋矢 Ω 仅为时间 t 的函数，而不依赖于空间坐标．假设 φ 的表示形式为

$$\varphi=-\Phi-\Omega\cdot\Psi \tag{5.6.6}$$

其中，Φ 为标量势函数，引入它是为了满足自由液面的边界条件，而引入矢量势函数 Ψ 是为了满足液体与腔壁接触面的边界条件．

设 Ψ 是满足 Laplace 方程和如下边界条件的矢量函数：

$$\begin{cases}\nabla^2\Psi=0,\ \text{在 } V \text{ 内}\\ \dfrac{\partial\Psi}{\partial n}=\boldsymbol{r}\times\boldsymbol{n},\ \text{在 } S_w\cup S_f \text{ 上}\end{cases} \tag{5.6.7}$$

由方程，$\nabla\cdot\boldsymbol{u}=0$、边界条件(5.6.4)和按(5.6.7)式选取的 Ψ，可以推出 Φ 满足以下各式：

$$\begin{cases}\nabla^2\Phi=0,\ \text{在 } V \text{ 内}\\ \dfrac{\partial\Phi}{\partial n}=0,\ \text{在 } S_w \text{ 上}\\ \dfrac{\partial\Phi}{\partial n}=-\eta,\ \text{在 } S_f \text{ 上}\end{cases} \tag{5.6.8}$$

其中，η为垂直于自由液面的扰动波高，且满足扰动后的自由面边界条件：

$$\frac{\partial \eta}{\partial t}=\dot{\eta}=\boldsymbol{u}\cdot\boldsymbol{n},\text{在 } S_f \text{ 上} \tag{5.6.9}$$

将(5.6.5)式、(5.6.6)式代入方程(5.6.3)，且在重力场中，$\boldsymbol{f}=\boldsymbol{g}$，则得

$$\nabla\left\{-\frac{\partial \Phi}{\partial t}-\Omega\cdot\Psi+\frac{p'}{\rho}+\frac{1}{2}\boldsymbol{u}^2+(\dot{\omega}\times\boldsymbol{R}_0)\cdot\boldsymbol{R}+\frac{p_0}{\rho}-\boldsymbol{f}\cdot\boldsymbol{R}-\frac{1}{2}(\omega_0\times\boldsymbol{R})^2\right\}+\Omega\times\boldsymbol{r}+2\Omega_F\times\boldsymbol{u}=0 \tag{5.6.10}$$

其中，p'是自由液面压力扰动量，而 $p=p_0+p'$.

对于稳态旋转运动，有

$$\frac{p_0}{\rho}-\boldsymbol{f}\cdot\boldsymbol{R}-\frac{1}{2}(\omega_0\times R)^2=\text{const} \tag{5.6.11}$$

由(5.6.11)式可得重力和离心惯性力作用下的稳态液面方程：

$$Z=\frac{\omega_0^2}{2\mathrm{g}}(Z^2+Y^2)+C \tag{5.6.12}$$

式中 C 为一常数，可根据贮箱的安装位置和充液量确定.

项 $\Omega\times\boldsymbol{r}+2\Omega_F\times\boldsymbol{u}$ 将在方程(5.6.12)中被略去以便将自由面条件表示成全微分的形式. 在任意情况下，项 $2\Omega_F\times\boldsymbol{u}$ 表示的 Coriolis 力在自由表面上不作功. 不计高次项$\frac{1}{2}\boldsymbol{u}^2$，则由(5.6.10)式、(5.6.11)式可得

$$\frac{p'}{\rho}=\frac{\partial \Phi}{\partial t}+\Omega\cdot\Psi-(\dot{\omega}\times\boldsymbol{R}_0)\cdot\boldsymbol{R} \tag{5.6.13}$$

又因为在受扰动的自由液面上满足条件：

$$\frac{p'}{\rho} = g_R \eta, \text{ 在 } S_f \text{ 上} \tag{5.6.14}$$

式中 g_R 表示重力和离心力的合力场；因此由(5.6.13)式和(5.6.14)式可得到扰动后的自由面边界条件：

$$\frac{\partial \Phi}{\partial t} + \boldsymbol{\Omega} \cdot \Psi + (\boldsymbol{r} \times \boldsymbol{R}_0) \cdot \dot{\omega} = g_R \eta, \text{ 在 } S_f \text{ 上} \tag{5.6.15}$$

我们采用 Galerkin 方法来求晃动问题(5.6.8)式与(5.6.15)式的近似解．选取满足

$$\begin{cases} \nabla^2 \Phi_j = 0, \text{ 在 } V \text{ 内} \\ \dfrac{\partial \Phi_j}{\partial n} = 0, \text{ 在 } S_w \text{ 上} \\ \dfrac{\partial \Phi_j}{\partial n} = \dfrac{\sigma_j^2}{g_R} \Phi_j, \text{ 在 } S_f \text{ 上} \end{cases} \tag{5.6.16}$$

的特征向量$\{\Phi_j\}$作为基函数，其物理意义是无涡旋自由振动时的振动模态；$\{\sigma_j\}$是特征频率，由特征值 σ_j^2/g_R 确定．

方程(5.6.15)中的函数 Φ 与 η 表示成基函数$\{\Phi_j\}$的形式：

$$\Phi(\boldsymbol{R}, t) = \sum_{j=1}^{N} \lambda_j(t) \Phi_j(\boldsymbol{R}) \tag{5.6.17a}$$

$$\eta(\boldsymbol{R}, t) = \sum_{j=1}^{N} \lambda \xi_j(t) \Phi_j(\boldsymbol{R}) \frac{1}{g_R} \tag{5.6.17b}$$

在自由液面 S_f 上，由(5.6.8)式和(5.6.12)式，并利用(5.6.17)式，可得

$$\xi_j = -\sigma_j^2 \lambda_j \tag{5.6.18}$$

将(5.6.17)式与(5.6.18)式代入(5.6.15)式，得

$$\sum_{j=1}^{N}(\xi_j-\lambda_j)\Phi_j=\boldsymbol{\Omega}\cdot\Psi+(\boldsymbol{r}\times\boldsymbol{R}_0)\cdot\dot{\omega}$$

以 Φ_j 乘上式的两边，并在 S_f 上积分，利用$\{\Phi_j\}$在 S_f 上的正交性，得到方程组：

$$\xi_j-\lambda_j-\sum_{i=1}^{3}(A_{ij}\dot{\omega}_i+B_{ij}\Omega_i),\quad j=1,2,\cdots,N$$

(5.6.19)

其中 A_{ij}是 B_{ij}是含有 ϕ_i，Φ_j，$\boldsymbol{r}$ 和 $\boldsymbol{R}_0$ 的面积分.

如果流体在腔内作涡旋运动,且质量力有势,对(1.5.13)式两边了取旋度，则流体的运动用 Helmholtz 方程表示. 为了消除空间依赖性，根据 F. Pfeiffer 准均匀涡旋理论，在整个体积上取平均涡旋 Ω_F，则 Helmholtz 方程可写为[182,189]

$$\frac{\tilde{\mathrm{d}}\,\Omega_a}{\mathrm{d}t}+\omega_0\times\Omega_a=\frac{1}{V}\int_V(\Omega\cdot\nabla)\boldsymbol{v}\mathrm{d}V \tag{5.6.20}$$

$\boldsymbol{v}$ 的表示式由(5.6.1)式、(5.6.5)式和(5.6.6)式得出

$$\boldsymbol{v}=\omega_R\times\boldsymbol{R}_0+\Omega_F\times\boldsymbol{r}-\nabla(\Omega\cdot\Psi)-\nabla\Phi \tag{5.6.21}$$

将(5.6.21)式代入(5.6.20)式，得到均匀涡旋矢的线性化方程：

$$\Omega+(\tilde{\boldsymbol{R}}+\tilde{\omega}_0)\cdot\Omega=-\sum_{j=1}^{N}\boldsymbol{h}_j\lambda_j \tag{5.6.22}$$

其中 $\tilde{\boldsymbol{R}}$ 是张量，其元素由 Ψ 的梯度的面积分得到；$\boldsymbol{h}_j$ 是取决于 Φ_j 梯度面积分的矢量；$\tilde{\omega}_0$ 是矢量 ω_0 的反对称张量.

在外力矩为零的情况下,质心坐标系中的动量矩定理变为

$$\frac{\mathrm{d}\boldsymbol{H}}{\mathrm{d}t}+\omega_R\times\boldsymbol{H}=0 \tag{5.6.23}$$

对(5.6.23)式进行线性化，则得

$$\boldsymbol{J}_1\cdot\dot{\omega}+\boldsymbol{J}_2\cdot\Omega+\sum_{j=1}^{N}\boldsymbol{T}_{\Phi_j}\lambda_j+\sum_{j=1}^{N}\boldsymbol{T}_{\Psi_j}\Omega_i$$

$$= (C_1 - A_1)\tilde{\omega}_0 \cdot \omega - \tilde{\omega}_0 - (\boldsymbol{J}_2 \cdot \Omega)$$

$$- \sum_{j=1}^{N} \tilde{\omega}_0 \cdot \boldsymbol{T}_{\Phi_j} \lambda_j - \sum_{j=1}^{3} \tilde{\omega}_0 \cdot \boldsymbol{T}_{\Psi_i} \Omega_i \qquad (5.6.24)$$

其中，$\boldsymbol{T}_{\Phi_j}$ 与 $\boldsymbol{T}_{\Psi_j}$ 是有关 Φ_j 和 Ψ_j 的面积分；$\boldsymbol{J}_1$ 是刚体加上固化流体的总惯性张量，A_1，C_1 是主转动惯量；而张量 $\boldsymbol{J}_2$ 是对应于相对速度 $\boldsymbol{u} = -\nabla\Phi - \nabla(\Omega \times \Psi) + \Omega \times \boldsymbol{r}$ 中第三项 $\Omega \times \boldsymbol{r}$ 对 C 点的动量矩 $\boldsymbol{J}_2 \cdot \Omega$ 的惯性张量部分.

方程(5.6.18)、(5.6.19)、(5.6.22)和(5.6.24)构成一联立方程组，待求的未知函数是 ξ_j，λ_j，Ω_i 和 ω_i($j=1,\cdots,N$; $i=1,2,3$),共有 $2N+6$ 个,与方程数目相同，因而原则上可解.

5.6.2 数值计算与结果分析

对于特征值问题(5.6.16)式和满足 Laplace 方程(5.6.7)的矢量势 Ψ,我们采用三维问题的边界元方法来求解. 根据方程(5.6.12)式以及贮箱的安装位置和充液量确定稳态自由液面之后,在液体的自由液面和球腔的湿壁面上划分等参边界单元,经过边界积分方程的离散化和单元积分的变换处理,可将(5.6.16)式化为结点变量的矩阵广义特征值问题,从而求出特征值和特征向量$\{\Phi_j\}$;将(5.6.7)式化为线性代数方程组,从而求出各结点的 Ψ 值.利用解出的$\{\Phi_j\}$和 Ψ，可逐一求出方程(5.6.18)式、(5.6.19)式、(5.6.24)式中的系数. 设联立微分方程组的解的形式为

$$q = q_0 \mathrm{e}^{\lambda t}$$

其中,$q=\{\xi_1,\cdots,\xi_N;\ \lambda_1,\cdots,\lambda_N;\ \Omega_1,\ \Omega_2,\ \Omega_3;\ \omega_1,\ \omega_2,\ \omega_3\}^{\mathrm{T}}$,从而可将求解一阶微分方程组的问题化为求解广义特征值问题.

至此,可求出液体的相对速度：

$$\boldsymbol{u} = -\nabla\Phi - \nabla(\Omega \cdot \Psi) + \Omega \times \boldsymbol{r}$$

由于液体晃动而引起的能量耗散率可表示为湿壁面上的散逸力作功的功率[212]：

$$E = \rho \sqrt{\omega_s \nu} \int_{S_w} (\boldsymbol{u}_\tau)^2 \mathrm{d}S \tag{5.6.25}$$

式中 ρ, ν, ω_s 分别是液体的密度、运动黏性系数和晃动频率，$\boldsymbol{u}_\tau$ 是腔壁上液体的切向速度．由于在腔壁上有 $\boldsymbol{u}_\tau = \boldsymbol{u}$，所以能量耗散率为

$$E = \rho \sqrt{\omega_s \nu} \int_{S_w} [-\nabla \Phi - \nabla (\boldsymbol{\Omega} \cdot \boldsymbol{\Psi}) + \boldsymbol{\Omega} \times \boldsymbol{r}]^2 \mathrm{d}S \tag{5.6.26}$$

根据能汇法和刚体小角度章动的模型，推出系统的章动时间常数的表达式为

$$\tau = \frac{\bar{\sigma}(1 - \bar{\sigma}) A \omega_z^2 \theta^2}{E} \tag{5.6.27}$$

式中，$\bar{\sigma} = C/A$，C 为极轴惯性矩，A 为横向惯性矩；θ 为章动角，其运动规律为 $\theta = \theta_0 \mathrm{e}^{t/\tau}$；$\omega_z$ 为绕极轴的瞬时角速度．

根据卫星的有关参数，给定下列地面试验装置的参数，气浮台横向转动惯量 $A = 66\mathrm{m}^2\mathrm{kg}$，惯量比 $\bar{\sigma} = 0.4778$，球腔半径 $a = 0.1428\mathrm{m}$，球腔安装位置尺寸 $X_0 = 0.344\mathrm{mm}$，$Z_0 = 0.094\mathrm{m}$．假定腔内液体为水．我们计算了充液比 ε、自旋转速 ω_0、惯量比 $\bar{\sigma}$、尺寸缩比 k 以及重力加速度 g 等因素对系统章动时间常数的影响．

求解特征值问题(5.6.16)式，得到不同充液比 ε 时的第一阶特征频率 σ_1 随转速 ω_0 的变化曲线，见图 5.12．由于 σ_j 的物理意义与液体的自由晃动频率相同，可知晃动频率随转速 ω_0 的增大而增大，并且也随充液比 ε 的增大而增大．

图 5.13 是自旋转速 ω_0 分别为 $200\mathrm{r \cdot min^{-1}}$，$160\mathrm{r \cdot min^{-1}}$，$120\mathrm{r}$

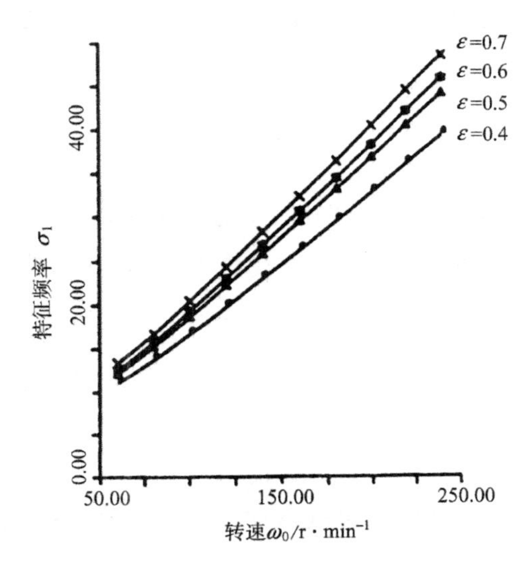

图 5.12 不同 ε 值的 ω_0-σ_1 曲线

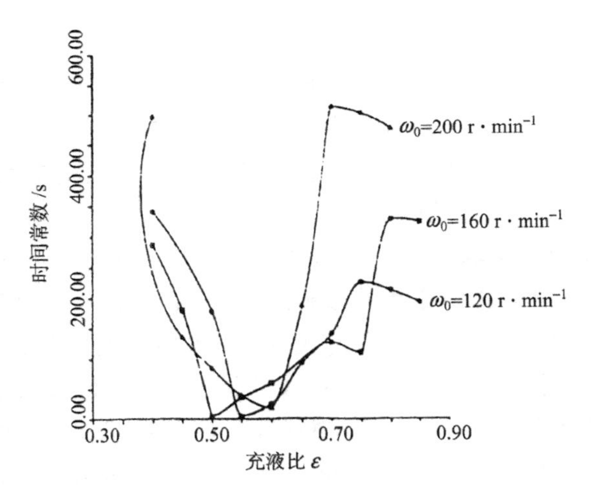

图 5.13 时间常数随充液比的变化曲线

·min^{-1}①三种情况下时间常数 τ 随充液比 ε 的变化规律，当充液比 ε 在 0.5～0.6 的范围内时，时间常数最小，即系统的不稳定性最严重．图 5.14、图 5.15、图 5.16 是给出了时间常数 τ 随惯量比 $\bar{\sigma}$、气浮台尺寸缩比 k 和重力加速度 g 的变化曲线．可知，当 $\bar{\sigma}$ 较

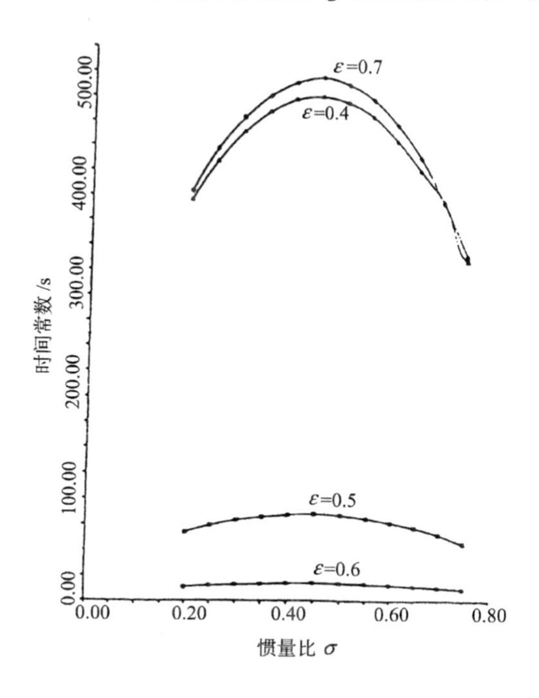

图 5.14　时间常数与惯量比的关系

小或较大时，时间常数都较小，而当 $\bar{\sigma}\approx 0.45$ 时，时间常数 τ 最大；当尺寸缩比 k 很小或接近 1.0 时，τ 也较小，而当 $k\approx 0.55$ 时，τ 最大；当其他因素不变时，常重下的时间常数大于低重下的时间常数．根据图 5.14 和图 5.15 所示曲线，可选择适当的惯量比与尺寸缩比来设计气浮台试验装置，以提高试验中时间常数的可测

① rpm 为非许用单位，1rpm＝1r·min^{-1}．

性和测量精度[205,211~213]。

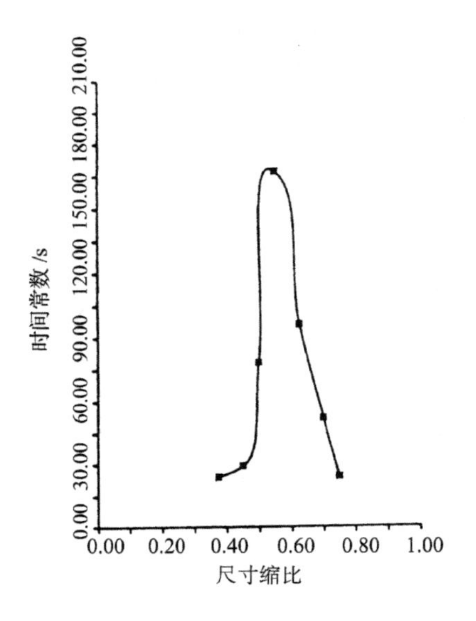

图 5.15 时间常数与尺寸缩比的关系

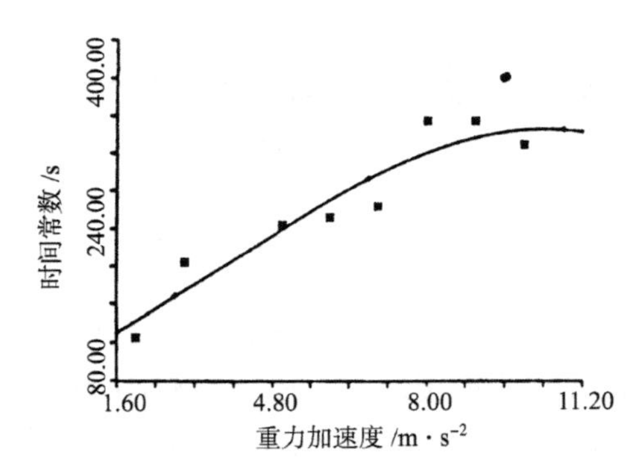

图 5.16 时间常数与重力加速度的关系

§5.7 注 记

1. 对于任意旋转轴对称腔形内液体的微幅晃动，一般地说，在理论分析上可以概括为一大类问题. 然而，在数值分析上，则需要“具体分析”. 即，针对不同的腔形，宜采用合适的计算方法. 这样可获得比较理想的效果. 计算量小，数值可靠，精度高. 因此，本章所用的各种数值分析方法，就是在实践过程中反复比较后筛选出来的. 当然，还可能有更合适的方法，尚须进一步的研究.

2. 在已有的研究工作中，对于微重条件下的液体晃动，主要是集中在轴对称腔体上，而对于非轴对称腔体的情况，研究得很少. 例如，对于直立圆柱腔形内液体晃动，研究得很多，而对于平放圆柱腔形的情况，则比较少. 可以看到，在文献[103]中，我们给出了一套切实可行的分析方法，并计算了在微重条件下平放圆柱腔体内的自由液面形状，液体晃动固有频率、晃动反作用力和力矩等.

3. 研究表明，由于流(体)-固(体)耦合或流(体)-固(体)-控(制)耦合的作用，可能导致充液系统的动力失稳. 所以，近些年来在大型复杂系统的设计中，对于液-固-控耦合的研究，引起了动力学与控制的研究者以及设计师们的特别关注. 例如，“土星- V”登月飞船运载火箭，它的某些固有频率即系统绕质心的受控运动频率、液体晃动频率与结构振动频率比较接近，出现一定范围的交联现象；另外，对于 Apollo 登月飞船的指令舱和同它对接的登月舱组成的大系统，也有类似的问题. 因此，在设计通频带较宽的控制系统及各种阻尼装置时，应避免各子系统的频率出现交联现象，从而防止大系统耦合失稳[112,118].

第六章　复杂结构充液系统晃动动力学与晃动抑制(控制)研究

§6.1　引　　言

本章研究具有复杂贮箱结构的充液航天器内液体的晃动与晃动抑制问题(防晃动力学与控制).用有限元-外推方法对一些复杂结构贮箱,特别是带有网孔隔板的球形贮箱内液体的晃动特性作了详细的分析、计算和比较.在此基础上建立了"弹簧-质量"和摆两套等效力学模型,为充液航天器控制系统的设计和仿真提供了依据.对于带有弹性隔板的贮箱内液体的晃动也作了详细分析,导出了充液系统的等效力学模型.本章还初步研究了黏弹性板的防晃效应.所得结论对于充液航天器的防晃器件的设计具有重要的参考价值.本章的分析研究还揭示了多自由液面晃动特性与单自由液面晃动特性的不同之处[109,151].

§6.2　液体晃动问题的数学模型

假定液体是理想的、不可压的,流动是无旋的.在远地点机动期间或在重大力场中可不考虑液体表面张力的影响.实际问题中的液体黏滞耗散我们用文献[19]中的边界层修正方法来考虑.

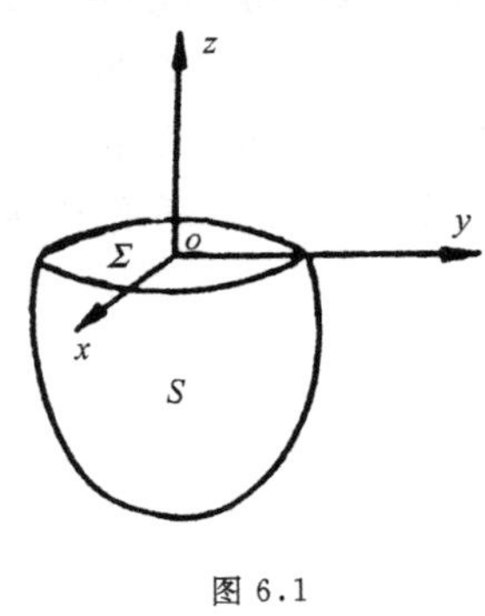

图 6.1

设充液腔是刚性的,但可有弹性防晃隔板. Ω 是液体的内部区域. S 是贮箱固壁, Σ 是流体自由面. Σ: $z-\zeta(x,y,t)=0$.建立如图 6.1 所示的坐标系.

设 $\Phi(x, y, z, t)$ 是液体运动的速度势,它满足方程(6.2.1)式~(6.2.5)式和适当给定的初值 $I.C.$.

$$\Delta\Phi = 0, \quad 在\ \Omega\ 内 \tag{6.2.1}$$

$$\frac{\partial\Phi}{\partial n} = 0, \quad 在\ S\ 上 \tag{6.2.2}$$

$$\frac{1}{2}(\nabla\Phi)^2 + \frac{\partial\Phi}{\partial t} + P/\rho + gz = \text{const}, 在\ \Sigma\ 上 \tag{6.2.3}$$

$$\frac{\partial\zeta}{\partial t} + \zeta_x\Phi_x + \zeta_y\Phi_y - \Phi_z = 0, \quad 在\ \Sigma\ 上 \tag{6.2.4}$$

$$z - \zeta(x, y, t) = 0 \tag{6.2.5}$$

如果贮箱内加有黏弹性防晃板 Σ',则要考虑它与流体间的耦合作用.设 $\eta(x, y, t)$ 是板的挠度,$f(x, y, t)$ 是液体作用在板上的横向载荷,则其受迫振动方程为[175, 242, 263]

$$D\nabla^4\eta + \overline{D}\int_{-\infty}^{t}\nabla^4\eta(\tau)e^{\alpha(\tau-t)}d\tau = -\overline{m}\ddot{\eta} + f \tag{6.2.6}$$

其中 D 是刚度.$\overline{D}$ 是表征板的黏性的参数,$\overline{m}$ 是板的面密度.α 是与板的材料有关的参数.

为简单起见,考虑只有一个黏弹性防晃板 Σ' 的情形.其轴向位置坐标为 $z=e$; e_+, e_- 分别是其上、下表面(图 6.2).

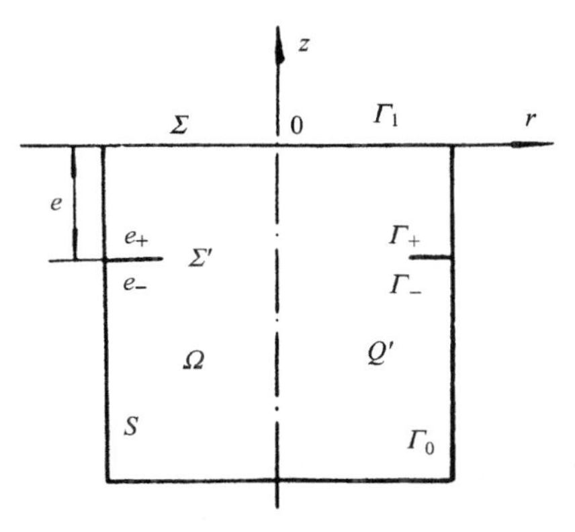

图 6.2

作用在板上的横向载荷由液体的动压力确定.由于 Bernoulli 积分及运动学边界条件,(6.2.6)式变成

$$D\nabla^4 \frac{\partial \Phi}{\partial z} + \overline{D}\int_{-\infty}^{t} \nabla^4 \frac{\partial \Phi}{\partial z} e^{\alpha(\tau - t)} d\tau = \rho\left[\left(\frac{\partial^2 \Phi}{\partial t^2}\right)_{e_-} - \left(\frac{\partial^2 \Phi}{\partial t^2}\right)_{e_+}\right]$$

$$- \overline{m}\frac{\partial^2}{\partial t^2}\left(\frac{\partial \Phi}{\partial z}\right), \qquad 在\ e_+, e_-\ 上 \tag{6.2.7}$$

(6.2.1)式～(6.2.5)式及(6.2.7)式描述了液体与黏弹性板的耦合振动.假设液体作微幅晃动，则可对(6.2.1)式～(6.2.5)式作线性化处理.利用 Ω 的轴对称性，可设

$$\Phi(x, y, z, t) = \sum_{k=0}^{\infty} u_k(z, r)\cos k\theta \cdot e^{st} \tag{6.2.8}$$

代入(6.2.1)式～(6.2.5)式的线性方程及(6.2.7)式，得如下特征值方程：

$$\frac{\partial^2 u_k}{\partial r} + \frac{1}{r}\frac{\partial u_k}{\partial r} + \frac{\partial^2 u_k}{\partial z^2} - \frac{k^2}{r^2}u_k = 0, 在\ Q'\ 内 \tag{6.2.9}$$

$$\frac{\partial u_k}{\partial n} = 0, 在\ \Gamma_0\ 上 \tag{6.2.10}$$

$$\frac{\partial u_k}{\partial z} = -\frac{s^2}{g}u_k, 在\ \Gamma_1\ 上 \tag{6.2.11}$$

$$D\left(\frac{d^2}{dr^2} + \frac{1}{r}\frac{d}{dr} - \frac{k^2}{r^2}\right)\left(\frac{d^2}{dr^2} + \frac{1}{r}\frac{d}{dr} - \frac{k^2}{r^2}\right)\frac{\partial u_k}{\partial z} = \frac{S^2}{1 + \dfrac{\overline{D}/D}{S + \alpha}}$$

$$\cdot\left[\rho(u_k^+ - u_k^-) - \overline{m}\frac{\partial u_k}{\partial z}\right], \quad 在\ \Gamma_+, \Gamma_-\ 上 \tag{6.2.12}$$

直接求解(6.2.9)式～(6.2.12)式是很困难的，作者在文献[151]中作了初步研究.对于小内阻尼的黏弹性板,可使用等效黏性阻尼的方法考虑.这时我们需要求完全弹性板与液体耦合振动的特征值问题.设

$$\Phi(x,y,z,t)=\sum_{k=1}^{\infty}\Phi_k(x,y,z)S_k(t) \qquad (6.2.13)$$

则完全弹性板与液体耦合振动的特征值问题是

$$\Delta\Phi_k=0,\text{在 }\Omega\text{ 内} \qquad (6.2.14)$$

$$\frac{\partial\Phi_k}{\partial n}=0,\text{在 }S\text{ 上} \qquad (6.2.15)$$

$$\frac{\partial\Phi_k}{\partial n}=(\omega_k^2/g)\Phi_k,\text{在 }\Sigma\text{ 上} \qquad (6.2.16)$$

$$D\nabla^4\left(\frac{\partial\Phi_k}{\partial z}\right)=-\rho\omega_k^2(\Phi_k^+-\Phi_k^-)+\overline{m}\omega_k^2\left(\frac{\partial\Phi_k}{\partial z}\right),\text{在 }\Sigma'\text{ 上} \qquad (6.2.17)$$

而广义坐标 $S_k(t)$满足方程

$$\ddot{S}_k+\omega_k^2S_k=0 \qquad (6.2.18)$$

其中 ω_k 是耦合系统的特征频率.由(6.2.13)、(6.2.18)两式,弹性板与液体耦合系统自由振动时,液体运动的速度势可写成

$$\Phi(x,y,z,t)=\sum_{k=l}^{\infty}\Phi_k(x,y,z)A_k\omega_k\sin(\omega_kt-\varepsilon_k)$$

其中 A_k,ε_k 均为初值 $I.C.$ 确定.由此,可求得充液系统的动力学参数.

液体动能:

$$T=\frac{1}{2}\rho\iiint_{\Omega}(\nabla\Phi)^2\mathrm{d}V=\frac{1}{2}\rho\iint_{\Sigma+\Sigma'}\Phi\frac{\partial\Phi}{\partial n}\mathrm{d}S=\frac{1}{2}\sum_{k=1}^{\infty}\mu_kS_k^2$$

其中 $\mu_k=\dfrac{\rho\omega_k^2}{g}\iint_{\Sigma+\Sigma'}\Phi_k^2\mathrm{d}S+\rho\int_{\Sigma'}(\Phi_K^--\Phi_K^+)\mathrm{d}S$,称 μ_k 为第 k 阶广义晃动质量.

液体对贮箱的作用力、作用力矩:

$$\boldsymbol{P}=\iint_{S} p\boldsymbol{n}\mathrm{d}S$$

$$\boldsymbol{M}=\iint_{S} p\boldsymbol{r}\times\boldsymbol{n}\mathrm{d}S$$

$$\boldsymbol{P}=\{P_x,P_y,P_z\},\boldsymbol{M}=\{M_x,M_y,M_z\}$$

$$P_y=\iint_{S} p\cos(\boldsymbol{n},y)\mathrm{d}S=-\rho\iint_{S}\frac{\partial\Phi}{\partial t}\cos(\boldsymbol{n},y)\mathrm{d}S$$

$$=-\sum_{k=1}^{\infty}S_k\iint_{S}\rho\Phi_k\cos(\boldsymbol{n},y)\mathrm{d}S$$

$$M_x=-\sum_{k=1}^{\infty}S_k\iint_{S}\rho\Phi_k[y\cos(\boldsymbol{n},z)-z\cos(\boldsymbol{n},y)]\mathrm{d}S$$

记

$$\lambda_k=\rho\iint_{S}\Phi_k\cos(\boldsymbol{n},y)\mathrm{d}S \tag{6.2.19}$$

$$\lambda_{0k}=\rho\iint_{S}\Phi_k[y\cos(\boldsymbol{n},z)-z\cos(\boldsymbol{n},y)]\mathrm{d}S \tag{6.2.20}$$

分别称 λ_k，λ_{0k}为作用力、作用力矩系数.则

$$P_y=\sum_{k=1}^{\infty}\lambda_k S_k,\ M_x=-\sum_{k=1}^{\infty}\lambda_{0k}S_k$$

对于液体的黏滞耗散，我们用文献[19]中的边界层修正的方法计算.设 δ_k 是第 k 阶对数衰减率,则

$$\delta_k=\frac{\rho\pi}{\mu_k\sqrt{R_k}}\cdot\int_{S+\Sigma'}\left(\frac{\partial\Phi_k}{\partial\tau}\right)^2\mathrm{d}S \tag{6.2.21}$$

其中 $R_k=\dfrac{\omega_k r_0^2}{v}$,通常称之为无量纲参数,$\nu$ 是液体的运动黏性系数,$\dfrac{\partial\Phi_k}{\partial\tau}$是切向导数.

§6.3 充液系统的受迫振动及其等效力学模型

在上节里，我们研究了弹性板与液体耦合充液系统的自由振动．作为特殊情况，液体在刚性贮箱（带刚性隔板）内的自由晃动也得到研究．为进一步考虑充液系统在外力作用下的响应以及为航天器的控制系统提供仿真参数，还需要进一步研究充液系统的受迫运动，并据此将充液（弹性）系统简化成一个等效力学模型．由于充液弹性系统的理论研究较困难，以前这方面的工作是用实验方法进行的[174]．本节用分析及数值方法得到了充液弹性系统的等效力学模型．

设充液贮箱作小幅受迫运动．为便于分析，将贮箱受迫运动分成平动和转动，再将两者叠加（图 6.3～图 6.5）．

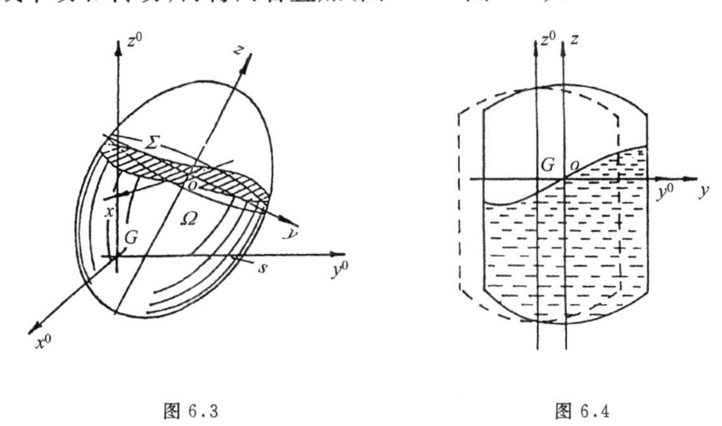

图 6.3　　　　图 6.4

6.3.1 受迫平动

设充液贮箱以速度 $u(t)$ 沿 y 轴作小幅平动（图 6.4）．由§6.2 知液体运动速度势 Φ 满足：

$$\Delta\Phi = 0, \text{在 } \Omega \text{ 中} \tag{6.3.1}$$

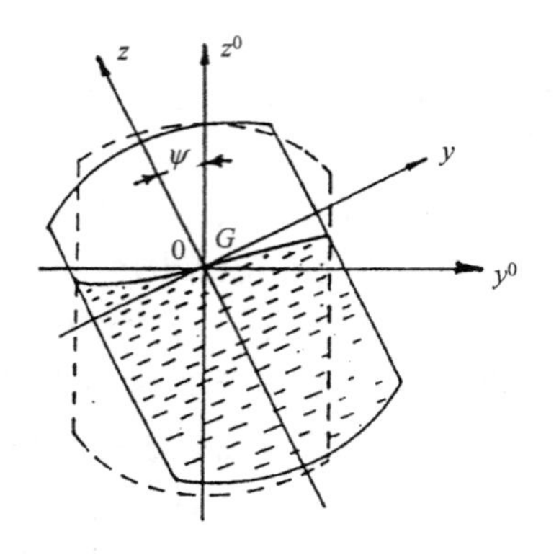

图 6.5

$$\frac{\partial \Phi}{\partial n} = u(t)\cos(\boldsymbol{n}, y), \text{在 } S \text{ 上} \tag{6.3.2}$$

$$\frac{\partial^2 \Phi}{\partial t^2} + g\frac{\partial \Phi}{\partial z} = 0, \text{在 } \Sigma(z = 0) \text{ 上} \tag{6.3.3}$$

$$D\nabla^4\left(\frac{\partial \Phi}{\partial z}\right) = \rho\left[\left(\frac{\partial^2 \Phi}{\partial t^2}\right)^+ - \left(\frac{\partial^2 \Phi}{\partial t^2}\right)^-\right] - \overline{m}\frac{\partial^2}{\partial t^2}\left(\frac{\partial \Phi}{\partial z}\right)$$

$$\text{在 } \Sigma'(z = e) \text{ 上} \tag{6.3.4}$$

设

$$\Phi = u(t)y + \sum_{k=1}^{\infty}\Phi_k(x, y, z)S_k(t) \tag{6.3.5}$$

其中 $\Phi_k(x, y, z)$满足特征值方程(6.2.14)式~(6.2.17)式

将(6.3.5)式代入(6.3.1)式~(6.3.4)式，并由于(6.2.14)式~(6.2.17)式，可得

$$\ddot{u}y + \sum_{k=1}^{\infty}\Phi_k\ddot{S}_k + g\sum_{k=1}^{\infty}\frac{\partial \Phi}{\partial z}S_k = 0, \text{在 } \Sigma \text{ 上} \tag{6.3.6}$$

$$\sum_{k=1}^{\infty}S_k D\nabla^4\frac{\partial \Phi_k}{\partial z} = \sum_{k=1}^{\infty}\left[\rho(\Phi_k^+ - \Phi_k^-)\ddot{S}_k - \overline{m}\frac{\partial \Phi_k}{\partial z}\ddot{S}_k\right]$$

$$\text{在 } \Sigma'(z = e) \text{ 上} \tag{6.3.7}$$

由(6.2.17)式、(6.3.7)式可得

$$\sum_{k=1}^{\infty} \frac{D}{\omega_k^2}(\ddot{S}_k + \omega_k^2 S_k)\nabla^4 \frac{\partial \Phi_k}{\partial z} = 0,\text{在 } \Sigma' \text{ 上} \tag{6.3.8}$$

由(6.3.6)式和(6.2.16)式推出

$$\ddot{u}\iint_{\Sigma} y\Phi_i \mathrm{d}S + \sum_{k=1}^{\infty}(\ddot{S}_k + \omega_k^2 S_k)\iint_{\Sigma} \Phi_k \Phi_i \mathrm{d}S = 0$$

$$(i = 1, 2, \cdots) \tag{6.3.9}$$

记 $\lambda_i = \rho\iint_{s} \Phi_i \cos(\boldsymbol{n}, y)\mathrm{d}S$,可见(6.2.19)式的定义: λ_i 是液体对贮箱动作用力系数, 由 Green 公式及 Φ_i 满足的边界条件,可得

$$\lambda_i = \frac{\rho}{g}\omega_i^2 \iint_{\Sigma} y\Phi_i \mathrm{d}S \tag{6.3.10}$$

将(6.3.10)式代入(6.3.9)式, 得

$$\lambda_i \ddot{u} + (\ddot{S} + \omega_i^2 S_i)\frac{\rho\omega_i^2}{g}\iint_{\Sigma} \Phi_i^2 \mathrm{d}S + \sum_{k\neq i}(\ddot{S}_k + \omega_k^2 S_k)\frac{\rho\omega_k^2}{g}$$

$$\times \iint_{\Sigma} \Phi_i \Phi_k \mathrm{d}S = 0 \tag{6.3.11}$$

引入液体广义晃动质量 μ_k:

$$\mu_k = \rho \iint_{S+\Sigma+\Sigma'} \Phi_k \frac{\partial \Phi_k}{\partial \boldsymbol{n}} \mathrm{d}S = \frac{\rho\omega_k^2}{g}\iint_{\Sigma} \Phi_k^2 \mathrm{d}S$$

$$+ \rho\int_{\Sigma'} (\Phi_K^- - \Phi_k^+)\frac{\partial \Phi_k}{\partial z}\mathrm{d}S \tag{6.3.12}$$

将上式代入(6.3.11)式, 并考虑到(6.3.4)式, 可知

$$
\lambda_i \ddot{u} + (\ddot{S}_i + \omega_i^2 S_i)\left[\mu_i + \bar{m}\iint_{\Sigma'}\left(\frac{\partial \Phi_i}{\partial z}\right)^2 \mathrm{d}S\right] - (\ddot{S}_i + \omega_i^2 S_i)
$$

$$
\cdot \iint_{\Sigma'} \frac{D}{\omega_i^2}\frac{\partial \Phi_i}{\partial z}\nabla^4 \frac{\partial \Phi_i}{\partial z}\mathrm{d}S + \sum_{k\neq i}(\ddot{S}_k + \omega_k^2 S_k)\frac{\rho\omega_i^2}{g}\iint_{\Sigma}\Phi_i\Phi_k \mathrm{d}S = 0
$$

(6.3.13)

再由(6.3.8)式可得

$$
\lambda_i \ddot{u} + (\ddot{S}_i + \omega_i^2 S_i)\left[\mu_i + \bar{m}\iint_{\Sigma'}\left(\frac{\partial \Phi_i}{\partial z}\right)^2 \mathrm{d}S\right] +
$$

$$
\sum_{k\neq i}(\ddot{S}_k + \omega_k^2 S_k)\left\{\frac{\rho\omega_i^2}{g}\iint_{\Sigma}\Phi_i\Phi_k \mathrm{d}S + \frac{D}{\omega_k^2}\iint_{\Sigma'}\nabla^4\left(\frac{\partial \Phi_k}{\partial z}\right)\cdot\frac{\partial \Phi_i}{\partial z}\mathrm{d}S\right\} = 0
$$

(6.3.14)

由 Green 公式知

$$
\iint_{\Sigma}\left(\Phi_i\frac{\partial \Phi_j}{\partial z} - \Phi_j\frac{\partial \Phi_i}{\partial z}\right)\mathrm{d}S + \iint_{\Sigma'}\left[(\Phi_i^- - \Phi_i^+)\frac{\partial \Phi_j}{\partial z}\right.
$$

$$
\left. - (\Phi_j^- - \Phi_j^+)\frac{\partial \Phi_i}{\partial z}\right]\mathrm{d}S = 0 \qquad (6.3.15)
$$

于是由(6.3.4)式得

$$
\frac{\omega_j^2 - \omega_i^2}{g}\iint_{\Sigma}\Phi_i\Phi_j \mathrm{d}S + \iint_{\Sigma'}\left\{\left[\frac{D}{\rho\omega_i^2}\nabla^4\frac{\partial \Phi_i}{\partial z} - \frac{\bar{m}}{\rho}\frac{\partial \Phi_i}{\partial z}\right]\frac{\partial \Phi_j}{\partial z}\right.
$$

$$
\left. - \left[\frac{D}{\rho\omega_i^2}\nabla^4\frac{\partial \Phi_j}{\partial z} - \frac{\bar{m}}{\rho}\frac{\partial \Phi_j}{\partial z}\right]\right\}\mathrm{d}S = 0 \qquad (6.3.16)
$$

当 $i\neq j$ 时，有

$$
\iint_{\Sigma}\Phi_i\Phi_j \mathrm{d}S = \frac{g}{\omega_i^2 - \omega_j^2}\iint_{\Sigma'}\frac{D}{\rho}
$$

$$\cdot\left[\frac{1}{\omega_i^2}\nabla^4\frac{\partial\Phi_i}{\partial z}\cdot\frac{\partial\Phi_j}{\partial z}-\frac{1}{\omega_j^2}\nabla^4\frac{\partial\Phi_j}{\partial z}\cdot\frac{\partial\Phi_i}{\partial z}\right]\mathrm{d}S \quad (6.3.17)$$

由(6.3.13)式、(6.3.17)式得

$$\lambda_i\ddot{u}+(\ddot{S}_i+\omega_i^2S_i)\left[\mu_i+\overline{m}\iint_{\Sigma'}\left[\frac{\partial\Phi_i}{\partial z}\right]^2\mathrm{d}S\right]+$$

$$\sum_{k\neq i}(\ddot{S}_k+\omega_k^2S_k)\left\{\frac{D\omega_i^2}{\omega_i^2-\omega_k^2}\iint_{\Sigma'}\left[\frac{1}{\omega_i^2}\nabla^4\frac{\partial\Phi_i}{\partial z}\cdot\frac{\partial\Phi_k}{\partial z}-\frac{1}{\omega_k^2}\nabla^4\frac{\partial\Phi_k}{\partial z}\cdot\frac{\partial\Phi_i}{\partial z}\right]\mathrm{d}S\right.$$

$$\left.+\frac{D}{\omega_k^2}\iint_{\Sigma'}\nabla^4\frac{\partial\Phi_k}{\partial z}\cdot\frac{\partial\Phi_i}{\partial z}\mathrm{d}S\right\}=0 \quad (6.3.18)$$

经整理,上式中第三项为

$$\sum_{k\neq i}(\ddot{S}_k+\omega_k^2S_k)\frac{D}{\omega_i^2-\omega_k^2}\iint_{\Sigma'}\left[\nabla^4\frac{\partial\Phi_i}{\partial z}\cdot\frac{\partial\Phi_k}{\partial z}-\nabla^4\frac{\partial\Phi_k}{\partial z}\cdot\frac{\partial\Phi_i}{\partial z}\right]\mathrm{d}S$$

注意到等式

$$\iint[\nabla^4u\cdot v-\nabla^4v\cdot u]\mathrm{d}S=$$

$$\oint\left[u\frac{\partial\nabla v}{\partial n}-v\frac{\partial\nabla u}{\partial n}+\nabla u\frac{\partial v}{\partial n}-\nabla v\frac{\partial u}{\partial n}\right]\mathrm{d}S$$

易证

$$\iint_{\Sigma'}\left[\nabla^4\frac{\partial\Phi_i}{\partial z}\frac{\partial\Phi_k}{\partial z}-\nabla^4\frac{\partial\Phi_k}{\partial z}\frac{\partial\Phi_i}{\partial z}\right]\mathrm{d}S=0$$

于是(6.3.18)式变成

$$\left[\mu_i+\overline{m}\iint_{\Sigma'}\left[\frac{\partial\Phi_i}{\partial z}\right]^2\mathrm{d}S\right](\ddot{S}_i+\omega_i^2S_i)=-\lambda_i\ddot{u} \quad (6.3.19)$$

上式的物理意义是明显的,μ_i 是第 i 阶液体广义晃动质量,$\overline{m}\iint_{\Sigma'}\left[\frac{\partial\Phi_i}{\partial z}\right]^2\mathrm{d}S$ 是弹性板的第 i 阶广义振动质量,λ_i 是第 i 阶液体对

贮箱的动作用力系数.记

$$\hat{\mu}_i = \mu_i + \bar{m}\iint_{\Sigma'}\left(\frac{\partial \Phi_i}{\partial z}\right)^2 \mathrm{d}S$$

那么

$$\hat{\mu}_i(\ddot{S}_i + \omega_i^2 S_i) = -\lambda_i \ddot{u}, \quad i = 1,2,\cdots \tag{6.3.20}$$

(6.3.20)正是充液弹性系统受迫平动时,广义坐标 $S_i(i=1,2,\cdots)$所满足的微分方程组.

6.3.2 受迫转动

设充液贮箱以角速度 $\omega(t)$绕 x 轴作小幅转动(图 6.5).液体运动的速度势 Φ 满足下列方程组

$$\Delta\Phi = 0, \quad 在\ \Omega\ 内 \tag{6.3.21}$$

$$\frac{\partial \Phi}{\partial n} = \omega(t)[y\cos(\boldsymbol{n}, z) - z\cos(\boldsymbol{n}, y)], 在\ S\ 上 \tag{6.3.22}$$

$$\frac{\partial^2 \Phi}{\partial t^2} + g\frac{\partial \Phi}{\partial z} = 0, \quad 在\ \Sigma\ 上 \tag{6.3.23}$$

$$\frac{\partial \Phi}{\partial z} = \frac{\partial \eta}{\partial t} + \omega(t)y, \quad 在\ \Sigma'(z = e_+, e_-)\ 上 \tag{6.3.24}$$

$$D\nabla^4\eta = \rho\left[\left(\frac{\partial \Phi}{\partial t}\right)^+ - \left(\frac{\partial \Phi}{\partial t}\right)^-\right] - \bar{m}\left[\frac{\partial^2 \eta}{\partial t^2} + y\dot{\omega}(t)\right]$$

$$在\ z = e\ 上 \tag{6.3.25}$$

设

$$\Phi = Q(x, y, z)\omega(t) + \sum_{k=1}^{\infty}\Phi_k S_k(t) \tag{6.3.26}$$

其中 $\Phi_k(x, y, z)$是特征值问题(6.2.14)式~(6.2.17)式的解.将(6.3.26)式代入(6.3.21)式~(6.3.25)式,并考虑到(6.2.14)

式～(6.2.17)式，得

$$\Delta Q = 0, \quad 在\ \Omega 中 \tag{6.3.27}$$

$$\frac{\partial Q}{\partial n} = y\cos(n, z) - z\cos(n, y), \quad 在\ S 上 \tag{6.3.28}$$

$$\frac{\partial \Phi}{\partial z} = 0, \quad 在\ \Sigma 上 \tag{6.3.29}$$

$$\frac{\partial Q}{\partial z} = y, \quad 在\ z = e 上 \tag{6.3.30}$$

以及

$$\sum_{k=1}^{\infty} (\ddot{S}_k + \omega_k^2 S_k)\Phi_k = - Q\omega(t), \quad 在\ \Sigma 上 \tag{6.3.31}$$

$$\sum_{k=1}^{\infty} DS_k \nabla^4 \frac{\partial \Phi_k}{\partial z} = [\rho(Q^+ - Q^-) - \bar{m}y]\ddot{\omega}$$

$$+ \sum_{k=1}^{\infty}\left[\rho(\Phi_k^+ - \Phi_k^-) - \bar{m}\frac{\partial \Phi_k}{\partial z}\right]\ddot{S}_k, \quad 在\ z = e 上$$

$$\tag{6.3.32}$$

将(6.2.17)式代入(6.3.32)式，则有

$$\sum_{k=1}^{\infty} (\ddot{S}_k + \omega_k^2 S_k)\frac{D}{\omega_k^2}\nabla^4 \frac{\partial \Phi_k}{\partial z} = [\rho(Q^+ - Q^-] - \bar{m}y]\ddot{\omega}$$

$$在\ z = e 上 \tag{6.3.33}$$

从(6.3.31)式推得

$$\sum_{k=1}^{\infty} (\ddot{S}_k + \omega_k^2 S_k)\iint_{\Sigma} \Phi_k \frac{\partial \Phi_i}{\partial z}\mathrm{d}S = - \ddot{\omega}(t)\iint_{\Sigma} \frac{\partial \Phi_i}{\partial z}\mathrm{d}S$$

$$\tag{6.3.34}$$

由 Green 公式可导出

$$\iint_{\Sigma} Q \frac{\partial \Phi_i}{\partial z} dS + \iint_{\Sigma'} (Q^- - Q^+) \frac{\partial \Phi_i}{\partial z} dS$$

$$= \iint_{\Sigma'} (\Phi_i^- - \Phi_i^+) \frac{\partial Q}{\partial z} dS + \iint_{S} \Phi_i \frac{\partial Q}{\partial n} dS$$

令 $\lambda_{0i} = \rho \iint_{S} \Phi_i [y\cos(n, z) - z\cos(n, y)] dS$，$\lambda_{0i}$是液体对贮箱的第 i 阶动力矩系数.于是

$$\iint_{\Sigma} Q \frac{\partial \Phi_i}{\partial z} dS = \lambda_{0i}/\rho + \iint_{\Sigma'} \left[(\Phi_i^- - \Phi_i^+) y - (\Omega^- - \Omega^+) \frac{\partial \Phi_i}{\partial z} \right] dS$$

将上式代入(6.3.34)式，那么

$$(\ddot{S}_i + \omega_i^2 S_i) \rho \iint_{\Sigma} \Phi_i \frac{\partial \Phi_i}{\partial z} dS + \lambda_{01} \ddot{\omega} + \sum_{k \neq i} (\ddot{S}_k + \omega_k^2 S_k) \rho \iint_{\Sigma} \Phi_k \frac{\partial \Phi_i}{\partial z} dS$$

$$= -\rho \ddot{\omega} \iint_{\Sigma'} \left[(\Phi_i^- - \Phi_i^+) y - (\Omega^- - \Omega^+) \frac{\partial \Phi_i}{\partial z} \right] dS \qquad (6.3.35)$$

由(6.3.12)式，得

$$(\ddot{S}_i + \omega_i^2 S_i) \left[\mu_i - \rho \iint_{\Sigma'} (\Phi_i^- - \Phi_i^+) \frac{\partial \Phi_i}{\partial z} dS \right] + \lambda_{0i} \ddot{\omega} + \sum_{k \neq i} (\ddot{S}_k + \omega_k^2 S_k) \rho$$

$$\cdot \iint_{\Sigma} \Phi_k \frac{\partial \Phi_i}{\partial z} dS = -\rho \ddot{\omega} \iint_{\Sigma'} \left[(\Phi_i^- - \Phi_i^+] y - (Q^- - Q^+) \frac{\partial \Phi_i}{\partial z} \right] dS$$

将(6.2.17)式及(6.3.32)式代入上式，经整理后得

$$(\ddot{S}_i + \omega_i^2 S_i) \hat{u}_i + \lambda_{0i} \ddot{\omega} = -\ddot{\omega} \iint_{\Sigma'} \left[\frac{D}{\omega^2} y \nabla^4 \frac{\partial \Phi_i}{\partial z} - \bar{m} \frac{\partial \Phi_i}{\partial z} y \right] dS$$

$$- \sum_{k \neq i} (\ddot{S}_k + \omega_k^2 S_k) \left\{ \frac{\rho \omega_i^2}{g} \cdot \iint_{\Sigma'} \Phi_i \Phi_k dS + \frac{D}{\omega_k^2} \iint_{\Sigma'} \nabla^4 \frac{\partial \Phi_k}{\partial z} \cdot \frac{\partial \Phi_i}{\partial z} dS \right\}$$

$$(6.3.36)$$

由前面研究受迫平动问题时所得的结论，知道(6.3.36)式右端第二项为零，故

$$(\ddot{S}_i + \omega_i^2 S_i)\hat{\mu}_i = -\ddot{\omega}(t)\left[\lambda_{0i} + \iint_{\Sigma'} \rho(\Phi_i^- - \Phi_i^+) y \mathrm{d}S\right] \tag{6.3.37}$$

上式的物理意义也是明显的. μ_i 已在上一节中说明，λ_{0i}是液体对贮箱的动力矩系数，$\iint_{\Sigma'} \rho(\Phi_i^- - \Phi_i^+) y \mathrm{d}S$ 是液体对弹性板的动力矩系数.记

$$\hat{\lambda}_{0i} = \lambda_{0i} + \iint_{\Sigma'} \rho(\Phi_i^- - \Phi_i^+) y \mathrm{d}S$$

则充液弹性系统受迫转动时,广义坐标 S_i 满足方程

$$\hat{\mu}_i(\ddot{S}_i + \omega_i^2 S_i) = -\hat{\lambda}_{0i}\ddot{\omega} \tag{6.3.38}$$

6.3.3 等效力学模型

设充液贮箱以速度 $u(t)$沿 y 轴平动.同时以角速度 $\omega(t)$绕 x 轴转动,并假定运动是小幅的.由前二节的讨论可知液体运动的速度势为

$$\Phi = yu(t) + Q(x, y, z)\omega(t) + \sum_{k=1}^{\infty} \Phi_k(x, y, z) S_k(t) \tag{6.3.39}$$

其中 Φ_k 由(6.2.14)式~(6.2.17)式确定，Q 满足(6.3.27)式~(6.3.30)式,且有

$$\hat{u}_k(\ddot{S}_k + \omega_k^2 S_k) = -\lambda_k \ddot{u} - \hat{\lambda}_{0k}\ddot{\omega}, k = 1,2,\cdots, \tag{6.3.40}$$

液体的动压力为

$$P_d = -\rho \frac{\partial \Phi}{\partial t} = \rho y\dot{u} - \rho Q\dot{\omega} - \rho \sum_{k=1}^{\infty} \Phi_k S_k \quad (6.3.41)$$

于是,液体对贮箱的动力沿 y 轴的分量为

$$F_y^* = \iint_S P_d \cos(n, y) \mathrm{d}S = -\rho\dot{u}\iint_S y\cos(n, y)\mathrm{d}S - \rho\dot{\omega}\iint_S Q\cos(n, y)\mathrm{d}S$$

$$- \rho \sum_{k=1}^{\infty} S_k \iint_S \Phi_k \cos(n, y)\mathrm{d}S$$

经整理得

$$F_y^* = -m\dot{u} + mz_m\dot{\omega} - \sum_{k=1}^{\infty} \lambda_k S_k \quad (6.3.42)$$

其中 z_m 是液体稳定中心高,m 是液体的总质量,满足

$$z_m = z_G + J_y / m$$

而

$$z_G = \frac{\rho}{m}\iiint_\Omega z\mathrm{d}V, \ J_y = \rho\iint_\Sigma y^2 \mathrm{d}V$$

液体对贮箱的动力矩沿 x 轴方向的分量为

$$M_x^* = \iint_{S+\Sigma'} P_d [y\cos(n, z) - z\cos(n, y)]\mathrm{d}S$$

$$= mz_m\dot{u} - J\dot{\omega} - \sum_{k=1}^{\infty} \hat{\lambda}_{0k} S_k \quad (6.3.43)$$

其中

$$J = \rho \oiint Q \frac{\partial Q}{\partial n} \mathrm{d}S$$

将弹性防晃板也视为贮箱内部系统的一部分,则腔内系统(液体和弹性板)对贮箱的作用力,除流体动力外,还包括弹性板的动

力和动力矩以及液体的静力矩.综合考虑上述因素,我们可得腔体所受的作用力(y 轴分量)、作用力矩(x 轴分量)为

$$
\begin{aligned}
F_y &= F_y^* - m_e(\dot{u} - e\dot{\omega}) \\
&= -(m - m_e)\dot{u} + (mz_m + m_e e)\dot{\omega} - \sum_{k=1}^{\infty} \lambda_k S_k
\end{aligned}
\tag{6.3.44}
$$

$$
\begin{aligned}
M_x &= M_x^* + m_e e\dot{u} - J_e\dot{\omega} + (m_e e + mz_m) \cdot g\psi \\
&= (m_e e + mz_m)\dot{u} - (J_e + J)\dot{\omega} + (m_e e + mz_m) g \cdot \psi \\
&\quad - \sum_{k=1}^{\infty} \hat{\lambda}_{0k} S_k
\end{aligned}
\tag{6.3.45}
$$

其中 m_e 是弹性板质量,J_e 是其转动惯量.

腔内系统的动能 T 为

$$
T = \sum_{k=1}^{\infty} \frac{1}{2} \mu_k S_k^2 \tag{6.3.46}
$$

将腔内系统(液体、弹性板)用一组“数学摆”系统等效地替代,原则是等效系统对贮箱的作用力、力矩及其特征频率、动能与腔内系统的完全相等.

图 6.6 是等效力学系统的示意图,易知等效系统的动能和势能为

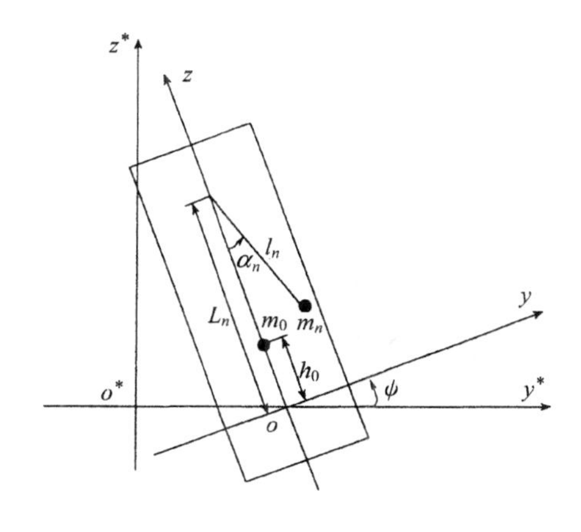

图 6.6

$$T_E = \frac{1}{2}\left[m_0 (u - h_0 \omega)^2 + I_0 \omega^2 + \sum_{k=1}^{\infty} m_n (u - L_n \omega + l_n \alpha_n)^2 \right]$$

$$V_E = (\cos\psi - 1) m_0 h_0 g + \sum_{n=1}^{\infty} m_n g[(-1 + \cos\psi) L_n + l_n \cos\alpha_n]$$

等效系统对贮箱的作用力为

$$\begin{aligned} F'_B &= -\frac{\mathrm{d}}{\mathrm{d}t}\left(\frac{\partial T_E}{\partial u}\right) + \frac{\partial T_E}{\partial r} - \frac{\partial V_E}{\partial r} \\ &= -\left(m_0 + \sum_{n=1}^{\infty} m_n \right)\dot{u} - \sum_{n=1}^{\infty} m_m l_n \ddot{\alpha}_n + \left(m_0 h_0 + \sum m_n L_n \right)\dot{\omega} \end{aligned} \tag{6.3.47}$$

等效系统对贮箱的动力矩为

$$\begin{aligned} M'_B = -\frac{\mathrm{d}}{\mathrm{d}t}\left(\frac{\partial T_E}{\partial \omega}\right) + \frac{\partial T_E}{\partial \psi} - \frac{\partial V_E}{\partial \psi} &= \left(m_0 h_0 + \sum_{n=1}^{\infty} m_n L_n \right)\dot{u} \\ &+ \sum_{n=1}^{\infty} m_m l_n L_n \ddot{\alpha}_n - \left(I_0 + m_0 h_0^2 + \sum_{n=1}^{\infty} m_n L_n^2 \right)\dot{\omega} \\ &+ \left(m_0 h_0 + \sum_{n=1}^{\infty} m_n L_n \right)]\psi g \end{aligned} \tag{6.3.48}$$

比较(6.3.44)式、(6.3.45)式与(6.3.47)式、(6.3.48)式，由 $F_B \equiv F'_B$，$M_B \equiv M'_B$ 得

$$m_0 + \sum_{n=1}^{\infty} m_n = m + m_e \tag{6.3.49}$$

$$m_0 h_0 + \sum_{n=1}^{\infty} m_n L_n = m z_n + m_e e \tag{6.3.50}$$

$$m_n l_n \ddot{\alpha}_n = \lambda_n S_n \tag{6.3.51}$$

$$I_0 + m_0 h_0^2 + \sum_{n=1}^{\infty} m_n L_n^2 = J_e + J \tag{6.3.52}$$

$$m_n l_n L_n \ddot{\alpha}_n = -\hat{\lambda}_{0n} S_n \tag{6.3.53}$$

由特征频率相等得

$$l_n = g/\omega_n^2 \tag{6.3.54}$$

再由(6.3.51)式、(6.3.53)式得

$$L_n = -\hat{\lambda}_{0n}/\lambda_n \tag{6.3.55}$$

由动能相等得

$$\frac{1}{2} m_n l_n^2 \dot{\alpha}_n^2 = \frac{1}{2} \hat{\mu}_s S_n^2, n = 1,2,\cdots \tag{6.3.56}$$

于是

$$m_n = \lambda_n^2/\hat{\mu}_n, n = 1,2,\cdots \tag{6.3.57}$$

$$m_0 = m + m_e - \sum_{n=1}^{\infty} m_n \tag{6.3.58}$$

$$I_0 = J_e + J - m_0 h_0^2 - \sum_{n=1}^{\infty} m_n L_n^2 \tag{6.3.59}$$

$$h_0 = (mz_m + m_0 e - \sum_{n=1}^{\infty} m_n L_n)/m_0 \tag{6.3.60}$$

广义坐标 S_n 与摆的坐标 α_n 有如下关系

$$\dot{\alpha}_n = \frac{\hat{\mu}_n \omega_n^2}{\lambda_n g} S_n \tag{6.3.61}$$

由(6.3.40)式知坐标 α_n 满足如下微分方程

$$\hat{\mu}_n (\ddot{\alpha}_n + \omega_n^2 \alpha_n) = -\lambda_n \dot{u} - \hat{\lambda}_{0n} \dot{\omega} \tag{6.3.62}$$

有时控制系统的设计和仿真还要用到另一种等效力学模型，即一组弹簧振子组成的等效力学模型(图 6.7)

仿前面分析摆等效模型的方法，可求得弹簧振子等效模型的参数为

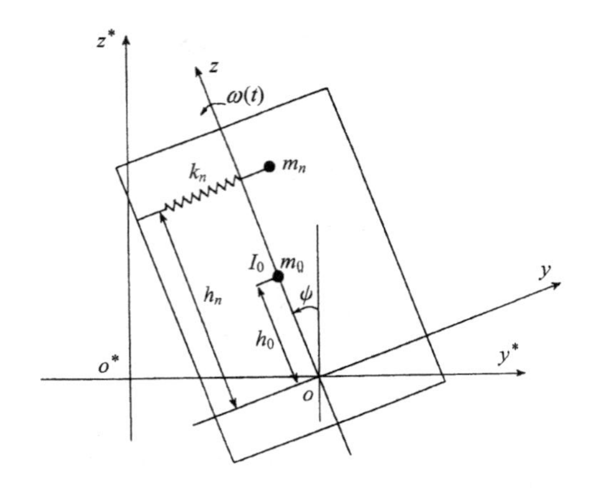

图 6.7

$$m_n = \lambda_n^2 / \hat{\mu}_n$$

$$m_0 = m + m_e - \sum_{n=1}^{\infty} m_n$$

$$k_n = m_n \omega_n^2 \tag{6.3.63}$$

$$h_n = L_n - l_n = -\hat{\lambda}_{0n} / \lambda_n - g / \omega_n^2 \tag{6.3.64}$$

$$h_0 = (m z_m + m_e e - \sum_{n=1}^{\infty} m_n h_n) / m_0 \tag{6.3.65}$$

$$I_0 = J_e + J - m_0 h_0^2 - \sum_{n=1}^{\infty} m_n h_n^2 \tag{6.3.66}$$

对于液体的黏性耗散,我们用文献[19]中的边界层修正的方法计算,并用一组阻尼器等效地在等效模型中表示,加上阻尼器的弹簧振子等效模型参见图 6.8.

由文献[19]得

$$C_n = \omega_n \delta_n m_n / \pi \tag{6.3.67}$$

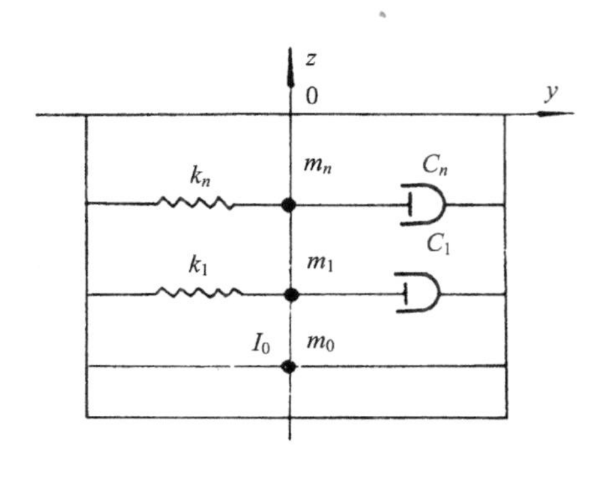

图 6.8

其中 δ_n 由(6.2.21)式确定.

对黏弹性板,对数衰减率应修正为[151]

$$\hat{\delta}_n = [\delta_n \mu_n + \pi \eta_b (\hat{\mu}_n - \mu_n)] / \mu_n \qquad (6.3.68)$$

其中 η_b 是黏弹性板的损失因子,一般由实验方法确定.

§6.4 数值解法

由前面几章的分析可知,要解决液体晃动、液体与弹性防晃板的耦合作用等问题以及要求出充液弹性系统的等效力学模型,必须求解特征值问题(6.2.14)式~(6.2.17)式及(6.3.27)式~(6.3.30)式.对于这类特征值问题,文献[100,148,179]等都作了研究.他们所用的方法只能适用于贮箱内部结构比较简单的情况,对于带弹性部件的贮箱内有液体晃动的复杂结构问题,就很难奏效了.本节用有限元-差分-外推方法来求解特征值问题(6.2.14)式~(6.2.17)式及(6.3.27)式~(6.3.30)式,本书作者的有关研究已表明这个方法是可靠的、有效的,并有较高的精度[109].

由于 Ω 的轴对称性,可设

$$\Phi_k(x, y, z) = \sum_{k=0}^{\infty} u_k(r, z) \cos k\theta \qquad (6.4.1)$$

于是(6.2.14)式～(6.2.17)式变成

$$\frac{\partial^2 u_k}{\partial r^2}+\frac{1}{r}\frac{\partial u_k}{\partial r}+\frac{\partial^2 u_k}{\partial z^2}-\frac{k^2}{r^2}u_k=0,\quad 在\ Q'\ 中 \tag{6.4.2}$$

$$\frac{\partial u_k}{\partial n}=0,\quad 在\ \Gamma_0\ 上 \tag{6.4.3}$$

$$\frac{\partial u_k}{\partial z}=\frac{\omega_k^2}{g}u_k,\quad 在\ \Gamma_1\ 上 \tag{6.4.4}$$

$$D\left(\frac{\mathrm{d}^2}{\mathrm{d}r^2}+\frac{1}{r}\frac{\mathrm{d}}{\mathrm{d}r}-\frac{k^2}{r^2}\right)\left(\frac{\mathrm{d}^2}{\mathrm{d}r^2}+\frac{1}{r}\frac{\mathrm{d}}{\mathrm{d}r}-\frac{k^2}{r^2}\right)\frac{\partial u_k}{\partial z}$$

$$=\omega_k^2\left[\rho(u_k^+-u_k^-)-\bar{m}\frac{\partial u_k}{\partial z}\right] \tag{6.4.5}$$

对流体运动方程(6.4.2)式～(6.4.4)式用有限元离散，对弹性板运动方程(6.4.5)式用差分离散.首先将(6.4.2)式～(6.4.4)式化成弱解形式，记 $C_p^1(D)$是 D 上分片一次可微函数空间，由(6.4.2)式～(6.4.4)式得

$$\iint_D\left[r^2\left(\frac{\partial u_k}{\partial r}\cdot\frac{\partial v}{\partial r}+\frac{\partial u_k}{\partial z}\cdot\frac{\partial v}{\partial z}\right)+r\frac{\partial u_k}{\partial r}\cdot v+k^2u_kv\right]\mathrm{d}r\mathrm{d}z$$

$$=\frac{\omega_k^2}{g}\int_{\Gamma_1}r^2u_kv\mathrm{d}r,\forall\ v\in C_p^1(D) \tag{6.4.6}$$

(6.4.6)式正是(6.4.2)式～(6.4.4)式的弱解形式.

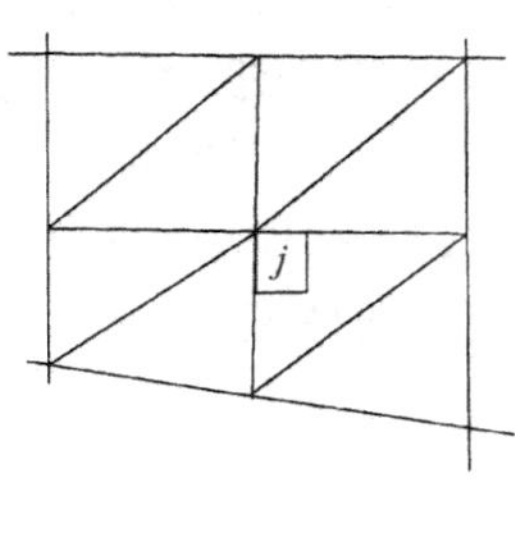

图 6.9　supp Ψ_j

设 S_N^h 是 $C_p^1(D)$的 N 维子空间，u_k^h 是(6.4.6)式的有限元解.定义 $S_N^h=\mathrm{span}\{\Psi_j\}_i^N$，$\Psi_i$ 是局部非零线函数. Ψ_i 的支集是以节点 j 为顶点的三角形单元的并集(图 6.9).

令 $u_k^h=\sum\limits_{j=1}^{N}p_j\Psi_j$

由(6.4.6)式可得

$$\sum_{j=1}^{N} p_j \iint_D \left[r^2 \left(\frac{\partial \Psi_j}{\partial r} \cdot \frac{\partial \Psi_i}{\partial r} + \frac{\partial \Psi_j}{\partial z} \cdot \frac{\partial \Psi_i}{\partial z} \right) + r \frac{\partial \Psi_j}{\partial r} \cdot \Psi_i + k^2 \Psi_i \cdot \Psi_j \right]$$

$$\cdot \mathrm{d} r \mathrm{d} z = \frac{\omega_k^2}{g} \sum_{j=1}^{N} p_f \cdot \int_{\Gamma_1} \Psi_i \Psi_j \mathrm{d} \Gamma + \int_{\Gamma_2} r^2 (\Psi_1^- - \Psi_i^+) \frac{\partial u_k}{\partial z} \mathrm{d} \Gamma,$$

$$i = 1, 2, \cdots, N \tag{6.4.7}$$

上式可写成

$$AP = \frac{\omega_k^2}{g} BP + CQ \tag{6.4.8}$$

其中 $A = (a_{ij})_{N \times N}$

$B = (b_{ij})_{N \times N}$

$C = (c_{ij})_{N \times N'}$

$P = (p_1, p_2, \cdots, p_N)^{\mathrm{T}}$

$$Q = \left\{ \left(\frac{\partial u_k}{\partial z} \right)_1, \left(\frac{\partial u_k}{\partial z} \right)_2, \cdots, \left(\frac{\partial u_k}{\partial z} \right)_{N'} \right\}^{\mathrm{T}}$$

$$a_{ij} = \iint_D \left[r^2 \left(\frac{\partial \Psi_i}{\partial r} \cdot \frac{\partial \Psi_j}{\partial r} + \frac{\partial \Psi_i}{\partial z} \cdot \frac{\partial \Psi_j}{\partial z} \right) \right.$$

$$\left. + r \frac{\partial \Psi_j}{\partial z} \cdot \Psi_i + k^2 \Psi_i \Psi_j \right] \mathrm{d} z \mathrm{d} r$$

$$b_{ij} = \int_{\Gamma_1} r^2 \Psi_i \Psi_j \mathrm{d} \Gamma$$

$$c_{ij} = \int_{\Gamma_2} r^2 (\Psi_i^- - \Psi_i^+) \left(\frac{\partial u_k}{\partial z} \right)_j \mathrm{d} \Gamma$$

N'是弹性板的剖分单元数.

对(6.4.5)式作差分离散可得

$$DQ = \frac{\omega_k^2}{g} (EP + FQ) \tag{6.4.9}$$

于是我们得到特征值问题(6.4.2)式～(6.4.5)式的有限元-有限差分离散形式:

$$
\begin{cases}
AP = \dfrac{\omega_k^2}{g} BP + CQ \\
DQ = \dfrac{\omega_k^2}{g}(EP + FQ)
\end{cases}
\tag{6.4.10}
$$

(6.4.10)式是一广义特征值问题,可用经过考验的标准方法求解,通常大型计算机都装有这类程序包.

本节使用的有限元方法中,采用的是线性基函数.为了提高计算结果的精度,虽然可以改用高次元,或者将网格划分得更细密.但这将导致计算量的成倍增加,且较繁杂.本节使用外推加速技巧,用线性元在粗网格下求得的数值解作外推,得到了精度相当高的数值结果[109].

对于逐次加密剖分,由有关理论[38],我们有如下外推渐近展开式

$$
u_k^h = u_k + c_1 h^2 + c_2 h^4 + o(h^4) \tag{6.4.11}
$$

其中 u_k 是(6.4.2)式~(6.4.5)式的精确解,c_1,c_2 是与 h 无关的连续函数.

由(6.4.11)式易知

$$
u_k^{h./2} = u_k + \frac{1}{4} c_1 h^2 + \frac{c_2}{16} h^4 + o(h^4) \tag{6.4.12}
$$

于是

$$
\bar{u}_k^h = \frac{4 u_k^{h/2} - u_k^h}{3} = u_k + c_4 h^4 + o(h^4) \tag{6.4.13}
$$

由(6.4.13)式可以看出,用 $u_k^{h/2}$,u_k^h 作简单的线性组合所得的 $\bar{u}_k^h$,其精度已达 h^4 阶.这表明 $\bar{u}_k^h$ 具有高次元的计算精度,而 $u_k^{h/2}$,u_k^h 都是线性元在粗网络上得到的解,可见外推技巧能以极小的代价使数值结果的计算精度大大提高.

§6.5 数值计算与结果分析

6.5.1 圆柱形贮箱

为考验算法与程序的可靠性和有效性，我们首先对圆柱形贮箱内无隔板液体晃动进行数值计算分析，结果列在表 6.1 中.表 6.2 中则给出不同方法数值解的相对误差，由此看出,有限元外推技巧可以将计算精度提高一个数量级以上.

表 6.1 （$h/r_0=1.0$, h 为高，r_0 为半径）

	有限元解	有限元外推解	精确解
$\omega_1/\sqrt{r_0/g}$	1.32438	1.32329	1.32319
$\omega_2/\sqrt{r_0/g}$	2.41670	2.31141	2.30891
$\omega_3/\sqrt{r_0/g}$	3.29638	2.90242	2.92170

表 6.2 相对误差

	有限元解	有限元外推解
$\omega_1/\sqrt{r_0/g}$相对误差	0.181%	0.016%
$\omega_2/\sqrt{r_0/g}$相对误差	9.548%	0.210%
$\omega_3/\sqrt{r_0/g}$相对误差	7.293%	1.315%

6.5.2 带有刚性环形肋板的圆柱形贮箱(图 6.10)

有限元外推方法的一个特点是对复杂结构贮箱有较强的适应性.对于图 6.10 所示的有环形防晃肋板的圆柱形贮箱，在计算程序上与圆柱形贮箱无差异.表 6.3 和表 6.4 列出了不同板宽 b 与距液面高 d 组合时液体晃动的等效力学模型. δ_1，R_1 分别为第一阶对数衰减率和无量纲数.本节所得结果与文献[19]的比较符合.

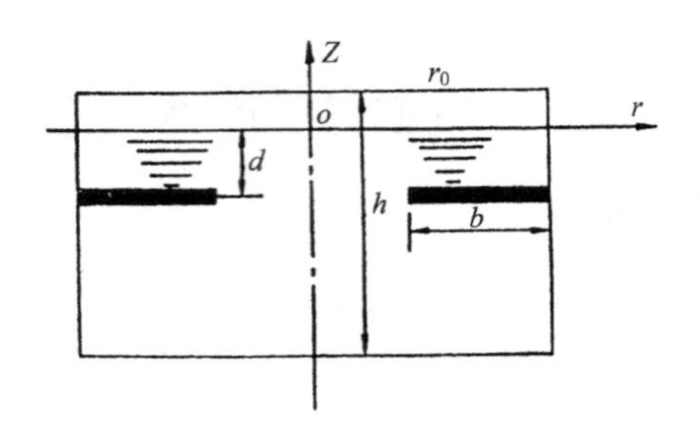

图 6.10

表 6.3 （$h/r_0=1.0$）

	$d/r_0=0$ $b/r_0=0$	$d/r_0=0.75$ $b/r_0=0.25$	$d/r_0=0.50$ $b/r_0=0.25$	$d/r_0=0.25$ $b/r_0=0.25$	$d/r_0=0.75$ $b/r_0=0.50$
$\omega_1/\sqrt{r_0/g}$	1.3235	1.3266	1.3140	1.2802	1.3186
$m_1/\rho r_0^3$	1.3609	1.3066	1.2832	1.2226	1.2578
$k_1/\rho r_0^2$	23.3537	22.5340	21.7130	19.6361	21.4331
H_1/r_0	0.2179	0.18223	0.1444	0.0895	0.1331
$\delta_1/\sqrt{R_1}$	10.4096	9.3782	9.0426	8.9887	9.1146

表 6.4 （$h/r_0=1.0$）

	$d/r_0=0.50$ $b/r_0=0.50$	$d/r_0=0.25$ $b/r_0=0.55$	$d/r_0=0.75$ $b/r_0=0.75$	$d/r_0=0.50$ $b/r_0=0.75$	$d/r_0=0.25$ $b/r_0=0.75$
$\omega_1/\sqrt{r_0/g}$	1.12447	1.0835	1.1836	1.1836	0.9396
$m_1/\rho r_0^3$	1.1532	0.8758	1.0395	1.0395	0.6580
$k_1/\rho r_0^2$	17.5090	10.0760	14.2710	14.2710	5.6930
H_1/r_0	−0.0604	−0.3809	−0.2448	−0.2448	−0.8742
$\delta_1/\sqrt{R_1}$	9.1242	9.5375	8.5974	8.5974	7.7622

6.5.3 球形贮箱、带球缺隔板球形贮箱、带网孔球缺隔板球形贮箱(图 6.11)

对于带隔板的球形贮箱(图 6.11)，到了一定的充液比时必须对上、下两个腔室(形成双自由液面)分别进行计算.

图 6.12 给出网孔隔板的一种情况，液体晃动时可以由网孔中穿过，而网孔相对集中在较小的局部区域内.为简化计算，在等面积的条件下，以图 6.13 的方式将所有网孔简化成单个孔.对于图 6.14 所示的网孔隔板，网孔呈大范围分布，可将其简化成若干个环形孔(图 6.15).

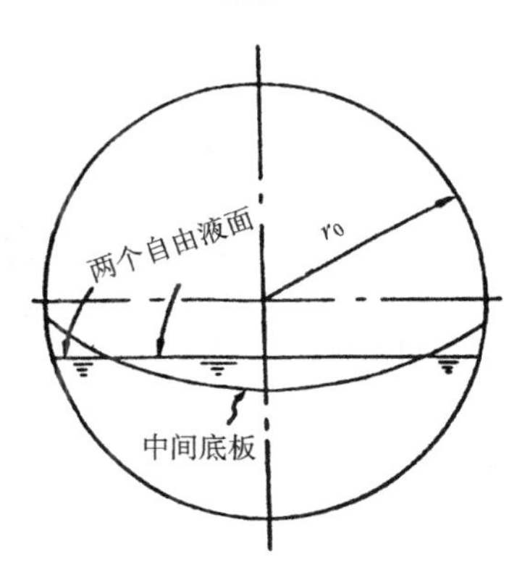

图 6.11

在表 6.5～表 6.9 中给出具有以上三种形式的隔板、网孔隔板的球腔及空心球腔内液体晃动的

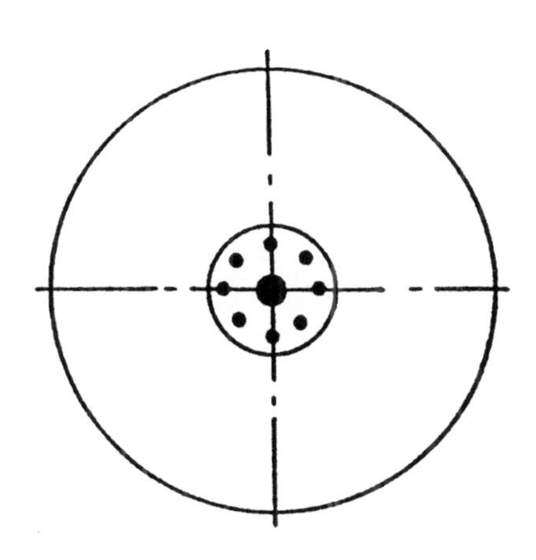

图 6.12

等效力学模型的有关数据，ε 为充液比；m_1，m_2 为第一、二阶等效质量；另外，H_1，H_2 为第一、二阶弹簧振子的位置；而 C_1，C_2 为第一、二阶振子的阻尼系数；δ_n，R_n（$n=1,2\cdots$）分别为第 n 阶对数

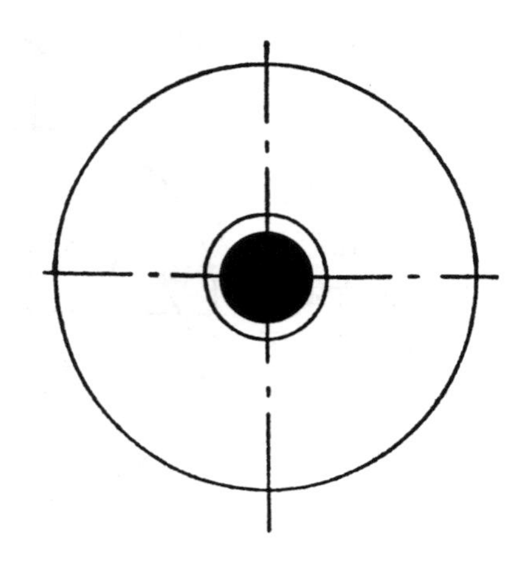

图 6.13

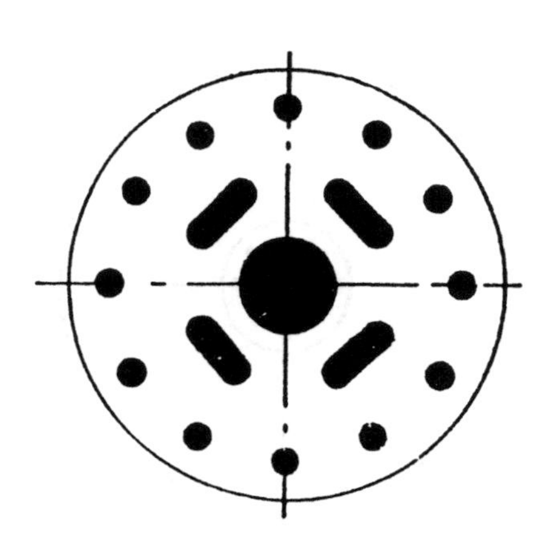

图 6.14

衰减率和无量纲参数.并以“S”表示球形贮箱;“BS 上”表示有隔板球腔的上腔,“BS 下”表示下腔,以 NHBS1 表示图 6.13 所示网孔隔板球腔,以 NHBS2 表示具有图 6.15 所示网孔隔板的球腔.

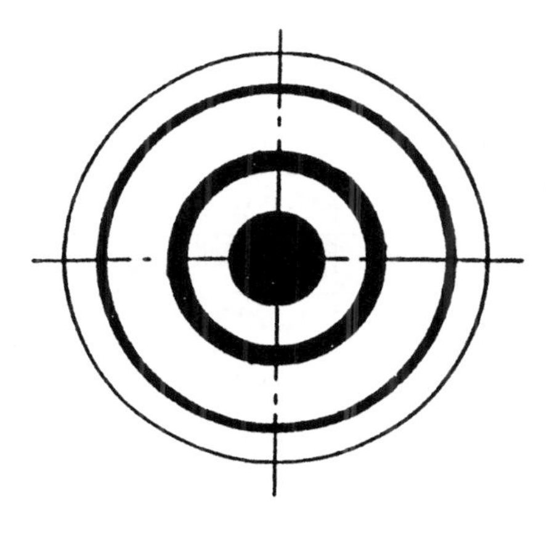

图 6.15

表 6.5

ε	S $\omega_1\sqrt{r_0}$	BS 上 $\omega_1\sqrt{r_0}$	BS 下 $\omega_1\sqrt{r_0}$	NHBS1 $\omega_1\sqrt{r_0}$	NHBS1 $\omega_2\sqrt{r_0}$	NHBS2 $\omega_1\sqrt{r_0}$	NHBS2 $\omega_2\sqrt{r_0}$
0.961	6.3486	5.9761		6.0190			
0.882	5.1653	4.9211		5.0432			
0.773	4.5455	4.2637		4.3176			
0.641	4.1667	3.6783		3.7663			
0.500	3.9075	2.9968		3.0003	7.1877	3.8647	7.4712
0.415	3.7660	2.4074		2.3886	5.9907	3.6007	6.7198
0.359	3.6940	2.3666	5.1402	2.3726	5.1529	3.6982	7.3796
0.305	3.6221	2.3166	4.0947	2.3375	4.1079	3.6264	7.3961
0.216	3.5594	2.2195	3.6689	2.3704	3.6764	3.5604	7.4870

表 6.6

ε	S $m_1/\rho r_0^3$	BS 上 $m_1/\rho r_0^3$	BS 下 $m_1/\rho r_0^3$	NHBS1 $m_1/\rho r_0^3$	NHBS1 $m_2/\rho r_0^3$	NHBS2 $m_1/\rho r_0^3$	NHBS2 $m_2/\rho r_0^3$
0.961	0.5136	0.4664		0.4724			
0.882	0.8739	0.8422		0.8834			
0.773	1.1633	1.0342		1.1371			
0.641	1.2341	0.9863		1.1535			
0.500	1.1703	0.7132		0.7164	0.0392	1.1679	0.0320
0.415	1.0670	0.4464		0.4592	0.0361	1.0015	0.0348
0.359	0.9646	0.2559	0.7373	0.2661	0.7410	0.9945	0.0314
0.305	0.8566	0.1131	0.7945	0.1229	0.7975	0.8909	0.0298
0.216	0.7479	0.0247	0.7658	0.0334	0.7644	0.7777	0.0294

表 6.7

ε	S $k_1/\rho r_0^2$	BS 上 $k_1/\rho r_0^2$	BS 下 $k_1/\rho r_0^2$	NHBS1 $k_1/\rho r_0^2$	NHBS1 $k_2/\rho r_0^2$	NHBS2 $k_1/\rho r_0^2$	NHBS2 $k_2/\rho r_0^2$
0.961	20.7005	16.6569		17.1143			
0.882	23.3958	20.3958		23.1047			
0.773	24.0356	18.8009		21.1974			
0.641	21.4257	13.3448		16.3624			
0.500	17.8688	6.4051		6.4489	2.0026	17.4438	1.7780
0.415	15.1330	2.5872		2.6199	1.2955	12.9838	1.5732
0.359	13.1626	1.4332	19.4807	1.4979	19.6717	13.6023	1.7088
0.305	11.2376	0.6070	13.3210	0.6715	13.4587	11.7154	1.6319
0.216	9.4754	0.1217	10.3083	0.1877	10.3309	9.8587	1.6787

表 6.8

ε	S H_1/r_0	BS 上 H_1/r_0	BS 下 H_1/r_0	NHBS1 H_1/r_0	NHBS1 H_2/r_0	NHBS2 H_1/r_0	NHBS2 H_2/r_0
0.961	0	0.1671		0.1769			
0.882	0	0.2208		0.2209			
0.773	0	0.3067		0.3037			
0.641	0	0.4006		0.4351			
0.500	0	0.8018		0.8151	0.6128	0.0352	0.1641
0.415	0	1.3863		1.4368	1.4026	0.0982	0.6039
0.359	0	2.4166	−0.4218	1.4468	−0.4221	0.0106	0.0144
0.305	0	1.4694	−0.1937	1.4967	−0.0961	0.0199	0.0160
0.216	0	1.6064	−0.0509	1.3875	−0.0375	0.0131	0.0165

表 6.9

ε	S $\delta_1\ \sqrt{R_1}$	BS 上 $\delta_1\ \sqrt{R_1}$	BS 下 $\delta_1\ \sqrt{R_1}$	NHBS1 $\delta_1\ \sqrt{R_1}$	NHBS1 $\delta_2\ \sqrt{R_2}$	NHBS2 $\delta_1\ \sqrt{R_1}$	NHBS2 $\delta_2\ \sqrt{R_2}$
0.961	4.5616	4.0243		3.7251			
0.882	6.3178	6.0432		7.1896			
0.773	7.7396	7.4226		7.9895			
0.641	8.4869	7.9866		6.2041			
0.500	8.7587	8.1112		7.5384	0.3316	14.4517	0.2617
0.415	8.5345	6.9495		7.2250	1.3286	23.6381	1.6950
0.359	8.3411	5.3004	32.6367	5.5397	32.5478	16.0993	0.5070
0.305	8.0432	3.5504	18.7122	3.9239	18.7819	17.3095	0.7089
0.216	7.6348	1.6628	12.1451	2.2838	12.2436	11.0592	0.5965

对于无孔隔板球腔，有时先消耗完上腔室的燃料再用下腔室的，此时并不存在多自由液面的情况(图 6.16(a))，以 BS2 表示这腔室(图 6.17 表示液体晃动的频率比较；而等效模型质量可见图

6.18).图 6.16(b)是球腔内装有带细密网孔的锥形防晃的情形.

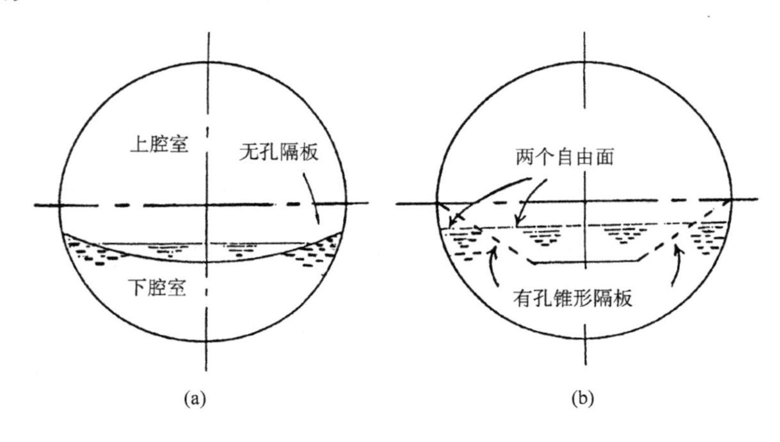

图 6.16

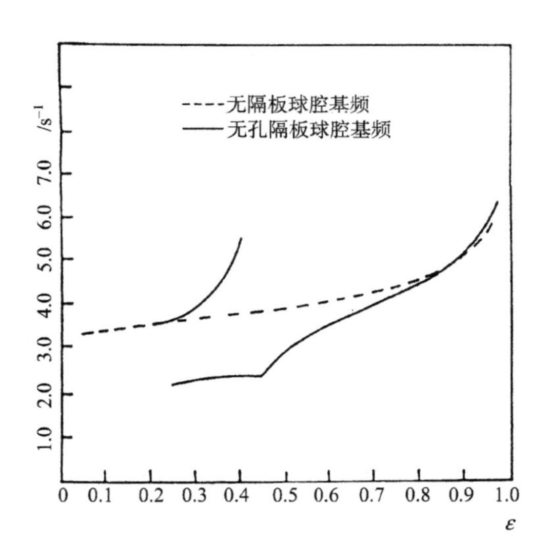

图 6.17 无孔隔板球腔 BS2 与无隔板腔内液体晃动的频率比较

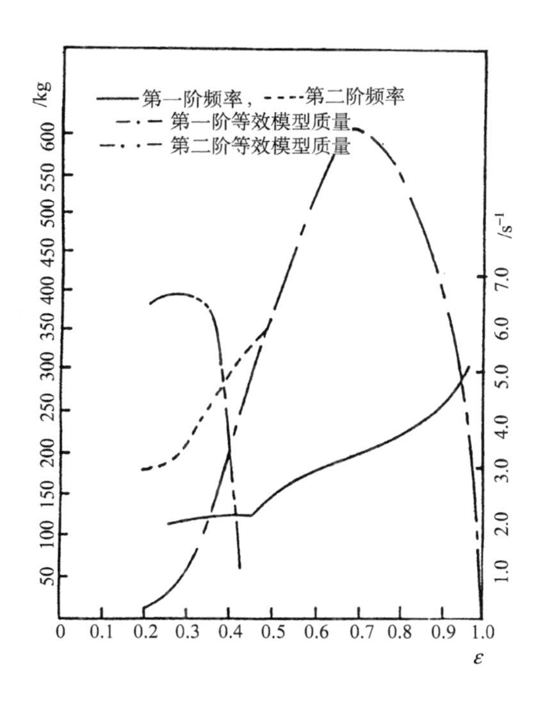

图 6.18　无孔隔板球形腔内液体晃动的频率、等效模型质量

由表 6.5～表 6.9 可以看到，球腔加隔板后，液体的晃动特性明显减弱了，这表现在等效质量 m_1 及刚度 k_1 由于隔板的作用大为减小．再由 NHBS1 与 BS 的结果相比较可知，对于网孔分布集中且网孔面积较小的网孔隔板，其上、下两腔室的液体串通效应对晃动特性的影响并不明显；但对于大范围分布的大孔径网孔隔板，液体的串通效应是非常显著的．

应着重指出，在以前的文献中只强调基阶谐振（ω_1，m_1，k_1，H_1，C_1）是在液体晃动中起决定性的因素，而对于二阶以上的谐振一般都不考虑．但从以上的分析可知，对于网孔隔板，在一定的充液比下，第二阶谐振起主导作用．例如，当充液比（ε）在 0.359 时，

NHBS1 的基阶谐振的有关数据为($r_0=1$, $\rho=1$): $m_1=0.2661$, $k_1=1.4979$, $H_1=1.4468$,而对于第二阶谐振,则 $m_2=0.7410$, $k_2=19.6717$, $H_2=-0.4221$;可见, $m_2>m_1$, $k_2\gg k_1$;分析表明,出现这种现象的原因在于:对于一定的充液比,带有网孔隔板的腔体内具有两个自由液面(图 6.16(b)).同理,如果出现两个以上的自由液面,相应地还必须考虑多个谐振及其相互的耦联作用.

6.5.4 带网孔锥形防晃隔板及球缺中间底板的球形贮箱(图 6.19)

计算结果表明,锥形防晃隔板对液体晃动有显著的抑制作用,参见图 6.20～图 6.22.当充液比从 0.46 变至 0.70 时,第二阶谐振起主要作用.这是由于出现了双自由液面的缘故,若称对应于起主要作用的谐振的频率为主频,则与无隔板球腔和带球缺防晃隔板的球腔相比,锥形防晃隔板使液晃的主频在充液比约为 0.70 时

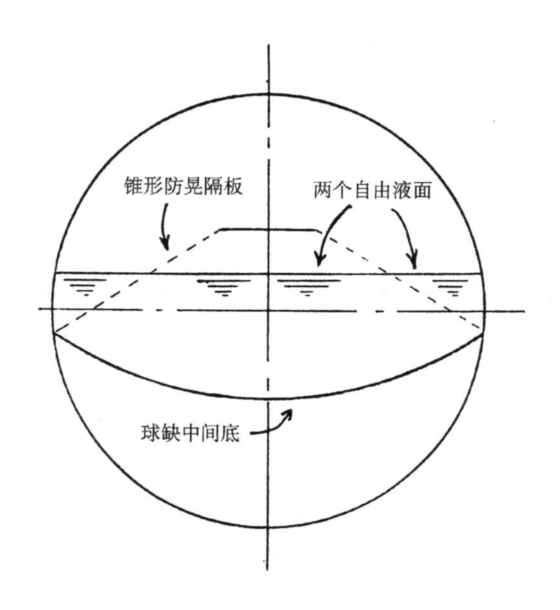

图 6.19

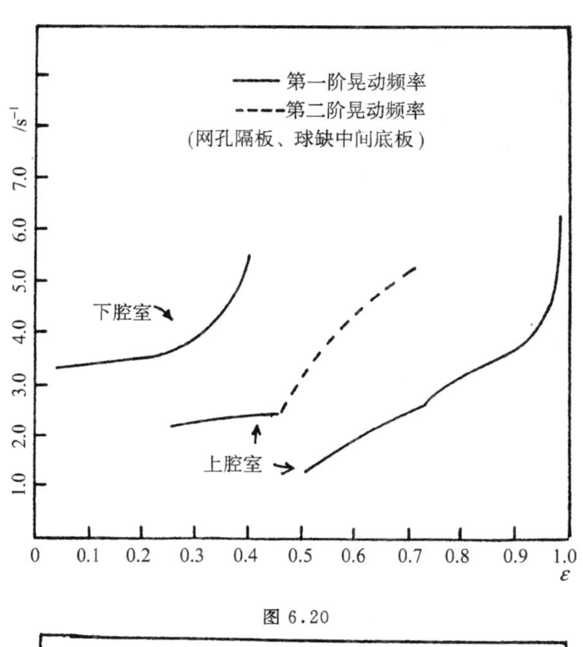
第一阶晃动频率
第二阶晃动频率
(网孔隔板、球缺中间底板)
/s⁻¹
7.0
6.0
5.0
4.0
3.0
2.0
1.0
下腔室
上腔室
0
0.1
0.2
0.3
0.4
0.5
0.6
0.7
0.8
0.9
1.0
ε

图 6.20

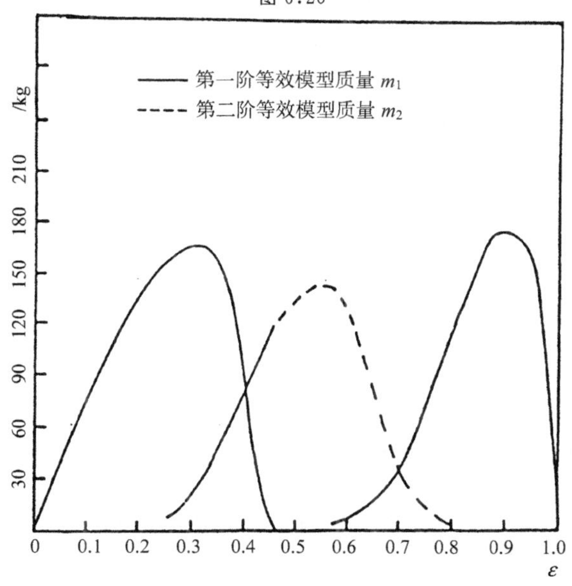
第一阶等效模型质量 m_1
第二阶等效模型质量 m_2
/kg
210
180
150
120
90
60
30
0
0.1
0.2
0.3
0.4
0.5
0.6
0.7
0.8
0.9
1.0
ε

图 6.21

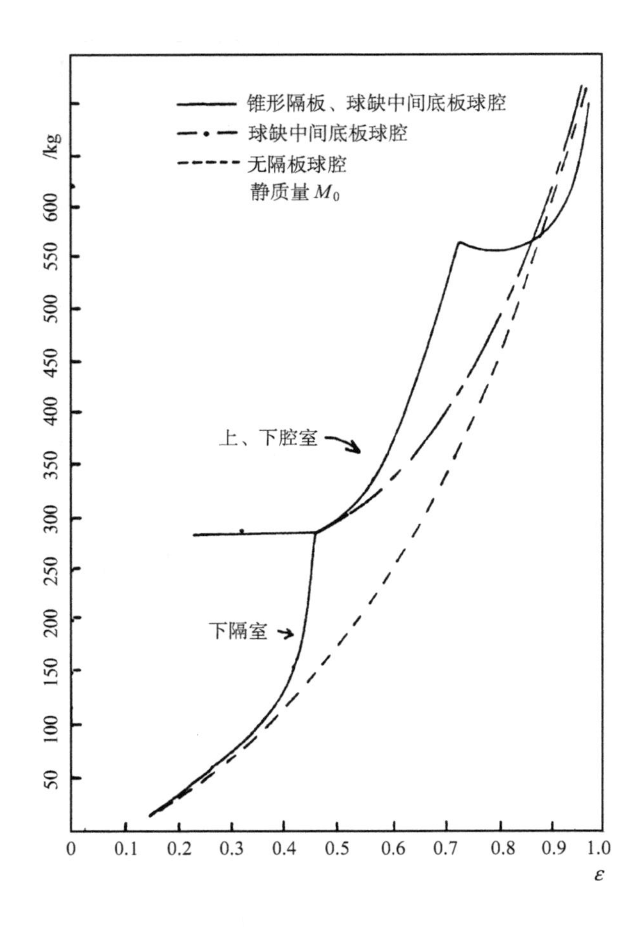

图 6.22

有个跃变(图 6.23).

6.5.5 黏弹性板与流体的耦合系统

(1) 圆柱形容器内黏弹性肋板与流体的耦合系统(图 6.24)

主要参数如下：

$R=1.0\text{m}$, $H=1.0\text{m}$, $h=0.5\text{m}$,肋板厚度 $h_1=20\text{mm}$, $b=$

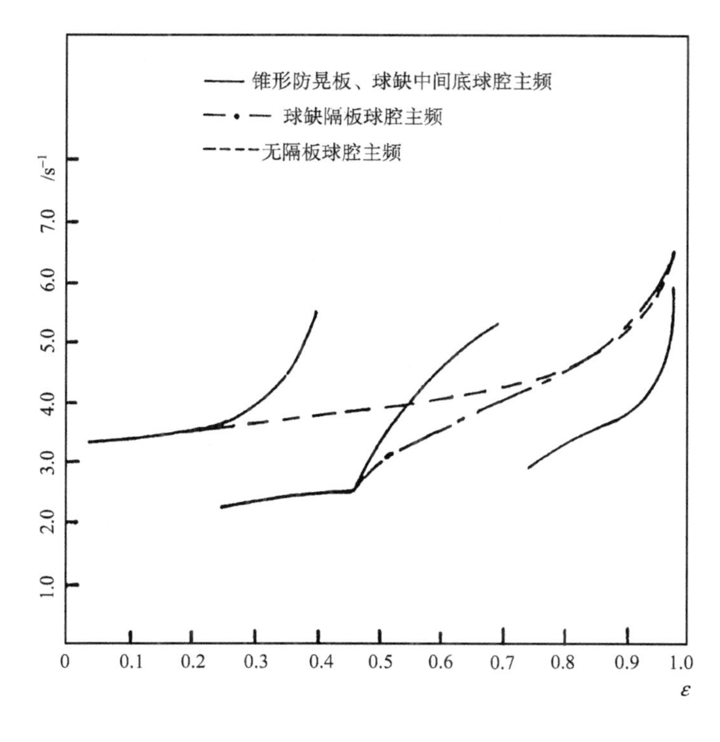

图 6.23

0.5m，损失因子 $\eta=0.318$.

数值结果列在表 6.10，并绘成图 6.27～图 6.30.

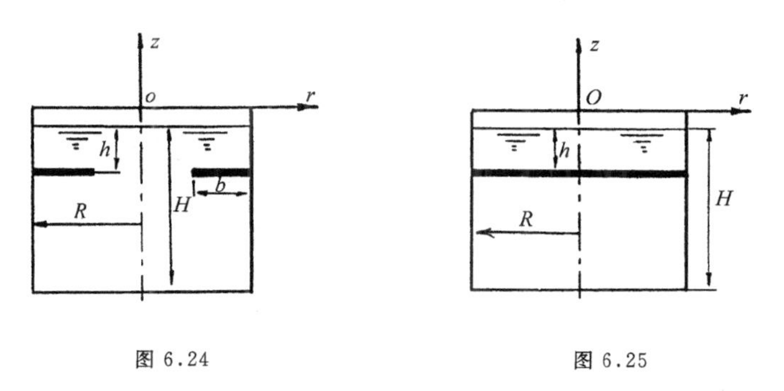

图 6.24　　　　图 6.25

表 6.10　圆柱形容器内粘弹性肋板与流体耦合系统的等效力学模型参数值

$E\times10^{-4}$/GN·(cm)^2	ω_1 /1/s^{-1}	$m_1\times10^{-3}$ /kg	$k_1\times10^{-3}$ /N·m^{-1}	h_1 /m	$C_1\times10^{-3}$ /N·s·m^{-1}	ω_2 /s^{-1}	$m_2\times10^{-3}$ /kg	$k_2\times10^{-3}$ /N·m^{-1}	h_2 /m	$C_2\times10^{-3}$ /N·s·m^{-1}	$m_0\times10^{-3}$ /kg	h_0 /m
0.0001	4.1606	1.2761	22.0396	−0.1900	0.0073	1.1426	0.0086	0.0013	20.5644	0.0003	1.8099	−0.3985
0.0002	4.1804	1.2789	22.365	−9.2080	0.0072	1.6092	0.0205	0.0522	9.4380	0.0005	1.7975	−0.3975
0.0004	4.2247	1.2476	22.267	−0.2440	0.0075	2.2514	0.0561	0.2844	3.9047	0.0009	1.7922	−0.3931
0.0006	2.2878	1.1778	21.653	0.2929	0.0079	2.7158	0.1197	0.8831	2.0964	0.0015	1.7998	−0.3856
0.0008	4.3800	1.0511	20.164	−0.3602	0.0082	3.0685	0.2264	2.1315	1.2336	0.0024	1.8116	−0.3793
0.001	4.5112	0.8621	17.545	−0.4494	0.0079	3.3293	0.3809	4.222	0.7639	0.0034	1.8497	−0.3737
0.002	3.7957	0.9889	14.249	0.1509	0.0049	5.5791	0.1950	6.0682	−0.9666	0.0025	1.8939	−0.3255
0.004	3.9036	1.1636	17.7307	0.0389	0.0050	7.4974	0.0337	1.8914	−1.6871	0.0004	1.8528	−0.3259
0.006	3.9220	1.1090	18.319	0.0205	0.0050	2.2526	0.0145	0.0736	−7.3376	0.0003	1.8918	−0.3554
0.008	3.9271	1.1989	18.489	0.0153	0.0050	2.6047	0.0166	0.1128	−5.1138	0.0003	1.8832	−0.3650
0.01	3.9282	1.2001	18.535	0.0140	0.0050	2.9160	9.0181	0.1540	−5.1138	0.0004	1.8912	−0.3691
0.02	3.9223	1.1760	18.400	0.0191	0.0048	4.1413	0.0203	0.3477	−3.476	0.0004	1.8862	−0.3876
0.04	3.9111	1.1824	18.086	0.0295	0.0048	5.8816	0.0178	0.6153	−2.6061	0.0004	1.9052	−0.4099
0.06	3.9050	1.1739	17.901	0.0354	0.0047	7.2143	0.0148	0.7713	−2.3360	0.0004	1.9174	−0.4181
0.08	3.9011	1.1689	17.789	0.0390	0.0047	7.9765	0.0214	1.3591	0.2096	0.0003	1.9248	−0.4227
0.1	3.8984	1.1655	17.712	0.0415	0.0047	7.9770	0.0218	1.3878	0.1941	0.0003	1.9229	−0.4256
0.2	3.8924	1.1571	17.5317	0.0047	0.0047	7.9784	0.0230	1.4604	0.1572	0.0003	1.9421	−0.4318
0.4	3.8876	1.1529	17.435	0.0503	0.0047	7.9804	0.0237	1.5080	0.1339	0.0003	1.8789	−0.4352
∞	3.8876	1.1506	17.3899	0.0515	0.0047	7.9856	0.0239	1.5262	0.1248	0.0003	1.9516	−0.4362

(2) 圆柱形容器内黏弹性隔板与流体的耦合系统(图 6.25)

主要参数:

$R=1.0\text{m}$, $H=1.0\text{m}$, $h=0.5\text{m}$,损失因子 $\eta=0.318$,隔板厚度 $h_2=20\text{mm}$,数值结果列于表 6.11.

(3) 球形容器内黏弹性肋板与流体的耦合系统(图 6.26)

主要参数:

$R=1.0\text{m}$, $z_L=0.4\text{m}$,肋板厚度 $h_3=20\text{mm}$, $b=0.5\text{m}$,损失因子 $\eta=0.318$,

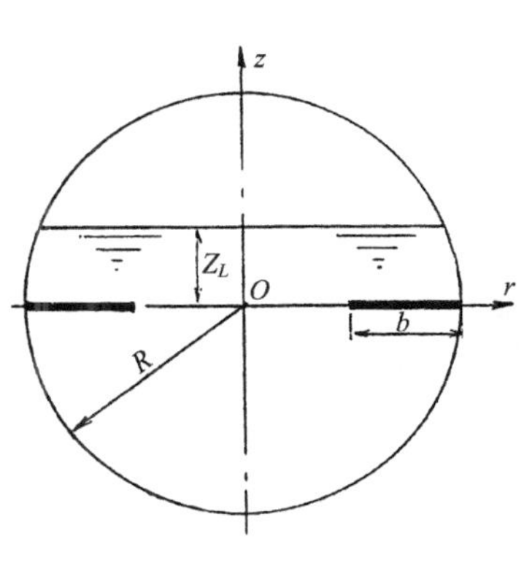

图 6.26

数值结果列于表 6.12.

通过对数值计算结果的分析比较,可得出如下结论:

(1)弹性板、黏弹性板与流体耦合系统有一特征主频带.以等效模型中质量的大小排定其阶次,那么,不论板的刚度如何变化,耦合系统的首阶等效力学模型的特征频率都在此频带中,参见图 6.28.

(2)当防晃弹性(黏弹性)板的特征频率与液体的特征频率十分接近时,板对液体晃动的影响最为显著.参见图 6.27～图 6.30.

可以看出,当板的弹性模量 E 为 $9\text{GN}\cdot\text{m}^{-2}$～$15\text{GN}\cdot\text{m}^{-2}$ 时,板的特征频率很接近液体的特征频率.此时,板的内阻尼(由于黏弹性)耗散显著增加,液体的黏滞耗散只略有减少,从而导致耦合系统阻尼的显著增加.值得注意的是,此时板的内阻尼耗散几乎成为耦合系统的主要阻尼损耗.另外,在 E 的这一变化区间内、首阶等效力学模型的质量还略有减少,这更显示了阻尼装置的防晃效果.设计黏弹性防晃板时,可按上面分析得到的结论来选取合适的材料,也可以选定材料,而通过计算分析找到防晃的最佳几何尺寸.

表 6.11　圆柱形容器内粘弹性隔板与流体耦合系统的等效力学模型参数值

$E\times10^{-4}$/ GN·$(cm)^2$	ω_1 /s^{-1}	$m_1\times10^{-3}$ /kg	$k_1\times10^{-3}$ /N·m^{-1}	h_1 /m	$C_1\times10^{-3}$ /N·s·m^{-1}	ω_2 /s^{-1}	$m_2\times10^{-3}$ /kg	$k_2\times10^{-3}$ /N·m^{-1}	h_2 /m	$C_2\times10^{-3}$ /N·s·m^{-1}	$m_0\times10^{-3}$ /kg	h_0 /m
0.0001	4.1385	1.1403	19.537	−0.1705	0.0111	4.7190	0.0271	0.6030	−0.7133	0.0012	1.9450	−0.3032
0.0002	4.2778	0.7328	13.409	−0.3083	0.0114	3.8842	0.2383	3.5945	0.1162	0.0050	2.1338	−0.2996
0.0004	4.1308	1.1685	19.939	−0.1619	0.0088	5.2037	0.0253	0.6859	−0.9752	0.0007	1.8944	−0.3297
0.0006	4.1606	1.2136	21.008	−0.1907	0.0084	2.3014	0.0158	0.0836	4.0663	0.0003	1.8626	−0.3237
0.0008	4.1834	1.1998	20.9983	−0.2116	0.0085	2.5995	0.0259	0.1752	2.7467	0.0004	1.8679	0.3148
0.001	4.1954	1.1834	20.8291	−0.2223	0.0086	2.7338	0.03285	0.2455	2.2877	0.0005	1.8814	−0.3094
0.002	3.9506	0.8445	13.1800	−0.0219	0.0068	5.0551	0.1255	3.2063	−0.8193	0.0020	2.1229	−0.4587
0.004	4.0653	1.1032	18.232	−0.0910	0.0072	6.3352	0.0248	1.001	−1.3960	0.0004	1.8531	−0.4739
0.006	4.1130	1.1401	19.287	−0.1320	0.0073	1.5492	0.0318	0.0764	9.2873	0.0006	1.9196	−0.4658
0.008	4.1514	1.1397	19.6415	−0.1624	0.9974	1.7446	0.0441	0.1341	6.9659	0.0007	1.9330	−0.4628
0.01	4.1697	1.1335	19.708	−0.1764	0.0074	1.8320	0.0508	0.1704	6.1578	0.0007	1.9334	0.4616
0.02	4.6391	0.7112	15.328	−0.4688	0.0057	2.8617	0.2699	2.2106	1.5205	0.0019	2.1310	−0.4067
0.04	3.2335	0.5191	5.4269	0.8233	0.0028	5.3019	0.3408	0.5788	−0.7526	0.0029	2.2531	−0.4268
0.06	3.3823	0.6731	7.7000	0.6061	0.0032	5.9950	0.1911	6.8676	−0.09503	0.0016	2.2543	0.4524
0.08	3.4556	0.7606	9.0819	0.5095	0.0035	6.6475	0.1277	5.6416	−1.0746	0.0011	2.2375	0.4667
0.1	3.4792	0.7903	9.5663	0.4795	0.0036	6.9530	0.1099	5.3105	−1.1145	0.0010	2.2291	−0.4701
0.2	3.6003	0.9473	12.279	0.3356	0.0041	7.9493	0.0487	3.0799	−0.2975	0.0001	2.1168	−0.4969
0.4	3.6203	0.9734	12.759	0.3131	0.0042	7.9435	0.0427	2.6993	−0.2187	0.0001	2.1034	−0.5055
∞	3.6468	1.0075	13.398	0.2840	0.0043	7.9572	0.0378	2.3949	−0.1456	0.0001	2.0841	−0.5114

表 6.12 球形容器中粘弹性肋板与流体耦合系统的等效力学模型参数值

$E\times10^{-4}$ /GN·cm^{-2}	ω_1 /s^{-1}	$m_1\times10^{-3}$ /kg	$k_1\times10^{-3}$ /N·m^{-1}	h_1 /m	$C_1\times10^{-3}$ /N·s·m^{-1}	ω_2 /s^{-1}	$m_2\times10^{-3}$ /kg	$k_2\times10^{-3}$ /N·m^{-1}	h_2 /m	$C_2\times10^{-3}$ /N·s·m^{-1}	$m_0\times10^{-3}$ /kg	h_0 /m
0.0001	4.5502	1.0440	21.6158	0.0423	0.0078	1.0933	0.0063	0.0075	26.092	0.0003	2.1496	−0.0821
0.0002	4.5987	1.0651	22.526	0.0049	0.0071	0.8756	0.0259	0.911	7.4953	0.0005	2.1118	−0.0818
0.0004	4.6516	1.0261	22.204	−0.0296	0.0072	2.3924	0.0557	0.3190	4.0067	0.0008	2.1072	−0.0795
0.0006	4.7195	0.9635	21.4611	−0.0718	0.0073	2.7879	0.1001	0.7781	2.5559	0.0013	2.1218	−0.0752
0.0008	4.8069	0.8741	20.1973	−0.1236	0.0072	3.1011	0.1631	1.5684	1.7818	0.0018	2.1461	−0.0718
0.001	4.8591	0.8198	19.3551	−0.1535	0.0071	3.2323	0.2001	2.1116	1.5228	0.0021	2.1604	−0.0709
0.002	4.0809	0.8570	14.201	0.4150	0.0047	6.5856	0.1180	5.1173	−0.8235	0.0015	2.1872	−0.0344
0.004	4.1570	0.9619	16.6215	0.3369	0.0048	7.8246	0.0219	1.3405	−1.6516	0.0002	2.1855	−0.0403
0.006	4.1793	0.9890	17.2745	0.3171	0.0048	2.2491	0.0158	0.0799	−7.0836	0.0004	2.2063	−0.0607
0.008	4.1866	0.9984	17.500	0.3106	0.0047	2.5556	0.0180	0.1173	−4.8303	0.0004	2.2061	−0.0711
0.01	4.1879	1.0006	17.548	0.3093	0.0047	2.6961	0.0190	0.1378	−5.3690	0.0004	2.2084	−0.755
0.02	4.1677	0.9859	17.1239	0.3249	0.0044	4.7239	0.0238	0.5284	−2.6659	0.0004	2.2167	−0.1100
0.04	4.1506	0.9689	16.6919	0.3391	0.0043	6.1307	0.0215	0.8085	−2.1207	0.0004	2.2324	−0.1206
0.06	4.1402	0.9577	16.4167	0.3478	0.0043	7.2731	0.0187	0.9899	−1.8986	0.0004	2.2449	−0.1264
0.08	4.334	0.9505	16.239	0.3536	0.0043	8.2177	0.0181	1.21487	0.6815	0.0000	2.2533	−0.1300
0.1	4.1307	0.9476	16.1688	0.3558	0.0043	8.2183	0.0183	1.2331	0.6926	0.0000	2.2569	−0.1313
0.2	4.1124	0.9261	15.6617	0.3718	0.0042	8.2225	0.0198	1.3365	0.6131	0.0000	2.2843	−0.1400
0.4	4.1080	0.9211	15.543	0.3756	0.0042	8.2237	0.020	1.3630	0.5988	0.0000	2.2871	0.1454
∞	4.1063	0.9106	15.3545	0.3828	0.0041	8.2278	0.0211	1.4270	0.5698	0.0000	2.2952	−0.1459

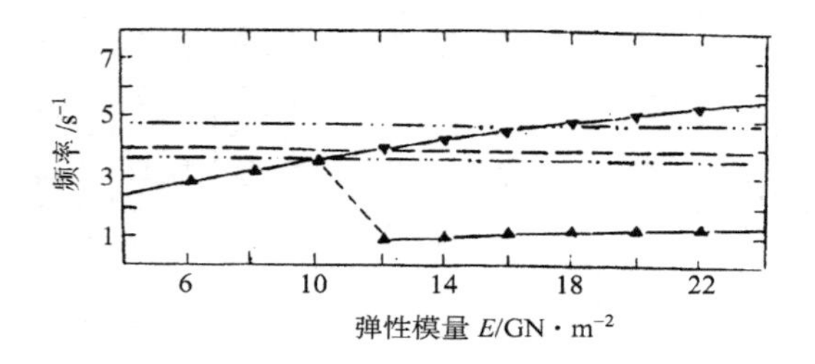

图 6.27　特征频率和主频带

▲ 隔板的第一阶特征频率　　▼ 隔板的第二阶特征频率

——— 液体晃动第一阶特征频率　—··— 耦合系统特征主频带

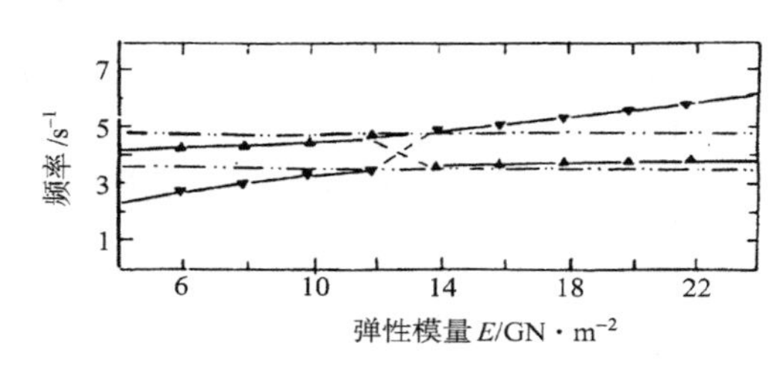

图 6.28　特征频率和主频带

▲ 耦合系统第一阶特征频率　▼ 耦合系统第二阶特征频率

—··— 耦合系统的特征主频带

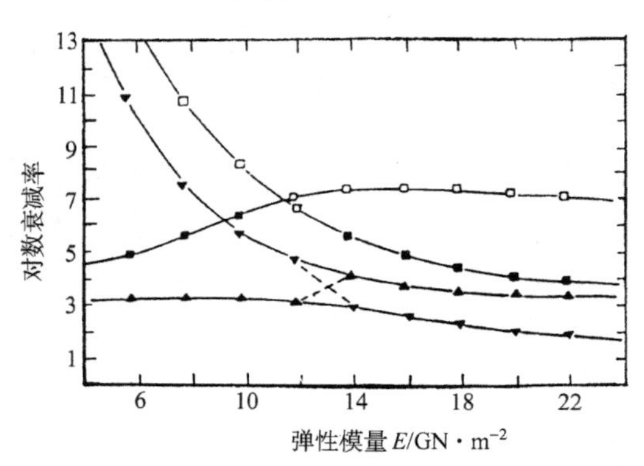

图 6.29　对数衰减率

■ 耦合系统第一阶对数衰减率　□ 耦合系统第二阶对数衰减率

▲ 液体晃动第一阶对数衰减率　▼ 液体晃动第二阶对数衰减率

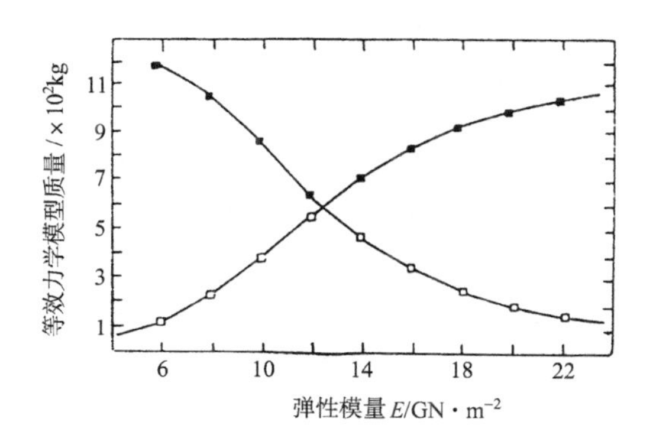

图 6.30　等效力学模型质量

■ 第一阶等效模型质量　　□ 第二阶等效模型质量

§6.6 注　　记

1. 本章针对带有网孔隔板的球形贮箱内液体的晃动问题进行了详细的分析、计算.比较表明,本章的计算结果与微重环境下考虑表面张力得到的结果能很好地衔接起来.本章结果与有关实验结果也能较好地符合.对球形空腔内液体晃动的计算结果与国外有关文献报告的结果也十分接近.

为考虑充液系统的受迫振动以及为航天器的控制系统提供仿真参数,本章还建立弹簧振子和摆两套等效力学模型.对于带有弹性防晃隔板的充液系统,由于遇到复杂的流-固耦合作用,以前仅通过实验方法来得到其等效力学模型.本章由解析法和数值方法导出了带有弹性隔板的充液系统的等效力学模型.

2. 本章还初步研究了黏弹性板的防晃效果.有关弹性板的防晃效应的实验表明,其抑制晃动的作用很显著.但有关弹性板的防晃效果的理论研究结果却不如实验结果显著.作者的研究表明,这是由于理论研究没有考虑弹性板的内阻尼.本章用小阻尼方法研究了黏弹性板与流体的耦合振动,结果表明,在一定情况下,板的内阻尼对液体晃动的抑制起主要作用.

对具有复杂内部结构的贮箱来说,在一定充液比下,会出现多自由液面的情况.本章的分析计算表明,多自由液面与单自由液面的液体晃动有着显著的差异,即在一定工况下,第二阶甚至第三阶谐振在液体晃动中起主导作用.而通常基于对单自由液面晃动的研究却认为基阶谐振在液晃中总是起决定作用的.

3. 以前国内外对液体晃动问题都做过大量的一般性和基础性的研究.但对实际应用的研究主要是针对比较简单的贮箱结构进行的.而航天器的液体燃料贮箱内部结构相当复杂,有诸如大尺度的阻尼肋板、各种形式的分室隔板等箱内元件.尤其是,本章所研究的带有网孔防晃隔板的球形贮箱,其内部结构更显得复杂.除了贮箱结构的复杂性外,实际中还会遇到复杂的流体与固体(弹性板)的耦合问题.用以往的方法去研究上述复杂结构贮箱内液体的晃动问题是很难奏效的.因此采用一种既简便通用又具有较高计算精度的数值方法是十分必要的.

本章对弹性板用经典的薄板横向振动方程描述,采用势流理论得到流体运动方程.并按微幅波动理论对自由面的边界作线性化处理,得到一线性偏微方程的初边值问题.然后进行变量分离得到一组特征值问题,最后用有限元外推及差分方法进行数值计算.有关研究表明,有限元-外推方法是可靠的、有效的,且精度令人满意.

第七章　充液系统的定性理论

§7.1 引　　言

在一般情况下,充液系统是一个分布参数系统,具有无限多自由度,其运动方程可用常微分方程和偏微分方程联合表述.所以,又称它为"混合系统"或"充液复杂系统".但在一定的条件下,当引进"等效刚体"[3]或"关于部分变量稳定性"[12]的概念以后,则可将上述问题归结为关于有限变量稳定性的研究.从而可以利用离散系统的 Lyapunov 稳定性理论的直接方法(第二方法)来研究充液系统的运动稳定性[4].

另外,Lyapunov 也曾研究过"关于旋转流体平衡位形的稳定性理论"[5],它使得一类运动稳定性的研究归结为求解某一物理量(称为"动势")的极值问题.从而称它为"动势理论".后来,Appell 还写过一本专著:《旋转均匀流体的平衡位形》,也是利用同样的方法,研究了平衡位形的稳定性问题.Rumjantsev 又将该方法推广应用于充液系统稳态运动(或相对平衡状态)稳定性的研究.这个简明有效的方法,在一定的条件下可以应用于刚性腔(或弹性腔)内全充(或半充)理想(或黏性)流体系统的稳定性研究.实践表明,应用动势理论来研究充液航天器的稳态运动稳定性,为工程设计提供了理论依据[10,11].

§7.2 离散系统的 Lyapunov 稳定性理论

7.2.1 基本概念与基本定理[118]

1. 系统的受扰运动微分方程

设动力学系统可以用非线性运动微分方程来描述，并且已化为规范形式：

$$\dot{y} = G(t, y) \tag{7.2.1}$$

式中，$y=(y_1, y_2, \cdots, y_n)^T$ 为 n 维矢量，表示运动状态；t 为时间，$\dot{y}=dy/dt$；G 为 t 和 y 的 n 维连续矢量函数；$(\cdot)^T$ 表示转置．而 $G=(G_1, G_2, \cdots, G_n)^T$ 为

$$G: I\times\Omega \rightarrow R^n, (t, y) \rightarrow G(t, y)$$

这里，R 为实数集，$I=[\tau, \infty)$，$\tau\in R$；Ω 为 n 维欧几里得空间(Euclidean Space) R^n 的连通开集(含零点)．设 G 足够光滑，使得对于每一点$(t_0, y_0)\in I\times\Omega$，微分方程(7.2.1)有惟一的解通过它，该解可表为 $y(t)=y(t;t_0, y_0)$，而其中，$y(t_0)=y_0$，t_0 为初始时刻．

研究微分方程(7.2.1)的某个特解 $y=g(t)$，如果取它为无扰运动(未受干扰的运动状态)，则与其相比较的其它的运动，就是受扰运动(受干扰的运动状态)．在这里，因为干扰力(微小的干扰因素)对运动状态的影响，仅体现在初始条件的改变上，所以无扰运动和受扰运动对应着不同的初始状态，而满足同一个运动微分方程．即，它们都是运动微分方程的解，而且在同一时刻进行比较．

引进新变量：

$$x(t) = y(t) - g(t) \tag{7.2.2}$$

其中，$g(t)$为无扰运动(即关于这个特解研究其运动稳定性)，它是已知的时间函数；$y(t)$是与无扰运动相比较的受扰运动；$x(t)$是二者的差值，称为扰动；而 $x(t_0)=x_0$，称为初扰动，t_0 为初始时刻．

因为 $g(t)$与 $y(t)$满足同一个运动微分方程(7.2.1)，则由(7.2.1)式和(7.2.2)式可得

$$\dot{x}(t) = \dot{y}(t) - \dot{g}(t) = G(t, g(t) + x(t)) - G(t, g(t)) \triangleq F(t, x)$$

或者可写为

$$\dot{x} = F(t, x) \tag{7.2.3}$$

这里 $x=(x_1, x_2, \cdots, x_n)^{\mathrm{T}}$，为 n 维矢量，且设 $F(t,0)=0$，$\forall\, t\in I=[t_0,\infty)$.扰动 $x(t)$所满足的微分方程(7.2.3)称为受扰运动微分方程.

如果受扰运动微分方程(7.2.3)的右端函数为不显含时间 t 的特殊形式 $F(x)$，则称其对应的无扰运动是定常的，或称系统是定常系统(自治系统).如果受扰运动微分方程(7.2.3)的右端函数是显含时间 t 的一般形式 $F(t, x)$，则称无扰运动是非定常的，或称系统是非定常系统(非自治系统).

2. 运动稳定性的基本定义

设已求出了系统的受扰运动微分方程(7.2.3)式：

$$\dot{x} = F(t, x), F(t,0) = 0$$

并给定一个区域：

$$Q = \{(t, x): t \geqslant t_0, \| x \| \leqslant H\} \tag{7.2.4}$$

这里,t_0, H 为正的常数；t_0 为初始时刻，而 $H\neq 0$；$\| x \| =(x_1^2 + x_2^2 + \cdots x_n^2)^{1/2}$ 为扰动矢量 x 的范数.

(1)稳定性定义(在 Lyapunov 意义下)：如果对于任何正数 $A<H$,无论它多么小,总可以选择另一个正的数 λ,当初始状态 $x(t_0)$满足 $\| x(t_0) \| \leqslant \lambda$ 时，对于所有的 $t>t_0$，$\| x(t) \| < A$ 成立,则称无扰运动稳定.反之,则不稳定.

已经看到,系统的每种运动(无扰运动和受扰运动),对应着受扰运动微分方程(7.2.3)的一个特解；其中，无扰运动对应着零解 $x=0$；因此，不失一般性，以后就研究系统受扰运动微分方程零解的稳定性问题.

(2)渐近稳定性定义：如果无扰运动是稳定的,并且 λ 可以选得如此之小,使得当 $x(t_0)$满足 $\| x(t_0) \| \leqslant \lambda$,对于 $t\rightarrow\infty$,

$\| x(t) \| \to 0$成立,则称此无扰运动是渐近稳定的.

3. 运动稳定性的基本定理

(1) V 函数的基本性质

设 $V(t,x)$是一个实变量的实函数,它在区域 Q 内是单值连续的,且 $V(t,0)=0$.

(a)常号函数:在区域 Q 内,如果对于充分大的 t_0 和充分小的 H, $V(t,x)$除可取零值外,只能取某一种符号的值,则称它为常号函数.或当 $x\neq 0$,如果 $V(t,x)\geqslant 0$,则称它为正的常号函数,简称正常;而 $V(t,x)\leqslant 0$,则称它为负的常号函数,简称负常.

(b)定号函数:如果常号函数 $V(x)$不显含时间 t,而常数 H 可选得充分小,在区域 Q 内,当且仅当 x 为零时,$V(x)$才能为零,则称它是定号函数.对于常号函数 $V(x)$,如果 $V(0)=0$,且当 $x\neq 0$ 时,$V(x)>0$,则称它是正的定号函数,简称正定;而 $V(x)<0$,称为负的定号函数,简称负定.

对于显含时间 t 的常号函数 $V(t,x)$,如果 $V(t,0)=0$,并能找到一个不显含时间 t 的正定函数 $W(x)$,使得当 $x\neq 0$ 时,$V(t,x)\geqslant W(x)$,则称为正定函数;当 $-V(t,x)\geqslant W(x)$,则称为负定函数.

(c)有界函数:如果在区域 Q 内,$|V(t,x)|$不超过某一有限数,则称 $V(t,x)$是有界函数.

如果有界函数 $V(t,x)$是这样的情况,即,对于任一正数 δ,不论它多么小,总可以找到另一个正数 λ,使得当所有 $t\geqslant t_0$ 和 $\| x \| \leqslant \lambda$时,$|V(t,x)|<\delta$ 成立,则称有界函数 $V(t,x)$具有无穷小上界.

所有不显含时间 t 的有界函数 $V(x)$,由于其连续性,都具有无穷小上界.但是显含时间 t 的函数 $V(t,x)$,即使它是有界的,也可能不具有无穷小上界.

(d)导数 $\dot{V}$的表达式:由于受扰运动微分方程(7.2.3),可以求出函数 $V(t,x)$对于时间 t 的全导数:

$$\dot{V}(t,x)=(\operatorname{grad} V(t,x))^{\mathrm{T}} F(t,x)+\frac{\partial}{\partial t} V(t,x) \qquad (7.2.5)$$

如果 $x(t)$是受扰运动微分方程(7.2.3)的解，则 $\dot{V}(t,x(t))$是函数 $V(t,x(t))$沿解的变化率.

(2) 运动稳定性的基本定理

(a)稳定性定理:对于受扰运动微分方程,如果可以找到一个定号函数 V,由于这些方程,使得它对时间 t 的全导数 $\dot{V}$成为与 V 异号的常号函数，或恒等于零，则无扰运动稳定.

(b)渐近稳定性定理:对于受扰运动微分方程，如果能够找到一个具有无穷小上界的定号函数 V，由于这些方程，使得它对时间 t 的全导数 $\dot{V}$成为与 V 异号的定号函数，则无扰运动渐近稳定.

(c)不稳定性定理:对于受扰运动微分方程,如果能够找到一个具有无穷小界的函数 V,由于这些方程,使得它对时间 t 的全导数 $\dot{V}$是定号函数,而且对于任意小的 $\|x\|$ 值和大于某个常数的任何 t 值,函数 V 的值可以与它的导数 $\dot{V}$同号,则无扰运动不稳定.

Lyapunov 曾证明过两个不稳定性定理.但它们有较大的缺点,即要求函数 V 在 Q 的全部区域内具有一定的性质.其实,对不稳定性问题的分析,只要知道函数 V 在某一部分区域内的性质就够了.Chetajev 已在其不稳定性定理中推广了它们.Chetajev 定理可表为:如果能够找到了一个 V 函数,它在区域 $V>0$ 内有界,而此区域对于任意的 $t \geq t_0$ 和绝对值任意小的变量 x 是存在的,由于受扰运动微分方程使得 $\dot{V}$在区域 $V>0$ 内是正定函数,则无扰运动不稳定.

4. 关于 V 函数的构造方法

(1) Lyapunov 定理及其它一些推广的稳定性定理,一般地说，都是给出分析系统稳定性的充分条件.它们对于线性和非线性系统、定常和非定常系统都是适用的.对于某些问题,经常要用到稳定性定理,如陀螺系统稳定性等.对于控制系统,经常用到的是渐近稳定性定理.另外,又可用不稳定性定理,来预测不稳定性的设计方案,以采取控制措施,从而避免事故的发生.

(2)凡是满足 Lyapunov 定理的函数 V,称为 Lyapunov 函数,而满足 Chetajev 定理的函数,称为 Chetajev 函数.而构造合造的函数 V,是应用第二方法(直接方法)的基础.在某些情况下,如果取系统的能量函数作为函数 V,可以得到一些简明的结论.但在一般情况下,则不成功.它是一个比能量函数更广泛的概念,可以是标量函数、矢量函数或泛函.到目前为止,还没有构造 V 函数的统一法则,只能针对某一类科学技术问题,提出一些有效的方法,如利用首次积分构造 V 函数的 Chetajev 方法,这是一类简明适用的重要方法:设受扰运动微分方程存在 m 个首次积分 $V_i=\text{const}$,由此构造加权 V 函数 $V=\sum_{i=1}^{n}\lambda_i V_i$,适当选择参数 λ_i,使得 V 成为定号函数,又由于 $\dot{V}\equiv 0$,则 V 就是 Lyapunov 函数.另外还有对控制系统构造 V 函数的 Lurie 方法,矢量 V 函数法,利用电子计算机构造 V 函数法等.当然,也可以推广已有的稳定性定理,从而减弱对所需函数条件的要求等.

(3) 运动稳定性的普遍理论已经概括了系统平衡状态的稳定性问题.例如,可以利用 Lyapunov 运动稳定性理论,来证明保守力学系统平衡状态的 Lagrange 定理,即如果势函数在平衡位置是孤立极小,则该平衡位置稳定.

一般地说,上述定理表达的是一个平衡稳定的充分条件,而不是必要条件.

7.2.2 全充无旋液体的刚体稳定性

第二章的分析表明,充满在腔内的理想无旋流体可用等效刚体完全代替,从而使充液刚体简化为等效的普通刚体(单连通腔)或陀螺体(复连通腔).设主刚体与等效刚体组成系统 $\{S\}^*$,

$(O\text{-}x_1x_2x_3)$为$\{S\}^*$的主轴坐标系，复连通腔内的液体环流形成的动量矩矢量 h 沿主轴 Ox_3 方向并保持其大小不变. $\{S\}^*$相对 Ox_3 轴对称，赤道惯量矩 $A_*=B_*$，C_*为极惯量矩. 质心 O_c 和固定点 O 都在对称轴上. OO_c 距离为 a，$\{S\}^*$的总质量为 m，重力加速度 g 沿 Ox_3^0 的负方向，$\gamma_i(i=1,2,3)$为 Ox_3^0 轴相对$(O\text{-}x_1x_2x_3)$的方向余弦(见图 7.1). 列出等效陀螺体的 Euler 方程组为

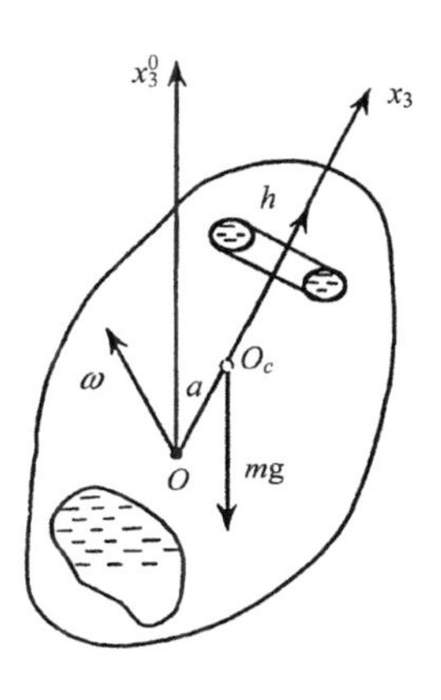

图 7.1

$$A_*\dot{\omega}_1+(C_*-A_*)\omega_2\omega_3+\omega_2 h= mga\gamma_2 \tag{7.2.6a}$$

$$A_*\dot{\omega}_2+(A_*-C_*)\omega_3\omega_1-\omega_1 h=- mga\gamma_1 \tag{7.2.6b}$$

$$C_*\dot{\omega}_3=0 \tag{7.2.6c}$$

利用(1.8.22)式列出 Ox_3^0 轴对应的 Poisson 方程组：

$$\gamma_1+\omega_2\gamma_3-\omega_3\gamma_2=0 \tag{7.2.7a}$$

$$\gamma_2+\omega_3\gamma_1-\omega_1\gamma_3=0 \tag{7.2.7b}$$

$$\gamma_3+\omega_1\gamma_2-\omega_2\gamma_1=0 \tag{7.2.7c}$$

直接积分(7.2.6c)式，得到

$$\omega_3=\text{const} \tag{7.2.8}$$

再根据(1.8.10)式、(1.8.18)式、(1.8.25)式写出其余首次积分：

$$A_*(\omega_1^2+\omega_2^2)+2mga\gamma_3=\text{const} \tag{7.2.9a}$$

$$A_*(\omega_3\gamma_1+\omega_2\gamma_2)+(C_*\omega_3+h)\gamma_3=\text{const} \tag{7.2.9b}$$

$$\gamma_1^2 + \gamma_2^2 + \gamma_3^2 = 1 \tag{7.2.9c}$$

设充液刚体的无扰运动是绕垂直的 Ox_3 轴作 ω_0 角速度的永久转动，对应的特解为

$$\omega_1^0 = \omega_2^0 = 0,\ \omega_3^0 = \omega_0,\ \gamma_1^0 = \gamma_2^0 = 0,\ \gamma_3^0 = 1 \tag{7.2.10}$$

设受扰运动解为

$$\omega_i = \omega_i^0 + \xi_i,\ \gamma_i = \gamma_i^0 + \eta_i \quad (i = 1, 2, 3) \tag{7.2.11}$$

将(7.2.11)式代入方程组(7.2.6)式和(7.2.7)式的前二式，只保留扰动的一次项，得到

$$\xi_1 = \left(1 - \frac{\widetilde{C}}{A_*}\right)\omega_0 \xi_2 + \frac{mga}{A_*}\eta_2 \tag{7.2.12a}$$

$$\xi_2 = \left(\frac{\widetilde{C}}{A_*} - 1\right)\omega_0 \xi_1 + \frac{mga}{A_*}\eta_1 \tag{7.2.12b}$$

$$\eta_1 = -\xi_2 + \omega_0 \eta_2 \tag{7.2.12c}$$

$$\eta_2 = \xi_1 - \omega_0 \eta_1 \tag{7.2.12d}$$

其中常数 $\widetilde{C}$ 定义为

$$\widetilde{C} = C_* + \frac{h}{\omega_0} \tag{7.2.13}$$

受扰运动的对应的各首次积分为

$$V_1 = A_*(\xi_1^2 + \xi_2^2) + 2mga\eta_3 = \text{const} \tag{7.2.14a}$$

$$V_2 = A_*(\xi_1\eta_1 + \xi_2\eta_2) + \widetilde{C}\omega_0\eta_3 + C_*\xi_3(1 + \eta_3) = \text{const} \tag{7.2.14b}$$

$$V_3 = \eta_1^2 + \eta_2^2 + \eta_3^2 + 2\eta_3 = 0 \tag{7.2.14c}$$

$$V_4 = \xi_3 = 0 \tag{7.2.14d}$$

作 Lyapunov 函数为

$$V = V_1 + 2\mu V_2 - \lambda_1 V_3 - 2\mu C_* V_4 + \frac{C_*^2}{A_*} V_4^2 \tag{7.2.15}$$

其中 μ 为待定常数，λ_1 定义为

$$\lambda_1 = mga + \widetilde{C}\omega_0 \mu \tag{7.2.16}$$

将(7.2.14)式代入(7.2.15)式，并合并常数项，得到

$$\begin{aligned} V = & A_*(\xi_1^2 + \xi_2^2) + 2\mu A_*(\xi_1\eta_1 + \xi_2\eta_2) - \lambda_1(\eta_1^2 + \eta_2^2) \\ & + (C_*^2 / A_*)\xi_3^2 + 2\mu C_* \xi_3\eta_3 - \lambda_1\eta_3^2 + \cdots \end{aligned} \tag{7.2.17}$$

利用 Sylvester 准则导出函数 V 的正定条件为

$$\begin{vmatrix} A_* & A_*\mu \\ A_*\mu & -\lambda_1 \end{vmatrix} = -A_* f(\mu) > 0$$

$$\begin{vmatrix} C_*^2/A_* & C_*\mu \\ C_*\mu & -\lambda_1 \end{vmatrix} = -\frac{C_*^2}{A_*} f(\mu) > 0 \tag{7.2.18}$$

其中 $f(\mu)$为 μ 的二次代数式

$$f(\mu) = A_*\mu^2 + \widetilde{C}\omega_0\mu + mga \tag{7.2.19}$$

此方程的实根条件为

$$\widetilde{C}^2\omega_0^2 - 4A_* mga > 0 \tag{7.2.20}$$

只要有实根存在，即可选择适当的 μ 使不等式(7.2.18)得到满足，因此不等式(7.2.20)即充液刚体绕垂直轴永久转动的稳定性充分条件.

作 Chetajev 函数为[6,10,118]

$$W = \xi_1 \eta_2 - \xi_2 \eta_1 \tag{7.2.21}$$

将受扰运动方程(7.2.12)代入 W 的全微分，得到

$$W = \xi_1 \eta_2 + \xi_2 \eta_2 - \xi_2 \eta_1 - \xi_2 \eta_1 = \xi_1^2 - \frac{\widetilde{C}\omega_0}{A_*} \xi_1 \eta_1 + \frac{mgl}{A_*} \eta_1^2$$

$$+ \xi_2^2 - \frac{\widetilde{C}\omega_0}{A_*} \xi_2 \eta_2 + \frac{mga}{A_*} \eta_2^2 + \cdots \tag{7.2.22}$$

W 的正定条件也可根据 Sylvester 准则导出

$$\begin{vmatrix} 1 & -\dfrac{\widetilde{C}\omega_0}{2A_*} \\ -\dfrac{\widetilde{C}\omega_0}{2A_*} & \dfrac{mga}{A_*} \end{vmatrix} = -\frac{1}{4A_*^2}(\widetilde{C}^2 \omega_0^2 - 4A_* mga) > 0 \tag{7.2.23}$$

由于 W 存在正号区域，故以上不等式成立时运动必不稳定，从而证明条件(7.2.20)也是稳定性的必要条件．对于只带单连通腔或带复体通腔但环量为零的特殊情形，$h=0$，条件(7.2.20)转化为周知的 Lagrange 情形在刚体永久转动稳定性的必要和充分条件，或所谓 Maijevskiy 条件：

$$C_*^2 \omega_0^2 - 4A_* mga > 0 \tag{7.2.24}$$

还可选择另一种 V 函数：

$$V = V_1 - 2\omega_0 V_2 + \lambda_2 V_3 + \frac{\mu}{4} V_3^2 + 2C_* \omega_0 V_4 + C_* V_4^2 \tag{7.2.25}$$

其中 μ 为待定常数，λ_2 定义为

$$\lambda_2 = \widetilde{C}\omega_0^2 - mga \tag{7.2.26}$$

将(7.2.14)式代入(7.2.25)式并合并常数项，得到

$$\begin{aligned} V = & A_*(\xi_1^2 + \xi_2^2) - 2A_*\omega_0(\xi_1\eta_1 + \xi_2\eta_2) + \lambda_2(\eta_1^2 + \eta_2^2) \\ & + C_*\xi_3^2 - 2C_*\omega_0\xi_3\eta_3 + (\lambda_2 + \mu)\eta_3^2 + \cdots \end{aligned} \tag{7.2.27}$$

利用 Sylvester 准则导出 V 函数的正定条件为

$$\begin{vmatrix} A_* & -A_*\omega_0 \\ -A_*\omega_0 & \lambda_2 \end{vmatrix} = A_*[(\widetilde{C} - A_*)\omega_0^2 - mga] > 0 \tag{7.2.28a}$$

$$\begin{vmatrix} C_* & -C_*\omega_0 \\ -C_*\omega_0 & \lambda_2 + \mu \end{vmatrix} = C_*(h\omega_0 - mga + \mu) > 0 \tag{7.2.28b}$$

适当选择常数 μ 使满足 $\mu>(mga - h\omega_0)$，则条件(7.2.28b)必满足，从而导出稳定充分条件为

$$(\widetilde{C} - A_*)\omega_0^2 - mga > 0 \tag{7.2.29}$$

与(7.2.20)不同，此条件不是稳定性必要条件，对于 $h=0$ 的特殊情形，(7.2.29)简化为 Lagrange 情形重刚体的稳定性充分条件：

$$(C_* - A_*)\omega_0^2 - mga > 0 \tag{7.2.30}$$

7.2.3 椭球腔内全充有旋流体的刚体稳定性

充满在椭球腔内的理想流体作均匀涡旋运动时，可将其旋量 Ω 的投影 Ω_i ($i=1,2,3$)作为广义速度而实现离散化，设刚体及椭球腔都相对 Ox_3 轴对称，则系统 $\{S\}^*$ 亦为轴对称，$a_1 = a_2$，

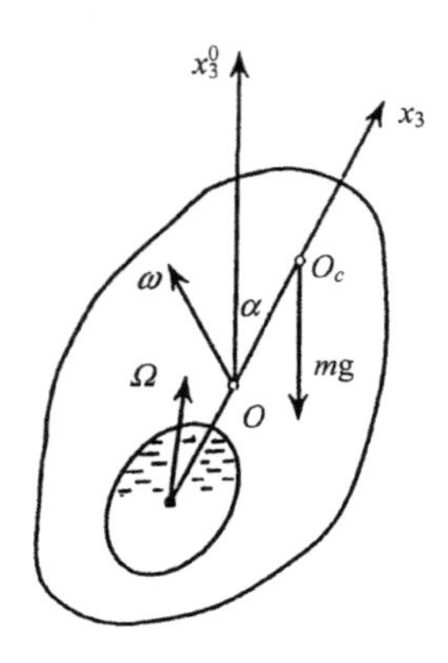

图 7.2

$A_*=B_*$, $A'=B'$, 刚体在重力场内，质心 O_c 和固定点 O 都在对称轴上，OO_c 距离为 a(见图 7.2). 此系统除存在几何积分(7.2.9c)以及与轴对称陀螺体类似的角速度积分(7.2.8)式以外，还存在能量积分及面积积分，后者可利用(3.5.4)式、(3.5.11)式写出：

$$A_*(\omega_1^2+\omega_2^2)+C_*\omega_3^2+A'(\Omega_1^2+\Omega_2^2)+C'\Omega_3^2+2mga\gamma_3=\text{const} \tag{7.2.31a}$$

$$(A_*\omega_1+A'\Omega_1)\gamma_1+(A_*\omega_2+A'\Omega_2)\gamma_2+(C_*\omega_3+C'\Omega_3)\gamma_3=\text{const} \tag{7.2.31b}$$

作均匀涡旋运动的流体还存在 Helmholtz 涡量守恒积分(3.4.6)式

$$\lambda_1^2(\Omega_1^2+\Omega_2^2)+\Omega_3^2=\text{const} \tag{7.2.31c}$$

设充液刚体的无扰运动是主刚体与腔内液体以不同角速度 ω_0 及 Ω_0 绕 Ox_3 轴作永久转动，考虑到流体的旋转运动通常由刚体的旋转所引起，$\Omega_0\leqslant\omega_0$. 无扰运动对应的特解为

$$\omega_1^0=\omega_2^0=0,\ \omega_3^0=\omega_0,\ \Omega_1^0=\Omega_2^0=0,\ \Omega_3^0=\Omega_0$$
$$\gamma_1^0=\gamma_2^0=0,\ \gamma_3^0=1 \tag{7.2.32}$$

设受扰运动解为

$$\omega_i=\omega_i^0+\xi_i,\ \Omega_i=\Omega_i^0+\eta_i,\ \gamma_i=\gamma_i^0+\zeta_i\quad(i=1,2,3) \tag{7.2.33}$$

将(7.2.33)式代入首次积分(7.2.31)式和(7.2.9c)式，得到

$$V_1 = A_*(\xi_1^2 + \xi_2^2) + C_*(\xi_3^2 + 2\omega_0\xi_3) + A'(\eta_1^2 + \eta_2^2)$$

$$+ C'(\eta_3^2 + 2\Omega_0\eta_3) + 2mga\zeta_3 = \text{const} \qquad (7.2.34a)$$

$$V_2 = (A_*\xi_1 + A'\eta_1)\zeta_1 + (A_*\xi_2 + A'\eta_2)\zeta_2 + [C_*(\omega_0 + \xi_3)$$

$$+ C'(\Omega_0 + \eta_3)]\zeta_3 + C_*\xi_3 + C'\eta_3 = \text{const} \qquad (7.2.34b)$$

$$V_3 = \zeta_1^2 + \zeta_2^2 + \zeta_3^2 + 2\zeta_3 = 0 \qquad (7.2.34c)$$

$$V_4 = \lambda_1^2(\eta_1^2 + \eta_2^2) + \eta_3^2 + 2\Omega_0\eta_3 = \text{const} \qquad (7.2.34d)$$

作 Lyapunov 函数为

$$V = V_1 - 2\omega_0 V_2 + \lambda_1 V_3 + \lambda_2 V_4 + \frac{\mu}{4}V_3^2$$

$$= A_*(\xi_1^2 + \xi_2^2) - 2A_*\omega_0(\xi_1\zeta_1 + \xi_2\zeta_2) + (A' + \lambda_2\lambda_1^2)\cdot(\eta_1^2 + \eta_2^2)$$

$$- 2A'\omega_0(\eta_1\zeta_1 + \eta_2\zeta_2) + \lambda_1(\zeta_1^2 + \zeta_2^2)$$

$$+ C_*\xi_3^2 - 2C_*\omega_0\xi_3\zeta_3 + (C' + \lambda_2)\eta_3^2 - 2C'\omega_0\eta_3\zeta_3$$

$$+ (\lambda_1 + \mu)\zeta_3^2 + \cdots \qquad (7.2.35)$$

其中 μ 为待定常数，λ_1，λ_2 定义为

$$\lambda_1 = (C_*\omega_0 + C'\Omega_0)\omega_0 - mga,\ \lambda_2$$

$$= (C'/\Omega_0)(\omega_0 - \Omega_0) \qquad (7.2.36)$$

利用 Sylvester 准则建立 V 函数的正定条件

$$\begin{vmatrix} A_* & 0 & -A_*\omega_0 \\ 0 & A' + \lambda_2\lambda_1^2 & -A'\omega_0 \\ -A_*\omega_0 & -A'\omega_0 & \lambda_1 \end{vmatrix} > 0 \qquad (7.2.37a)$$

$$\begin{vmatrix} C_* & 0 & -C_*\omega_0 \\ 0 & C'+\lambda_2 & -C'\omega_0 \\ -C_*\omega_0 & -C'\omega_0 & \mu+\lambda_1 \end{vmatrix} > 0 \qquad (7.2.37b)$$

整理后为

$$\left[A'+C'\lambda^2\left(\frac{\omega_0}{\Omega_0}-1\right)\right][(C_*-A_*)\omega_0^2$$

$$+C'\omega_0\Omega_0-mga]-A'^2\omega_0^2>0 \qquad (7.2.38a)$$

$$(C'+\lambda_2)(\mu+\lambda_1-C_*\omega_0^2)-C'^2\omega_0^2>0 \qquad (7.2.38b)$$

适当选择常数 μ 可使条件(7.2.38b)式得到满足，因此(7.2.38a)式就是充液刚体自旋稳定性的充分条件.

作为特例,如 $\Omega_0=\varepsilon$, ε 为接近于零的微量,则以下不等式满足时条件(7.2.38a)式亦必满足：

$$(C_*-A_*)\omega_0^2-mga>\delta(\varepsilon) \qquad (7.2.39)$$

$\delta(\varepsilon)$为依赖于 ε 的小正数.当 $\varepsilon\to 0$ 时流体运动接近于无旋,条件(7.2.39)亦接近于充液无旋流体的重刚体稳定条件(7.2.30)式.

液体与刚体同步旋转是另一种特例,$\Omega_0=\omega_0$,条件(7.2.38a)式亦化为与(7.2.30)式类似的重刚体稳定性条件，须将惯量张量 J_* 用主刚体及凝固液体的总惯量张量 J 所代替，即

$$(C-A)\omega_0^2-mga>0 \qquad (7.2.40)$$

其中

$$C=C_*+C'=C_1+C_2,\ A=A_*+A'=A_1+A_2 \qquad (7.2.41)$$

§7.3 充液混合系统的 Lyapunov 稳定性理论

7.3.1 混合系统的 Lyapunov 稳定性

讨论由刚体及流体组成的混合系统，设 $q_i(i=1,\cdots,n)$为刚体部分的广义坐标，$V_j(j=1,2,3)$，p 为流体部分流场中各点的速度和压强.用常微分方程与偏微分方程共同描述的此系统存在一组与无扰运动相对应的特解：

$$q_i=f_i(t),\ \dot{q}_i=f'_i(t)\quad(i=1,\cdots,n)$$

$$V_j=F_j(P,t)\qquad(j=1,2,3),\ p=F_4(P,t)\tag{7.3.1}$$

满足给定的初始条件：

$$q_{i0}=f_i(t_0),\dot{q}_{i0}=f'_i(t_0)\quad(i=1,\cdots,n)$$

$$V_j=F_j(P,t_0)\qquad(j=1,2,3),\ p=F_4(P,t_0)\tag{7.3.2}$$

如起始时刻系统受到扰动使起始条件产生微小变化：

$$q_{i0}=f_i(t_0)+\varepsilon_i,\dot{q}_{i0}=f'_i(t_0)+\varepsilon'_i\quad(i=1,\cdots,n)$$

$$V_j=F_j(P,t_0)+\varepsilon_j(P)\qquad(j=1,2,3),$$

$$p=F_4(P,t_0)+\varepsilon_4(P)\tag{7.3.3}$$

其中扰动 $\varepsilon_i,\varepsilon'_i$为实常数，$\varepsilon'_i(P)(i=1,\cdots,4)$为实连续函数，此受扰后的初始条件完全确定系统的受扰运动解：

$$q_i=f_i(t)+z_i(t),\dot{q}_i=f'_i(t)+z'_i(t)\quad(i=1,\cdots,n)$$

$$V_j=F_j(P,t)+W_j(P,t)\qquad(j=1,2,3)$$

$$p=F_4(P,t)+W_4(P,t)\tag{7.3.4}$$

如对于给定的 $2n+4$ 个任意小正数 $L_i(i=1,\cdots,2n+4)$，都能找到足够小的 $2n+4$ 个正数 $E_i(i=1,\cdots,2n+4)$，使满足条件

$$|\varepsilon_i| \leqslant E_i, \ |\varepsilon_i'| \leqslant E_{n+i}$$

$$|\varepsilon_j| \leqslant E_{2n+j} \quad (i=1,\cdots,n;j=1,\cdots,4) \qquad (7.3.5)$$

的任何扰动 $\varepsilon_i, \varepsilon'_i, \varepsilon_j$ 在超过 t_0 的任何时刻 t 都满足以下不等式:

$$|z_i| < L_i, \ |z_i'| < L_{n+i}, \ |W_j| < L_{2n+j} \quad (i=1,\cdots n;j=1,\cdots 4) \qquad (7.3.6)$$

则系统的无扰运动稳定，反之为不稳定.

7.3.2 对于部分变量的 Lyapunov 稳定性

按上述严格的稳定性定义对混合系统进行分析十分困难，通常只能在极有限范围内得到解答.考虑到工程技术中的实际问题一般只对主刚体的稳定性有兴趣,研究腔内流体运动规律的最终目的也在于找出它对主刚体稳定性的影响.因此可以规定一组泛函

$$P_s(s=1,\cdots,m): P_s=\int_\tau \Phi_s(x_1,x_2,x_3,v_1,v_2,v_3)\mathrm{d}\tau \qquad (7.3.7)$$

其中 $\Phi_s(x_1,x_2,x_3,\boldsymbol{v}_1,\boldsymbol{v}_2,\boldsymbol{v}_3)$为实连续有界函数，此有限个泛函 P_s 作为表征流体运动的特征量，它必须能对主刚体的运动产生明显影响，例如可选择流体的动量、动量矩、动能或质心位置作为此特征量.无限自由度的连续介质离散化为有限个变量 P_s 以后，系统的稳定性即近似地转化为系统对于 $q_i(i=1,\cdots,n)$和 P_s $(s=1,\cdots,m)$的稳定性，即对于部分变量的稳定性，其稳定性定义完全类似于§7.2 中对离散系统的稳定性定义.§7.2 中关于离散系统的 Lyapunov 稳定性定理和 Chetajev 不稳定性定理都可用来判别混合系统对于部分变量的稳定性[10, 12].

7.3.3 腔内全充黏性流体的刚体稳定性

讨论任意形状单连通腔内充满黏性流体的刚体运动，刚体

相对 Ox_3 轴对称，质心和定点都在对称轴上，a，m，g，γ_i（$i=1,2,3$）的定义都与 7.2.2 节相同（见图 7.3）. 引入矢量 Ω，定义为

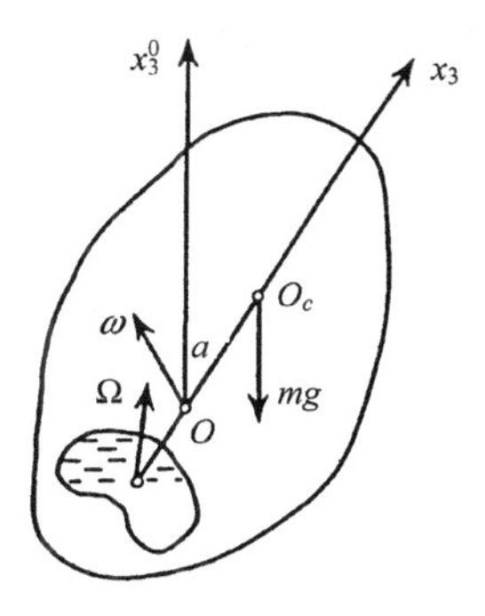

图 7.3

$$\Omega_1 = \frac{H_{21}}{A_2}, \Omega_2 = \frac{H_{22}}{A_2},$$

$$\Omega_3 = \frac{H_{23}}{C_2} \tag{7.3.8}$$

Ω 的物理意义是假设腔内液体凝固为刚体并以 Ω 角速度转动时，其动量矩恰好等于液体的实际动量矩 $\boldsymbol{H}_2$，设充液刚体的无扰运动是主刚体连同凝固的液体绕垂直的 Ox_3 轴作角速度为 ω_0 的同步永久转动，对应于以下特解：

$$\omega_1^0 = \omega_2^0 = 0, \omega_3^0 = \omega_0, \quad \gamma_1^0 = \gamma_2^0 = 0, \gamma_3^0 = 1$$

$$\Omega_1^0 = \Omega_2^0 = 0, \Omega_3^0 = \Omega_0, \quad u_1^0 = u_2^0 = u_3^0 = 0 \tag{7.3.9}$$

讨论此无扰运动对于部分变量 ω_i，γ_i，Ω_i（$i=1,2,3$）的稳定性.设受扰运动解为

$$\omega_i = \omega_i^0 + \xi_i, \gamma_i = \gamma_i^0 + \eta_i, \Omega_i = \Omega_i^0 + \zeta_i \quad (i = 1,2,3) \tag{7.3.10}$$

定义 $\boldsymbol{u}$ 为流体中各点相对刚体化液体的相对速度

$$\boldsymbol{u} = \boldsymbol{v} - \Omega \times \boldsymbol{r} \tag{7.3.11}$$

在未扰运动中 $\boldsymbol{u}=0$.根据 Ω 的定义可推知，在受扰运动中出现的 $\boldsymbol{u}$ 不影响液体的动量矩，但计算液体部分的受扰运动动能时必须增加相对速度 $\boldsymbol{u}$ 所产生的动量增量，

$$2T_2 = A_2(\Omega_1^2 + \Omega_2^2) + C_2\Omega_3^2 + \rho\int_V u^2 \mathrm{d}V \tag{7.3.12}$$

刚体部分的动能为

$$2T_1 = A_1(\omega_1^2 + \omega_2^2) + C_1\omega_3^2 \tag{7.3.13}$$

将(7.3.10)式代入(7.3.12)式和(7.3.13)式，定出系统受扰运动的总能量，以 V_1 的函数表示：

$$\begin{aligned} V_1 = 2(T_1 + T_2 + \Pi) = & A_1(\xi_1^2 + \xi_2^2) + C_1(2\omega_0\xi_3 + \xi_3^2) \\ & + A_2(\zeta_1^2 + \zeta_2^2) + C_2(2\omega_0\zeta_3 + \zeta_3^2) + 2mga\eta_3 \\ & + \rho\int_V u^2 \mathrm{d}V + \cdots \end{aligned} \tag{7.3.14}$$

由于黏性摩擦的耗散作用不存在能量积分，但可断定 V_1 随时间不断减小

$$\frac{\mathrm{d}V_1}{\mathrm{d}t} < 0 \tag{7.3.15}$$

考虑液体黏性时系统仍存在几何积分(7.2.9c)式以及与(7.2.31b)式类似的面积积分：

$$\begin{aligned} & (A_1\omega_1 + A_2\Omega_1)\gamma_1 + (A_1\omega_2 + A_2\Omega_2)\gamma_2 \\ & + (C_1\omega_3 + C_2\Omega_3)\gamma_3 = \text{const} \end{aligned} \tag{7.3.16}$$

将(7.3.10)式代入(7.3.16)式、(7.2.9)式，得到

$$\begin{aligned} V_2 = & (A_1\xi_1 + A_2\zeta_1)\eta_1 + (A_1\xi_2 + A_2\zeta_2)\eta_2 + (C_1 + C_2)\omega_0\eta_3 \\ & + (C_1\xi_3 + C_2\zeta_3)(1 + \eta_3) = \text{const} \end{aligned} \tag{7.3.17}$$

$$V_3 = \eta_1^2 + \eta_2^2 + \eta_3^2 + 2\eta_3 = 0 \tag{7.3.18}$$

建立以下 V 函数：

$$V = V_1 - 2\omega_0 V_2 + \lambda_1 V_3 + \frac{\mu}{4}V_3^2 \tag{7.3.19}$$

其中 μ 为待定常数，λ_1 定义为

$$\lambda_1 = C\omega_0^2 - mga \tag{7.3.20}$$

将(7.3.14)式、(7.3.17)式、(7.3.18)式代入(7.3.19)式并合并常数项，得到

$$\begin{aligned} V = & A_1(\xi_1^2 + \xi_2^2) - 2\omega_0 A_1(\xi_1\eta_1 + \xi_2\eta_2) + \frac{\lambda_1}{2}(\eta_1^2 + \eta_2^2) \\ & + C_1\xi_3^2 - 2\omega_0 C_1\xi_3\eta_3 + \lambda_1\eta_3^2 + A_2(\zeta_1^2 + \zeta_2^2) \\ & - 2\omega_0 A_2(\zeta_1\eta_1 + \zeta_2\eta_2) + \frac{\lambda_1}{2}(\eta_1^2 + \eta_2^2) + C_2\zeta_3^2 \\ & - 2\omega_0 C_2\zeta_3\eta_3 + \mu\eta_3^2 + \rho\int_V u^2 \mathrm{d}V + \cdots \end{aligned} \tag{7.3.21}$$

利用 Sylverster 准则导出 V 函数的正定条件为

$$\frac{1}{2}(C\omega_0^2 - mga) - A_1\omega_0^2 > 0 \tag{7.3.22a}$$

$$\frac{1}{2}(C\omega_0^2 - mga) - A_2\omega_0^2 > 0 \tag{7.3.22b}$$

$$C_2\omega_0^2 - mga > 0 \tag{7.3.22c}$$

$$\mu - C_2\omega_0^2 > 0 \tag{7.3.22d}$$

将(7.3.22a)式与(7.3.22b)式相加，(7.3.22c)式与(7.3.22d)式相加，合并为

$$(C - A)\omega_0^2 - mga > 0 \tag{7.3.23a}$$

$$\mu - mga > 0 \tag{7.3.23b}$$

选择常数 μ 使满足 $\mu > mga$，则条件(7.3.23b)式满足.由于 V 沿受扰运动解的时间导数 $\dot{V}$ 是负常号函数，因此条件(7.3.23a)式即为系统无扰运动对于部分变量 ω_i，γ_i，Ω_i（$i=1,2,3$）的稳定性充分条件.与条件(7.2.30)式相比，其区别仅在于将主刚体与等效刚体的合惯量矩 A_*，C_* 换成主刚体与凝固在腔内的液体的

合惯量矩 A, C.

作为一种特例,如充液刚体的质心与定点相重合,无外力矩作用,则 $a=0$, 由条件(7.3.23a)式导出

$$C > A \tag{7.3.24}$$

即系统绕最大惯量矩主轴的永久转动稳定，这与第三章中的结论一致.

7.3.4 旋转充液系统稳定性和非线性动力系统分析

应用 Lyapunov-Rumjantsev 部分变量稳定性理论，分析旋转充液系统的非线性稳定性，得出其稳定性的充分条件.在 Stewartson-Wedemeyer-Murphy 关于系统内部流体惯性波振动产生共振不稳定理论(简称 SWM 理论)的基础上，应用全局分叉理论的 Melnikov 方法，分析了旋转充液系统非线性角运动的动力学行为[128, 231].

1. 力学问题的基本表述

对于充液弹丸系统，引入下列坐标系:①速度坐标系 $Ox_cy_cz_c$ (又称为弹道坐标系);②弹轴坐标系 $Ox_Ay_Az_A$;③弹体坐标系 $Oxyz$.它们之间的几何关系如图 7.4 所示.其中弹轴系由系统相

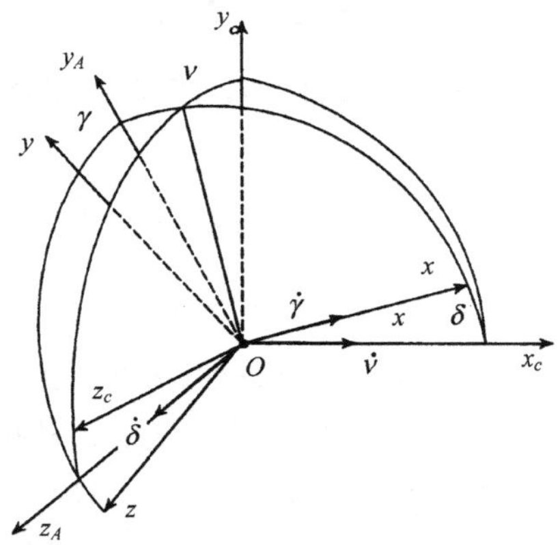

图 7.4

对于速度系做章动和进动得到，弹体系由系统围绕弹轴的自转得到.图中 δ, ν 和 γ 即分别表示章动角、进动角和自转角.本节将系统的运动微分方程投影到弹轴坐标系.弹轴系相对于速度系的角速度为 $\omega=\dot{\delta}+\dot{\nu}$.设 x, y 和 z 轴与系统对质心的中心惯量主轴相重合，A 代表极转动惯量，B, C 为横向转动惯量(几何轴对称形有 $B=C$)，系统的动量矩表示为

$$H=\begin{bmatrix} A\omega_x+H_{2x} \\ B\omega_{yA}+H_{2yA} \\ B\omega_{zA}+H_{2zA} \end{bmatrix} \tag{7.3.25}$$

其中

$$\omega_x=\dot{\gamma}+\omega_{xA},\ \omega_{xA}=\dot{\nu}\cos\delta,\ \omega_{yA}=-\dot{\nu}\sin\delta,\ \omega_{zA}=\dot{\delta}$$

$$\left.\begin{aligned} H_{2x}&=\rho\int_\tau[(y_A^2+z_A^2)\omega_x-xy_A\omega_{yA}-xz_A\omega_{zA}+y_Au_3-z_Au_2]\,\mathrm{d}\tau \\ H_{2xA}&=\rho\int_\tau[(x^2+z_A^2)\omega_{yA}-xy_A\omega_y-y_Az_A\omega_{zA}+z_Au_1-x_Au_3]\,\mathrm{d}\tau \\ H_{2zA}&=\rho\int_\tau[(x^2+y_A^2)\omega_{zA}-xz_A\omega_x-y_Az_A\omega_{yA}+xu_2-y_Au_1]\,\mathrm{d}\tau \end{aligned}\right\} \tag{7.3.26}$$

u_1, u_2, u_3 分别为液体相对速度 $\boldsymbol{u}$ 在 x, y_A, z_A 轴上的投影，ρ 为液体的密度.则动量矩方程的分量形式为

$$A\dot{\omega}_x+\dot{H}_{2x}+H_{2zA}\omega_{yA}-H_{2yA}\omega_{zA}=M_x \tag{7.3.27}$$

$$B\dot{\omega}_{yA}+A\omega_x\omega_{zA}-B\omega_{zA}\omega_{xA}+\dot{H}_{2yA}+H_{2x}\omega_{zA}-H_{2zA}\omega_{xA}=M_{yA} \tag{7.3.28}$$

$$B\dot{\omega}_{zA}+A\omega_{yA}\omega_{xA}-A\omega_z\omega_{yA}+\dot{H}_{2zA}+H_{2yA}\omega_{xA}-H_{2z}\omega_{yA}=M_{zA} \tag{7.3.29}$$

其中 M_x, M_{yA}, M_{zA} 为空气动力矩在 x, y_A, z_A 轴上的投影.液体的相对运动方程为

$$\frac{\mathrm{d}\boldsymbol{u}}{\mathrm{d}t}+2\omega\times\boldsymbol{u}+\frac{\mathrm{d}\omega}{\mathrm{d}t}\times\boldsymbol{r}=\boldsymbol{f}-\frac{1}{\rho}\nabla p_n+\frac{\mu}{\rho}\Delta\boldsymbol{u} \tag{7.3.30}$$

$$\nabla\cdot\boldsymbol{u}=0 \tag{7.3.31}$$

式中 $\boldsymbol{r}$ 为液体质点矢径，$p_n=p-\frac{\rho}{2}(\omega\times\boldsymbol{r})^2$，$p$ 为液体压力，μ 为液体的动力黏度，$\boldsymbol{f}$ 为液体的质量力.液体运动应满足的边界条件表示为(见本书第一章)

$$\boldsymbol{u}=0,\qquad \text{在 } S_w \text{ 上} \tag{7.3.32}$$

$$\frac{\partial F}{\partial t}+(\boldsymbol{u}\cdot\nabla)F=0,\qquad \text{在 } S_f \text{ 上} \tag{7.3.33}$$

$$(p\boldsymbol{I}-\mu\boldsymbol{S})\cdot\boldsymbol{n}_f=-p_0\boldsymbol{n}_f,\qquad \text{在 } S_f \text{ 上} \tag{7.3.34}$$

其中 $\boldsymbol{I}$ 为单位张量，$\mu\boldsymbol{S}$ 为黏性应力张量，p_0 是自由液面上的气体压力，$\boldsymbol{n}_f$ 表示自由液面的法向矢量，$F=F(\boldsymbol{r},t)=0$ 为自由液面方程.

(7.3.27)式～(7.3.34)式组成了旋转充液非线性系统的模型.为了研究这个系统的运动稳定性问题的方便,可进一步假设系统所受的空气动力仅有正弦俯仰力矩的作用,即 $M_x=M_{yA}=0$，$M_{zA}=\alpha\sin\delta$，α 代表俯仰力矩系数,而系统内部液体为无黏的，$\mu=0$.取广义坐标 γ,ν,δ,x,y_A 和 z_A，则系统的动能为

$$\begin{aligned}T&=\frac{1}{2}\left[A\omega_x^2+B\omega_{yA}^2+B\omega_{zA}^2+H_{2x}\omega_x+H_{2yA}\omega_{yA}+H_{2zA}\omega_{zA}\right]\\&\quad+\frac{\rho}{2}\int_\tau(u_1^2+u_2^2+u_3^2)\mathrm{d}\tau\\&=\frac{1}{2}\left[A(\dot\gamma+\dot\nu\cos\delta)^2+B(\dot\nu^2\sin^2\delta+\dot\delta^2)+H_{2x}(\dot\gamma+\dot\nu\cos\delta)\right.\\&\quad\left.-H_{2yA}\dot\nu\sin\delta+H_{2zA}\dot\delta\right]+\frac{\rho}{2}\int_\tau(u_1^2+u_2^2+u_3^2)\mathrm{d}\tau\end{aligned} \tag{7.3.35}$$

同时由 Lagrange 方程还可证明 γ,ν 为循环坐标,有循环积分(即两个面积积分)

$$A(\gamma+\dot{\nu}\cos\delta)+H_{2x}=\beta_\gamma \tag{7.3.36}$$

$$A(\gamma+\dot{\nu}\cos\delta)\cos\delta+B\dot{\nu}\sin^2\delta+H_{2x}\cos\delta-H_{2yA}\sin\delta=\beta_\nu \tag{7.3.37}$$

系统本身还存在能量积分

$$T+\Pi=C,\Pi=a\cos\delta \tag{7.3.38}$$

若考虑速度方向 x_c 在弹轴坐标系的投影,有关系

$$\gamma_1^2+\gamma_2^2=1 \tag{7.3.39}$$

这里 $\gamma_1=\cos\delta,\gamma_2=-\sin\delta$ 称为速度轴在弹轴系的方向余弦,并且有

$$\frac{\mathrm{d}\gamma_1}{\mathrm{d}t}=\gamma_2\omega_{zA},\frac{\mathrm{d}\gamma_2}{\mathrm{d}t}=-\gamma_1\omega_{zA} \tag{7.3.40}$$

2. 关于运动的稳定性

根据 Rumjantsev 部分变量稳定性理论[12],可从上述守恒关系(7.3.36)式~(7.3.39)式出发来研究系统的运动稳定性.系统的无扰运动是指,当 $\nu,\dot{\nu},\delta,\dot{\delta}$ 都为零时,系统所具有的运动,即

$$\left.\begin{aligned}&\omega_x=\gamma,\omega_{yA}=\omega_{zA}=0,\gamma_1=1,\gamma_2=0\\&H_{2x}=A_L\gamma,H_{2yA}=H_{2zA}=0,u_1=u_2=u_3=0\end{aligned}\right\} \tag{7.3.41}$$

其中 A_L 为固化液体的极转动惯量,记 $G=A_L\gamma$,则有 $A\gamma+G=C_2,\beta_\gamma=\beta_\nu=C_2,A\gamma^2+A_L\gamma^2+a=C_1$.系统的受扰运动通过引入扰动变量

$$
\left.\begin{array}{c}
\omega_x = \gamma + \xi,\ \omega_{yA} = \eta,\ \omega_{zA} = \zeta \\
H_{2x} = G + h_x,\ H_{2yA} = h_y,\ H_{2zA} = h_z \\
\gamma_1 = 1 + Z_1,\ \gamma_2 = Z_2 \\
u_1 = u_1,\ u_2 = u_2,\ u_3 = u_3
\end{array}\right\} \tag{7.3.42}
$$

来给出，扰动运动方程为

$$
A\xi + \dot{h}_x = 0 \tag{7.3.43}
$$

$$
B\eta + (A\gamma + G)\zeta + (A\xi + h_x)\zeta - (B\zeta + h_z)\xi + \dot{h}_y = 0 \tag{7.3.44}
$$

$$
B\xi + (B\eta + h_y)\xi - (A\gamma + G)\eta - (A\xi + h_y)\eta + \dot{h}_z = -aZ_2 \tag{7.3.45}
$$

$$
Z_1 = Z_2\zeta \tag{7.3.46}
$$

$$
Z_2 = -\zeta - Z_2\zeta \tag{7.3.47}
$$

和液体运动方程(7.3.30)式、(7.3.31)式.另外还可将能量积分写为

$$
\frac{1}{2}\left[A\omega_x^2 + B(\omega_{yA}^2 + \omega_{zA}^2) + \frac{H_{2x}^2}{A_L} + \frac{H_{2yA}^2}{B_L} + \frac{H_{2zA}^2}{B_L}\right]
$$

$$
+ \frac{\rho}{2}\int_\tau (\boldsymbol{v}_1^{*2} + \boldsymbol{v}_2^{*2} + \boldsymbol{v}_3^{*2})\mathrm{d}\tau + a\gamma_1 = C \tag{7.3.48}
$$

其中 $\boldsymbol{v}^*$ 满足关系 $\rho\int_\tau \boldsymbol{r}\times\boldsymbol{v}^*\mathrm{d}\tau=0$, B_L 为固化液体的横向转动惯量.

根据 Chetajev 方法[10,118]，可由系统的 4 个首次积分(7.3.36)式～(7.3.39)式来构造 Lyapunov 函数.令 $V_1 + C_1$ 表示能量积分，$V_2 + C_2$, $V_3 + C_3$ 表示面积积分，$V_4 + 1$ 表示方向余弦积分,则可得到以 $\xi, \eta, \zeta, h_x, h_y, h_z, Z_1, Z_2, \boldsymbol{v}_1^*, \boldsymbol{v}_2^*, \boldsymbol{v}_3^*$ 为变

量的表达式

$$V_1 = A(\xi^2 + 2\gamma\zeta) + B(\eta^2 + \zeta^2) + \frac{2Gh_x + h_x^2}{A_L}$$

$$+ \frac{1}{B_L}(h_y^2 + h_x^2) + \rho\int_\tau \boldsymbol{v}^{*2}\mathrm{d}\tau + 2aZ_1 \qquad (7.3.49)$$

$$V_2 = A\xi + h_x \qquad (7.3.50)$$

$$V_3 = (A\gamma + G)Z_1 + (A\xi + h_x) + (A\xi + h_x)Z_1$$

$$+ (\beta\eta + h_y)Z_2 \qquad (7.3.51)$$

$$V_4 = Z_1^2 + 2Z_1 + Z_2^2 \qquad (7.3.52)$$

由此，即可构造出 Lyapunov 函数

$$V = V_1 + \lambda_2 V_2 + \lambda_3 V_3 + \lambda_4 V_4 \qquad (7.3.53)$$

其中 $\lambda_2, \lambda_3, \lambda_4$ 为待定系数，消去其中的一次项，可得出关系

$$\lambda_2 = -(2\gamma + \lambda_3),\ \lambda_4 = -\frac{1}{2}[2a + \lambda_3(A\gamma + G)] \qquad (7.3.54)$$

而使其二次型正定，则需选取参数 λ_3，得出条件

$$(A + A_L)\gamma^2 > 4a \qquad (7.3.55)$$

$$(A + A_L)^2\gamma^2 > 4a(B + B_L) \qquad (7.3.56)$$

这里(7.3.55)式、(7.3.56)式是保证 V 函数正定的条件．由于 V 函数对时间 t 的全导数 V 是恒等于零的，因此根据 Lyapunov 稳定性定理可知，当系统参数满足条件(7.3.55)式、(7.3.56)式时，无扰运动就在 Lyapunov 意义下稳定．

然而，充液弹丸系统有以下失稳情况，即在低黏度液体下的共振不稳定性[163,170,215]，而对于高黏度，则陀螺稳定将破坏[4,118]．

3．旋转充液系统非线性角运动的全局分叉分析

SWM 理论直接求解液体运动的方程(7.3.30)式～(7.3.34)

式，其中先将液体运动放在速度系中，弹丸的角运动影响通过边界条件体现，变换(7.3.33)式为一非齐次形式.液体对系统的反作用力矩为

$$\boldsymbol{M}_L = \rho\oint_s \boldsymbol{r}\times\left[p\boldsymbol{n}-\frac{\mu}{\rho}(\boldsymbol{n}\cdot\nabla)\boldsymbol{u}\right]\mathrm{d}S = (M_{Lx}, M_{LyA}, M_{LzA})$$

$$M_{Lx} = m_L\tilde{a}^2\gamma\omega C_{LRM}K^2\mathrm{e}^{\mathrm{i}2\omega t}$$

$$M_{LyA}+\mathrm{i}M_{LzA} = m_L\tilde{a}^2\gamma\omega[C_{LSM}+\mathrm{i}C_{LIM}]K^2\mathrm{e}^{\mathrm{i}\omega t}$$

$$M_{LzA} = m_L\tilde{a}^2\gamma\omega K[C_{LSM}\sin\omega t + C_{LIM}\cos\omega t]$$

其中，m_L 为液体质量，$\tilde{a}$ 为圆柱形容腔的半径，$K=\sin\delta$，ω 为液体振动频率.$C_{LRM}=-C_{LSM}$ 称为滚转力矩系数，C_{LSM} 为侧力矩系数，C_{LIM} 称为相面力矩系数，它们均为 ω、容腔尺寸、充液比以及液体黏性等参数的函数,具体结果见文献[215].为了说明问题,这里增加考虑作用在攻角摆动方向的赤道阻尼力矩的影响,即 $M_z=BV_0^2k_z\sin\delta-BV_0k_{zz}\dot{\delta}$，$k_{zz}$ 为赤道阻尼力矩特征数，V_0 为 O 点的速度.

由(7.3.36)式、(7.3.37)式可令

$$\beta_\gamma - H_{2x} = \beta_{\gamma L} \tag{7.3.57}$$

$$\beta_\nu - H_{2x}\cos\delta + H_{2yA}\sin\delta = \beta_{\nu L} \tag{7.3.58}$$

代入(7.3.27)式～(7.3.31)式，得

$$B\ddot{\delta}+\frac{\beta_{\gamma L}(\beta_{\nu L}-\beta_{\gamma L}\cos\delta)}{B\sin\delta}-\frac{(\beta_{\nu L}-\beta_{\gamma L}\cos\delta)^2\cos\delta}{B\sin^3\delta}$$
$$= BV_0^2k_z\sin\delta - BV_0k_{zz}\dot{\delta} + M_{LzA} \tag{7.3.59}$$

即攻角 δ 的非线性摆动方程.进一步将式(7.3.59)中的强非线性项在零点 $\delta=\dot{\delta}=\nu=\dot{\nu}=0$ 的附近做 Taylor 展开，并注意到零点处有

$$\beta_\gamma = \beta_\nu = A\gamma,\ H_{2x} = A_L\gamma,\ H_{2yA} = H_{2zA} = 0 \tag{7.3.60}$$

保留到 $o(\delta^5)$阶，方程(7.3.59)式变为

$$\ddot{\delta}+[\alpha\omega_n^2-\sigma_p C_L\sin(\omega t+\theta_0)/V_0]\delta$$

$$-[\beta\omega_n^2-\sigma_p C_L\sin(\omega t+\theta_0)/6V_0]\delta^3=-D_f\delta/V_0 \qquad (7.3.61)$$

其中

$$\omega_n=\sqrt{\beta_\gamma^2/4B^2-V_0^2k_z} \qquad (7.3.62)$$

$$\left.\begin{aligned}\alpha\omega_n^2&=\left(\frac{\beta_\gamma^2}{4B^2}-\frac{\beta_\gamma A_L\gamma}{2B^2}-V_0^2k_z\right)>0\\ \beta\omega_n^2&=\frac{1}{6}\left(\frac{43\beta_\gamma^2}{4B^2}-\frac{\beta_\gamma A_L\gamma}{4B^2}-V_0k_z\right)>0\end{aligned}\right\} \qquad (7.3.63)$$

$$\left.\begin{aligned}&\sigma_p=m_L\tilde{a}^2\gamma\omega V_0/B,\ D_f=V_0^2k_{zz}\\ &C_L\ \sqrt{C_{LSM}^2+C_{LIM}^2},\ \theta_0=\mathrm{arc\ tan}(C_{LIM}/C_{LSM})\end{aligned}\right\} \qquad (7.3.64)$$

ω_n 为(7.3.59)式线性化无阻尼方程中的弹丸攻角摆动频率，式(7.3.61)即为旋转充液系统弱非线性参数激励模型.这样可应用全局分叉理论方法[63, 231]来分析其动力学行为.

首先可根据工程设计情况,取参数 $\varepsilon=1/V_0\approx10^{-3}<<1$,令

$$x_1=\delta,\quad x_2=\delta,\quad \theta=\omega t+\theta_0$$

将式(7.3.61)变为

$$\left.\begin{aligned}\dot{x}_1&=x_2\\ \dot{x}_2&=-\alpha\omega_n^2x_1+\beta\omega_n^2x_1^3+\varepsilon[\sigma_pC_L\sin\theta(x_1-x_1^3/6)-D_fx_2]\\ \theta&=\omega\end{aligned}\right\}$$

$$(7.3.65)$$

这里$(x_1, x_2, \theta)\in T^1\times R^1\times T^1$，$T$ 代表以 2π 为周期的环，R 代表实数.当 $\varepsilon=0$ 时，显然对(x_1, x_2)分量有 Hamilton 函数

$$H=\frac{x_2^2}{2}+\frac{\alpha\omega_n^2}{2}x_1^2-\frac{\beta\omega_n^2}{4}x_1^4 \tag{7.3.66}$$

故在 x_1-x_2-θ 的整个相空间中(7.3.65)式有双曲周期轨道

$$\begin{aligned}\boldsymbol{M}&=[\bar{x}_1,\bar{x}_2,\theta(t)]=\left(\sqrt{\alpha/\beta},0,\omega t+\theta_0\right)\\&=\left(-\sqrt{\alpha/\beta},0,\omega t+\theta_0\right)\end{aligned} \tag{7.3.67}$$

该双曲周期轨道由一对异宿轨连接

$$\begin{aligned}&[\bar{x}_{1h}^{\pm}(t),\bar{x}_{2h}^{\pm}(t),\theta(t)]\\&=\left[\pm\sqrt{\frac{\alpha}{\beta}}\tanh\left(\sqrt{\frac{\alpha}{2}}\omega_n t\right),\pm\frac{\alpha\omega_n}{2}\sqrt{\frac{2}{\beta}}\operatorname{sech}^2\left(\sqrt{\frac{\alpha}{2}}\omega_n t\right),\omega t+\theta_0\right]\end{aligned} \tag{7.3.68}$$

“+”表示 $x_2>0$ 时的轨线，“−”表示 $x_2<0$ 时的轨线，其中(x_1，x_2)的分量由 $H=\alpha^2\omega_n^2/4\beta$ 的平面曲线求得.对 $\varepsilon\neq0$ 的系统，(7.3.65)式也存在双曲周期轨道，记作 M_ε 及其稳定流形 $W^s(M_\varepsilon)$和不稳定流形 $W^u(M_\varepsilon)$.再计算 Melnikov 函数如下[63,73]

$$\begin{aligned}&M^{\pm}(t_0,\theta_0,\sigma_p C_L,D_f,\omega)\\&=\int_{\infty}^{\infty}x_{2h}^{\pm}(t)\left\{\sigma_p C_L\left[x_{1h}^{\pm}(t)-\frac{1}{6}x_{1h}^{\pm3}(t)\right]\right.\\&\qquad\left.\times\sin[\omega(t+t_0)+\theta_0]-D_f x_{2h}^{\pm}(t)\right\}\mathrm{d}t\\&=\frac{\sigma_p C_L\pi\omega^2}{\beta\omega_n^2}\operatorname{csch}\left(\frac{\pi\omega}{\omega_n\sqrt{2\alpha}}\right)\cos(\omega t_0+\theta_0)\\&\qquad-\frac{\sigma_p C_L\alpha\pi\omega^2}{9\beta^2\omega_n^2}\left(1-\frac{3\omega^2}{4\alpha\omega_n^2}\right)\operatorname{csch}\left(\frac{\pi\omega}{\omega_n\sqrt{2\alpha}}\right)\cos(\omega t_0+\theta_0)\\&\qquad-\frac{2D_f\alpha\sqrt{2\alpha}\omega_n}{3\beta}\end{aligned} \tag{7.3.69}$$

由(7.3.69)式可得出 $W^s(M_\varepsilon)$与 $W^u(M_\varepsilon)$横截相交的条件.令

$$R^0(\omega)=\frac{2\omega_n^3\alpha\sqrt{2\alpha}}{3\pi\omega^2}\cdot\frac{\sinh\left(\dfrac{\pi\omega}{\omega_n\sqrt{2\alpha}}\right)}{1-\dfrac{\alpha}{9\beta}\left(1-\dfrac{3\omega^2}{4\alpha\omega_n^2}\right)} \tag{7.3.70}$$

则可知横截面 $\sum^{\theta_0}$ 上相应的 Poincaré 映射上双曲不动点的稳定流形与不稳定流形的横截相交性，结论[231]：①当 $\sigma_p C_L/D_f>R^0(\omega)$时，$M^{\pm}(t_0)$有无穷多个简单零点存在，即稳定流形与不稳定流形横截相交，存在 Smale 马蹄映像.② $\sigma_p C_L/D_f<R^0(\omega)$时，$W^s(P^\varepsilon)\cap W^u(P^\varepsilon)=0$,即稳定流形与不稳定流形永远不相交,其中 P^ε 代表 $\varepsilon\neq0$ 时的双曲不动点.③当 $\sigma_p C_L=D_f R^0(\omega)$时，存在二次异宿相切分叉轨道.

由上述分析可知,系统的运动在内部液体惯性波动振动的激励下,将变得非常复杂.因此,Smale 马蹄存在的必要条件即为 $\sigma_p C_L/D_f>R^0(\omega)$,或写为

$$\frac{m_L\tilde{a}^2\gamma}{BV_0k_{zz}}\sqrt{C_{LSM}^2+C_{LIM}^2}>\frac{2\omega_n^3\alpha\sqrt{\alpha}\sinh\left(\dfrac{\pi\omega}{\omega_n\sqrt{2\alpha}}\right)}{3\pi\omega^3\left[1-\dfrac{\alpha}{9\beta}\left(1-\dfrac{3\omega^2}{4\alpha\omega_n^2}\right)\right]} \tag{7.3.71}$$

由上述分析得出以下结论：

(1)旋转充液弹丸作为一个非线性复杂系统，其稳定性设计，首先应满足非线性的稳定性条件(7.3.55)式和(7.3.56)式.

(2)在系统内部液体的惯性波振动的激励下，系统的运动不仅会产生共振不稳定性，而且可能产生更为复杂的运动，甚至浑沌的出现.

(3)在系统出现共振不稳定后，是否经过一系列分叉现象[63,73]，导致浑沌运动，还有待于今后深入研究.

§7.4 大系统加权 V 函数法与充液系统的稳定性

我们是在前人研究的基础上提出了解决力学问题的大系统加权 V 函数方法[98]，其基本的思想是：首先把某类力学系统视为“一个大系统”，然后再按某种物理意义来适当地分块解耦、构造加权 V 函数，最后再进行稳定性的综合分析.

本节在表述了“大系统加权 V 函数方法”以后，即分别举例说明该方法在空腔充液混合系统中的应用.可以看到，本方法对于解决一类非线性工程技术问题是简便有效的.

7.4.1 大系统方法

设一类力学系统经过必要的变换以后，可以得到系统的受扰运动微分方程[99]：

$$Z = AZ + H \tag{7.4.1}$$

其中 $Z=(x_1,\cdots,x_n)^{\mathrm{T}}$ 为 n 维状态向量，A 为 $n\times n$ 常矩阵，经适当排列以后，其形式为

$$A = \begin{bmatrix} 0 & A_{12} & 0 \\ A_{21} & 0 & 0 \\ 0 & 0 & 0 \end{bmatrix}$$

在这里，A_{12} 为 $k\times l$ 阵，A_{21} 为 $l\times k$ 阵，左上方为 k 阶零方阵，右下方为 m 阶零方阵，从而有 $k+l+m=n$. H 为只含有二次项的 $n\times 1$ 阵，它相应地被划分为 h_1,h_2,h_3，即 $H=(h_1^{\mathrm{T}},h_2^{\mathrm{T}},h_3^{\mathrm{T}})^{\mathrm{T}}$，$h_1$，$h_2,h_3$ 分别为 k 维，l 维，m 维向量. Z 也相应地被划分为 $Z=(Z_1^{\mathrm{T}},Z_2^{\mathrm{T}},Z_3^{\mathrm{T}})^{\mathrm{T}}$，其中 $Z_1=(x_1,\cdots,x_k)^{\mathrm{T}}$，$Z_2=(x_{k+1},\cdots,x_{k+l})^{\mathrm{T}}$，$Z_3=(x_{k+l+1},\cdots,x_n)^{\mathrm{T}}$.并假设 H 不包含 Z_1,Z_2,Z_3 三个向量内本身元素的乘积项，例如 x_1x_2 或 $x_{k+1}x_{k+2}$ 诸项.而 h_1,h_2,h_3 不

包含有相应向量 Z_1, Z_2, Z_3 的元素与其它向量元素的乘积项，例如在 h_1 中不含 $x_1, \cdots, x_k$ 与其它元素的乘积项.我们把系统方程改写为

$$\begin{cases} Z_1 = A_{12} Z_2 + h_1 \\ Z_2 = A_{21} Z_1 + h_2 \\ Z_3 = h_3 \end{cases} \tag{7.4.2}$$

我们把力学系统(7.4.2)视为“一个大系统”，其中三个方程表征三个子系统；而对于每个子系统均相应地加上一项再减去同一项，则系统(7.4.2)式划分成解耦子系统：

$$Z_i = - Z_i \quad (i = 1,2,3) \tag{7.4.3}$$

以及对应的耦合函数：$A_{12} Z_2 + h_1 + Z_1$，$A_{21} Z_1 + h_2 + Z_2$，$h_3 + Z_3$.

下面将对(7.4.3)式的三个解耦子系统分别作出试验 V 函数：$V_1 = \frac{1}{2} Z_1^{\mathrm{T}} D Z_1$，$V_2 = \frac{1}{2} Z_2^{\mathrm{T}} E Z_2$，$V_3 = \frac{1}{2} Z_3^{\mathrm{T}} F Z_3$，其中选取 D，E，F 分别为 k，l，m 阶对称方阵.由于解耦子系统的受扰运动微分方程(7.4.3)，可得 V_i 对时间的全导数 $\dot{V}_i = (\mathrm{grad}\ V_i)^{\mathrm{T}} Z_i = -(\mathrm{grad}\ V_i)^{\mathrm{T}} Z_i (i=1,2,3)$.从而可知，如果满足条件 $D>0$，$E>0$，$F>0$，则解耦子系统的无扰运动是渐近稳定的.如果再选取 $V = V_1 + V_2 + V_3$，作为整个系统(7.4.2)式的试验 V 函数，由于受扰运动微分方程(7.4.2)式，它对时间的全导数为

$$\begin{aligned} V = \sum_{i=1}^{3} (\mathrm{grad}\ V_i)^{\mathrm{T}} Z_i = & Z_1^{\mathrm{T}} (D A_{12} + A_{21}^{\mathrm{T}} E) Z_2 \\ & + Z_1^{\mathrm{T}} D h_1 + Z_2^{\mathrm{T}} E h_2 + Z_3^{\mathrm{T}} F h_3 \end{aligned} \tag{7.4.4}$$

显然，只要能找到上述的 D，E，F，使得：$\dot{V} \equiv 0$，则系统(7.4.2)式的无扰运动是稳定的.

将 D，E，F 的元素作为待定系数代入关系式(7.4.4)，展开

后可得到一个由二次项与三次项组成的和式.要使其为零,则需要二次项与三次项的系数均为零.从而可确定系数稳定性的条件.

7.4.2 全充液对称椭球旋转的稳定性

关于充满理想液体的椭球腔(腔壁的厚度不计)绕其对称轴旋转的稳定性问题，Kelvin 等人作过研究；Lamb 在 Poincaré 工作的基础上，利用线性化方程求出特征值的方法，得到这类问题的稳定条件是 $c/a<1$,或者 $c/a>3$，而 $1<c/a<3$ 则不稳定[74].Zhak 用三个首次积分，按照 Chetajev 方法也做了这个问题.由于火箭和空腔充液卫星自旋稳定性研究的需要,人们对于空腔充液混合系统稳定性的研究有了较大的兴趣.Parks 利用另外三个不变量，重新构造了试验 V 函数,也获得相同的结果[98].而利用本节所提出的方法,对于一类非线性系统,可以避开寻找不变量而得出同样的结论.

考虑一个对称椭球腔,其三个半轴分别为 a, b, c,腔内充满了理想液体.设系统的质量为 m,而 p, q, r 为壳体的瞬时角速度在三个惯量主轴上的投影；p_1, q_1, r_1 为液体相对于壳体的角速度在三个惯量主轴上的投影.系统的动能可写为

$$2T = Ap^2 + Bq^2 + Cr^2 + A_1 p_1^2 + B_1 q_1^2 + C_1 r_1^2 + 2Fpp_1 + 2Gqq_1 + 2Hrr_1$$

其中 A, B, C 为系统的主惯性矩；A_1, B_1, C_1, F, G, H 为仅对液体而取的.此时,可以写出系统的运动方程以及 Helmhotz 方程[98]：

$$\frac{\mathrm{d}}{\mathrm{d}t}\frac{\partial T}{\partial p} - r\frac{\partial T}{\partial q} + q\frac{\partial T}{\partial r} = L$$

$$\frac{\mathrm{d}}{\mathrm{d}t}\frac{\partial T}{\partial q} - p\frac{\partial T}{\partial r} + r\frac{\partial T}{\partial p} = M$$

$$\frac{\mathrm{d}}{\mathrm{d}t}\frac{\partial T}{\partial r}-q\frac{\partial T}{\partial p}+p\frac{\partial T}{\partial q}=N$$

$$\frac{\mathrm{d}}{\mathrm{d}t}\frac{\partial T}{\partial p_1}+r_1\frac{\partial T}{\partial q_1}-q_1\frac{\partial T}{\partial r_1}=0$$

$$\frac{\mathrm{d}}{\mathrm{d}t}\frac{\partial T}{\partial q_1}+p_1\frac{\partial T}{\partial r_1}-r_1\frac{\partial T}{\partial p_1}=0$$

$$\frac{\mathrm{d}}{\mathrm{d}t}\frac{\partial T}{\partial r_1}+q_1\frac{\partial T}{\partial p_1}-p_1\frac{\partial T}{\partial q_1}=0$$

其中 L, M, N 为外力主矩；当其全为零时可得

$$\left\{\begin{aligned}
&A\dot{p}+F\dot{p}_1-Bqr-Grq_1+Cqr+Hqr_1=0\\
&B\dot{q}+G\dot{q}_1-Cpr-Hpr_1+Apr+Frp_1=0\\
&C\dot{r}+H\dot{r}_1-Apq-Fqp_1+Bpq+Gpq_1=0\\
&A_1\dot{p}_1+F\dot{p}+B_1q_1r_1+Gqr_1-C_1q_1r_1-Hrq_1=0\\
&B_1\dot{q}_1+G\dot{q}+C_1p_1r_1+Hrp_1-A_1p_1r_1-Fqr_1=0\\
&C_1\dot{r}_1+H\dot{r}+A_1p_1q_1+Fpq_1-B_1p_1q_1-Gqp_1=0
\end{aligned}\right.\tag{7.4.5}$$

由于仅考查对称情况：$a=b$, $A=B$, $A_1=B_1$, $C_1=H$, $F=G$,则从(7.4.5)的第三式和第六式可得 $\dot{r}=0$.

当壳体质量不计时，有：$A=A_1$, $B=B_1$, $C=C_1$,经过计算可得 $A=B=\frac{1}{5}m(a^2+c^2)$, $C=H=\frac{2}{5}ma^2$, $F=G=\frac{2}{5}mac$.

取系统的稳态运动作为无扰运动：$p=0$, $q=0$, $r=\omega=\text{const}$, $p_1=0$, $q_1=0$, $r_1=0$;则受扰运动为：$p=p$, $q=q$, $r=r_0+\omega$, $p_1=p_1$, $q_1=q_1$, $r_1=r_1$,将其代入(7.4.5)式后可得受扰运动微分方程：

$$
\begin{cases}
A\dot{p}+F\dot{p}_1+(C-B)\omega q+(C-B)qr_0-G\omega q_1-Gr_0q_1+Hqr_1=0\\
B\dot{q}+G\dot{q}_1+(A-C)\omega p+(A-C)pr_0-Hpr_1+F\omega p_1+Fr_0p_1=0\\
H\dot{r}_1-Fqp_1+Gpq_1=0\\
A\dot{p}_1+F\dot{p}+(B-C)q_1r_1+Gqr_1-H\omega q_1-Hr_0q_1=0\\
B\dot{q}_1+G\dot{q}+(C-B)p_1r_1+H\omega p_1+Hr_0p_1-Fpr_1=0\\
\dot{r}_0=0
\end{cases}
\tag{7.4.6}
$$

引进比值 $\lambda=\dfrac{c}{a}$，可得$\dfrac{A}{C}=\dfrac{B}{C}=\dfrac{1+\lambda^2}{2}$，$H=C$，$\dfrac{F}{C}=\dfrac{G}{C}=\lambda$.
从而由(7.4.6)式得出

$$
\begin{cases}
\dot{p}=-b(1-\lambda^2)qr-b(1-\lambda^2)\omega q+2dqr_1+2cr_0q_1+2c\omega q_1+a(\lambda^2-1)q_1r_1\\
\dot{p}_1=a(1-\lambda^2)\omega q+a(1-\lambda^2)qr_0-2d\omega q_1-2cqr_1-2dr_0q_1-b(\lambda^2-1)q_1r_1\\
\dot{q}=-b(\lambda^2-1)pr_0-b(\lambda^2-1)\omega p-2dpr_1-2crp_1-2c\omega p_1+a(1-\lambda^2)p_1r_1\\
\dot{q}_1=a(\lambda^2-1)\omega p+a(\lambda^2-1)pr_0+2cpr_1+2dr_0p_1+2d\omega p_1-b(1-\lambda^2)p_1r_1\\
\dot{r}_1=-\lambda pq_1+\lambda qp_1\\
\dot{r}_0=0
\end{cases}
\tag{7.4.7}
$$

其中

$$
a=\frac{2\lambda}{(1-\lambda^2)^2},\quad b=\frac{1+\lambda^2}{(1-\lambda^2)^2}
$$

$$
c=b\lambda-a=\frac{-\lambda}{1-\lambda^2},\quad d=a\lambda-b=\frac{-1}{1-\lambda^2}\tag{7.4.8}
$$

按照本节的方法，可以验证：(7.4.7)式完全符合(7.4.1)式的

全部假设.并经过适当排列有

$$A_{12}=\begin{bmatrix}-b(1-\lambda^2)\omega & 2c\omega\\ a(1-\lambda^2)\omega & -2d\omega\end{bmatrix}$$

$$A_{21}=\begin{bmatrix}b(1-\lambda^2)\omega & -2c\omega\\ -a(1-\lambda^2)\omega & 2d\omega\end{bmatrix}\tag{7.4.9}$$

从而

$$Z=(p,p_1,q,q_1,r_0,r_1)^{\mathrm{T}},k=l=m$$

$$h_1=\begin{bmatrix}-b(1-\lambda^2)qr+2dr_1q+2cr_0q_1+a(\lambda^2-1)q_1r_1\\ a(1-\lambda^2)qr_0-2cqr_1-2dr_0q_1-b(\lambda^2-1)q_1r_1\end{bmatrix}$$

$$h_2=\begin{bmatrix}-b(\lambda^2-1)pr_0-2dpr_1-2cr_0p_1+a(1-\lambda^2)p_1r_1\\ a(\lambda^2-1)qr_0+2cpr_1+2dr_0p_1-b(1-\lambda^2)p_1r_1\end{bmatrix}$$

$$h_3=\begin{bmatrix}-\lambda pq_1+rqp_1\\ 0\end{bmatrix}$$

如前所述，对于(7.4.7)式作试验函数：

$$V=\frac{1}{2}Z_1^{\mathrm{T}}DZ_1+\frac{1}{2}Z_2^{\mathrm{T}}EZ_2+\frac{1}{2}Z_3^{\mathrm{T}}FZ_3$$

其中 $Z_1=(p,p_1)^{\mathrm{T}},Z_2=(q,q_1)^{\mathrm{T}},Z_3=(r_0,r_1)^{\mathrm{T}}$;而 D,E,F 为二阶对称常阵.由受扰运动微分方程得

$$V=Z_1^{\mathrm{T}}(DA_{12}+A_{21}^{\mathrm{T}}E)Z_2+Z_1^{\mathrm{T}}Dh_1+Z_2^{\mathrm{T}}Eh_2+Z_3^{\mathrm{T}}Fh_3\tag{7.4.10}$$

同样令

$$D=\begin{bmatrix}D_{11} & D_{12}\\ D_{21} & D_{22}\end{bmatrix},\quad E=\begin{bmatrix}E_{11} & E_{12}\\ E_{21} & E_{22}\end{bmatrix},\quad F=\begin{bmatrix}F_{11} & F_{12}\\ F_{21} & F_{22}\end{bmatrix}$$

并代入(7.4.10)式，则得 9 个待定系数.由(7.4.9)式可知 $A_{12}=-A_{21}$，则在 $D=E$ 的情况下,要使二次项的系数全为零，方程只有一个.由于方程式之间存在线性关系,因此要三次项的系数全为零,方程有两个.对于三个方程选择六个待定系数是可能的.经过计算,该三个方程为

$$\begin{cases} 2\omega c D_{11}-[2d+b(\lambda^2-1)]\omega D_{12}+a(\lambda^2-1)\omega D_{22}=0 \\ 2cD_{11}-[2d+b(\lambda^2-1)]D_{12}+a(\lambda^2-1)D_{22}-\lambda F_{12}=0 \\ a(\lambda^2-1)D_{11}-[2d+b(\lambda^2-1)]D_{12}+2cD_{22}-\lambda F_{11}=0 \end{cases} \tag{7.4.11}$$

由(7.4.11)式的前两个方程得 $F_{12}=0$，再考虑到 $a(\lambda^2-1)=2c=\frac{-2\lambda}{1-\lambda^2}$,可得

$$F_{11}=0$$

$$2cD_{11}-[2d+b(\lambda^2-1)]D_{12}+a(\lambda^2-1)D_{22}=0$$

将(7.4.8)式代入上式可求得

$$\frac{-2\lambda}{1-\lambda^2}D_{11}+\frac{3+\lambda^2}{1-\lambda^2}D_{12}-\frac{2\lambda}{1-\lambda^2}D_{22}=0$$

现令 $D_{11}=D_{22}=\lambda^2+3$，则有 $D_{12}=4\lambda$.从而

$$D=E=\begin{bmatrix}\lambda^2+3 & 4\lambda \\ 4\lambda & \lambda^2+3\end{bmatrix},\quad F=0$$

要求 D,E 为正定阵，则有$(\lambda^2+3)^2-16\lambda^2>0$，或有 $\lambda^2<1,\lambda^2>9$;由于 $F=0$，按照部分变量稳定性定理[12]，该系统对于变量 p，p_1，q，q_1 是稳定的.

我们的结论与用 Chetajev 方法所得的结果完全相同.然而在这里并不需要求出混合系统的不变量.可以看到,本节提出的大系

统加权 V 函数方法是简明有效的.

§7.5 充液系统稳定性的动势理论[10-12]

7.5.1 液体在自旋刚体内的动势

对于腔内液体不充满的充液刚体，其运动规律比全充满情形复杂得多.设充液刚体在均匀重力场中作稳态永久转动，q_1，…，q_n 为确定主刚体位置的 n 个广义坐标,其中 q_n 为绕定轴 Ox_3^0 的转角.设体积力与 Ox_3^0 轴平行而不构成对该轴的外力矩，q_n 为循环坐标,系统对 Ox_3^0 的总动量矩守恒而存在面积积分：

$$H_3 = \boldsymbol{H} \cdot \boldsymbol{e}_3^0 = \text{const} \tag{7.5.1}$$

除了定坐标系和动坐标系以外，还建立了坐标系($O\text{-}x_2'\ x_2'\ x_3'$)，它以角速度 ω 绕与 Ox_3^0 重合的 Ox_3'轴旋转(见图 7.5).定义 $\boldsymbol{J}$ 为

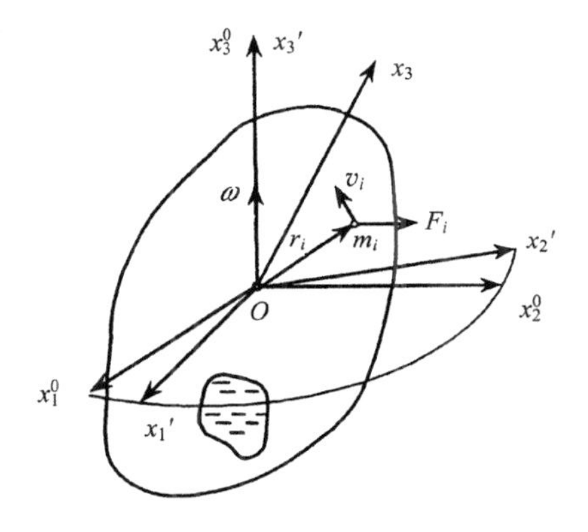

图 7.5

凝固为刚体的系统相对 Ox_3^0 轴的惯量矩,选择角速度 ω 使其与 J 的乘积恰好等于动量矩 H_3

$$\omega = \frac{H_3}{J}, J = \sum_i m_i (x_{i1}^{02} + x_{i2}^{02}) \tag{7.5.2}$$

ω 的物理意义是：设系统凝固为刚体并以 ω 角速度绕 Ox_3^0 轴转动时，其动量矩恰好等于系统的实际动量矩．设系统的无扰运动是主刚体连同凝固的流体绕 Ox_3^0 轴作角速度为 ω_0 的同步永久转动，则此无扰运动对应的 ω 值应等于 ω_0，即此时$(O\text{-}x_1'\,x_2'\,x_3')$应与主刚体相固结，对应的面积积分(7.5.1)式写作

$$J_0\,\omega_0 = k_0 \tag{7.5.3}$$

其中 J_0 为系统做无扰运动时相对 Ox_3^0 的惯量矩，k_0 为无扰运动的面积积分常数．

定义 $\boldsymbol{u}_i$ 为组成系统的第 i 质点相对$(O\text{-}x_1'\,x_2'\,x_3')$的速度：

$$\boldsymbol{u}_i = \boldsymbol{v}_i - \omega \times \boldsymbol{r}_i \tag{7.5.4}$$

在无扰运动中 $\omega = \omega_0$，$\boldsymbol{u}_i = 0$．在受扰运动中由于主刚体偏离$(O\text{-}x_1'\,x_2'\,x_3')$而改变系统的质量分布，产生相对$(O\text{-}x_1'\,x_2'\,x_3')$的广义速度 $\dot{q}_1,\cdots,\dot{q}_{n-1}$，并引起液体质点的相对流动 $\boldsymbol{u}_i$，根据 ω 的定义可以推知，在受扰运动中出现的 $\boldsymbol{u}_i$ 不影响系统相对 Ox_3^0 轴的动量矩 H，面积积分为

$$J\omega = k \tag{7.5.5}$$

k 为受扰运动的面积积分常数．相对速度 $\boldsymbol{u}_i$ 使系统的动能 T 产生增量 $T^{(1)}$：

$$T = \frac{1}{2}J\omega^2 + T^{(1)},\ T^{(1)} = \frac{1}{2}\sum_i m_i[\boldsymbol{u}_i^2 + 2\,\omega \cdot (\boldsymbol{r}_i \times \boldsymbol{u}_i)] \tag{7.5.6}$$

在保守力场内存在能量积分，可利用(7.5.5)式写作

$$\frac{1}{2}J\omega^2 + T^{(1)} + \Pi = \frac{k^2}{2J} + T^{(1)} + \Pi = \text{const} \tag{7.5.7}$$

利用虚位移原理列出系统的动力学方程

$$\sum_i (m_i \ddot{\boldsymbol{r}}_i - \boldsymbol{F}_i) \cdot \delta \boldsymbol{r}_i = 0 \qquad (7.5.8)$$

$\boldsymbol{F}$ 为第 i 质点上的外力，如保守力场的势函数为 Π，则有

$$-\sum_i \boldsymbol{F}_i \cdot \delta \boldsymbol{r}_i = \delta \Pi \qquad (7.5.9)$$

讨论系统作稳态运动时液体相对($O\text{-}x'_1 x'_2 x'_3$)的平衡条件.令

$$\ddot{\boldsymbol{r}}_i = -\omega_0^2 (x_{i1}^0 \boldsymbol{e}_1^0 + x_{i2}^0 \boldsymbol{e}_2^0) \quad \delta \boldsymbol{r}_i = \delta x_{i1}^0 \boldsymbol{e}_1^0 + \delta x_{i2}^0 \boldsymbol{e}_2^0 \qquad (7.5.10)$$

将(7.5.9)式、(7.5.10)式代入(7.5.8)式，导出

$$\frac{1}{2}\omega_0^2 \delta J - \delta \Pi = 0 \qquad (7.5.11)$$

定义函数 W 为

$$W = \frac{k_0^2}{2J} + \Pi \qquad (7.5.12)$$

则条件(7.5.11)式等价于

$$\delta W = 0 \qquad (7.5.13)$$

W 称为系统的动势，是系统内各质点位置的函数，其物理意义可理解为保守力与离心惯性力合力的势函数.平衡条件(7.5.13)证明了以下结论:系统的稳态运动对应于动势 W 的极(驻)值.

7.5.2 关于充液系统稳定性的动势定理[10]

1. 受扰自由液面的波高

不失一般性，设充液刚体做稳态运动时 q_j ($j=1,\cdots,n-1$)取零解.又设无扰运动的自由液面为 S_0,受扰后自由液面变为 S，S_0 上任意点 P_0 对应于 S 上的 P 点.不同的 P 点位置对应于不同的 P_0P 距离,此距离的最大值可用来描述受扰液面相对无扰液面的偏离程度,称为自由液面的波高,以 l 表示(见图 7.6).在受扰

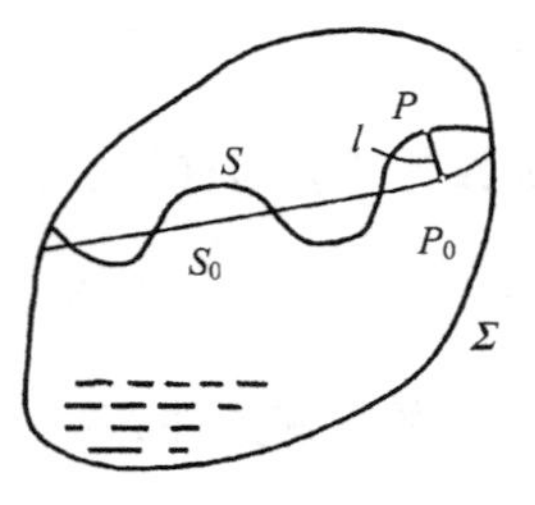

图 7.6

运动过程中,参数 l 随时间连续改变.另外,以 ∇ 表示液体外形与平衡外形之差,称为偏差.从而,非充满液体的自由液面稳定性问题可以离散化为讨论与波高 l 和偏差 ∇ 相关的稳定性问题.

2. Lyapunov 稳定性定义

使用对于部分变量的稳定性概念,如对于 $t>t_0$,给定的任意小正数 L_1,L_2,当 $t=t_0$ 时都能找到足够小的正数 E_1,E_2,使系统的广义坐标 q_j($j=1,\cdots,n-1$),波高 l 以及由广义速度 $\dot{q}_j$($j=1,\cdots,n-1$)和液体相对流动所构成的动能 $T^{(1)}$ 的起始值满足条件

$$|q_{j0}|\leqslant E_i,\ |l_0|\leqslant E_1,\ |\dot{q}_{j0}|\leqslant E_2,\ |T_0^{(1)}|\leqslant E_2,\ \nabla_0>\varepsilon l_0 \tag{7.5.14}$$

的任何扰动在超过 t_0 的任何时间,或至少一直到不等式 $\nabla>\varepsilon l$ 成立以前,都满足不等式:

$$|q_j|<L_1,\ |l|<L_1,\ |\dot{q}_j|<L_2,\ |T^{(1)}|<L_2 \tag{7.5.15}$$

则充液刚体的稳态运动稳定,反之不稳定.其中量 εl(ε 为小正数)可以视为液体的可能偏差.

3. 稳定性的动势定理(Rumjantsev 定理)[10]

定理 1 对于腔内充理想液体的刚体的稳态运动,如动势 $W=(k_0^2/2J)+\Pi$ 存在孤立极小值,则无扰运动稳定.

证明:对于给定的正数 L_1,选择 L_0 为小于 L_1 的正数.当广义坐标 q_j 和液高 l 满足条件

$$|q_j|\leqslant L_0,\ |l|\leqslant L_0 \tag{7.5.16}$$

时,系统运动所对应的动势 W 的最小可能值以 W_1 表示.由于稳

态运动所对应的动势 W^0 有孤立极小值,必存在不等式:

$$W_1 > W^0 \tag{7.5.17}$$

选择 L_0 足够小,使以下不等式成立:

$$|W_1 - W^0| < L_2 \tag{7.5.18}$$

设在起始扰动作用下系统偏离稳态运动,随后的受扰运动满足能量积分(7.5.7)

$$\frac{k^2}{2J} + T^{(1)} + \Pi = \frac{k^2}{2J_0} + T_0^{(1)} + \Pi_0 \tag{7.5.19}$$

下标的零表示起始值,k 为受扰运动对应的面积积分常数,利用(7.5.12)消去上式中的 Π,化作

$$T^{(1)} + W = T_0^{(1)} + W_0 + \frac{1}{2}(k^2 - k_0^2)\left(\frac{1}{J_0} - \frac{1}{J}\right) \tag{7.5.20}$$

选择足够小的正数 E_1 使坐标 q_j 及参数 l 的起始值满足

$$|q_{j0}| \leqslant E_1, \ |l_0| \leqslant E_1 \tag{7.5.21}$$

E_1 的选择应保证使 W 的起始值 W_0 足够小.再选择另一小正数 E_2,使广义速度 $\dot{q}_j$ 及流速 u 的起始值满足

$$|\dot{q}_{j0}| \leqslant E_2, \ |u_0| \leqslant E_2 \tag{7.5.22}$$

E_2 的选择应保证使 $|k^2 - k_0^2|/2$ 及 $T^{(1)}$ 的起始值 $T_0^{(1)}$ 充分小,以致当条件(7.5.21)式、(7.5.22)式满足时,在 $t > t_0$ 的任何时刻,以下不等式对于 J 的任意值都能成立:

$$T_0^{(1)} + W_0 + \frac{1}{2}(k^2 - k_0^2)\left(\frac{1}{J_0} - \frac{1}{J}\right) < W_1 \tag{7.5.23}$$

利用能量积分(7.5.20)从上式导出

$$T^{(1)} + W < W_1 \tag{7.5.24}$$

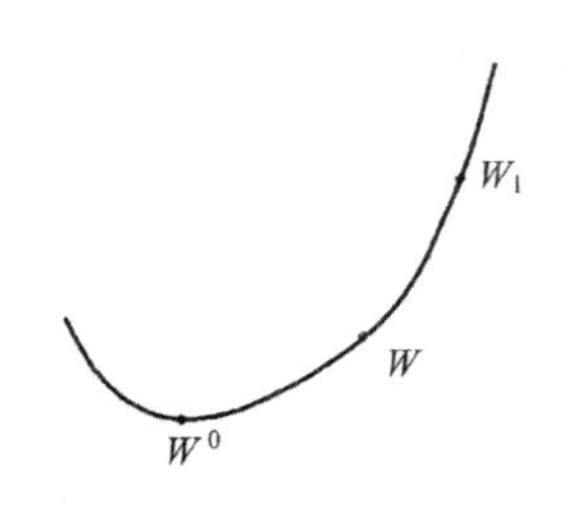

图 7.7

从而推知

$$W < W_1 \tag{7.5.25}$$

由于 W^0 为孤立极小值，$W > W^0$，得到以下不等式(见图 7.7)

$$W^0 < W < W_1 \tag{7.5.26}$$

根据(7.5.18)式、(7.5.24)式可导出

$$|T^{(1)}| < |W_1 - W| < L_2\text{，从而} |\dot{q}_j| < L_2\text{，}|T^{(1)}| < L_2 \tag{7.5.27}$$

既然 W 不能超过 W_1，则根据 W_1 的定义可推知$|q_j|$和$|l|$都不可能超过 L_0，更不可能超过 L_1，即

$$|q_j| < L_1\text{，}|l| < L_1 \tag{7.5.28}$$

定理证毕.

当 $k_0=0$ 时，就能得到充液系统平衡状态的稳定性定理.它可以视为定理 1 的推论.

推论 1 对于充液刚体的平衡位置，如果系统的势能 Π 存在孤立极小，则该平衡位置稳定.

以上的论述在一般的情况下仅提供了充液系统平衡稳定性的充分条件，而不是必要条件.但在一般的假定下，参照 Lyapunov 和 Chetajev 关于有限自由度平衡状态的不稳定性定理，可以证明下述定理：

定理 2 在充液刚体平衡位置的任意小邻域内，如果势能 $\Pi=\Pi_2+\Pi_3+\cdots$可以取负值，并且 Π 和 $2\Pi_1+2\Pi_3+\cdots$的符号由二次项 Π_2 所确定，则该平衡位置不稳定.

4. 关于相对平衡状态

设作用在充液系统上除了有势力(势函数为 Π)以外，还作用着非有势力，它产生绕 Ox_3^0 轴的力矩 N，使得充液刚体绕 Ox_3^0

轴以等角速 ω 旋转.此时,参照(7.5.1)式和(7.5.7)式,可得下列关系式:

$$\mathrm{d}(T+\Pi)=N\omega\mathrm{d}t,\quad \frac{\mathrm{d}H_3}{\mathrm{d}t}=N$$

从而,在所有运动过程中,有

$$T+\Pi-\omega H_3=\text{const} \tag{7.5.29}$$

在这里仍引进坐标系($O\text{-}x_1'\,x_2'\,x_3'$),它以常角速 ω 绕 Ox_3^0 轴旋转,并参照表达式(7.5.2)和(7.5.6),则由积分式(7.5.29)可得

$$T^{(1)}+\Pi-\frac{1}{2}\omega^2 J=\text{const} \tag{7.5.30}$$

如果引进动势 $W^{(*)}=\Pi-\frac{1}{2}\omega^2 J$,则可仿照定理1并利用相对运动中的首次积分(7.5.30)式,来证明下述定理:

定理3 对于充液刚体的相对平衡位置,如果动势 $W^{(*)}=\Pi-\frac{1}{2}\omega^2 J$ 具有孤立极小,则该相对平衡位置稳定.

5. 关于动势的分析

对于上述的动势 W 和 $W^{(*)}$,可以证明下面的结论:关于某一相对平衡位置,如果动势 $W^{(*)}$ 具有极小,则对于相应的稳态运动,动势 W 也必有极小.

其实,如令 $W_0^{(*)}$ 为动势 $W^{(*)}$ 的极小值,则在相对平衡位置足够小的邻域内,$W^{(*)}-W_0^{(*)}>0$,即有

$$\Pi-\Pi_0-\frac{1}{2}\omega^2(J-J_0)>0 \tag{7.5.31}$$

如反设,对于相应的稳态运动,动势 W 不具有极小,则在它足够小的邻域内,可以找到某些点,在其上有 $W-W_0\leqslant 0$,即

$$\frac{1}{2}k_0^2\left(\frac{1}{J_0}-\frac{1}{J}\right)-\Pi+\Pi_0\geqslant 0 \tag{7.5.32}$$

再以 $J_0\omega$ 代上式中的 k_0，并与(7.5.31)式相加，可得

$$-\frac{1}{2}\frac{\omega^2}{J}(J-J_0)^2>0 \tag{7.5.33}$$

但这是不可能的.从而，如果当 $\omega=\text{const}$，充液刚体相对平衡位置稳定，则当 $H_3=\text{const}$，对应的稳态运动也必稳定.

6. 关于黏性的影响

在此以前，都是假定充液腔内的液体是理想的.现在来考查充液刚体腔内充有(全充或半充)黏性液体的情况.此时，由于在运动中黏性液体引起的能量耗散，则系统的能量积分将由以下不等式代替：$T+\Pi\leqslant h$，或参照(7.5.7)式可得

$$T^{(1)}+\frac{1}{2}\frac{k^2}{J}+\Pi\leqslant h \tag{7.5.34}$$

从而代替(7.5.20)式可得下列关系式：

$$T^{(1)}+W+\frac{1}{2}\frac{k^2-k_0^2}{J}\leqslant T_0^{(1)}+W_0+\frac{1}{2}\frac{k^2-k_0^2}{J_0} \tag{7.5.35}$$

仿照定理 1 的证明过程，利用不等式(7.5.35)，可以证明下述定理：

定理 4 对于腔内充黏性液体的刚体的稳态运动，如果动势 $W=\frac{1}{2}\frac{k_0^2}{J}+\Pi$ 具有孤立极小，则此运动稳定；任何足够接近它的扰动运动，将趋向系统作为简单刚体的一种稳态运动.

定理 5 对于腔内充黏性液体的刚体，在孤立的稳态运动(平衡位置，相对平衡位置)的领域内，如果动势 W 可以取负值，则无扰运动不稳定.

7.5.3 关于动势的极小问题

在以上有关定理的论述中，都涉及到动势 W(或 $W^{(*)}$)的极小问题.对于腔体内完全充满液体的情况(全充液)，动势 W 是有

限变量 $q_j(j=1,\cdots,n-1)$ 的函数，求解它的极值问题，比较方便.然而，对于带有自由液面的部分充液的情况(半充液)，动势 W(或 $W^{(*)}$)是依赖于液体体积和自由液面形状的泛函，所以求解它的极值问题比较复杂.当然，可以利用级数展开法和数值方法等来研究这类问题，但比较简明可行的方法，是由苏联学者 Pozharitskiy 和 Rumjantsev 提出来的.下面将介绍这种方法[10].

1. 关于自由液面方程

考查在充液刚体稳态运动($q_j=0,j=1,\cdots,n-1$)的邻域内某一区域:

$$|q_j|\leqslant E\quad(j=1,\cdots,n-1)\tag{7.5.36}$$

其中，$E>0$ 是足够小的正常数.

设区域(7.5.36)中某一确定点的坐标为 q_j，则下面要解决的问题是:对于这些已确定的 q_j，“自由液面”应具有何种形状，才能使得系统的动势 W 取极值.为此，对于确定的 q_j，取动势 W 的一阶变分 δW，并令其为零:

$$\delta W=-\rho\int_V\left[\frac{k_0^2}{2J^2}\delta(x_1^{02}+x_2^{02})+\delta U_2(x_1^0,x_2^0,x_3^0)\right]\mathrm{d}V=0\tag{7.5.37}$$

由此可以导出自由液面的方程式(对于确定的 q_j)

$$f(x_1^0,x_2^0,x_3^0)=\frac{k_0^2}{2J^2}(x_1^{02}+x_2^{02})+U_2(x_1^0,x_2^0,x_3^0)=C\tag{7.5.38}$$

这里，C 为常量，它由液体的容量来确定.U_2 为作用在液体质点上的力的力函数.

对于稳态运动，当 $q_j=0(j=1,\cdots,n-1)$，则自由液面方程(6.5.38)变为

$$f_0(\overset{0}{x}_1, \overset{0}{x}_2, \overset{0}{x}_3) = \frac{1}{2}\omega^2(\overset{0}{x}{}_1^{2} + \overset{0}{x}{}_2^{2}) + U_2(\overset{0}{x}_1, \overset{0}{x}_2, \overset{0}{x}_3) = C_0 \tag{7.5.39}$$

其中，$k_0 = J_0\omega$，C_0 为常量．

2．引理

在区域(7.5.36)内，对于确定的 $q_j(j=1,\cdots,n-1)$，如果自由液面是由方程式(7.5.38)决定的，则动势 W 具有极小．

推论　对于充液刚体的平衡状态，$k_0=0$，$W=\Pi$，如果自由液面由方程 $U_2(\overset{0}{x}_1, \overset{0}{x}_2, \overset{0}{x}_3)=\text{const}$ 来确定，则动势 $W=\Pi$ 具有极小．

为了便于分析问题，在区域(7.5.36)内，对于任一确定的 q_j 值的集合，按照上述"引理"的条件，可以将充液刚体和一个所谓的"变换刚体"相对应，后者是由给定的刚体和其中的带有自由液面(7.5.38)的固化液体所组成．

3．**定理 6**　在充液刚体的稳态运动中，动势 W 具有极小的充要条件是：对于区域(7.5.36)中的所有"变换刚体"，当 $q_j=0$ 时的动势 W 存在极小．

上述引理和定理等的证明可以参考 Rumjantsev 等人的有关文献[10～12]．

4．动势极值的求法

以上的论述表明，在稳态运动中($q_j=0$)，为了求出动势 W 的极小值，可以考查动势 W 的值对于"变换刚体"(在区域(7.5.36)中)的变化过程．该过程可以分两步来进行：(1)整个充液系统，如同一个刚体(主刚体和凝固的液体)，由稳态运动($q_j=0$)对应的位置转变到受扰的位置(在区域(7.5.36)中)；(2)随即在液体上附加一薄层自由表面(它所占空间 τ_1 的体积$\int_{\tau_1} d\tau = 0$)，从而改变液体的形状使得它带有自由液面(7.5.38)．此时，动势 W 的增量可表示为

$$\Delta W = \Delta_1 W + \Delta_2 W \tag{7.5.40}$$

式中，$\Delta_1 W$ 表示整个系统如同刚体一样由稳态运动($q_j=0$)对应的位置转移到受扰位置时的 W 的增量；而 $\Delta_2 W$ 表示随即附加一薄层使自己液面改变到表面(7.5.38)时 W 的增量.

对于系统的惯量矩 J,同理可将其在上述过程中的增量写为

$$\Delta J = \Delta_1 J + \Delta_2 J \tag{7.5.41}$$

对于稳态运动($q_j=0$)，为判别动势 W 的极小，需要求出动势二阶变分 $\delta^2 W$ 为正定的条件.从而,由 $W=\frac{1}{2}\frac{k_0^2}{J}+\Pi$ 可得

$$\Delta_1 W = \frac{1}{2}\sum_{i,j=1}^{n-1}\left(\frac{\partial^2 W}{\partial q_i \partial q_j}\right)_0 q_i q_j + \cdots \tag{7.5.42}$$

$$\Delta_2 W = -\rho\int_{\tau_1}\left[\frac{1}{2}\omega^2(x_1^{02}+x_0^{02})+U_2(x_1^0, x_2^0, x_3^0)\right]\mathrm{d}\tau$$

$$+\frac{\omega^2}{2J_0}[(\Delta_2 J)^2+2\Delta_1 J\Delta_2 J]+\cdots \tag{7.5.43}$$

这里，下标 0 表示有关的量应在系统的无扰位置处取值.$\Delta_1 W$ 是将稳态时($q_j=0$)自由液面“冻结”以后,动势 W 从稳态运动到某一扰动位置(对应确定的 q_j 值)的增量,它仅与 q_j 有关.而 $\Delta_2 W$ 是“冻结”了的自由液面上附加一薄层液体(总和为零)使其与(7.5.38)式相同时的动势增量，它与 q_j 和附加的液体薄层有关.

同理可得

$$\Delta_1 J = \sum_{j=1}^{n-1}\left(\frac{\partial J}{\partial q_j}\right)_0 q_j + \cdots \tag{7.5.44}$$

$$\Delta_2 J = \rho\int_{\tau_1}(x_1^{02}+x_2^{02})\mathrm{d}\tau \tag{7.5.45}$$

为了计算 $\Delta_2 W$，下面将进行坐标变换，对于 $\Delta_2 W$ 中的被积函数可表为

$$\Phi(x_1, x_2, x_3, q_j) = \left[U_2(x_1^0, x_2^0, x_3^0) + \frac{1}{2}\omega^2(x_1^{02} + x_2^{02}) \right]_{x_i^0 \to x_i, q_j} \tag{7.5.46}$$

而对于稳态运动($q_j=0$)，自由液面方程(7.5.39)式可写为

$$\Phi(x_1, x_2, x_3, 0) = \frac{1}{2}\omega^2(x_1^2 + x_2^2) + U_2(x_1, x_2, x_3) = C_0 \tag{7.5.47}$$

其中,(x_1, x_2, x_3)是与主刚体固联的动坐标系，而对于系统的无扰运动，坐标 x_3 与 x_3^0 重合.

此时,对于确定的 q_j 值,自由液面方程(7.5.38)式可表为

$$\begin{aligned}\Phi_1(x_1, x_2, x_3\ q_j) &= \left[\frac{k_0^2}{2J^2}(x_1^{02} + x_2^{02}) + U_2(x_1^0, x_2^0, x_3^0) \right]_{x_i^0 \to x_i, q_j} \\ &= C_0 + \Delta C = C\end{aligned} \tag{7.5.48}$$

这里，常数 C 可由对应的自由液面(7.5.47)式和(7.5.48)式的充液体积相等的条件来确定.附加薄层的体积应等于零:

$$\int_{\tau_1} \mathrm{d}\tau = 0 \tag{7.5.49}$$

为了计算上式的积分，可设自由液面(7.5.47)在(x_1, x_2)平面上投影的区域为 Q，则在首次近似的情况下，(7.5.49)式可写为

$$\iint_Q \mathrm{d}x_1 \mathrm{d}x_2 \int_{x_{30}}^{x_{31}} \mathrm{d}x_3 = 0 \tag{7.5.50}$$

其中，x_{30} 和 x_{31} 分别表示变量 x_3 对于自由液面(7.5.47)和(7.5.48)上点所对应的值.

再作变换，用新变量 $\mu = \Phi(x_1, x_2, x_3, q_j) - C_0$ 代换变量 x_3. 如设函数 Φ 对于 x_3 可解：$x_3 = x_3(\Phi)$，则得 $\int_{x_{30}}^{x_{31}} \mathrm{d}x_3 = \int_{\mu_0}^{\mu_1} \left[\frac{\partial x_3}{\partial \Phi}\right]_0 \mathrm{d}\mu + \cdots$，从而在同样精度的条件下 (7.5.50)式可变为

$$\iint_Q \left[\frac{\partial x_3}{\partial \Phi}\right]_0 (\mu_1 - u_0) \mathrm{d}x_1 \mathrm{d}x_2 = 0 \qquad (7.5.51)$$

其中

$$\mu_0 = \Phi(x_1, x_2, x_{30}, q_j) - C_0 = \sum_{j=1}^{n-1} \left[\frac{\partial \Phi}{\partial q_j}\right]_0 q_i + \cdots \qquad (7.5.52)$$

$$\begin{aligned} \mu_1 &= \Phi(x_1, x_2, x_{31}, q_j) - C_0 \\ &= \Delta C + \frac{\omega^2}{J_0}(x_1^2 + x_2^2)\Delta J + \cdots \end{aligned} \qquad (7.5.53)$$

在这里，对于首次近似，函数 $\Phi(x_1, x_2, x_3, q_j)$ 与函数 $\Phi_1(x_1, x_2, x_3, q_j)$ 之差为 $\frac{\omega^2}{J_0}(x_1^2 + x_2^2)\Delta J$.

将 μ_0, μ_1 代入(7.5.51)式和(7.5.45)式，可得首次近似表达式：

$$\iint_Q \left[\frac{\partial x_3}{\partial \Phi}\right]_0 \left[\Delta C + \frac{\omega}{J_0}(x_1^2 + x_2^2)\Delta J - \mu_0\right] \mathrm{d}x_1 \mathrm{d}x_2 = 0 \qquad (7.5.54)$$

$$\begin{aligned} \Delta_2 J &= \rho \int_{\tau_1} (x_1^{02} + x_2^{02}) \mathrm{d}\tau = \rho \iint_Q \left[\frac{\partial x_3}{\partial \Phi}\right]_0 (x_1^2 + x_2^2)(\mu_1 - \mu_0) \mathrm{d}x_1 \mathrm{d}x_2 \\ &= \rho \iint_Q \left[\frac{\partial x_3}{\partial \Phi}\right]_0 (x_1^2 + x_2^2) \left[\Delta C + \frac{\omega^2}{J_0}(x_1^2 + x_2^2)\Delta J - \mu_0\right] \mathrm{d}x_1 \mathrm{d}x_2 \end{aligned}$$

(7.5.55)

当考虑到(7.5.44)式，则由(7.5.54)式和(7.5.55)式可惟一确定：ΔC 和 $\Delta_2 J$ 都是 q_j 的线性函数.

可以看出,如果下列条件成立：

$$\iint_Q \left(\frac{\partial x_3}{\partial \Phi}\right)_0 \mu_0 \mathrm{d} x_1 \mathrm{d} x_2 = \iint_Q \left(\frac{\partial x_3}{\partial \Phi}\right)_0 (x_1^2 + x_2^2) \mu_0 \mathrm{d} x_1 \mathrm{d} x_2 = 0 \tag{7.5.56}$$

$$\left(\frac{\partial J}{\partial q_j}\right)_0 = 0 \quad (j = 1, \cdots, n-1) \tag{7.5.57}$$

在首次近似条件下，(7.5.54)式和(7.5.55)式有解：$\Delta_1 J = 0, \Delta_2 J = 0, \Delta C = 0$.

从而,通过以上的运算,由(7.5.43)式可得

$$\Delta_2 W = -\frac{1}{2}\rho \iint_Q \left(\frac{\partial x_3}{\partial \Phi}\right)_0 (\mu_1^2 - \mu_0^2) \mathrm{d} x_1 \mathrm{d} x_2 + \frac{\omega^2}{2 J_0}[(\Delta_2 J)^2 + 2\Delta_1 J \Delta_2 J] + \cdots \tag{7.5.58}$$

因此，由(7.5.40)式、(7.5.42)式和(7.5.58)式，可将 ΔW 表为 $\Delta W = \frac{1}{2}\delta^2 W + \cdots$,即

$$\Delta W = \frac{1}{2}\sum_{i,j=1}^{n-1}\left(\frac{\partial^2 W}{\partial q_i \partial q_j}\right)_0 q_i q_j + \frac{\omega^2}{2 J_0}[(\Delta_2 J)^2 + 2\Delta_1 J \Delta_2 J] - \frac{1}{2}\rho \iint_Q \left(\frac{\partial x_3}{\partial \Phi}\right)_0 (\mu_1^2 - \mu_0^2) \mathrm{d} x_1 \mathrm{d} x_2 + \cdots \tag{7.5.59}$$

这里，二阶变分 $\delta^2 W$ 是变量 $q_1, \cdots, q_{n-1}$ 的二次型.可见,如果 $\delta^2 W$ 为正定二次型,则动势 W 对于稳态运动具有孤立极小值.

5. 推论

(1) 关于充液系统的平衡状态，因为 $\omega = 0$，所以 $W = \Pi$，从而

$$\Delta W = \Delta \Pi = \frac{1}{2}\sum_{i,j=1}^{n}\left(\frac{\partial^2 \Pi}{\partial q_i \partial q_j}\right)_0 q_i q_j$$

$$-\frac{1}{2}\rho\iint_{Q}\left(\frac{\partial x_3}{\partial \Phi}\right)_0 (\mu_1^2 - \mu_0^2)\mathrm{d}x_1\mathrm{d}x_2 + \cdots \quad (7.5.60)$$

这里

$$\Phi(x_1, x_2, x_3, q_j) = [U_2(x_1^0, x_2^0, x_3^0)]_{x_i^0 \to x_i, q_j}$$

$$\mu_0 = \sum_{j=1}^{n}\left(\frac{\partial \Phi}{\partial q_j}\right)_0 q_j + \cdots \quad (7.5.61)$$

$$\mu_1 = \Delta C + \cdots \quad (7.5.62)$$

(2) 关于充液系统的相对平衡状态，因为 $W = W^{(*)} = \Pi - \frac{1}{2}\omega^2 J$，所以

$$\Delta W = \Delta W^{(*)} = \frac{1}{2}\sum_{i,j=1}^{n}\left(\frac{\partial^2 W^{(*)}}{\partial q_i \partial q_j}\right)_0 q_i q_j$$

$$-\frac{1}{2}\iint_{Q}\left(\frac{\partial x_3}{\partial \Phi}\right)_0 (\mu_1^2 - u_0^2)\mathrm{d}x_1\mathrm{d}x_2 + \cdots \quad (7.5.63)$$

其中，μ_0，μ_1 由式(7.5.52)和(7.5.53)决定，而且，有

$$\Phi(x_1, x_2, x_3, q_j) = \left[U_2(x_1^0, x_2^0, x_3^0) + \frac{1}{2}\omega^2(x_1^{02} + x_2^{02})\right]_{x_i^0 \to x_i, q_j}$$

由以上的分析可知，利用动势 W 的极值条件，能够判别充液系统稳态运动、平衡状态、相对平衡状态的稳定性．而且，已将复杂的无限多自由度的分布参数系统运动稳定性，化为关于部分变量有限自由度的问题来求解．特别是，通过一系列变换，将动势 W 的极小问题，归结为求解动势二阶变分 $\delta^2 W$ 关于广义坐标 $q_1,\cdots,q_{n-1}$ 正定二次型的条件．

这里介绍的研究方法，对于分析充液线性系统或非线性系统，全充液系统或部分充液系统（带自由液面的半充液系统）都是适用的．而且，在理论方法上，已由刚体充液系统的稳定性分析，推广应

用于弹性体充液系统.正是由于它的广泛适用性，所以这类分析方法在充液卫星(或其它充液航天器)的姿态控制(姿态动机和姿态稳定)的研究中，获得了比较广泛的应用.

§7.6 充液重刚体绕定点转动的稳定性[10,13,118]

7.6.1 关于充液刚体系统的动势

设固定坐标系 $G\text{-}\xi\eta\zeta_1$ 的原点取在刚体的重心 G 上，与刚体的中心惯量主轴相固联的动坐标系取为 $G\text{-}xyz$，另外还引入一个以角速度 ω 绕铅垂轴 ζ_1 旋转的坐标系为 $G\text{-}\xi_1\eta_1\zeta_1$.其实,所论充液系统存在着整个系统像一个刚体那样绕不动轴 ζ_1 以均匀角速度 ω 旋转的运动.此时充液系统将相对于坐标系 $G\text{-}\xi_1\eta_1\zeta_1$ 处于平衡状态.

在坐标系 $G\text{-}\xi_1\eta_1\zeta_1$ 中,以角 ψ,θ,φ 表示刚体相对于 G 的姿态.首先将系($\xi_1\eta_1\zeta_1$)绕轴 η_1 旋转 ψ,使得轴 ξ_1 到轴 N_1，而轴 ζ_1 则转到 M_1;再将新系($N_1\eta_1M_1$)绕轴 N_1 旋转 θ,使得轴 M_1 转到轴 z,而轴 η_1 则转到轴 N_2;最后,以 φ 表示刚体绕 z 轴的转角(参见图 7.8).

现将坐标轴 x,y,z 与 ξ_1,η_1,ζ_1 之间夹角的方向余弦列于表 7.1 中.

表 7.1

	x	y	z
ξ_1	$\cos\psi\cos\varphi+\sin\psi\sin\theta\sin\varphi$	$-\cos\psi\sin\varphi+\sin\psi\sin\theta\cos\varphi$	$\sin\psi\cos\theta$
η_1	$\cos\theta\sin\varphi$	$\cos\theta\cos\varphi$	$-\sin\theta$
ζ_1	$-\sin\psi\cos\varphi+\cos\psi\sin\theta\sin\varphi$	$\sin\psi\sin\varphi+\cos\psi\sin\theta\cos\varphi$	$\cos\psi\cos\theta$

充液刚体系统的动势为

$$W=-\frac{1}{2}\omega^2J+\Pi$$

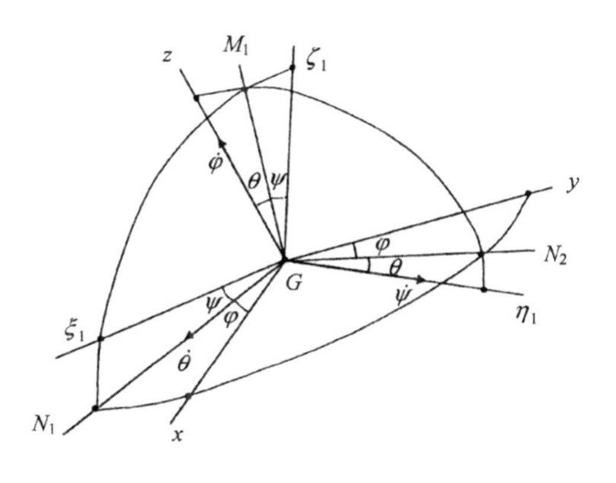

图 7.8

其中，J 为系统对于轴 ζ_1 的惯量矩，Π 为系统的势能：

$$\Pi = Mg[x_0(-\sin\psi\cos\varphi + \cos\psi\sin\theta\sin\varphi) + y_0(\sin\psi\sin\varphi + \cos\psi\sin\theta\cos\varphi) + z_0(\cos\psi\cos\theta)]$$

$$\begin{aligned} J = &A(-\sin\psi\cos\varphi + \cos\varphi\sin\theta\sin\varphi)^2 \\ &+ B(\sin\psi\sin\varphi + \cos\varphi\sin\theta\cos\varphi)^2 + C(\cos\psi\cos\theta)^2 \\ &- 2D(\sin\psi\sin\varphi + \cos\psi\sin\theta\cos\varphi)(\cos\psi\cos\theta) \\ &- 2E(\cos\psi\cos\theta)(-\sin\psi\cos\varphi + \cos\psi\sin\theta\sin\varphi) \\ &- 2F(-\sin\psi\cos\varphi + \cos\psi\sin\theta\sin\varphi)(\sin\psi\sin\varphi + \cos\psi\sin\theta\cos\varphi) \end{aligned}$$

这里，M 为系统的质量，x_0，y_0，z_0 为系统重心 O 对于 G-xyz 的坐标，A，B，C，D，E，F 分别为系统关于轴 x，y，z 的惯量矩和惯量积.

7.6.2 系统相对平衡状态的稳定性

1. 对于全充液情况

设在动坐标系 G-$\xi_1\eta_1\zeta_1$ 中(它以常角速度 ω 绕铅垂轴 ζ_1 旋

转)，考察铅垂的相对平衡状态，取它为无扰运动.此时 z 轴与铅垂轴 ζ_1 相重合,它也是系统的中心惯量主轴,则无扰运动

$$\psi = \theta = \varphi = 0 \tag{7.6.1}$$

对于任何 ω 值都满足相对平衡状态方程式：

$$\frac{\partial W}{\partial \psi} = 0, \quad \frac{\partial W}{\partial \theta} = 0, \quad \frac{\partial W}{\partial \varphi} = 0 \tag{7.6.2}$$

从而，对于无扰运动(7.6.1)，可得

$$\left(\frac{\partial^2 W}{\partial \psi^2}\right)_0 = \left(\frac{\partial^2 W}{\partial \theta^2}\right)_0 = (C - A)\omega^2 - Mgz_0$$

$$\left(\frac{\partial^2 W}{\partial \psi \partial \varphi}\right)_0 = \left(\frac{\partial^2 W}{\partial \theta \partial \varphi}\right)_0 = \left(\frac{\partial^2 W}{\partial \psi \partial \theta}\right)_0 = \left(\frac{\partial^2 W}{\partial \varphi^2}\right)_0 = 0$$

由动势定理可知，当下列不等式成立时：

$$(C - A)\omega^2 - Mgz_0 > 0 \tag{7.6.3}$$

关于部分变量 $\psi, \theta, \psi, \theta, \varphi$,液体的动能，无扰运动是稳定的.

2. 对于部分充液(半充液)情况

此时应考虑自由液面晃动对系统稳定性的影响.对于所讨论的相对平衡状态,自由液面方程可写为

$$\Phi(x, y, z, 0) = \frac{1}{2}\omega^2(x^2 + y^2) - gz = k \tag{7.6.4}$$

而对于受扰运动，则有

$$\Phi(x, y, z, \psi, \theta, \varphi) = \frac{1}{2}\omega^2 J_1 + u_1 \tag{7.6.5}$$

其中，k 为常数，而

$$J_1 = (y^2 + z^2)(-\sin\psi\cos\varphi + \cos\varphi\sin\theta\sin\varphi)^2$$
$$+ (x^2 + x^2)(\sin\psi\sin\varphi + \cos\psi\sin\theta\cos\varphi)^2$$

$$+(x^2+y^2)(\cos\psi\cos\theta)^2$$

$$-2yz(\sin\psi\sin\varphi+\cos\psi\sin\theta\cos\varphi)(\cos\psi\cos\theta)$$

$$-2zx(\cos\psi\cos\theta)(-\sin\psi\cos\varphi+\cos\psi\sin\theta\sin\varphi)$$

$$-2xy(-\sin\psi\cos\varphi+\cos\psi\sin\theta\sin\varphi)(\sin\psi\sin\varphi+\cos\psi\sin\theta\cos\varphi)$$

$$u_1=-g[x_0(-\sin\psi\cos\varphi+\cos\psi\sin\theta\sin\varphi)$$

$$+y_0(\sin\psi\sin\varphi+\cos\psi\sin\theta\cos\varphi+z_0(\cos\psi\cos\theta)]$$

设考察某一区域 Q，它是由在 xy 平面上投影的封闭曲线(即自由液面(7.6.4)与腔壁相交点的轨迹)所围成的环形：在 xy 平面上半径为 R_1 及 R_2($R_1>R_2$)的两个同心圆.此时动势 W 的增量可写为

$$\Delta W=\Delta_1 W+\Delta_2 W \tag{7.6.6}$$

其中,$\Delta_1 W$ 表示整个系统像一个刚体位移至扰动位置的增量，而 $\Delta_2 W$ 表示液体自由表面渐变至扰动液面(7.6.5)的增量.从而,可得

$$\Delta_1 W=\frac{1}{2}[\omega^2(C_0-A_0)-Mgz_0]\psi^2$$

$$+\frac{1}{2}[\omega^2(C_0-B_0)-Mgz_0]\theta^2+\cdots$$

$$\Delta_2 W=-\frac{1}{2}\rho\iint_Q\left(\frac{\partial z}{\partial \Phi}\right)_0(\mu_1^2-\mu_0^2)\mathrm{d}x\mathrm{d}y$$

$$\left(\frac{\partial z}{\partial \Phi}\right)_0=-\frac{1}{g},\ \mu_1=0$$

$$\mu_0=(\omega^2 z+g)(\psi x-\theta y)$$

将 $\Delta_1 W$ 和 $\Delta_2 W$ 的表达式代入(7.6.6)式，得

$$\Delta W=\frac{1}{2}[\omega^2(C_0-A_0)-Mgz_0-a_1]\psi^2$$

$$+\frac{1}{2}[\omega^2(C_0-B_0)-Mgz_0-a_1]\theta^2+\cdots,$$

其中，$a_1=\rho\pi g\int_{R_2}^{R_1}\left[\frac{\omega^2}{g^2}\left(\frac{\omega^2}{2}R^2-k\right)+1\right]^2 R^3\,\mathrm{d}R$，由动势定理可得：当下列不等式成立时

$$(C_0-A_0)\omega^2-Mgz_0-a_1>0 \tag{7.6.7}$$

部分充液刚体绕定点均匀旋转中相对平衡状态是稳定的.这里的 $A_0=B_0$，C_0 是系统的主惯量矩.

§7.7 注　　记

1. 关于充液弹性体的运动稳定性

利用 Lyapunov-Rumjantsev 动势理论，有[11]

定理　微重条件下，对于弹性充液腔的绝热变形过程，如果表达式 $W_1=\frac{1}{2}\frac{k_0^2}{J}+\Pi_1+\Pi_2+\Pi_3$（或 $W_1=\Pi_1+\Pi_2+\Pi_3$）具有孤立极小值，则稳态转动（或平衡位置）稳定.其中，k_0 是系统动量矩，J 是系统关于铅垂轴的惯量矩，Π_1 是外力势，Π_2 是液体表面张力势，Π_3 是弹性变形势.

另外，对于等温过程，也有类似的论证.

从而，可以利用上述定理研究微重环境下具有弹性充液贮箱的卫星或带有挠性附件充液刚体航天器的运动稳定性.

2. 关于充液弦索系统动力学与稳定性

弦索系统的研究，从它的前后过程中看，开始时是设计一套弦索装置，用于研究炸药包的定位引爆以及液体火箭的稳定性问题，进一步又与航空航天器地面弦索悬挂试验设施有关，当前又与绳系卫星的理论和实验有了比较密切的联系[19,118].

利用弦索装置可以研究有关飞行器运动姿态的稳定性以及分叉失稳等动力学特性.对于刚体弦索系统，可以用两种方法来分析

系统绕铅垂轴旋转的稳定性,方法一:应用 Lyapunov 直接法构造试验 V 函数判别稳定性,此时系统铅垂稳态旋转运动对任何转速都是稳定的;方法二:利用动势定理判别系统相对平衡状态的稳定性与转速的快慢有关,即当转速超过一定的临界值后,系统则失稳.而分叉后出现的新状态可能是稳定的,也可能是不稳定的,则视姿态各种不同的参数而定.研究表明[11,13,118]:利用动势理论来研究全充液或半充液刚体(或弹性体)弦索系统稳态旋转(或相对平衡)的稳定性及分叉失稳等,也是简明有效的.特别是,利用动势定理得出的稳定性结果与试验所获参数比较一致.

第八章　液体大幅晃动的非线性分析与数值模拟

§8.1 引　　言

在本书的前言中已表述过，液体晃动是一种自由液面的波动(驻波或行波)，可能是微幅晃动，也会出现大幅晃动或自由液面的破碎和液体飞溅等现象．当受控贮箱的振动频率接近液体振动的固有频率时，液体振动的幅度会增大，将引发明显的非线性效应．对于充液复杂结构的控制系统，如果出现流体-刚体-柔性体的耦合失稳时，也会产生非线性效应．当充液航天器发射、空间交会对接与分离、大角度机动以及轨道控制等，都会出现液体的大幅晃动的强非线性特性．尽管大幅晃动持续的时间不太长，但有可能造成严重的后果，这将关系到充液航天器的稳定性和液体发动机工作的可靠性．因此，在总体设计时，对液体晃动动力学和晃动抑制(控制)的研究，是一个关键问题．

研究表明[19]，当液体晃动的波高在贮液腔(圆柱形)内自由液面半径的15%以下时，可归结为微幅晃动，线性化理论与相应的物理试验结果比较符合．采用等效摆力学模型或弹簧-质量模型等模拟微幅晃动的特性，可以获得比较满意的结果(见本书第六章)．然而，对于大幅晃动的强非线性系统的研究，没有恰当的等效力学模型，理论研究也比较困难，一般是结合数值仿真和物理试验来研究．

§8.2 液体大幅晃动的数值模拟方法

8.2.1 基本思路

带自由液面的大幅晃动的数值模拟，是用数值方法求解非线性非定常的充液系统动力学方程，这里涉及到 Navier-Stokes 方程（简称 N-S 方程）的初边值问题．由于自由液面的位置是未知的，而且自由液面的运动学和动力学边界条件也是非定常非线性的，所以在自由边界的时变区域上求解液体的晃动问题，是数值方法研究的重要课题之一．当对自由液面进行数值处理时，将涉及到三个基本问题：自由液面的离散表达式，自由液面随时间的变化，以及自由液面边界条件的离散表达式．以下将简述几种研究液体大幅晃动的数值方法．

8.2.2 数值方法

1．MAC 方法：是 Harlow 等人提出的并作了改进的“标记子与单元法”，即 MAC 方法（ Marker-And-Cell Method）[169]．该方法首次将液体压力和速度作为求解的基本变量，采用 Euler 描述下的有限差分方法研究流体运动，成功地求解了带自由液面的液体大幅晃动问题．MAC 方法不是直接定义自由液面，而是处理含有流体的区域，它将标记子散布到所有流体占据的区域，各标记子以它所在位置的流体速度而运动．自由液面定义为含有标记子与不含标记子的区域之间的“边界”，即一个差分网格单元含有标记子，但它至少有一个相邻单元没有标记子，则该单元包含一自由液面，而自由液面的实际位置还需根据标记子在单元内的分布来确定（每个单元内有多个标记子）．用 MAC 方法求解 N-S 方程和连续方程时，需要给出初始速度分布以及自由液面位置和流体区域，对流体区域和流体可能到达的区域进行差分网格划分．

2．VOF 方法：为了克服 MAC 方法的存贮量大和重复计算等缺点，Hirt 和 Nichols 提出了 VOF 方法（Volume of Fluid Method）[200]，其基本思路仍是通过确定流体区域而间接地定出自由液面．求出 Euler 差分网格中每个单元所含流体的体积与单元体积的比值 F（体积函数）：$F=0$，表示该单元不含流体；$F=1$，表示该单元充满流体；而 $0<F<1$ 的单元必含有自由液面．在确定哪些单元包含自由边界后，根据 F 函数的变化梯度来确定边界的法向，

然后再根据 F 值和边界法向作一直线或平面切割单元近似地表示界面的位置，并以此边界设置边界条件．与 MAC 方法相比，VOF 方法的贮存量减少了，在三维计算中尤其显著．但在 Euler 网格中，VOF 方法需精确计算随流体穿过单元的 F 的流量，否则将失去液面位置的准确性．

3．ALE 有限元法：由 Noh 和 Hirt 等人在有限差分里提出了 ALE 方法（Arbitrary Lagrangian-Eulerian Method）[166,188] 之后，又被进一步发展为 ALE 有限元法（ALE Finite Element Method），简称 ALE-FEM．该方法只在空间区域采用有限元离散，而在时间上则采用有限差分离散．当应用 ALE-FEM 求解带自由液面的流动问题时，首先应建立 ALE 描述下的流体运动的基本方程，再用不同的方法形成有限元方程组，在每一时间步的求解过程中，需确定网格的运动速度和进行网格更新．所谓 ALE 描述，是指在一个运动的参考点（通常选为网格结点）上观察质点的运动，此时流体动量方程中的对流项表示运动的流体质点与运动的网格质点之间的对流作用．从而可以设计网格结点运动的适当方式，以减小对流项作用并能保持网格单元不发生大的畸变．可见，运动描述与空间离散同等重要．如采用 Lagrange 描述格式，虽不存在确定自由液面位置的困难，但无法解决大幅晃动中出现的单元畸变问题；采用 Euler 描述格式，则引进了对流非线性项又不能很好地跟踪自由液面；而 ALE 这种混合型的描述格式，能在一定程度上缓解单元畸变与非线性对流项处理之间的矛盾．近些年来，ALE-FEM 已被广泛地应用于分析带自由液面的流动问题，以及大变形和流固耦合等问题．

§8.3　比较与发展

可以看出，以上所论的各类方法都是在互相参照和补充，并吸收优点克服缺点的过程中逐步完善起来的．而且还在针对不同的研究对象不断地发展着．对于 MAC 方法，为了提高功效，又提出了 MAC 方法的并行处理技术[154].为了克服不必要的计算,在 MAC 方法和 VOF 方法的基础上,王士敏等又提出了浮标接方法(Buoy Relay Method)[159],使得在求解微重条件下带自由液面(含气泡)的大幅晃动问题更加简捷.经典的有限元法,在 ALE 描述下构成了新的 ALE 有限元法(ALE-FEM),扩大了应用范围,具备了综合分析液体晃动与结构弹性振动相耦合的能力,而且在模拟非定常非线性的液体三维大幅晃动中也起到了重要作用.在此启发下,简称 ALE-BEM 的 ALE 边界元法(ALE Boundary Element Method)的提出也似乎顺理成章了.可以应用 ALE-BEM 求解理想液体大幅晃动的二维问题.该方法对边界的光滑性有一定的要求,至少边界是连续的,所以不宜用于求解液体破碎或飞溅等大幅晃动问题.而且流体的黏性也只能近似地模拟引入.至于求解大幅晃动的三维问题,还面临着如何处理边界积分方程中奇异积分的重要课题[60,141].

为了对比有关方法的特点及其在应用中的功能,以下将分别对改进的 MAC 方法和 ALE 有限元方法等,作些具体的介绍.

§8.4 MAC 方法的改进与并行处理①

8.4.1 问题的提出

对于 MAC 方法已作了一些改进[181,223].但为了提高自由液面上的动力学边界条件和外推速度场的精度,以及使得 MAC 方法能够顺利地模拟强非线性流动的动力学特性,需对 MAC 方法作进一步的改进和完善.因此,全斌等[148,154]在速度场外插和压力场求解方面对 MAC 方法又作了重大改进,根据多指令流多数据流的计算环境,将 MAC 并行化,进而模拟了几种强非线性流动,如液体自由大幅晃动以及液体强迫大幅晃动和液滴溅落等.由此

① 全斌.复杂腔体内液体晃动抑制动力学与非线性瞬态流动的并行数值模拟.清华大学博士学位论文,北京,1990 年 10 月.

获得的数据与物理试验结果比较一致.

8.4.2 充液系统动力学方程

设不可压缩黏性瞬态流动的控制方程为二维 Navier-Stokes 方程(见本书第一章):

$$\frac{\partial u}{\partial t}+u\frac{\partial u}{\partial x}+v\frac{\partial u}{\partial y}=-\frac{\partial \Phi}{\partial x}+f_x+\nu\left(\frac{\partial^2 u}{\partial x^2}+\frac{\partial^2 u}{\partial y^2}\right) \tag{8.4.1}$$

$$\frac{\partial v}{\partial t}+u\frac{\partial v}{\partial x}+v\frac{\partial v}{\partial y}=-\frac{\partial \Phi}{\partial y}+f_y+\nu\left(\frac{\partial^2 v}{\partial x^2}+\frac{\partial^2 v}{\partial y^2}\right) \tag{8.4.2}$$

和质量守恒方程(连续方程):

$$\frac{\partial u}{\partial x}+\frac{\partial v}{\partial y}=0 \tag{8.4.3}$$

其中,$\boldsymbol{v}=(u,v)$为流体速度,$\Phi=p/\rho$,p 为流体压强,ρ 为流体密度,$\boldsymbol{f}=(f_x,f_y)$为流体中的比质量力,ν 为流体运动黏性系数.

方程(8.4.1)式,(8.4.2)式,(8.4.3)式的离散表达式为有限差分格式.至于在流体区域上的交错网格的具体划分,可参考文献[223].

8.4.3 速度场外插

首先对液面单元(S 单元)和空单元(A 单元)进行速度场外插,然后再对“准确性的”单元边和“待确定性的”单元边进行外插.这样一来就确保质量守恒方程在自由液面上成立.所谓“确定性的”单元边,就是该单元边所在的某一单元的其它三个边上的速度值都是已知的.经多次重复上述过程后,可只留下需要特殊处理的单元边.这样,对于所求速度值的节点,可分为三种情况,如图

8.1,其中 F 为流体单元,"•"为已知速度点;当自由液面破碎或飞溅等强非线性出现时,需要特殊方法求出的速度点,以"×"标记,可以用标记子速度作加权平均,来确定这些特殊单元边上的速度值;对于以"○"标出的点,需要对某单元边上 x 方向的速度 u 进行外插求得,即以该边中点为中心,其长为网格步长、一个矩形域内有 N 个标记子(它们到该中心的距离为 r_k, $k=1, \cdots, N$),而 x 方向的速度为 u_k($k=1, \cdots, N$),则取

$$u_p = \sum_{k=1}^{N} (u_k / r_k) / \sum_{k=1}^{N} \frac{1}{r_k} \tag{8.4.4}$$

类似地可求出 v_p 的表达方式.

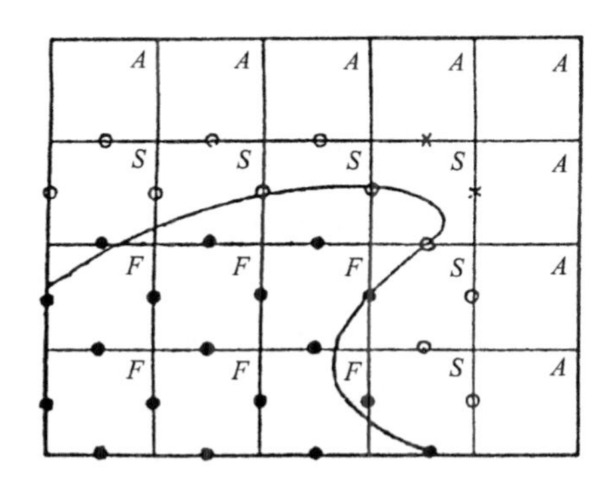

图 8.1

8.4.4 自由液面上压力边界条件

为了改进 MAC 方法中求解压力边界条件时带来的相当大的误差, Chan 等在文献[181]中提出了"不规则星"(Irregular Star)方法, 对于压力边界条件的处理作了改进, 压力场的求解精度、稳定性和收敛性等都有了很大的提高,获得了比较广泛的应用(如图 8.2).然而,它并不适宜求解液体大幅晃动的情况,因为它在自由液面上不满足质量守恒定律.为了克服这个缺陷,全斌等提出了改进的方案[148,154]:

$$\frac{\dfrac{\Phi_r - \Phi_{ij}}{\eta_r} - \dfrac{\Phi_{ij} - \Phi_l}{\eta_l}}{D_x} + \frac{\dfrac{\Phi_u - \Phi_{ij}}{\eta_u} - \dfrac{\Phi_{ij} - \Phi_d}{\eta_d}}{D_y} = R_{ij} \tag{8.4.5}$$

其中，R_{ij}称为源项.

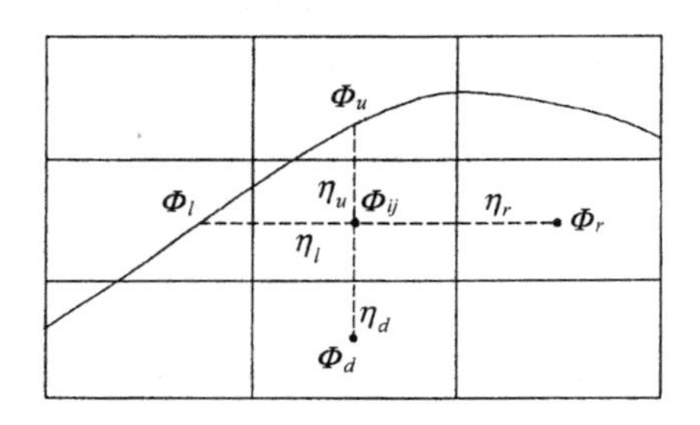

图 8.2

由压力差分方程(8.4.5)解出的压力场,完全能保证质量守恒方程成立.当 $\eta_l = \eta_r = D_x$，$\eta_u = \eta_d = D_y$ 时,方程(8.4.5)即变为改进前的压力差分方程.另外还有一种比较有效的改进方法:可将液面单元上中点处的压力 Φ 设置为多值:Φ_u,Φ_d,Φ_s,Φ_r 分别是 Φ 来自上、下、左、右四个相邻单元的插值结果(如图 8.3).这样

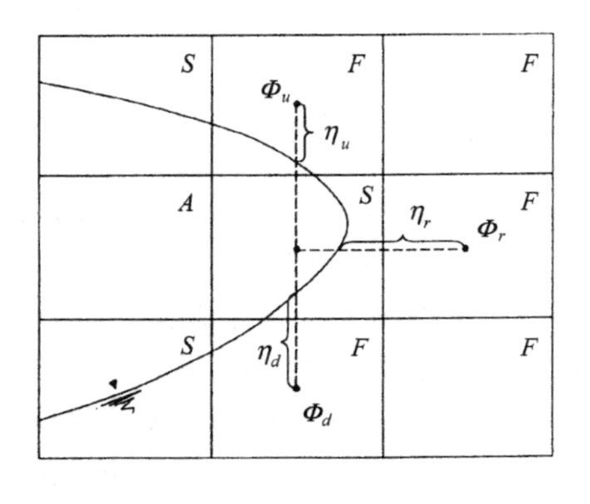

图 8.3

能使得压力场迭代过程收敛快,更适合于处理自由液面出现破碎或飞溅等强非线性问题.

8.4.5 MAC的并行处理

为了获得高速计算结果，除了要具备并行计算机以外，还应有并行计算方法.在这里，硬件环境是配备一台共享内存的多指令流多数据流的并行计算机(MIMD)，而并行处理的途径是采用“多子任务方式”(Multiple Subtasks).即,将一件工作划分为$N(>2)$个相对独立可同时执行的部分,并将N个子任务提交给N个处理机并行执行.对于划分子任务的方法,可采用区域分裂法,将求解域分成N个区域,在其上进行并行计算.不同区域上的计算需要进行数据交换,这可由内存共享来实现.而各子域的并行计算的同步是依靠数据之间的通信来实现的.

§8.5 强非线性瞬态流动的并行数值模拟[148,154]

8.5.1 液体自由大幅晃动

设在开始时,贮液箱保持不动，液体初始状态如图8.4所示.随时间的进程,速度场的变化过程如图8.5～图8.7,在图8.5中开始出现不连续液面，图8.6～图8.7展示了液体飞溅的历程.

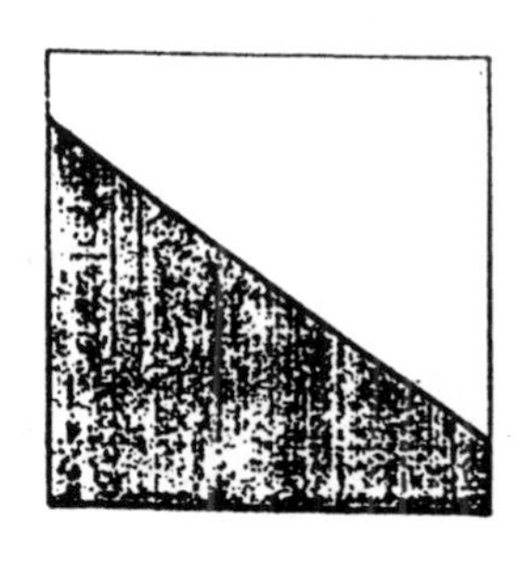

图8.4

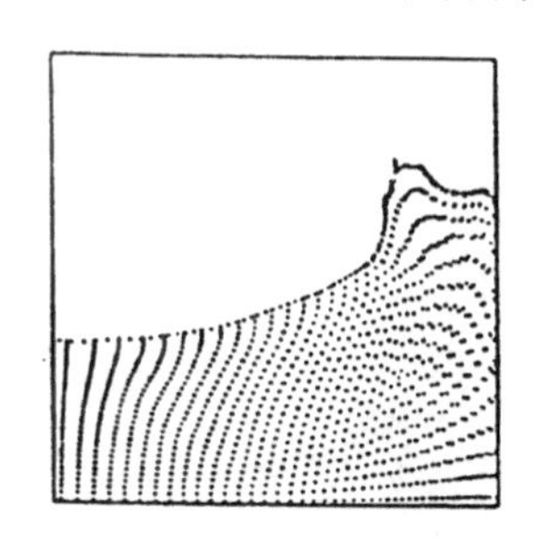

图8.5

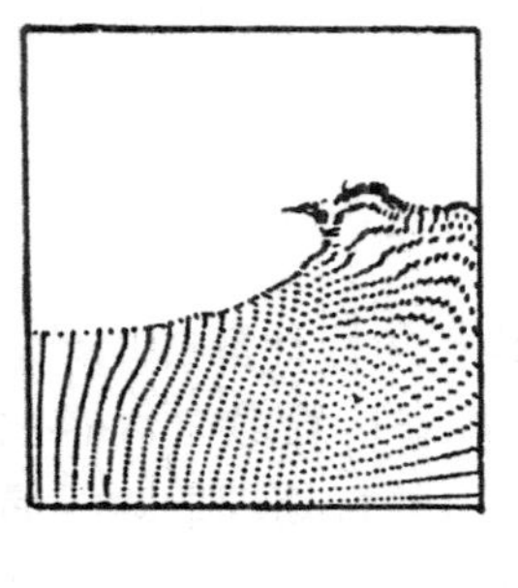

图 8.6

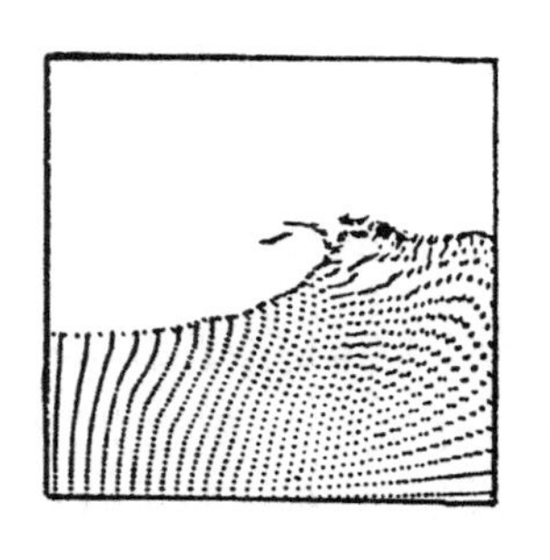

图 8.7

8.5.2 液体受迫大幅晃动

设贮液箱沿水平方向作简谐运动，$x=0.085\sin(6.5t)$，贮箱频率接近液体的一阶频率，图 8.8～图 8.11 展示了模拟的速度场，并与文献[19]中的试验结果作了对比(图 8.12～图 8.15).

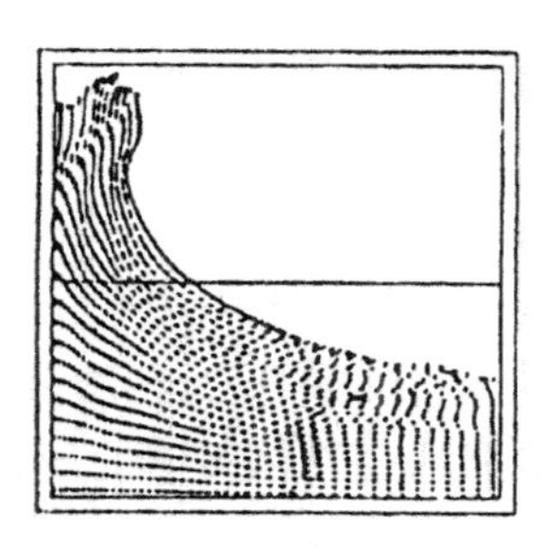

图 8.8

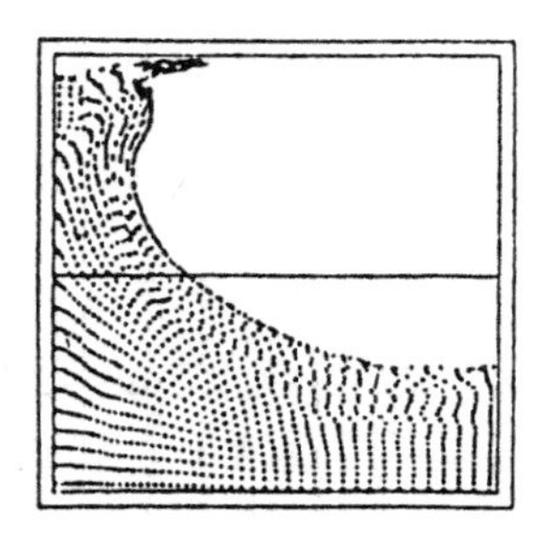

图 8.9

图 8.10

图 8.11

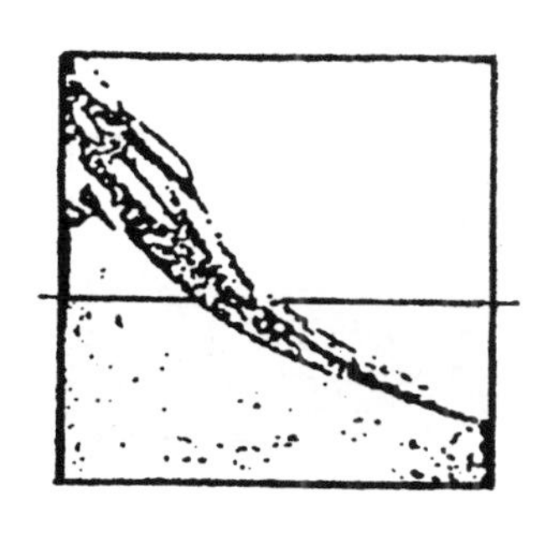

图 8.12

图 8.13

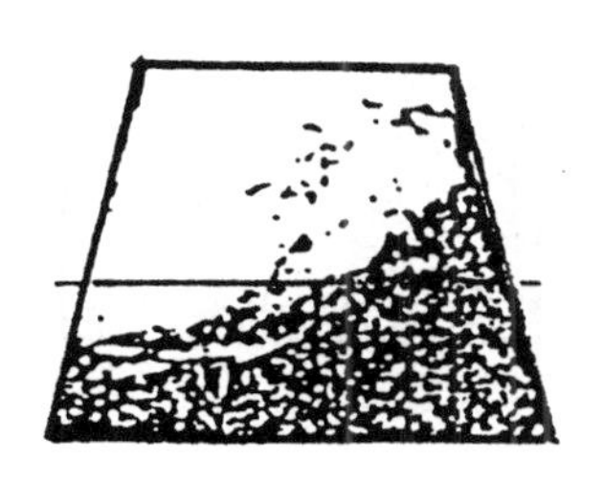

图 8.14

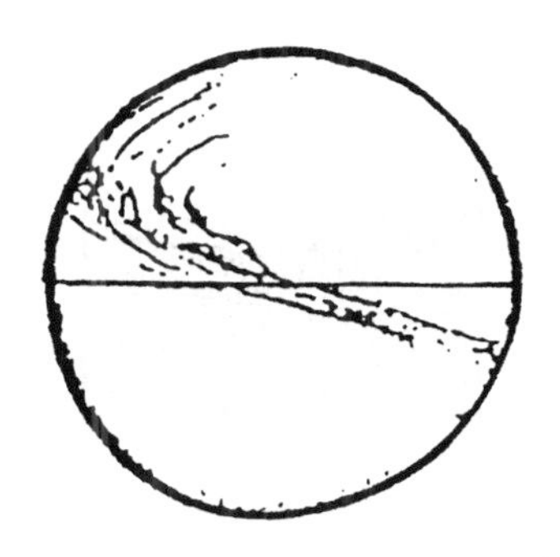

图 8.15

如设贮箱作简谐运动，$x=-0.05\sin(7.833t)$，已提高了贮箱的运动频率，使之达到液体晃动的第二阶共振频率，如图 8.16 所示，计算结果与文献[19]中的试验结果比较一致，可见图 8.17.如令贮箱作垂直运动，$y=1.0\sin(7.833t)$，则速度场的变化如图 8.18～图 8.19 所示.

8.5.3 液滴溅落

当液滴向水池溅落时，速度场的变化过程，如图 8.20～图 8.23所示.可以看到，对于液滴溅落这类强非线性问题，理论分析

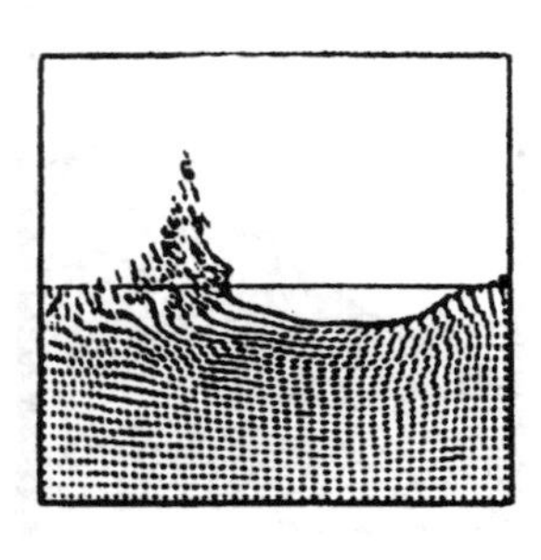

图 8.16

图 8.17

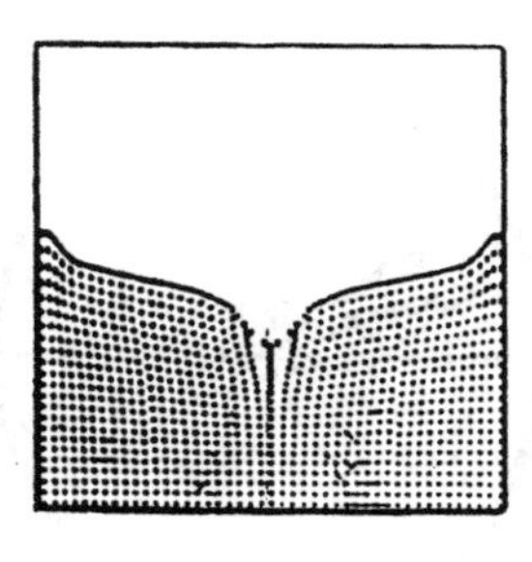

图 8.18

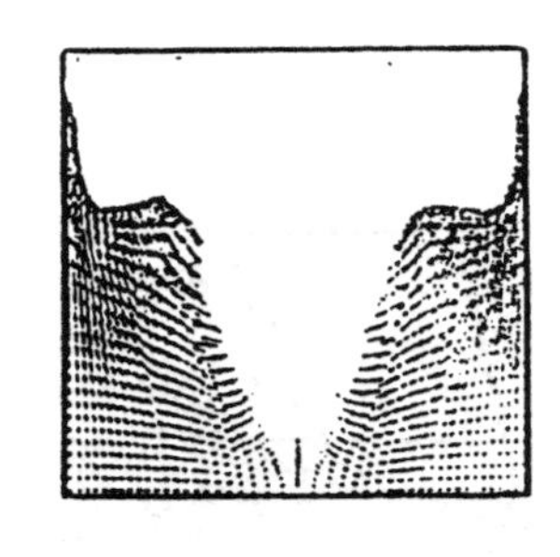

图 8.19

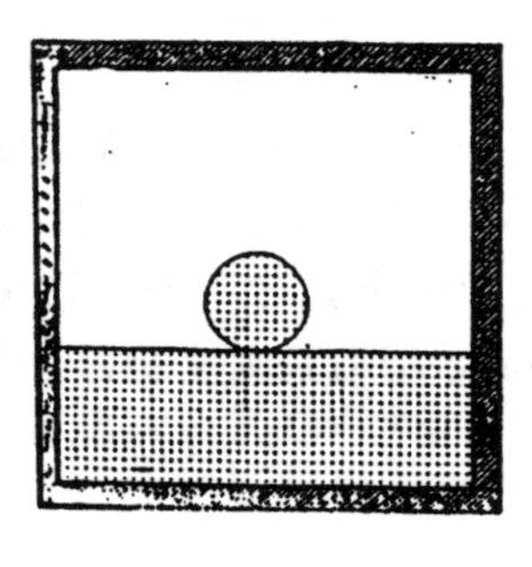

图 8.20

图 8.21

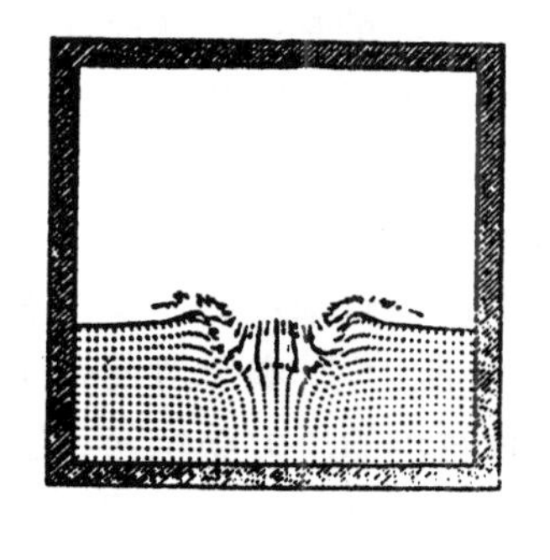

图 8.22

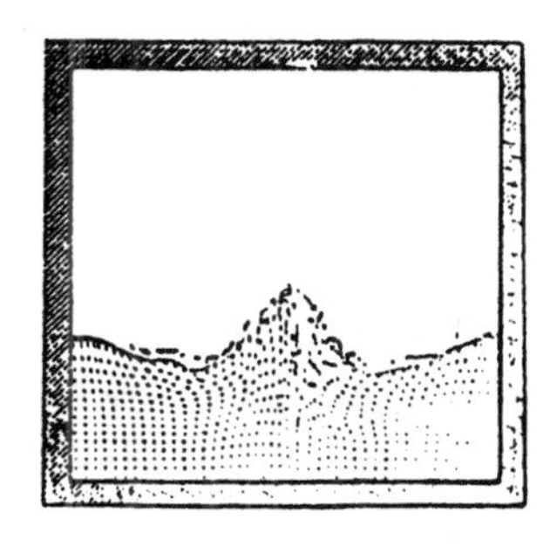

图 8.23

是很难实现的,但利用上述数值模拟方法,却能达到比较满意的程度.而且在一定条件下,数值计算结果和物理试验结果符合得也比较好.

§8.6 模拟三维液体大幅晃动的 ALE 有限元法

8.6.1 ALE 有限元分步法的改进

在 ALE 描述下建立适当的有限元求解格式是数值研究具有大幅自由液面运动的非定常流动问题的关键.目前从文献上看,用 ALE 方法分析自由面黏性流动问题时主要采用 SUPG(Streamline Upwind/Petrov-Galerkin)有限元格式,而且大多数文献处理的仍是二维问题[245],即使涉及三维问题,自由液面的变化也很小.本节采用分步法(Fractional Step Method)建立求解 ALE 描述下的带自由液面的不可压缩黏性流动问题有限元格式.分步法最早是由 Chorin(1968)[178]在有限差分法中提出的,其基本思想是把一个时间增量分为两步或更多步,第一步在动量方程中略去压力项后求解一个近似的中间速度场,它一般不满足连续方程;第二步,由中间速度场求出相应的压力场,而速度由质量守恒来修正,这一步导出压力 Poisson 方程.文献[209,253]等将分步法与有限元法相结合求解 Euler 描述或 Lagrange 描述下的流体运动方程.Ramasuwamy 和 Kawahara(1987)在分析二维孤立波的传播问题时建立了 ALE 描述下的分步法(Fractional Step Method)有限元格式[235]，将每一时间步的 ALE 计算分为不考虑对流项的纯 Lagrange 计算和在 Lagrange 计算基础上计入对流量的 Euler 计算，用流体质点的 Lagrange 速度来计算网格的运动.上述文献采用的分步法有限元格式在引入中间速度项时略去了整个压力项,本节对此作了修改,在引入中间速度项时仅略去了该时间步的压力项增量.此外，采用的网格更新方法不必将每一时间步分为 Lagrange 计算和 Euler 计算.本节将改进后的分步法有限元格式用于三维液体非稳态流动过程的模拟[①,②].

8.6.2 ALE 描述的流体运动方程

流体质点(用物质坐标 $\boldsymbol{x}$ 表示)在 t 时刻所处的空间位置可用空间坐标 x 表示：

$$x_i = x_i(\boldsymbol{x}, t) \tag{8.6.1}$$

ALE 描述是指在一个可任意运动的参考点(即网格点)上观察流体质点的运动.定义一个参考坐标系,它独立于流体质点的运动,并且可以任意速度在实验室参考系中运动.流体质点 $\boldsymbol{x}$ 在参考系中对应于参考坐标点 z：

$$z_i = z_i(\boldsymbol{x}, t) \tag{8.6.2}$$

参考点 $\boldsymbol{z}$ 在 t 时刻所处的空间位置为

$$x_i = x_i(\boldsymbol{z}, t) \tag{8.6.3}$$

流体质点的物质速度是其空间坐标的物质导数，考虑到(8.6.1)式至(8.6.3)式的映射关系，可得

---

① 曾江红.多腔充液自旋系统动力学与液体晃动三维非线性数值研究.清华大学博士学位论文，北京，1996 年 4 月.

② 岳宝增.三维液体大幅晃动数值模拟与液弹耦合动力学研究.清华大学博士学位论文,北京,1998 年 4 月.

$$u_i = \frac{\mathrm{d}\, x_i}{\mathrm{d}t}\bigg|_x = \frac{\partial\, x_i}{\partial\, t}\bigg|_z + \frac{\partial\, x_i}{\partial\, z_j}\frac{\partial\, z_j}{\partial\, t}\bigg|_x \tag{8.6.4}$$

式中$|_x$表示固定$\boldsymbol{x}$时求导.$\left.\frac{\partial\, z_j}{\partial\, t}\right|_x = \left.\frac{dz_j}{dt}\right|_x$定义为流体质点在参考系中的质点速度,为了便于后面采用指标记号表示,写成偏导数符号.

参考点在空间的运动速度定义为

$$w_i = \frac{\partial\, x_i}{\partial\, t}\bigg|_z \tag{8.6.5}$$

w_i又称为网格速度，流体质点的物质速度与网格速度之差定义为 ALE 描述下的对流速度：

$$c_i = u_i - w_i \tag{8.6.6}$$

由(8.6.4)式至(8.6.6)式得

$$\frac{\partial\, z_j}{\partial\, t}\bigg|_x = c_i\frac{\partial\, z_j}{\partial\, x_i} \tag{8.6.7}$$

在参考坐标系中观察物理量 f(如位移、速度等),其物质导数(又称随体导数)为

$$\frac{\mathrm{d}f}{\mathrm{d}t}\bigg|_x = \frac{\partial f}{\partial t}\bigg|_z + \frac{\partial f}{\partial\, z_j}\frac{\partial\, z_j}{\partial\, t}\bigg|_x \tag{8.6.8}$$

将(8.6.7)式代入(8.6.8)式，得物理量 f 在 ALE 描述下的物质导数关系式：

$$\frac{\mathrm{d}f}{\mathrm{d}t}\bigg|_x = \frac{\partial f}{\partial t}\bigg|_z + c_i\frac{\partial f}{\partial\, x_j}\bigg|_x \tag{8.6.9}$$

令 $\rho = \rho(\boldsymbol{x},\ t)$和 $u_i = u_i(\boldsymbol{x},\ t)$分别表示 t 时刻流体质点在空间位置 $\boldsymbol{x}$ 处的密度和速度.则流体关于 $\boldsymbol{x}$ 和 t 的动量方程和连续方程分别为

$$\frac{\mathrm{d}u_i}{\mathrm{d}t}=\frac{\partial\sigma_{ij}}{\partial x_j}+f_i \tag{8.6.10}$$

$$\frac{\mathrm{d}\rho}{\mathrm{d}t}+\rho\frac{\partial u_i}{\partial x_i}=0 \tag{8.6.11}$$

式中$\frac{\mathrm{d}\rho}{\mathrm{d}t}$，$\frac{\mathrm{d}u_i}{\mathrm{d}t}$分别是流体空间密度和速度的物质导数；$\sigma_{ij}$为Cauchy应力张量，满足本构方程：

$$\sigma_{ij}=-\frac{p}{\rho}\delta_{ij}+\nu\left(\frac{\partial u_i}{\partial x_j}+\frac{\partial u_j}{\partial x_i}\right) \tag{8.6.12}$$

考虑到物质导数的关系式(8.6.9)，对于完全不可压缩流体，得到ALE描述下的流体运动方程组：

$$\left.\frac{\partial u_i}{\partial t}\right|_z=-c_j u_{i,j}-\frac{1}{\rho}p_{,i}+\nu(u_{i,j}+u_{j,i})_{,j}+f_i \tag{8.6.13a}$$

$$u_{i,i}=0 \tag{8.6.13b}$$

式中$\left.\frac{\partial u_i}{\partial t}\right|_z$为流体质点速度的网格导数，$\nu$为流体的运动黏性系数，$\boldsymbol{f}$为体积力，当空间坐标系为非惯性坐标系时，惯性力项并入体积力项，仍用$\boldsymbol{f}$表示.方程采用指标记号表示，例如$u_{i,j}=\frac{\partial u_i}{\partial x_j}$，对重复指标按求和约定处理.

对于非定常的自由液面流动问题，求解时需给定边界条件和初始条件.

8.6.3 流体运动方程的分步法格式

采用向前差分格式将(8.6.13a)式中的网格导数近似为：

$$\left.\frac{\partial u_i}{\partial t}\right|_z\approx\frac{u_i^{n+1}-u_i^n}{\Delta t} \tag{8.6.14}$$

方程(8.6.13a)右端与时间有关的量可表示为 t^n 时刻和 t^{n+1} 时刻值的线性组合，本节采用 Euler 显格式，得到流体运动方程组的时间离散方程：

$$u_i^{n+1} = u_i^n - \Delta t\left[c_j^n u_{i,j}^n + \frac{1}{\rho} p_{,i}^{n+1} - \nu(u_{i,j}^n + u_{j,i}^n)_{,j} - f_i^{n+1}\right] \tag{8.6.15a}$$

$$u_{i,i}^{n+1} = 0 \tag{8.6.15b}$$

下面构造方程组(8.6.15)的分步法格式.

引入中间速度 $\tilde{u}_i^{n+1}$，它满足略去该时间步压力项增量后的动量离散方程：

$$\tilde{u}_i^{n+1} = u_i^n - \Delta t\left[c_j^n u_{i,j}^n + \frac{1}{\rho} p_{,i}^n - \nu(u_{i,j}^n + u_{j,i}^n)_{,j} - f_i^{n+1}\right] \tag{8.6.16}$$

其中 $\tilde{u}_i^{n+1}$ 不满足连续方程.

由(8.6.15a)式减去(8.6.16)式，得

$$u_i^{n+1} = \tilde{u}_i^{n+1} - \frac{\Delta t}{\rho}(p_{,i}^{n+1} - p_{,i}^n) \tag{8.6.17}$$

对上式(8.6.17)两端取散度，

$$u_{i,i}^{n+1} = \tilde{u}_{i,i}^{n+1} - \frac{\Delta t}{\rho}(p_{,ii}^{n+1} - p_{,ii}^n)$$

将上式代入连续方程(8.6.15b)，得到 Poisson 压力方程

$$p_{,ii}^{n+1} = \frac{\rho}{\Delta t}\tilde{u}_{i,i}^{n+1} + p_{,ii}^n \tag{8.6.18}$$

由(8.6.16)式求出 $\tilde{u}_i^{n+1}$ 后由(8.6.18)式求出 p^{n+1}，再由(8.6.17)式求出 u_i^{n+1}.这种分步法是一种迭代的分离求解方法，它把速度和压力的求解变为显式格式.

8.6.4 分步法有限元方程的形式与求解

采用 Galerkin 加权余量法导出分步法相应的有限元方程.在方程(8.6.16)两端同乘权函数 u_i^* 并在流体区域 V 内积分,对黏性应力项分部积分并利用散度理论,得

$$\int_V u_i^* \tilde{u}_i^{n+1} \mathrm{d}V = \int_V u_i^* u_i^n \mathrm{d}V - \Delta t \Big[\int_V u_i^* c_j^n u_{i,j}^n \mathrm{d}V$$

$$+ \frac{1}{\rho}\int_V u_i^* p_{,i}^n \mathrm{d}V + \int_V \nu u_{i,j}^* (u_{i,j}^n + u_{j,i}^n) \mathrm{d}V$$

$$- \int_S u_i^* \nu (u_{i,j}^n + u_{j,i}^n) n_j \mathrm{d}S - \int_V u_i^* f_i^{n+1} \mathrm{d}V \Big] \tag{8.6.19}$$

方程(8.6.18)乘以权函数 p^* 并在区域 V 内积分,对压力项进行分部积分,得

$$\int_V p_{,i}^* p_{,i}^{n+1} \mathrm{d}V = -\frac{\rho}{\Delta t}\int_V p^* \tilde{u}_{i,i}^{n+1} \mathrm{d}V + \int_V p_{,i}^* p_{,i}^n \mathrm{d}V$$

$$+ \int_S p^* p_{,i}^{n+1} n_i \mathrm{d}S - \int_S p^* p_{,i}^n n_i \mathrm{d}S \tag{8.6.20}$$

方程(8.6.17)乘以权函数 u_i^* 并在区域 V 内积分, 得

$$\int_V u_i^* u_i^{n+1} \mathrm{d}V = \int_V u_i^* \tilde{u}_i^{n+1} \mathrm{d}V - \frac{\Delta t}{\rho}\int_V u_i^* (p_{,i}^{n+1} - p_{,j}^n) \mathrm{d}V \tag{8.6.21}$$

(8.6.19)式、(8.6.20)式中 n_i 是边界法向量.

由上述积分方程导出有限元方程时需考虑边界条件:

$$u_i^{n+1} = \hat{u}_i, \text{在湿壁面 } S_w \text{ 上} \tag{8.6.22a}$$

$$u^{n+1} = \hat{p}, \text{在自由面 } S_f \text{ 上} \tag{8.6.22b}$$

$$[\nu(u_{i,j}^n + u_{j,i}^n)] n_j = \hat{t}_i, \text{在 } S_f \text{ 上} \tag{8.6.22c}$$

其中，带上标 $\wedge$ 的量表示给定值.不考虑表面张力时，$\hat{t}_i = \hat{p}\, n_i / \rho$；考虑表面张力时，$\hat{t}_i = (\hat{p} + \alpha k)\, n_i / \rho$，而 α 为表面张力系数，k 为自由液面的平均曲率.

方程(8.6.20)要求给出压力梯度的边界条件.在壁面边界 S_w 上，速度满足边界条件(8.6.22a)式，同时也满足时间离散后的动量方程(8.6.15a)式，由这两式可得

$$p^{n+1}_{,i} n_i = \rho f^{n+1}_i n_i, \text{ 在 } S_w \text{ 上} \tag{8.6.22d}$$

在实际计算中，ALE 有限元法一般采用滑动边界条件.对这一点可这样理解：由于流体边界层的厚度相对于网格尺寸来说小得多，因此可以认为壁面上的网格是建立在边界层外侧，位于网格点处的流体质点可沿边界切向运动，而仅限制其法向速度为零，即用滑动边界条件代替黏性边界条件(8.6.22a)：

$$u^{n+1}_i n_i = 0, \text{ 在 } S_w \text{ 上} \tag{8.6.22e}$$

由滑动边界条件(8.6.22e)与方程(8.6.15a)式同样可以导出压力梯度的边界条件(8.6.22d)式.

将求解域划分为有限元网格.由于分步法格式采用直接由连续方程导出 Poisson 形式的方程求解压力，并且直接给出压力梯度的边界条件，因而速度和压力可以采用同一阶次的插值函数，其表达式为

$$u_i = \phi_\alpha u_{\alpha i} \tag{8.6.23a}$$

$$p = \phi_\alpha p_\alpha \tag{8.6.23b}$$

式中 ϕ_α 是插值函数，而 $u_{\alpha i}$ 和 p_α 表示有限元的第 α 个结点的速度第 i 分量值和压力值.相应的权函数表示为

$$u^*_i = \phi_\alpha u^*_{\alpha i} \tag{8.6.23c}$$

$$p^* = \phi_\alpha p^*_\alpha \tag{8.6.23d}$$

将上述插值函数和权函数代入方程(8.6.19)和(8.6.21)，并考虑到自然边界条件(8.6.22c)和(8.6.22d)，导出有限元方程：

$$M_{\alpha\beta}^{n+1}\tilde{u}_{\beta i}^{n+1} = M_{\alpha\beta}^{n}u_{\beta i}^{n} - \Delta t\left[B_{\alpha\beta}^{n}u_{\beta i}^{n} + \frac{1}{\rho}C_{\alpha\beta i}^{n}p_{\beta}^{n} + D_{\alpha i\beta j}^{n}u_{\beta j}^{n} - F_{\alpha i}^{n+1} - \hat{E}_{\alpha i}^{n}\right] \tag{8.6.24}$$

$$A_{\alpha\beta}^{n+1}p_{\beta}^{n+1} = -\frac{\rho}{\Delta t}C_{\alpha\beta i}^{n+1}\tilde{u}_{\beta i}^{n+1} + A_{\alpha\beta}^{n}p_{\beta}^{n} + \hat{Q}_{\alpha}^{n+1} - \hat{Q}_{\alpha}^{n} \tag{8.6.25}$$

$$M_{\alpha\beta}^{n+1}u_{\beta i}^{b+1} = M_{\alpha\beta}^{n+1}\tilde{u}_{\beta i}^{n+1} - \frac{\Delta t}{\rho}\left[C_{\alpha\beta i}^{n+1}p_{\beta}^{n+1} - C_{\alpha\beta i}^{n}p_{\beta}^{n}\right] \tag{8.6.26}$$

上面三式表示总体有限元方程，式中 α,β 表示有限元网格的总结点数目，i, j 表示空间维数；式中系数矩阵为总体系数矩阵，它们由单元系数矩阵依据单元与结点编号的关系组装而成，其中单元系数矩阵按下列各式求得：

$$M_{\alpha\beta}^{(e)} = \int_{V^e}\phi_\alpha\phi_\beta \mathrm{d}V \qquad \text{（质量矩阵）}$$

$$B_{\alpha\beta}^{(e)} = \int_{V^e}\phi_\alpha\phi_{\beta,j}c_j^n \mathrm{d}V \qquad \text{（对流矩阵）}$$

$$C_{\alpha\beta i}^{(e)} = \int_{V^e}\phi_\alpha\phi_{\beta,i} \mathrm{d}V \qquad \text{（压力矩阵）}$$

$$D_{\alpha i\beta bj}^{(e)} = \int_{V^e}\phi_{\alpha,j}\nu(\phi_{\beta,j}\delta_{ij} + \phi_{\beta,i})\mathrm{d}V \qquad \text{（耗散矩阵）}$$

$$F_{\alpha i}^{(e)} = \int_{V^e}\phi_\alpha f_i \mathrm{d}V \qquad \text{（体积力向量）}$$

$$\hat{E}_{\alpha i}^{(e)} = \int_{S^e}\phi_\alpha\hat{t}_i \mathrm{d}S \qquad \text{（面力向量）}$$

$$A_{\alpha\beta}^{(e)}=\int_{V^e}\phi_{\alpha,i}\phi_{\beta,i}\mathrm{d}V \qquad \text{（系数矩阵）}$$

$$\hat{Q}_{\alpha}^{(e)}=\int_{S^e}\phi_{\alpha}\rho f_i n_i \mathrm{d}S \qquad \text{（通量向量）}$$

在单元系数矩阵的表达式中，α,β 表示一个单元的结点数目.

在有限元法的工程应用中，经常采用集中质量矩阵，它假定单元的质量集中在结点上，得到的质量矩阵是对角线矩阵.采用一致质量矩阵或集中质量矩阵，所得结果基本一致.

求解的初始条件：

$$u_i(\boldsymbol{x},0)=u_i^0(\boldsymbol{x}) \tag{8.6.27a}$$

$$p(\boldsymbol{x},0)=p^0(\boldsymbol{x}) \tag{8.6.27b}$$

由于 t^{n+1} 时刻的自由面位置是未知的，那么 t^{n+1} 时刻的系数矩阵也是未知的，因此需要迭代求解有限元方程(8.6.24)式～(8.6.26)式，求解步骤如下：

(1) 设 $m=0$，$u_i^{n+1(0)}=u_i^n$；

(2) 网格更新，计算网格结点坐标 $x_i^{n+1(m+1)}$，见后面第 8.6.5 小节；

(3) 由(8.6.24)式求解中间速度 $\tilde{u}_i^{n+1(m+1)}$；

(4) 由(8.6.25)式求解压力 $p^{n+1(m+1)}$；

(5) 由(8.6.26)式求解速度 $u_i^{n+1(m+1)}$；

(6) 如果下面的收敛准则

$$\frac{\max\left|u^{n+1(m+1)}-u^{n+1(m)}\right|}{1+\max\left|u^{n+1(m+1)}\right|}<\varepsilon$$

不满足，且未达到给定的迭代次数，则 $m\leftarrow m+1$，并返回第(2)步；

(7) $u_i^{n+1(m+1)}$ 代替 u_i^n，进入下一时间步的计算.

这里 m 为一个时间步内的迭代次数,至少应迭代两次,在每一次迭代中满足 u_i, p 的本质边界条件.

8.6.5 ALE 网格速度的确定与网格更新

设自由液面或移动边界面的方程为 $F(\boldsymbol{x}, t)=0$.由于自由液面上的流体质点始终在自由面上,根据物质导数的关系式(8.6.9),并注意到(8.6.6)式,则有

$$\left.\frac{\mathrm{d}F}{\mathrm{d}t}\right|_{x} = \left.\frac{\partial F}{\partial t}\right|_{z} + (u_i - w_i)\frac{\partial F}{\partial x_i} = 0 \qquad (8.6.28)$$

在 ALE 描述下,网格结点可以按任意速度运动,但为了能够跟踪变化的边界如自由液面,要求边界上的网格点保持在边界上,则有

$$\left.\frac{\partial F}{\partial t}\right|_{z} = 0 \qquad (8.6.29)$$

将(8.6.29)式代入(8.6.28)式,得

$$(u_i - w_i)\frac{\partial F}{\partial x_i} = 0 \qquad (8.6.30)$$

考虑到自由面函数 F 的梯度方向就是自由面的法向 $\boldsymbol{n}$,那么(8.6.30)式可写为

$$w_i n_i = u_i n_i \qquad (8.6.31)$$

对于自由液面和无流量的移动界面,(8.6.31)式即为边界结点速度 w_i 的惟一限制条件.因此,采用 ALE 有限元法求解自由面流动问题时,无须直接求解自由面运动方程,而通过自由面上网格结点的运动描述自由面的变化.(8.6.31)式表明,要使网格点始终跟踪自由液面,只需保证网格点在边界法向上与流体质点保持相同的速度分量即可,而沿边界切向的分量可以是任意的.本节算例在水平方向即 x_1, x_2 方向采用 Euler 描述,即 $w_1=0$,

$w_2=0$；而在竖直方向即 x_3 方向采用 Lagrange 描述.利用(8.6.31)式，自由面上网格结点在 x_3 方向的速度可由自由面上流体的速度求出：

$$w_3 = u_3 + \frac{n_1}{n_3} u_1 + \frac{n_2}{n_3} u_2, \quad \text{在 } S_f \text{ 上} \qquad (8.6.32)$$

式中(n_1 ， n_2 ， n_3)是自由面结点的单位法向矢量，其计算方法见文献[132].

流体区域内部的网格结点在 x_3 方向的速度分量与该结点上方自由液面上结点的相应速度分量成比例,比例系数随结点处位置的液体深度而递减,在贮箱底部系数为零,即

$$w_3^k = \frac{h_k}{h_i} w_3^i, \quad \text{在 } V \text{ 内} \qquad (8.6.33)$$

式中， h_k ， h_i 分别是内部结点 k 与自由面结点 i 距贮箱底部的距离.

采用这种方法确定网格速度,有利于避免由于内部涡流而引起的网格畸形.对于带有横向隔板的贮箱,隔板以下的流体区域采用纯 Euler 描述，而隔板至自由液面的区域采用 ALE 描述.对于无隔板的贮箱储液较深的情况,也可以仅在靠近液面的区域采用 ALE 描述，而在靠近贮箱底部的区域采用纯 Euler 描述以减少网格更新的计算量.

在求解过程中,每一时间步网格需要更新一次.对于 t^{n+1} 时刻,网格结点的坐标可按下式计算：

$$x_i^{n+1} = x_i^n + \int_{t^n}^{t^{n+1}} w_i \mathrm{d} t \qquad (8.6.34)$$

网格更新的时间积分可以采用不同的积分格式，如显式格式，隐式格式以及预报-校正格式等.考虑到自由面位置的确定对数值模拟的精度影响较大,这里采用隐式格式,则(8.6.34)式可改写为

$$x_i^{n+1(m)} = x_i^n + \frac{\Delta t}{2}(w_i^n + w_i^{n+1(m)}) \qquad (8.6.35)$$

式中 m 表示迭代次数，$w_i^{(n+1(0))} = w_i^n$.

根据网格结点的新坐标,可计算出 t^{n+1} 时刻的有限元方程的系数矩阵.

8.6.6 应用课题

1. 用本节方法模拟自旋充液贮箱起旋过程中液体的非稳态流动

自旋充液贮箱旋转时,其内部半充液体将出现相对运动,由非稳态的位置最终到达到稳态平衡位置,建立与贮箱固联的空间动坐标系 $Oxyz$,并设贮箱运动初始时动坐标系平行于惯性坐标系.设动坐标系原点 O 的平动加速度为 $\boldsymbol{a}_0$，转动角速度为 ω,角加速度为 $\dot{\omega}$；流体相对于贮箱(动坐标系)的速度为 $\boldsymbol{u}$,网格相对于贮箱的速度为 $\boldsymbol{w}$,流体相对于网格的速度即对流速度为 $\boldsymbol{c}$.在动坐标系中采用 ALE 描述，惯性力项并入方程(8.6.13a)中的体积力项，仍用 $\boldsymbol{f}$ 表示：

$$\boldsymbol{f} = \boldsymbol{g} - \boldsymbol{a}_0 - \dot{\omega} \times \boldsymbol{r} - \omega \times (\omega \times \boldsymbol{r}) - 2(\omega \times \boldsymbol{u})$$

式中 $\boldsymbol{r}$ 是流体质点在动坐标系中的位置矢径，g 为重力加速度.考虑惯性力后,流体的动量方程和连续方程在动坐标系中的形式与惯性坐标系中的形式完全一样.

设半充液圆筒贮箱半径 $r_0 = 0.3\text{m}$,液深 $h_0 = 0.3\text{m}$,贮箱以常角速度 $\omega_0 = 6\text{rad}\cdot\text{s}^{-1}$ 绕垂直于水平面的中心对称轴 Oz 自旋.假设初始液面被一水平盖子盖住,突然去掉盖子,则液面由水平开始运动,直到达到稳态的液面形状.此情况下 $\boldsymbol{f}$ 的分量为

$$f_1 = x\omega_0^2 + u_2\omega_0,\quad f_2 = y\omega_0^2 - u_1\omega_0,\quad f_3 = -g$$

在重力场中，自旋充液圆筒贮箱内的稳态液面形状为一抛物面，理论上可求出稳态液面方程为：

$$z = \frac{\omega_0^2}{2g}(x^2 + y^2) + h_0 - \frac{\omega_0^2}{4g}r_0^2$$

由上式可求出稳态液面在壁面和中心位置的高度分别为：$z_w = 0.3826$m和 $z_c = 0.2173$m.由于稳态液面形状与液体黏性的大小无关,计算中取运动黏性系数 $\nu = 0.005\text{m}^2 \cdot \text{s}^{-1}$,时间步长取 $\Delta t = 0.025$s.计算采用八结点六面体等参单元,初始有限元网格的划分如图 8.24 所示.

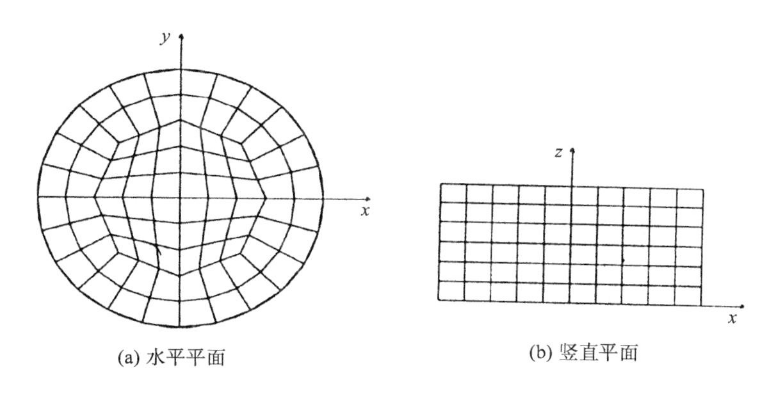

(a) 水平平面　　(b) 竖直平面

图 8.24　初始有限元网格

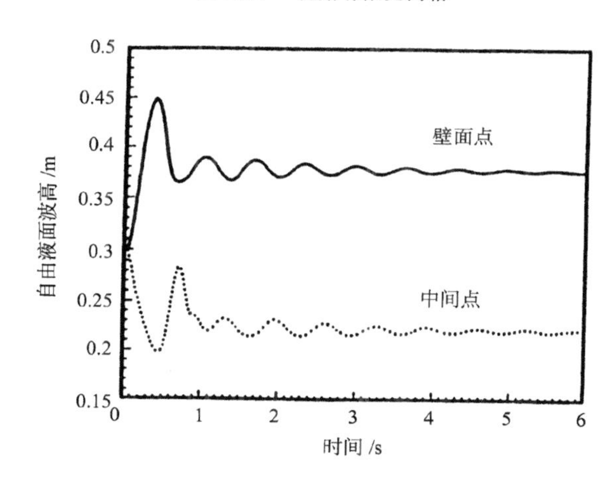

图 8.25　自由液面波高随时间的变化历程

数值模拟的结果表明液面随着时间增长而趋于稳态.图 8.25 所给出的壁面处和中心处液面的稳态位置与上述理论预测值相符.开始时,液面出现波动,液面波动的幅值与液体黏性的大小有关.壁面处和中心处液面速度的竖直分量(z 方向)在 $t<1.0\mathrm{s}$ 之前有较大波动幅值,之后便渐渐趋于零,见图 8.26.壁面处液面速度的水平分量(周向)渐渐趋于一稳定值,见图8.27.由于中心自

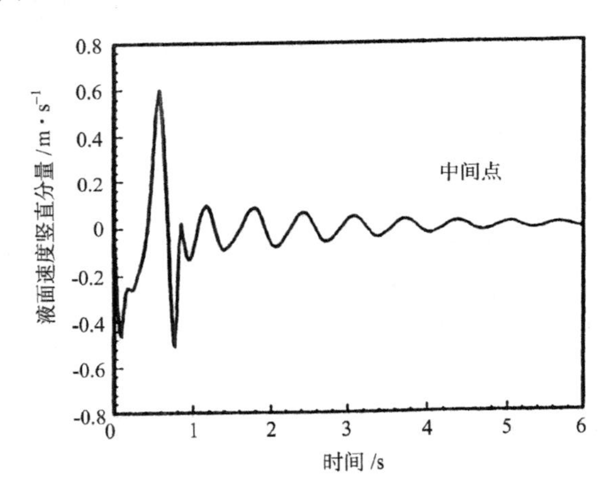

图 8.26　液面速度竖直分量随时间的变化

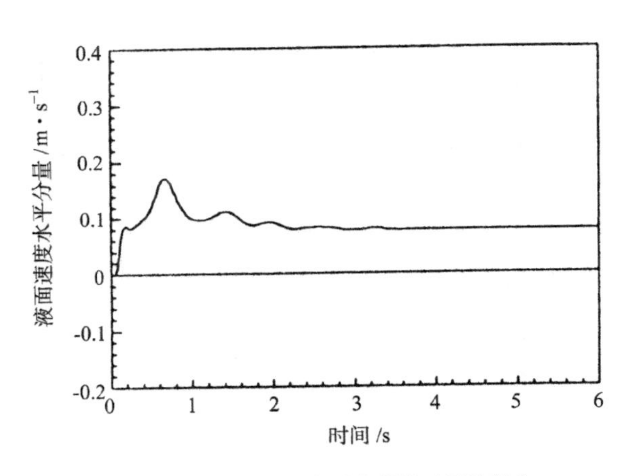

图 8.27　液面速度水平分量随时间的变化

旋贮箱的对称性,可知中心点液体的水平方向的速度分量为零,数值结果也确实如此.图 8.28 是 $t=6.0\mathrm{s}$ 时自由液面的 xy 方向速度矢量图.图 8.29(a)至(f)是若干时刻 xz 平面上的 xz 方向速度矢量图,图中的点线表示理论稳态自由液面位置,实线为模拟的液面位置.当 $t>2.0\mathrm{s}$ 以后,数值模拟的液面形状与理论预测的稳态液面形状基本重合,说明本节分步法 ALE 有限元的数值模拟是成功的.

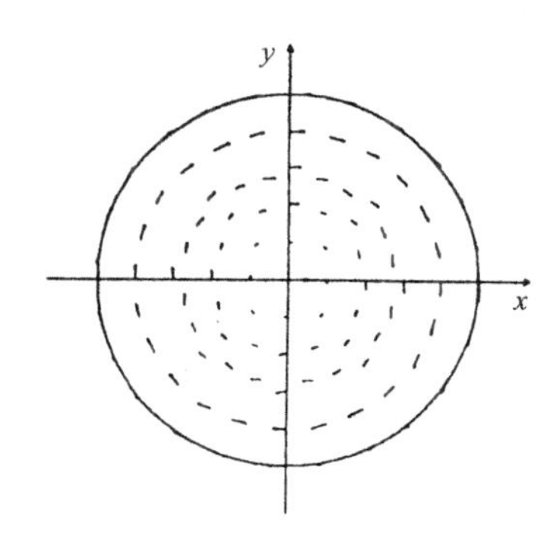

图 8.28　自由液面 xy 方向的速度矢量图

2. 三维液体非线性大幅晃动的数值模拟(图 8.30～图 8.32)

这里设圆筒形贮腔半径为 $r_0=0.3\mathrm{m}$,充液深度(沿 Oz 方向)$h_0=0.3\mathrm{m}$,受到横向(沿 Ox 方向)激励 $\overline{f}^*=(A\sin(2\pi f_0),0,-g)$,其中 $A=0.05\mathrm{m\cdot s^{-2}}$,$f_0=1.2\mathrm{Hz}$,而一阶反对称模态基频由文献[19]中的公式给出:$f_0=\dfrac{1}{2\pi}\sqrt{\dfrac{g\xi}{r_0}\mathrm{th}\left(\xi\dfrac{h_0}{r_0}\right)}$,$\xi$ 满足 $\dfrac{\mathrm{d}J_1(\xi)}{\mathrm{d}\xi}=0$,$J_1$ 为第一类 Bessel 函数.并设运动黏性系数 $\nu=10^{-6}\mathrm{m^2\cdot s^{-1}}$

3. 带圆环形隔板圆筒形贮腔中三维大幅晃动的数值模拟(图 8.33～图 8.38)

在圆筒形的基础上加上环形肋板,其中各参数意义如下:e

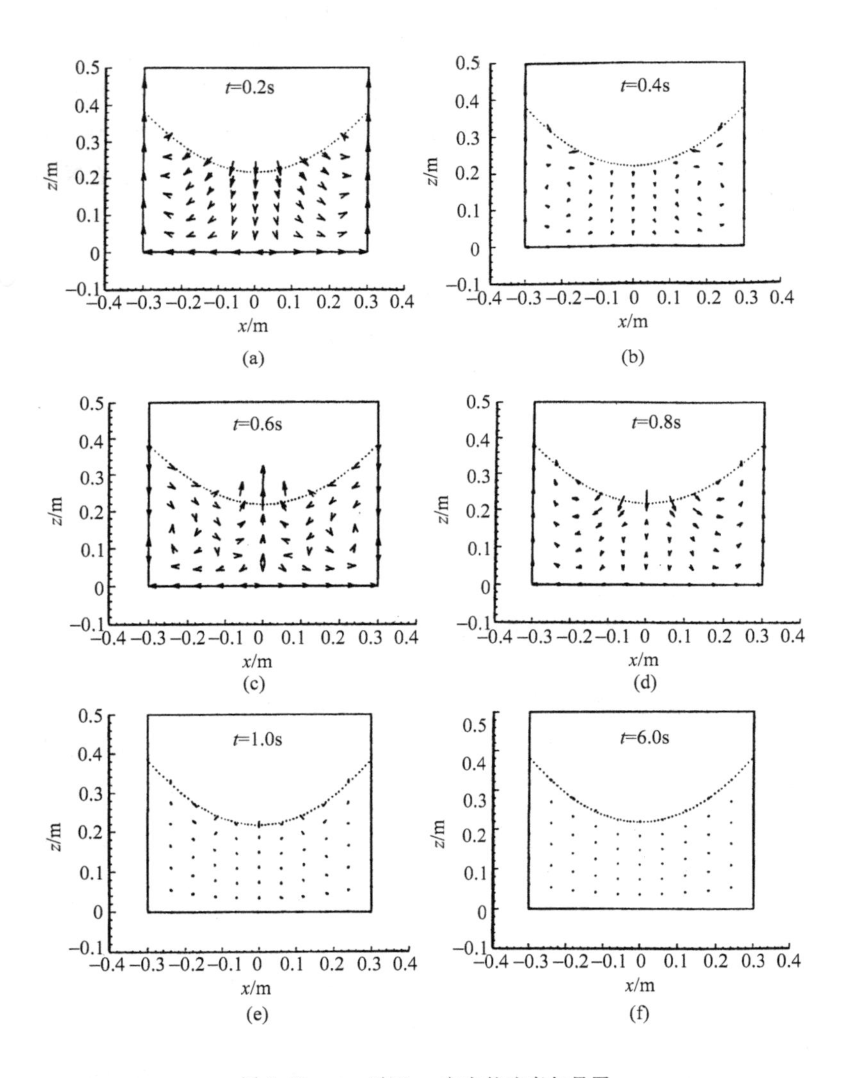

图 8.29　xz 平面 xz 方向的速度矢量图

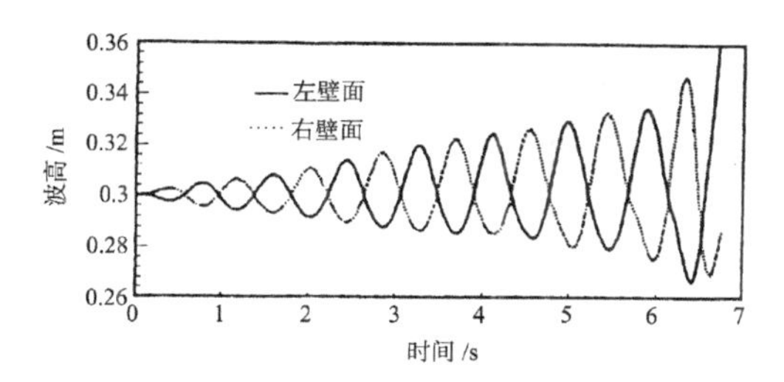

图 8.30　贮腔左、右壁面处的波高变化时间历程($\nu=10^{-6}$)

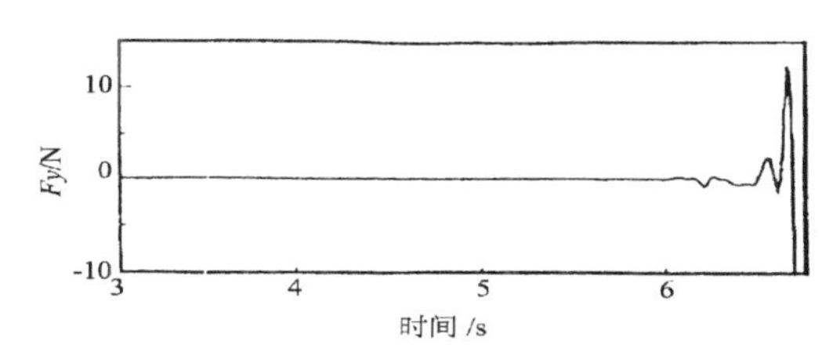

图 8.31　液体对贮腔沿 Oy 方向的晃动力变化时间历程($\nu=10^{-6}$)

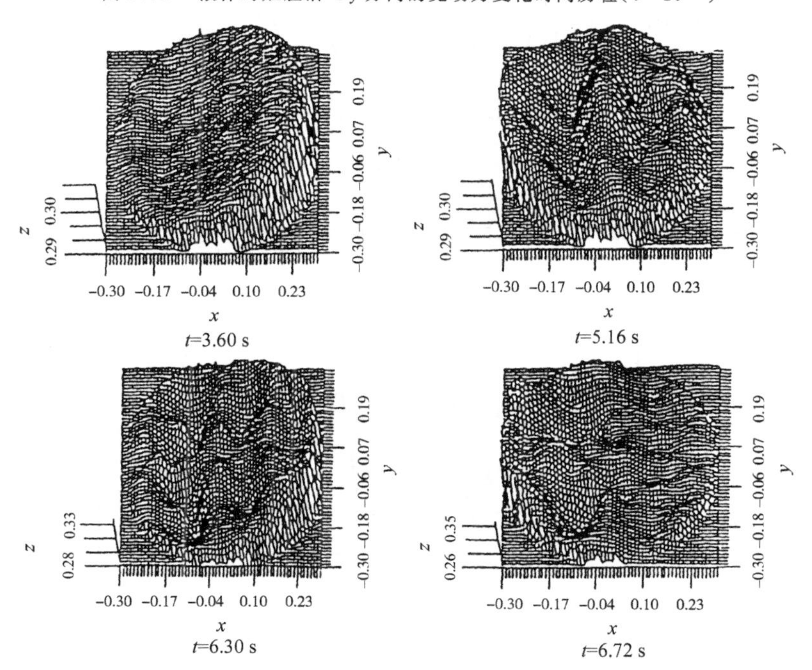

图 8.32　不同时刻三维自由液面形状($\nu=10^{-6}$)

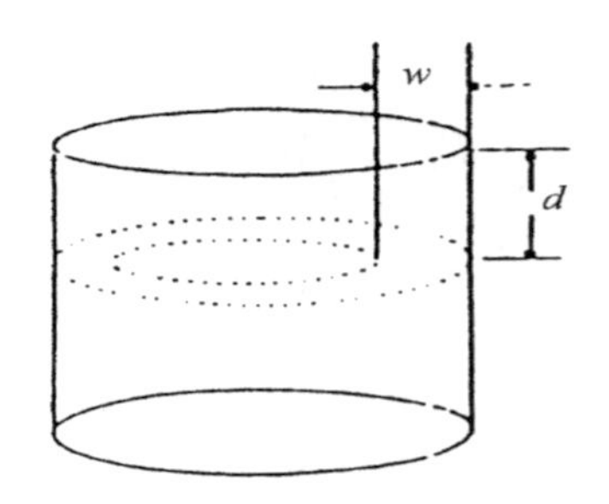

图 8.33　带圆环形隔板的圆筒形贮腔

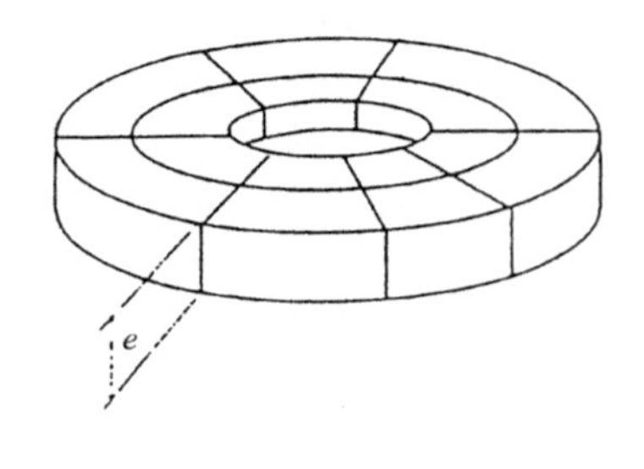

图 8.34　圆环形隔板上的网格划分示意图

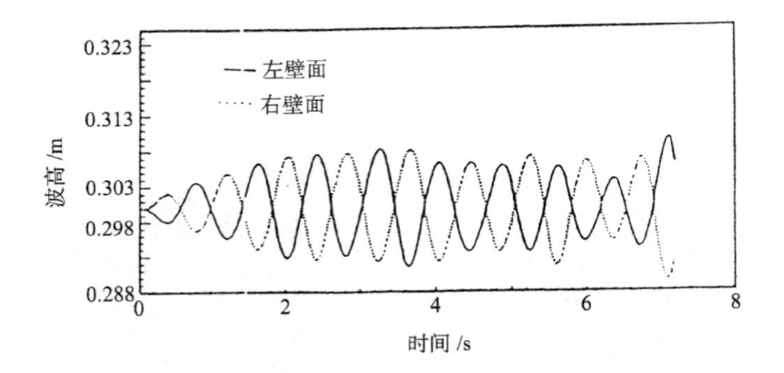

图 8.35　贮腔左、右壁面处的波高变化时间历程（$d=0.12$m，$w=0.04$m）

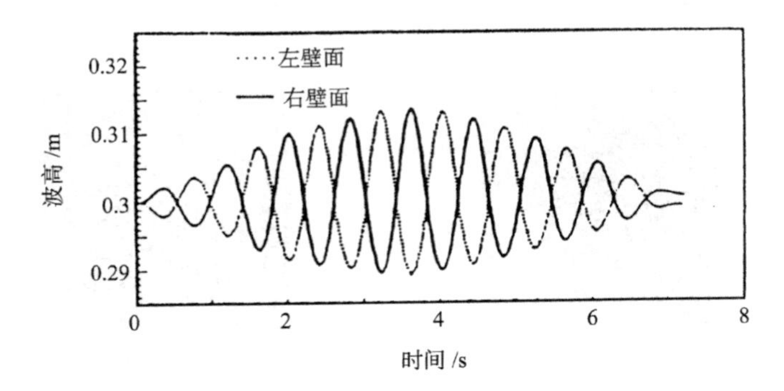

图 8.36　贮腔左、右壁面处的波高变化时间历程（$d=0.23$m，$w=0.04$m）

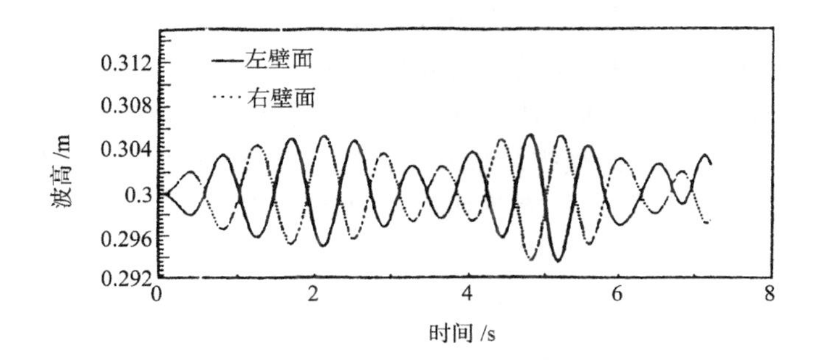

图 8.37　贮腔左、右壁面处的波高变化时间历程($d=0.12$m, $w=0.06$m)

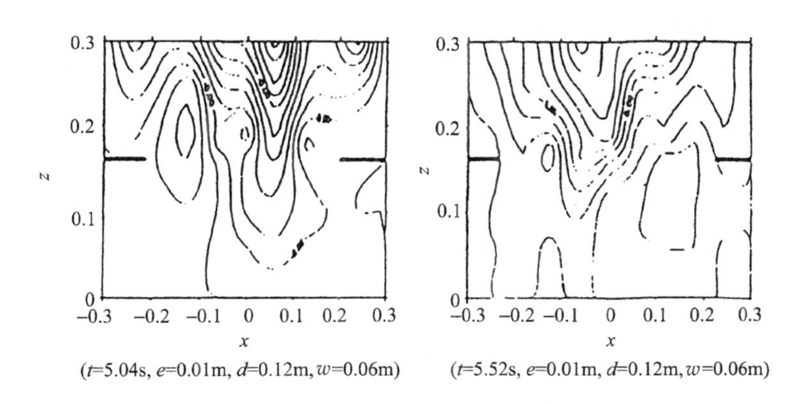

图 8.38　外激励面内液体晃动速度流线图

是肋板的厚度,取为 0.01m, w 为肋板的宽度, d 为肋板距静液面的高度.在此对不同的 w 和 d 值进行了数值模拟计算.

从以上数值模拟结果可得:

(1)极限振幅的概念.当晃动幅度等于 0.27 静止液面半径时,峰顶开始剧烈变形而破坏.这是因为液体微粒的纵向加速度不可能超过质量场的加速度.而文献[19]中极限振幅等于 0.3～0.4 静止液面半径.这些结论和 2 维情形中晃动幅度等于极限振幅时晃动将趋于稳态振动有明显的区别.

(2)压力响应及分叉.当出现碎波及旋转现象时,沿和激励方向垂直的方向有冲击型的压力响应分量出现.此时波的运动是一种极复杂的复合运动并伴随有分叉现象的出现.这与文献[165]的实验结果是一致的.模拟结果表明:严重的非线性现象的产生与激励幅度、频率、液体黏性有密切关系,当激励幅度非常小或液体黏性特别大时,没有出现非线性效应.

(3)贮腔中加入隔板后防晃效果显著,肋板越宽防晃效果越明显,隔板距静液面越近防晃效果越明显,这和文献[19]实验结论相吻合.

(4)加入隔板后在隔板附近产生极复杂的流体运动,明显出现速度间断面而产生涡旋和耗散液体的动能.以上是加入隔板后产生阻尼效应而降低由晃动所产生的荷载的主要机理.加入隔板后没有出现碎波、旋转等分叉等现象.

§8.7 注 记

8.7.1 关于充液系统液体大幅晃动动力学的研究方法[35,60,132,238]

一般地说,研究方法可分为三大类:理论方法、数值分析(数值模拟)和物理实验(地面实验和空间观测等),三者各有千秋.理论结果比较清晰、普遍,但是假定条件较多,数学模型也要求简化;实验(或观测)的结果比较真实、可靠,但也受到模型尺寸、实验方法以及环境等不利因素的影响和干扰;而数值分析方法有较大的概括性,以及可按设计要求适时选择参数的灵活性和快速性,当然也存在诸如非线性不稳定性,精度问题和虚假的物理现象等不少困难和不足.因此,在现代科学技术的研究中,应将这三种方法有机地结合起来,扬长避短,综合应用,提出一个简明可行的、有工程价值的实施方案.

8.7.2 关于数值稳定性和网格控制问题[122]

如前所述,充液系统是一个分布参数系统,有无限多自由度.而所论的计算方法的思路是把一个定义在无限维函数空间中的微分算子,用一个有限维函数子空间中的算子来近似.因此,应考查:如何能保证由"适定的"微分方程导出的近似代数方程组也是"适定的";在克服数值不稳定性的条件下,能否找到一个既有高精度又可节省机时的计算方法和适用的软件等.

1. 关于数值稳定性问题

伴随边界移动的流动问题,在进行数值计算时,会发生数值不稳定的现象,当液面出现大变形、破碎时,这种数值不稳定现象就会更为严重.另外,计算中如出现发散,是和所选用的方法有关,如采用平滑技巧,对于锯齿形的数值不稳定效果就较好.对于自由边界形状如以 Lagrange 跟踪和边界呈陡峭状时,用结点再配置技巧或用再编网技巧效果为佳,而对于想抑制全边界上的流通量或液体所占据的体积时,用最优网格生成法为好,这样当液面呈大变形时,计算也可稳定进行.

2. 关于数值解时的网格控制问题

在数值计算中,当采用 FEM,BEM,FDM 和 ALE-FEM 时,都需要通过生成网格来求解,静态网格是不随时间变化而改变的,但是对于自由边界问题,网格是随时间的变化而改变的.因此,动态网格控制技术的开发是很重要的.近年来庞大的数值计算中表明,数值解必须贮备有有效的知识库.因此,人工智能型的活用技术也是一种非常有意义的思想,这涉及到泛函极小值问题,对时间积分时的分时宽度的控制问题等都应当考虑计算网格的控制.自由边界的解是泛函中非线性问题的解.处理不当,往往会导致得到的并不是非线性解.这时的极小值就可能不存在了.因此,有人提出了把人工智能应用于求极小值的可能性.在自由边界问题中用到的正是动态网格,而动态网格控制又必须利用模糊推断.所以为使动态网格控制能自动进行,人工对话型网格控制是近年来出现的一种新技术.

8.7.3 关于实验研究的几个问题[15,19,55,59,61,174]

一般地说,当腔内液体晃动的振幅超过贮箱充液的自由液面半径约 0.15, 即可出现非线性效应;此时,不仅液体振幅过大, 而且在一定的频率范围内, 还会出现液体旋转等复杂现象.已有的线性理论和相应的实验结果比较一致,但不能解决大幅晃动的非线性问题.如果再考虑到空间环境的特殊条件(例如,微重力、光压、电磁效应、气动特性等),则研究的课题就更加复杂.以下仅对几个与实验有关的问题作几点说明:

1.当 Bond 数<100 时, 约为 $10^{-4}\ g\sim10^{-6}\ g$; 此时, 要考虑表面张力的影响.可以采用等效摆力学模型和质量弹簧力学模型,进行理论分析与试验结果的互相验证; 通过小幅晃动研究, 可以确定贮箱中晃动液体质量、晃动频率、摆长、受力作用点以及晃动阻尼等动力学参数.

2. 充液航天器当变轨发动机开机与关机, 大姿态角机动、捕获、空间交会对接(RVD)等过程, 都会发生大幅晃动的非线性问题.对于出现液体飞溅和破碎的情况,称为非稳态大幅晃动;这是一类很复杂的问题,地面试验和在轨试验都是必要的;当然,前者要比后者便宜得多,而且也是可信的.

3. 关于充液航天器的试验方法, 在地面上有气浮台仿真试验、落塔试验、气球搭载试验、受迫章动试验等.另外,还有飞机搭载试验也是可行的.从国内外已有的实验来看,比较常用的方法是气浮轴承(气浮台)和落塔试验.它可以通过地面试验来确定液体大幅晃动对航天器的作用力、力矩、晃动质量、晃动频率等动力学参数.从而,为分析多体大型复杂航天器的流-固(刚)-控(制)耦合大系统动力学与稳定性,以及控制系统优化方案的设计,提供可靠的依据.

4. 对于地面常重力晃动试验设计应考虑以下的相似准则[19,69]:

（1）模型贮箱内腔和腔内构件与实物几何相似．

（2）Froude 数准则（惯性力与重力之比）：

$$F_r = \frac{l}{gt^2} \tag{8.7.1}$$

其中，l 为贮箱特征尺寸，g 为过载加速度，t 为时间．它规定了几何缩比、加速度和时间尺度三者的关系．对于试验模型和在轨运动的实物，它们的 F_r 数值应尽可能一致；因为在轨时 F_r 很大，在地面上可取 $F_r \geqslant 5$，或进一步增大 F_r．

（3）Bond 数准则（重力与表面张力之比）：

$$B = \frac{\rho g l^2}{\sigma} \tag{8.7.2}$$

其中，ρ 为流体密度，σ 为表面张力系数．如前所述，一般地说，当 $B < 100$ 时，应考虑表面张力的影响；而 $B > 100$ 时，表面张力的影响很小，可以忽略．

（4）Galileo 数准则（重力与黏性力之比）

$$G_a = \frac{gl^3}{\nu^2} \tag{8.7.3}$$

其中，ν 为运动黏性系数．在地面试验中，该准则很难满足；但当 G_a 很大时（在地面约为 10^{12}，而在轨最小值为 10^9），它们不满足，也仅导致液体晃动阻尼比的差异，而对其它参数影响不大．利用以下半经验公式可以将模型的阻尼比换算到实物的阻尼比：

$$d_f = d_m \left(\frac{G_{am}}{G_{af}} \right)^{1/4} \tag{8.7.4}$$

其中，d 是阻尼系数，下标 m 与 f 分别表示模型和实物．用该公式可以从模型的阻尼比换算到实物阻尼比．

对于有防晃隔板的贮箱，地面试验得到的阻尼比可表为

$$d_m = d_{m1} + d_{m2} \tag{8.7.5}$$

其中，d_{m1}是贮箱壁产生的阻尼比，可以通过(8.7.4)公式换算到实物阻尼比 d_{f1}；而 d_{m2}是防晃隔板产生的阻尼比，在相当宽的 G_a 数范围内，它与 G_a 数无关，仅取决于防晃隔板的结构和充液比，又因为 d_{m2}比 d_{f1}要大很多，所以地面上测出的 d_{m2}可直接用于实物，即

$$d_f = d_{f1} + d_{f2} \approx d_{f2} = dm_2$$

此外，还有其它一些无量纲参数，在实验时最好都应满足，但这是有困难的，因此实际上也只能针对几个最主要的无量纲数进行具体研究[69].

第九章　函数空间中充液系统动力学与控制的泛函分析方法

§9.1　引　　言

充液系统动力学、稳定性与控制的研究对象是一个分布参数系统,具有无限多自由度.一般地讲,研究的方法可分为三类:其一是理论分析方法,其二是数值仿真(数值模拟),另外还有物理实验(地面试验和空间观测等).在前面的章节里,已经介绍了一些有代表性的理论方法:如,Zhukovskiy 的等效刚体理论, Lyapunov-Rumjantsev 的定性理论, Stewartson-Wedemeyer 的线性理论,以及各种分析方法等.可以看到,以上所论的理论方法都是在有限维空间中分析问题的;而且数值计算的方法,其思路也是“把一个定义在无限维函数空间中的微分算子,用一个有限维函数子空间中的算子来近似”.在这一章里,将介绍在无限维函数空间中充液系统的动力学、稳定性与控制问题.利用泛函分析的方法来研究具有无限多自由度的分布参数系统,在一定条件下可以避免由于“截断”等处理方法可能出现的“溢出”现象(Spillover);当然,因为线性泛函和算子半群的研究比较成熟一些,所以它的应用成果也多一些;而对于非线性泛函分析的应用问题,在这里只做了一些比较简单的理论方法的介绍,至于工程应用还在探讨中[52,118,142].

§9.2　泛函分析与半群基础[39～42]

9.2.1　距离空间

1. 距离.设 X 是任一非空集,如果对于 X 中任意两个元 x 与 y,都对应一个实数 $\rho(x, y)$,并且满足下列条件:

(1) $\rho(x, y)\geqslant 0$，且 $\rho(x, y)=0$ 的充要条件为 $x=y$

(2) $\rho(x, y)=\rho(y, x)$

(3) $\rho(x, y)\leqslant\rho(x, z)+\rho(y, z)$，$z\in X$

则称 $\rho(x, y)$为点 x，y 之间的距离；而称(1)为其非负性，(2)为对称性，(3)为三点不等式.又称 X 为按距离 $\rho(x, y)$成为距离空间(或度量空间)，记作(X,ρ)或简记为 X.

2. 闭包，开集，闭集，完备集.为了介绍距离空间这些子集的概念，首先要定义邻域、聚点、内点和边界点等.将 n 维距离空间(R^n, ρ)简记为 R^n.

R^n 中所有到定点 x_0 的距离 $\rho(x, x_0)<\delta(\delta>0)$的点 x 所成的集合，称为以 x_0 为中心之 δ 邻域，记为 $N(x_0, \delta)$，或简称为邻域.

设 E 是 R^n 中的一个点集，P_0 是 R^n 中的一定点，现在来研究 P_0 与 E 的关系.有三种可能性：

(1) 在 P_0 附近根本没有 E 的点，即能找到某一个以 P_0 为中心的邻域 $N(P_0, \delta)$，使在该邻域中根本没有 E 的点，

(2) P_0 附近全是 E 的点，即能找到某一邻域 $N(P_0, \delta)\subset E$，此时则称 P_0 为 E 之一内点，

(3) P_0 附近既有 E 的点，又有不属于 E 的点.即于任意以 P_0 为中心的邻域 $N(P_0,\delta)$中恒有点 $P\in E$，也恒有点 $P'\overline{\in} E$，此时则称 P_0 为 E 之一边界点.

如果在任意以 P_0 为中心的邻域 $N(P_0,\delta)$中，恒有无穷多个点属于 E，此时则称 P_0 为 E 之一聚点.

显然，E 的内点必为 E 的聚点.但 E 的聚点却不一定是 E 之内点，因为还可能是 E 之边界点.其次，E 的内点一定属于 E，但 E 的聚点可以属于 E，也可以不属于 E.

E 的全部聚点作成的集，称为 E 的导集，记为 E'. E 的全部内点作成的集，称为 E 的内域，记为 E^0. $E+E'$称为 E 的闭包，记为 $\overline{E}$.

下面介绍开集、闭集、完备集的定义及其有关的一些性质.

若 $E^0=E$,即集 E 的每一点都是它的内点,则称 E 为开集.例如,在 R^1 中,(0,1)是一开集(在 R^2 中就不是),而[0,1]不是.在 R^2 中,$E=\{(x,\ y):x^2+y^2<1\}$是一开集,而把它放在 R^3 中看,$E=\{(x,\ y,\ z):x^2+y^2<1,\ z=0\}$,就不再是开集了.又例如,整个空间及空集都是开集.

若 $E\supset E'$,即 E 包含了它所有的聚点,则称 E 为闭集.例如,在 R^1 中,[0,1]是闭集,而[0,1)则不是.在 R^2 中,$E=\{(x,\ y):x^2+y^2\leqslant 1\}$是闭集.又例如,整个空间、空集、任意的有限集合,都是闭集,而整个空间和空集也是开集.

还可以证明下列一些性质:

(1) E',$\overline{E}$ 恒为闭集;

(2) 如果 F 为闭集,则 F 的余集是开集;

(3) 如果 G 为开集,则 G 的余集是闭集;

(4) 任意多个闭集之积为闭集;

(5) 任意多个开集之和为开集;

(6) 有限多个闭集之和仍为闭集;

(7) 有限多个开集之积仍为开集.

再介绍一个术语.不是聚点的边界点,称为 E 的孤立点.如果 E 的每一点都是聚点(即没有孤立点),则 E 就称为自密的,特别是,自密的闭集称为完备集(或称为完全集).即,若 $E=E'$,则 E 就是完备集.而空集是完备集.

3. 距离空间上的连续映射.设 X 与 Y 都是距离空间,而分别以 ρ_1 与 ρ_2 为距离,$T:X\rightarrow Y$,$x_0\in X$,如果对于任意的正数 $\varepsilon>0$,存在另一正数 $\delta>0$,使得当 $\rho_1(x,\ x_0)<\delta$ 时,有

$$\rho_2(Tx,\ Tx_0)<\varepsilon$$

则称映射 T 在 x_0 连续.若 T 在 X 中的每一点都连续,则称 T 为距离空间 X 上的连续映射.

例如,当 $Y=R$,则称 T 为连续函数,此时将 T 记为 f,而将

X 的像记作 $f(x)$.如果 $f(x)=\sin x$,则它是由 R 到 R 的连续函数.

可以证明,T 为连续映射的充要条件是下列条件之一成立:

(1) 对于 Y 中任一开集 G, 它的原像 $T^{-1}(G)$是 X 中的开集[①];

(2)对于 Y 中任一闭集 F,它的原像 $T^{-1}(F)$是 X 中的闭集.

4. 拓扑映射.设 X 与 Y 都是距离空间, $T: X\to Y$.如果 T 是一个双射(即对于 Y 中的每个元 y,都存在 X 中的唯一的元 x,使得 $T(x)=y$),且 T 与 T^{-1} 都连续,则称 T 是 X 到 Y 上的拓扑映射,或同胚映射.如果由 X 到 Y 上存在某一同胚映射,则称 X 与 Y 为拓扑同胚.例如,$y=\arctan x$ 是 R 到 $\left(-\frac{\pi}{2}, \frac{\pi}{2}\right)$ 的拓扑映射,则 R 与 $\left(-\frac{\pi}{2}, \frac{\pi}{2}\right)$ 拓扑同胚.

9.2.2 拓扑空间

1. 拓扑　设 X 为非空集, $\mathscr{T}$为 X 的子集族, 如果满足下列条件:

(1) $X,\varnothing\in\mathscr{T}$;

(2)若 $A,B\in\mathscr{T}$,则 $A\cap B\in\mathscr{T}$;

(3)若$\mathscr{T}_1\subset\mathscr{T}$,则$\bigcup_{A\in\mathscr{T}_1}A\in\mathscr{T}$

则称$\mathscr{T}$为 X 的拓扑.

如果$\mathscr{T}$为集 X 的拓扑,则称偶对$(X,\mathscr{T})$为拓扑空间,或称 X 是以$\mathscr{T}$为拓扑的拓扑空间;或简称 X 为拓扑空间.还有,$\mathscr{T}$的每一元均称为拓扑空间$(X,\mathscr{T})$的开集.此时,可以看到,上面的三个条件如果用开集的性质来表述, 则它们是等价的:

(1) $X,\varnothing$是开集;

(2)有限个开集之交是开集;

---

① 对任一子集 $A\subset Y$,X 中的点集$\{x: Tx\in A\}$称为 A 关于 T 的原像, 记作 $T^{-1}(A)$.

(3)任意多个开集之并是开集.

2. 拓扑空间举例

(1)距离空间是拓扑空间的最重要的一类.设(X,ρ)为距离空间,令$\mathscr{T}_\rho$为 X 中所有开集构成的集族,即$\mathscr{T}_\rho$为 X 的拓扑.从而,称$\mathscr{T}_\rho$为 X 的由距离 ρ 诱导出来的拓扑.并约定,在称一距离空间(X,ρ)为拓扑空间时,是指 X 上赋以拓扑$\mathscr{T}_\rho$后所有的拓扑空间$(X,\mathscr{T}_\rho)$.因此,实数空间 R,n 维 Euclid 空间 R^n(特别是欧氏平面 R^2)以及将要讲到的 Hilbert 空间 R^∞,都可以叫做拓扑空间.

(2)平庸拓扑空间.设 X 为非空集合,$\mathscr{T}=\{X,\varnothing\}$,可以验证$\mathscr{T}$为 X 的拓扑;因此,$(X,\mathscr{T}_\rho)$为拓扑空间.而称$\mathscr{T}$为 X 的平庸的(平凡的)拓扑,称$(X,\mathscr{T}_\rho)$为平庸的(平凡的)拓扑空间.可以看到,在平凡的拓扑空间中,具有且仅具有两个开集:即 X 自身和空集$\varnothing$.

(3)离散拓扑空间.设 X 为非空集,如取$\mathscr{T}$为 X 的一切子集组成的集族,则$\mathscr{T}$为 X 上的一个拓扑,称它为 X 上离散的拓扑,而称$(X,\mathscr{T})$为离散的拓扑空间.

上面的例(2)、例(3)表明,在任何一个非空集上,都可以定义拓扑,而定义的方式也不是惟一的;例如,设 X 由 0,1,2 三点组成,$\mathscr{T}_1$是由$\{\phi,\{0\},\{0,1\},\{0,1,2\}\}$组成的集族;而$\mathscr{T}_2$是由$\{\phi,\{0\},\{0,1\},\{0,2\},\{0,1,2\}\}$组成的集族;则$\mathscr{T}_1$,$\mathscr{T}_2$都是 X 上的拓扑,但它们是 X 上两个不同的拓扑.

3. 半序点列.设 X 为一拓扑空间,$\mathscr{A}$是定向半序集[①],$\mathscr{A}$到 X 的映射$\{x_a, a\in\mathscr{A}\}$称为 X 中的半序点列,简称点列.

当$\mathscr{A}$是自然数全体按照由小到大的顺序组成序集时,$\{x_n, n\in\mathscr{A}\}$就是通常的点列.

设 X 是一拓扑空间,$\{x_a, a\in\mathscr{A}\}$是 X 中的一半序点列,$x_0\in X$,如果对于 x_0 的每个邻域 U,存在$\mathscr{A}$中的元 a_0,使得当 $a_0\prec$

---

① 半序集$\mathscr{A}$(序的记号为"$\prec$"称为定向的,是指对任意的 $a, a'\in\mathscr{A}$,必存在 $a''\in\mathscr{A}$,使得 $a\prec a'$, $a'\prec a''$.

a 时，$x_a \in U$，则称半序点列$\{x_a, a\in\mathscr{A}\}$收敛于 x_0，而称 x_0 为$\{x_a, a\in\mathscr{A}\}$的极限，记为

$$\lim_{a\in\mathscr{A}} x_a = x_0 \text{ 或 } x_a \to x_0$$

可以证明：设 X 是拓扑空间，则 $x\in\overline{A}$ 充要条件是，存在 A 中的半序点列$\{x_a, a\in\mathscr{A}\}$收敛于 A 中的一点 $x\in A\subset X$.

4. 分离公理.距离空间的一个重要特性是，收敛点列的极限是惟一的，但这一性质对一般的拓扑空间未必成立.例如，设 X 是 0 与 1 组成的集，对 X 赋以平庸的拓扑，则 X 中的半序点列$\{x_a, a\in\mathscr{A}\}$(所有 $x_a=1$)既收敛于 1，也收敛于 0.因此，为了保证拓扑空间中收敛的半序点列的极限是惟一的，对拓扑空间应当补充一些限制条件：

(1) T_0 公理.如果拓扑空间 X 中任意两点 x, y，其中至少有一点(x 或 y)，存在它的一个邻域不含另一点，则称 X 满足 T_0 公理，或称 X 为 T_0 型空间.

(2) T_1 公理.如果对于拓扑空间 X 的任意两点 x, y，必有 x 的某个邻域 U_x 不含 y，也必有 y 的某个邻域 U_y 不含 x，则称 X 满足 T_1 公理，或称 X 为 T_1 型空间.

(3) T_2 公里.如果对拓扑空间 X 的任意两点 x, y，必有 x 的某个邻域 U_x，及 y 的某个邻域 U_y，使得 $U_x\cap U_y=\phi$，则称 X 满足 T_2 公理，或称 X 为 T_2 型空间，又称 X 为 Hausdorff 空间.

可以看出，该空间中任何一个收敛的半序点列必然只收敛于一个点.

9.2.3 线性赋范空间

1. 线性空间.设在集 E 中规定了线性运算：元的加法运算和实数(或复数)与 E 中元的乘法运算，满足下列条件：

(1) 对任意的 x, $y\in E$, $x+y$ 有定义，并且 $x+y\in E$，而 $x+y=y+x$.此外，$(x+y)+z=x+(y+z)$, x, y, $z\in E$;

(2) E 中存在惟一的元 0，对于任何 $x\in E$,有 $x+0=x$；

(3)对于 $x\in E$,存在惟一的元$(-x)\in E$,有 $x+(-x)=0$；

(4)对于任何 $x\in E$,及任何实数(或复数)α,存在元 $\alpha x\in E$. 称 ax 为 a 和 x 的数积，并适合：$1\cdot x=x$，$\alpha(\beta x)=(\alpha\beta)x$，$\alpha$，$\beta$ 是实数(或复数)，$(\alpha+\beta)x=\alpha x+\beta x$，$\alpha(x+y)=\alpha x+\alpha y$,则称 E 为线性空间或矢量空间,其中的元称为矢量.若数积运算对于实数体有意义,则称 E 为实线性空间;如果数积对复数有意义,则称 E 是复线性空间.例如,三维欧氏空间 R^3 即为实线性空间,它的元是三维矢量.

2. 线性赋范空间.设 R 是实(或复)数域上的一个线性空间，如果对于每一个元 $x\in R$,有一个确定的非负实数 $\|x\|$ 与它对应,并满足下列条件：

(1) $\|x\|\geqslant 0$,且 $\|x\|=0$ 的充要条件为 $x=0$；　　(9.2.1)

(2) $\|\alpha x\|=|\alpha|\,\|x\|$，$x\in R$，$\alpha$ 为实(复)数；　　(9.2.2)

(3) $\|x+y\|\leqslant\|x\|+\|y\|$，$x$，$y\in R$.　　(9.2.3)

则称 R 为线性赋范空间，简称赋范空间，而 $\|x\|$ 为元 x 的范数.

在赋范空间 R 中,对于任意两矢量 x，$y\in R$，如果置

$$\rho(x,y)=\|x-y\| \tag{9.2.4}$$

则从范数的三个条件(9.2.1)式、(9.2.2)式、(9.2.3)式可知，$\rho(x,y)$满足距离的各条性质的要求,所以 R 按 $\|x-y\|$ 构成一距离空间；而称 $\rho(x,y)=\|x-y\|$ 为相应于范数的距离,或由范数决定的距离.

以后,对于每一赋范空间,总是按(9.2.4)式引入距离，使之成为距离空间.所以赋范空间是一种特殊的距离空间.这样,就可以在赋范空间中引入极限概念.

设 $x_n\in R(n=1,2,\cdots)$,如果存在 $x\in R$,使得 x_n 按距离收敛于 x,即

$$\lim_{n\to\infty}\|x_n-x\|=0$$

则称$\{x_n\}$依范数收敛于 x,记为$\lim\limits_{n\to\infty} x_n = x$,或 $x_n \to x(n\to\infty)$.

易知,在依范数收敛的意义下,只要 $x_n \to x_0$, 则有 $\| x_n \| \to \| x_0 \|$,即范数$\| x \|$是 x 的连续函数.其实,对于 $x, y \in R$,由(9.2.3)式及(9.2.4)式,有不等式

$$| \| x \| - \| y \| | \leqslant \| x - y \| \tag{9.2.5}$$

由范数决定的距离必须满足:

$$\rho(x, y) = \rho(x - y, 0), \ \rho(\alpha x, 0) = | \alpha | \rho(x, 0) \tag{9.2.6}$$

可见,在一个线性的距离空间中,距离由范数决定的充要条件是 $\rho(x, y)$适合(9.2.6)式,而当距离适合条件(9.2.6)时,定义$\| x \| = \rho(x, 0)$就是范数.所以,(9.2.6)式也是线性距离空间成为线性赋范空间的充要条件.例如,在 n 维矢量空间 R^n 中,定义范数为

$$\| x \| = \left(\sum_{i=1}^{n} x_i^2 \right)^{1/2}$$

$$x = (x_1, x_2, \cdots, x_n)^{\mathrm{T}}$$

9.2.4 内积空间.完备性

1. 内积.设 E^n 为复的欧氏空间,则其中两个矢量 x, y 的内积$\langle x, y \rangle$是复数:

$$\langle x, y \rangle = \sum_{i=1}^{n} x_i \bar{y}_i$$

显然,内积有下列性质:

(1)$\langle x, x \rangle \geqslant 0$, 而且等号只限于 $x=0$ 时成立;

(2)$\langle \alpha x + \beta y, z \rangle = \alpha \langle x, z \rangle + \beta \langle y, z \rangle$;

(3)$\langle x, y \rangle = \overline{\langle y, x \rangle}$.

其中, $x, y, z \in E^n$, 而 α, β 是任意的复数.

设 H 是一个实(或复)的线性空间,如果对于 H 中任何两个元 x, y,有满足性质(1),(2),(3)的一个实(或复)数 $\langle x, y\rangle$ 与之对应,则称 H 为内积空间.

在欧氏空间 E^n 中的内积概念是重要的,利用它可以建立欧氏几何学.例如,矢量的交角、垂直、投影等,都可由内积来表述;另外,不仅在有限维空间,而且在某些无限维空间中也能定义内积.例如,在平方可积函数族 L^2 中,两个矢量 $f(x), g(x)$ 的内积定义为

$$\langle f, g\rangle = \int_E f(\cdot)\overline{g(\cdot)}\mathrm{d}x$$

可以验证,它具有性质(1),(2),(3).

还可以导出内积其它一些性质:

(4) $\langle x, \lambda y + \mu z\rangle = \bar{\lambda}\langle x, y\rangle + \bar{\mu}\langle x, z\rangle$, λ, μ 为复数;

(5) $\langle x, 0\rangle = \langle 0, x\rangle = 0$;

(6) $|\langle x, y\rangle|^2 \leqslant \langle x, x\rangle\langle y, y\rangle$, Schwarz 不等式.

利用内积性质,可以证明不等式(6);其实,对于任何复数 λ,当 $x, y \in H$ 时,有

$$\begin{aligned}&\langle x+\lambda y, x+\lambda y\rangle \\ &\quad = \langle x, x\rangle + 2\mathrm{Re}\{\bar{\lambda}\langle x, y\rangle\} + |\lambda|^2\langle y, y\rangle \qquad (9.2.7)\end{aligned}$$

当 $y=0$ 时,(6)成立;设 $y\neq 0$,则 $\langle y, y\rangle > 0$,取 $\lambda = -\dfrac{\langle x, y\rangle}{\langle y, y\rangle}$,由性质(1),(3)可得

$$\langle x, x\rangle - 2\frac{|\langle x, y\rangle|^2}{\langle y, y\rangle} + \frac{|\langle x, y\rangle|^2}{\langle y, y\rangle} \geqslant 0$$

则

$$\langle x, x\rangle\langle y, y\rangle \geqslant |\langle x, y\rangle|^2$$

或

$$|\langle x,y\rangle|^2 \leqslant \|x\|^2\|y\|^2$$

其中

$$\|x\|^2=\langle x, x\rangle, \|y\|^2=\langle y, y\rangle$$

还可证明，对于内积空间 H，数

$$\|x\| = \sqrt{\langle x, x\rangle} \tag{9.2.8}$$

是一个范数.其实,只须证明它满足三点不等式:

$$\|x+y\| \leqslant \|x\|+\|y\|, \ x, \ y\in H$$

此时,只要在(9.2.7)式中,令 $\lambda=1$，再由(6)式得

$$\begin{aligned}
&\|x+y\|^2=\langle x+y, x+y\rangle=\langle x, x\rangle \\
&+2\mathrm{Re}\langle x, y\rangle+\langle y, y\rangle \\
&\leqslant\langle x, x\rangle+2|\langle x, y\rangle|+\langle y, y\rangle \\
&\leqslant\|x\|^2+2\|x\|\|y\|+\|y\|^2=(\|x\|+\|y\|)^2
\end{aligned}$$

今后总是在内积空间中，用(9.2.8)式来规定范数,而称这个范数，是由内积所决定的范数.内积空间按此范数成为线性赋范空间.因此,内积空间是一种特殊的赋范空间.从而,在内积空间中,可以引进极限概念.

2. 平行四边形公式.设 H 为一内积空间，而 $\|x\|=\sqrt{\langle x, x\rangle}$是由内积$\langle x, x\rangle$所决定的范数，则对于任意的 x，$y\in H$，下式成立

$$\|x+y\|^2+\|x-y\|^2=2(\|x\|^2+\|y\|^2) \tag{9.2.9}$$

公式(9.2.9)可以视为平行四边形的两邻边长度的平方和等于两对角线长度平方和的一半.因此,(9.2.9)式也称为平行四边形公式.

其实,如在(9.2.7)式中，分别用 $\lambda=1,-1$ 代入，再将所得

的两个结果相加，则得

$$\langle x+y,\ x+y\rangle+\langle x-y,\ x-y\rangle=2(\langle x,x\rangle+\langle y,y\rangle)$$

因此，由内积所决定的范数，有

$$\| x+y\|^2+\| x-y\|^2=2(\| x\|^2+\| y\|^2)$$

上述推证说明，由内积决定的范数，必须适合于四边形公式.反之，如果在线性赋范空间中，任何两个元 x，y 都满足平行四边形公式(9.2.9)，则 $\| x\|$ 也是由内积 $\langle x,x\rangle$ 所决定的范数.

从而，赋范空间成为内积空间的充要条件是，它的范数适合平行四边形公式.但不是每个赋范空间都是内积空间，这是因为，不是所有的范数都满足平行四边形公式.

3. 完备性.设 $\{x_n\}$ 是距离空间 R 中的点列.若对于任一正数 $\varepsilon>0$，存在正数 $N(\varepsilon)$，使得当自然数 $n,\ m\geqslant N(\varepsilon)$ 时，有

$$\rho(x_n,\ x_m)<\varepsilon \tag{9.2.10}$$

则称 $\{x_n\}$ 是 R 中的基本点列，或称为 Cauchy 序列.

如果当 $n\to\infty$ 时，数列 $\rho(x_n,x)\to 0$，则称点列 $\{x_n\}$ 按距离 $\rho(x,\ y)$ 收敛于 x，记作

$$\lim_{n\to\infty} x_n=x$$

或 $x_n\to x(n\to\infty)$，此时则称 $\{x_n\}$ 为收敛点列，而 x 为其极限.

在距离空间中，任一点列 $\{x_n\}$，最多只有一个极限，即，收敛点列的极限是惟一的.其实，由距离的性质可得

$$0\leqslant \rho(x,\ y)\leqslant \rho(x_n,x)+\rho(x_n,\ y)$$

如果 x，y 都是 $\{x_n\}$ 的极限，则当 $n\to\infty$ 时，$\rho(x_n,x)\to 0$，$\rho(x_n,y)\to 0$，必然有 $\rho(x,\ y)=0$，从而 $x=y$.

若 $\{x_n\}$ 是 R 中的收敛点列，则 $\{x_n\}$ 也是基本点列.这是因为，此时有 $x\in R$，使得 $x_n\to x(n\to\infty)$，即对于任一正数 $\varepsilon>0$，存

在正数 $N(\varepsilon)$,使得当 $n, m \geqslant N(\varepsilon)$时,$\rho(x_n, x) < \frac{\varepsilon}{2}$,$\rho(x_m, x) < \frac{\varepsilon}{2}$,从而 $\rho(x_n, x_m) \leqslant \rho(x_n, x) + \rho(x_m, x) < \varepsilon$.因此,$\{x_n\}$是基本点列.

当 R 是实(复)数全体时,基本点列必是收敛点.但对于一般的距离空间来说,基本点列不尽是收敛点列.例如,设 R 是有理数全体,而取点列:

$$\{r_n\}: \left(1+\frac{1}{1}\right)^1, \left(1+\frac{1}{2}\right)^2, \cdots, \left(1+\frac{1}{n}\right)^n, \cdots$$

易知,$\{r_n\}$是 R 中的基本点列,因为它满足 Cauchy 收敛条件.但$\{r_n\}$不是 R 中的收敛点列,因为它在 R 中没有极限.

从上面的例子可以看出,在有些距离空间中,基本点列所以不是收敛点列,这是由于在该空间中还缺少一些点的缘故.因此,需要引进一个重要的概念:如果在距离空间 R 中,每一个基本点列均收敛于 R 中的点,则称 R 为完备空间.

完备的线性赋范空间,称为 Banach 空间.完备的内积空间,称为 Hilbert 空间.

有许多重要的理论只是对完备的距离空间才适用,因为只有在完备的距离空间中,才可以利用上述收敛条件来判断收敛性.

9.2.5 Hilbert 空间中的算子和伴随算子[39]

设 X, Y 为二 Hilbert 空间, D 为 X 的线性子空间,运算 $T: D \to Y$ 若满足对任意 $x_1, x_2 \in D$ 及数 α,有:① $T(x_1, x_2) = Tx_1 + Tx_2$;② $T(\alpha x_1) = \alpha T x_1$,则称 T 为线性算子, D 为算子 T 的定义域,记作 $D(T) = \mathrm{Dom}(T)$.

若线性算子 T 定义域 D 在 X 中稠密,即$\overline{\mathrm{Dom}(T)} = X$,亦即对任意 $x \in X$,存在点列$\{x_n\} \subset D$,使得 $x_n \to x (n \to \infty)$,则称 T 是 X 中稠定算子.

若 $T: D \to Y$,对 D 中的任意点列$\{x_n\}$,若当 x_n 收剑于 $x \in$

X，$Tx_n \to y \in Y$ 时，有 $x \in D$ 且 $Tx = y$，则称 T 是闭算子.一个既是闭、又是稠定的线性算子称为闭稠定算子.

若对任意 $x \in D$，存在正数 M，使得 $\| Tx \| \leqslant M \| x \|$，则称 T 是有界算子；若 $D = X$，则 X 上所有有界线性算子构成一个算子 Banach 空间，记为 $B(X, Y)$；若 $Y = X$，则记为 $B(X)$.如有限维矢量空间上的方阵 $A = (a_{ij})_{n \times n}$.

设 $T: D \to Y$ 为有界线性算子，则把 $\| T \| = \inf\{ M \mid \| Tx \| \leqslant M \| x \|, x \in D\}$ 称为算子 T 的范数.

如果算子 T 将其定义域 D 中的任何有界集映照成 Y 中的致密集，则称 T 是紧算子.这里所谓致密集的是指此集中的任何点列必有在 Y 中的收敛子列.紧算子是有界线性算子.

设 H 是 Hilbert 空间，$\langle \cdot, \cdot \rangle$ 为其上内积，稠定线性算子 $T: D \subseteq H \to H$，记 $D(T^*) = \{ y \mid y \in H$，存在 $y^* \in H$，使 $\langle Tx, y \rangle = \langle x, y^* \rangle$，对于一切 $x \in D$ 都成立$\}$；由 Hilbert 空间中的 Riesz 表示定理[42]知，$D(T^*)$非空.若在 $D(T^*)$上定义算子 $T^*: y \to y^*$ $(y \in D(T^*))$，则称 T^* 为 T 的伴随算子(或共轭算子)，可以证明 T^* 是闭算子.

若 $T: D(T) \subseteq H \to H$ 是稠定算子，如果 $\langle Tx, y \rangle = \langle x, Ty \rangle$，$\forall x, y \in D(T)$，则称 T 是对称算子.容易证明，若 T 是对称算子，则对任意 $x \in D(T)$，$\langle Tx, x \rangle$为实数.若$\langle Tx, x \rangle > 0$ $(x \neq 0)$，则称 T 是正算子；而若存在正常数 C，使得$\langle Tx, x \rangle \geqslant C \langle x, x \rangle$，称 T 是正定算子.特别地，当 $C = 0$ 时，即$\langle Tx, x \rangle \geqslant 0$，称 T 为半正定算子.

显然，若对半正定算子 T 及任意 $x \in D(T)$，存在算子 S，使得 $S^2 x = S(Sx) = Tx$，则称 S 为 T 的平方根算子，记为 $S = T^{1/2}$，则 $D(S) \supseteq D(T)$.显然若 T 是对称算子，即$\langle Tx, y \rangle = \langle x, Ty \rangle$，亦即 $y \in D(T)$时必有 $y \in D(T^*)$，且 $Ty = T^* y$，从而 $T \subset T^*$；若 $T = T^*$，则称 T 是自伴算子(自共轭算子).

9.2.6 算子的谱[40,42,52]

设 H 是复数域上的赋范线性空间(特别地，Banach 空间，Hilbert 空间)，$T: D(T) \to H$ 是一线性算子，又设 $\lambda \in C$(复数域)，I 是 H 上的恒等算子.定义 $T_\lambda = \lambda I - T$,则 $T_\lambda: D(T) \to H$ 也是线性算子;如果 T_λ 有逆算子 $T_\lambda^{-1} = (\lambda I - T)^{-1}$,则称其为 T 的豫解算子,记为 $R(\lambda, T)$.称 $\lambda \in C$ 为算子 T 的一个正则值,如果满足下述三个条件:① $R(\lambda, T)$存在;② $R(\lambda, T)$有界;③ $R(\lambda, T)$的定义域在 H 中稠密.

T 的预解集定义为:$\rho(T) = \{\lambda \in C \mid \lambda$ 是 T 的正则值$\}$;而 $\sigma(T) = C - \rho(T)$称为 T 的谱集,简称谱.与有限维向量空间中的矩阵的谱仅有特征值构成不同,无穷维函数空间中的线性算子的谱集可以分为三种互不相交的集合.

1. 算子 T 的点谱 $\sigma_p(T)$. λ 是 T 的特征值,即 $R(\lambda, T)$不存在,亦即存在非零元 $x \in H$,使得 $Tx = \lambda x$;算子 T 的特征值的全体构成 T 的点谱 $\sigma_p(T)$.上述 x 称为相应于特征值 λ 的特征函数.

2. T 的连续谱 $\sigma_c(T)$.即 $R(\lambda, T)$存在,且 $R(\lambda, T)$的定义域在 H 中稠,但 $R(\lambda, T)$无界.

3. T 的剩余谱 $\sigma_r(T)$.即 $R(\lambda, T)$的定义域不在 H 中稠密,不管其是否有界.

有界算子具有如下谱性质:$\rho(T)$是复平面中的非空开集,谱集 $\sigma(T)$是闭集;且 T 的所有谱点包含在以半径为 $r_\sigma(T) = \lim\limits_{n \to \infty} \sqrt[n]{\| T^n \|}$ 的闭圆内($r_\sigma(T)$称为算子 T 的谱半径).

下述定理给出了紧算子的谱特性,它与有限维空间中的矩阵的谱十分类似,但也存在着本质的不同.

定理 1(Riesz-Schauder 定理)[40] 设 X 是复 Hilbert 空间，$T \in B(X)$且是紧算子，则① $\sigma(T) = \sigma(T^*)$，这里 T^* 是 T 的伴随算子;② $T(T^*)$的非零谱点都是 $T(T^*)$的特征值,而且 T^* 与 T 对应于同一非零特征值的特征函数空间具相同维数,维数是有限的;③ $\sigma(T)(\sigma(T^*))$或是有限集,或是以零为聚点的可列集;④不同特征值所对应的特征函数空间是正交的,即若 λ，μ 是 T

(T^*)的特征值，$\lambda\neq\mu$，φ 和 ψ 分别为对应于 λ，μ 的任一特征函数，则(φ，ψ)=0.

自共轭算子的谱：自共轭算子的谱(如果有的话)都是实数；不同的特征值所对应的特征函数是正交的；自共轭算子无剩余谱.

9.2.7 算子半群基础[42]

设 X 是 Banach 空间(或 Hilbert 空间)，$T(t): R^+\to B(X)$，这里 $R^+=[0,\infty)$，即对 $t\in R^+$，$T(t)\in B(X)$是有界线性算子.若 $T(t)$，$t\geqslant 0$ 满足

(1) $T(t+s)=T(t)T(s)$，　　t，$s\geqslant 0$；

(2) $T(0)=I$(X 上的恒等算子).

则称 $T(t)$，$t\geqslant 0$ 是一个算子半群.假定对任意 $x\in X$,还有

(3)$\lim\limits_{t\to\infty}\|T(t)x-x\|=0$，

则称 $T(t)$，$t\geqslant 0$ 是一个强连续 C_0 半群.

例　设 $X=R^n$，$A\in B(X)$为任意实方阵，则 $T(t)=\mathrm{e}^{tA}$，$t\geqslant 0$ 是强连续 C_0 半群，事实上，这里 e^{tA} 就是集中参数控制理论中的跃迁阵.

设 $T(t)$，$t\geqslant 0$ 是强连续 C_0 半群，若定义

$$D(A)=\left\{x\in X:\lim_{t\to 0^+}\frac{T(t)x-x}{t}\text{存在}\right\}$$

$$Ax=\lim_{t\to 0^+}\frac{T(t)x-x}{t},\quad x\in D(A)$$

则称算子 A 是 $T(t)$，$t\geqslant 0$ 的无穷小生成元，这样定义的算子 A 是闭算子.

下面的两个定理告诉我们一个(无界)线性算子当满足什么条件时才能生成一强连续 C_0 半群.

定理 2(Hill-Yosida 定理)[42]　设 X 是 Banach 空间，A: $D(A)\to X$是(无界)线性算子.若有 $\omega>0$，$M>0$ 使得① A 是闭稠定的；②当 $\lambda>\omega$ 时 $\lambda\in\rho(A)$；③ $\lambda>0$，$m\in N$(自然数集)有

$\| (\lambda I - A)^{-in} \| \leqslant M/(\lambda - \omega)^{in}$，则 A 生成强连续 C_0 半群 $T(t)$，$t \geqslant 0$，且 $\| T(t) \| \leqslant m e^{\omega t}$.反之亦然.

定理 3 (Lumer-Phillips 定理)[220]　设 H 为 Hilbert 空间，A 是其上稠定算子.①若 A 是耗散的，即对任意 $x \in D(A)$，$\mathrm{Re}(Ax, x) \leqslant 0$，且存在 $\lambda_0 > 0$，使得算子 $\lambda_0 I - A$ 的值域为 H，则 A 生成压缩 C_0 半群 $S(t)$，$t \geqslant 0$，即 $\| S(t) \| \leqslant 1$；②若 A 是一压缩 C_0 半群 $S(t)$，$t \geqslant 0$ 的无穷小生成元，则对任意 $\lambda > 0$，$\lambda I - A$ 的值域均为 H，且 A 是耗散的.

无穷小生成元与其相应的半群存在着彼此的表示关系.设 $T(t)$，$t \geqslant 0$ 是一强连续 C_0 半群，A 是其无穷小生成元，则对任意 $x \in X$，$R(\lambda, A)x = (\lambda I - A)^{-1} x = \int_0^\infty e^{-\lambda t} T(t) x \mathrm{d}t$，$T(t)x = \lim\limits_{t \to \infty} e^{tA_\lambda x}$，其中 $A_\lambda = \lambda A R(\lambda, A) = \lambda^2 R(\lambda, A) - \lambda I$.

§9.3　函数空间中线性充液系统动力学与稳定性[10,118]

由常微分方程和偏微分方程表述的诸子系统组成的系统，或由积分-微分方程和偏微分发展方程组成的系统等，可以用函数空间中的微分方程组来研究.因此，以前讨论过的充液系统，也可以统一地放在函数空间的微分方程中去分析.

设一个分布参数系统是由有限自由度的刚体系统和无限多自由度的液体系统两个子系统组成，从而由 H-O 原理导出的该系统的状态方程为积分-微分方程组[10]：

$$\left.\begin{aligned}
&\ddot{y}_i + \rho \int_S \varphi_i \zeta_{tt} \mathrm{d}S + \mu_i^2 y_i + \int_S \nu_i \zeta \mathrm{d}S = 0 \; (i = 1, \cdots, n) \\
&\rho \sum_{j=1}^n \varphi_j \ddot{y}_j + \rho H \zeta_{tt} + \sum_{j=1}^n \nu_j y_j + \rho g \zeta = 0
\end{aligned}\right\} \tag{9.3.1}$$

其中，y_i 为刚体腔的正则变量，ρ 为液体密度，φ_i 与 ν_i 为分别依赖于 Stokes-Zhukovskiy 势和腔形的线性函数，自由液面方程为 $z=\zeta(P,\ t)$，$P\in S$(平衡自由液面)，μ_i 为大系统特征频率(自由液面被刚性面封盖)，H 为积分算子.

在合适的函数空间中，可以将系统(9.3.1)变换为算子方程，设乘积空间 $\mathscr{E}=E_0\times E$,其中 E_0 为 n 维矢量空间，其元 $y^{(1)}$，$y^{(2)}\in E_0$，定义内积：$\langle y^{(1)},\ y^{(2)}\rangle=\sum_{i=1}^{n} y_i^{(1)}y_i^{(2)}$；$E$ 为平方可积函数空间，其元 $\zeta^{(1)}(P)$，$\zeta^{(2)}(P)\in E$,定义内积：

$$\langle \zeta^{(1)},\ \zeta^{(2)}\rangle=\int_S \zeta^{(1)}(P)\zeta^{(2)}(P)\mathrm{d}P$$

在空间 $\mathscr{E}$中,其元 $x^{(1)}$，$x^{(2)}\in\mathscr{E}$,定义内积：

$$\langle x^{(1)},\ x^{(2)}\rangle=\langle y^{(1)},\ y^{(2)}\rangle_0+\langle \zeta^{(1)},\ \zeta^{(2)}\rangle$$

再引进算子：

(1) 作用于 E_0 中，单位算子 $L_{00}=I$，算子 $M_{00}=\begin{bmatrix}\mu_1^2 & & 0\\ & \ddots & \\ 0 & & \mu_n^2\end{bmatrix}$；

(2)作用于 E 中，算子 $L_{11}=\rho H$，$M_{11}=\rho g$；

(3)由 E_0 到 E，算子 $L_{10}y=\rho\langle\varphi,\ y\rangle_0$，$M_{10}y=\langle\nu,\ y\rangle_0$，其中 $y=(y_1,\cdots,y_n)$，$\varphi=(\varphi_1,\cdots,\varphi_n)$，$\nu=(\nu_1,\cdots,\nu_n)$；

(4) 由 E 到 E_0，算子 $L_{01}\zeta=\gamma$，$M_{01}\zeta=\delta$，其中，$\gamma=\left(\rho\int_S\varphi_1\zeta\mathrm{d}S,\cdots,\rho\int_S\varphi_n\zeta\mathrm{d}S\right)$，$\delta=\left(\int_S\nu_1\zeta\mathrm{d}S,\cdots,\int_S\nu_n\zeta\mathrm{d}S\right)$.

此时，(9.3.1)式可写为

$$L_{00}\ddot{y}+L_{01}\zeta_{tt}+M_{00}y+M_{01}\zeta=0$$

$$L_{10}\ddot{y}+L_{11}\zeta_{tt}+M_{10}y+M_{11}\zeta=0$$

如果引进作用于$\mathscr{E}$中算子

$$L=\begin{bmatrix} L_{00} & L_{01} \\ L_{10} & L_{11} \end{bmatrix},\quad M=\begin{bmatrix} M_{00} & M_{01} \\ M_{10} & M_{11} \end{bmatrix}$$

则得函数空间的线性系统算子方程

$$L\ddot{x}+Mx=0 \tag{9.3.2}$$

其中，$x\in\mathscr{E}$.从而可证：如果 L 是自共轭、全连续、正算子，M 是自共轭、正定算子，则线性系统(9.3.2)式是稳定的.该论证可推广到 m 个子系统.

§9.4　函数空间中非线性充液系统动力学与稳定性

设该系统是由 m 个非线性子系统组成，更一般地，它们都含有控制和干扰等.在 B 空间（Banach 空间）E_μ（$\mu=1,\cdots,m$）中，各子系统为[10,101]

$$\frac{\mathrm{d}x_\mu}{\mathrm{d}t}=F_\mu(t,x_\mu,u_\mu,p_\mu)\qquad(x_\mu(t_0)=x_{\mu_0}\in H_{\mu_0}\subset E_\mu) \tag{9.4.1}$$

其中，时间 $t\in T=[0,+\infty)$，状态 $x_\mu\in H_\mu\subset E_\mu$，控制 $u_\mu\in U_\mu$，干扰 $p_\mu\in P_\mu$，非线性算子 F_μ：$T\times H_\mu\times U_\mu\times P_\mu\rightarrow E_\mu$；如引进乘积 B 空间 $E=E_1\times\cdots\times E_m$（$m$ 为有限数），并定义：

状态 $x=(x_1,\cdots,x_m)\in H=H_1\times\cdots\times H_m$

控制 $u=(u_1,\cdots,u_m)\in U=U_1\times\cdots\times U_m$

干扰 $p=(p_1,\cdots,p_m)\in P=P_1\times\cdots\times P_m$

在 B 空间中，算子

$$F=(F_1,\cdots,F_m):T\times H\times U\times P\rightarrow E$$

它带有由 E_μ 自然诱导的线性算子和范数 $\|x\|=\|x_1\|+\cdots+\|x_m\|$；则在 E 中的非线性大系统可写为

$$\frac{\mathrm{d}x}{\mathrm{d}t} = F(t, x, u, p) \tag{9.4.2}$$

输出 $z=(z_1,\cdots,z_m)\in Z=Z_1\times\cdots\times Z_m$. (9.4.3)

如果不考查干扰 p，且设

$$\left.\begin{array}{l} u_\mu(t, z_1,\cdots,z_m): T\times Z\to U_\mu \\ z_\mu(t, x_1,\cdots,x_m): T\times H\to Z_\mu \end{array}\right\} (\mu=1,\cdots,m)$$

则系统(9.4.2)式变为

$$\frac{\mathrm{d}x}{\mathrm{d}t} = f(t, x) \quad (x(t_0) = x_0 \in H_0 \subset E) \tag{9.4.4}$$

为了研究系统稳定的度量，引进非负泛函 $\rho_M: T\times E\to R$，$\rho^0_{M_0}: T_0\times H_0\to R$；再引入集 $M\subset T\times H$，$M_0\subseteq T_0\times H_0$，可取

$$\rho_M = d_t(x, M(t)),\ \rho^0_M = d^0_{t_0}(x_0, M_0(t_0))$$

并满足条件

$$d_t(x, M(t)) = 0，当(t, x)\in M$$

$$d^0_{t_0}(x_0, M_0(t_0)) = 0，当(t_0, x_0)\in M_0$$

仿照 Zubov 和 Movchan 的定义[32]，可称泛函 ρ_M 为点 $x\in H$ 到集 M 的距离，研究系统的稳定性时，可应用泛函 ρ_M 来度量状态 $x(t)$ 与集 $M(t)$之距离(差)，而用 ρ^0_M 表示初始状态 x_0 与集 $M_0(t_0)$ 之差；此外，令 $M_0(t_0)^\delta=\{x_0\in H_0: d^0_{t_0}(x_0, M_0(t_0))<\delta\}$，且设 $G(t_0, x_0)$为系统(9.4.4)过点(t_0, x_0)的解族，则可定义：

(1)稳定性：$\forall\ \varepsilon>0,\ t_0\in T_0\ \exists\ \delta(\varepsilon, t_0)>0$ 从而 $\forall\ x(t_0)\in M_0(t_0)^{\delta(\varepsilon, t_0)}(\forall\ x\in G(t_0, x_0),\ t_0\in T_0)\ d_t(x(t), M(t))<\varepsilon$；

(2) 渐近稳定性：(1) & $\forall\ t_0\in T_0\ \exists\ A(t_0)\in(0, +\infty]$从而 $\forall\ x(t_0)\in M_0(t_0)^{A(t_0)}\ \forall\ x\in G(t_0, x_0)$；

$$\lim_{t\to+\infty} d_t[x(t), M(t)] = 0 (t \in T)$$

(3) 全局渐近稳定性(在 E 中):(2) & $A(t_0) = +\infty \; \forall t_0 \in T_0$.

在这里,用到逻辑量词:∀(对所有,给定),∃(对某些,存在),&(以及).

对于非线性系统(9.4.4)式的运动稳定性问题,可以采用矢量 V 函数法和系统加权 V 函数法来分析;从理论上讲,到目前为止,对于非线性非定常系统的稳定性,Lyapunov 直接法还是最有效的研究工具;另外,针对某些问题,也可以找到构造 V 函数的具体方法.

§9.5 函数空间中流-刚-弹复杂系统动力学与控制

一般地讲,流体与弹性体的动力特性通常是由偏微分方程描述,而刚体运动则由常微分方程描述,因此整个系统的运动方程通常是耦合的非线性常微分与偏微分方程组.在得到系统运动方程之后,需要解出弹性体的振动位移.工程中传统的方法是将其近似地看为偏微分方程的特征函数的无穷项级数的前有限项之和,从而把上述耦合的非线性偏微分方程组表示的分布参数系统化为由常微分方程组表示的集中参数系统.尽管其维数较大,计算机仍能求出系统的近似解.

但是,由于流-刚-弹无穷维耦合系统本身的复杂性,对简化成常微分方程所描述的集中参数系统所确定的控制律,未必能满足和适应原系统,可能发生 Spillover 现象.

一种可行的办法是分别对原无穷维耦合系统的流、刚、弹各部分提出适当的控制规律.然后以无穷维空间理论——泛函分析为工具,应用 Lyapunov 理论,将原系统放在函数空间进行研究,通过对算子和算子半群的分析以及构造系统的 Lyapunov 泛函,研究系统的稳定性与姿态控制[119].已有不少学者利用各种分析方法研究了刚-弹系统动力学与控制[227,232,250~252,255].如适当扩展后，即可推广应用有关方法来研究流-刚-弹系统动力学与控制[119,121].在本节中将具体介绍.

9.5.1 系统的运动方程[176,250,252]

设(O-$D_1D_2D_3$)为直交惯性系，记为 D;(O-$d_1d_2d_3$)与刚体 R 固联的相对直交系，记为 B; $d_1d_2d_3$ 沿刚体惯性主轴方向.参考图 9.1.

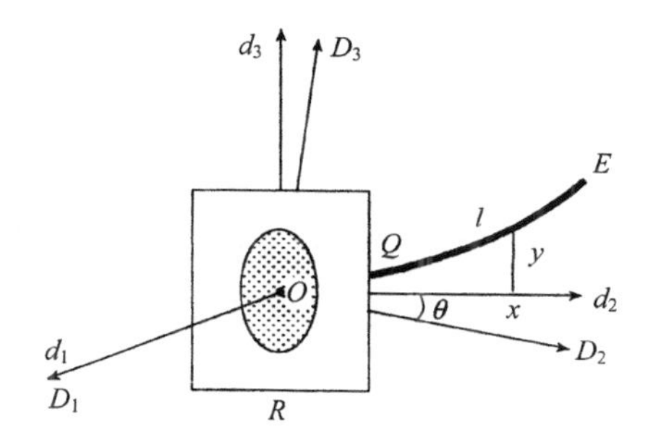

图 9.1

假设,主体 R 是一规则刚体(柱体、球体),旋转轴对称的刚性腔内全充液体 F,挠性附件 E 等效于 Euler-Bernoulli 梁；刚体与全充液体的合质量远大于梁的质量;整个系统在(O-D_2D_3)内作平面运动.由此,则可认为刚体的质心 O 是固定在惯性系(D)内的系统的质心.忽略重力和梁截面的惯量矩,并设梁不可伸长.系统的运动方程为

$$\boldsymbol{n}_x + \delta \boldsymbol{m}_t = \rho(\boldsymbol{r}_{tt})_D \qquad (0 < x < l) \tag{9.5.1a}$$

$$\boldsymbol{m}_x + \boldsymbol{r}_x \times \boldsymbol{n} = 0 \qquad (0 < x < l) \tag{9.5.1b}$$

$$\boldsymbol{I}_R \cdot \dot{\omega} + \omega \times \boldsymbol{I}_R \cdot \omega = \boldsymbol{r}(0, t) \times \boldsymbol{n}(0, t) + \boldsymbol{m}(0, t) + \boldsymbol{N}_{RC}(t) + \boldsymbol{M}_F(t) \tag{9.5.2}$$

$$\boldsymbol{I}'_R \cdot \dot{\Omega} - (\Omega - \omega) \times \boldsymbol{I}'_R \cdot \Omega = \boldsymbol{N}_{FC}(t) \qquad (9.5.3)$$

(9.5.1)式为具有“正比渐近频率阻尼”的 Euler-Bernoulli 梁的动力学方程[244, 263]；(9.5.2)式为刚体运动方程；(9.5.3)式是液体运动的平均化 Helmholtz 涡量方程[2, 121]；记 $y(x, t)$为梁在相对系(B)内的振动位移函数，$\omega = \theta(t)\boldsymbol{D}_1$，$\Omega = \Omega(t)\boldsymbol{D}_1$ 分别为刚体 R 及液体作刚体运动的绝对角速度；梁的接触力 $\boldsymbol{n} = -EIy_{xxx}\boldsymbol{d}_3$ 和接触力矩[176] $\boldsymbol{m} = +EIy_{xx}\boldsymbol{d}_1$，$\rho$，$l$，$\delta$，$EI$ 分别为梁的线密度、长、“频率相关”阻尼系数和刚度，梁上任一点的位置矢量 $\boldsymbol{r} = (e + x)\boldsymbol{d}_2 + y\boldsymbol{d}_3$，$e = |OQ| > 0$，$Q$ 为梁与充液刚体的固结点；$\boldsymbol{I}_R$ 为刚体绕 $\boldsymbol{D}_1$ 的惯量张量，$\boldsymbol{I}'_R = \boldsymbol{I}_F - \boldsymbol{I}_L$，$\boldsymbol{I}_F$ 为固化液体惯量张量，$\boldsymbol{I}_L$ 为 Zhukovskiy 等效刚体惯量张量；$\boldsymbol{N}_{RC}(t) = N_{RC}(t)\boldsymbol{d}_1$，$\boldsymbol{N}_{FC}(t) = N_{FC}(t)\boldsymbol{d}_1$，分别为作用在刚体和流体上的控制力矩．$\boldsymbol{M}_F(t)$为液体对刚体的反作用力矩，可以通过计算求出：

$$\boldsymbol{M}_F(t) = \iint_S (\boldsymbol{r}_s \times p\boldsymbol{n}_s)\mathrm{d}S + \iint_S (\boldsymbol{r}_S \times \tau)\mathrm{d}S$$

式中 S 为腔体壁面，p 为液体动压力，$\boldsymbol{r}_S$ 为腔壁上任一点的矢径，$\boldsymbol{n}_S$ 为腔壁的外法线矢量，τ 为腔壁上摩擦剪应力矢量．

考虑梁两端边界条件，则沿 $\boldsymbol{d}_3$ 和 $\boldsymbol{d}_1$ 方向上分量的整个系统的标量方程为

$$\rho y_{tt} - \delta y_{xxt} + EIy_{xxxx} + \rho\ddot{\theta}(t)(e + x) - \rho[\dot{\theta}(t)]^2 y = 0 \qquad (9.5.4)$$

$$I_R\ddot{\theta}(t) = EI[-ey_{xxx}(0, t) + y_{xx}(0, t)] + N_{RC}(t) + M_F(t) \qquad (9.5.5)$$

$$I'_R\dot{\Omega}(t) = N_{FC}(t) \qquad (9.5.6)$$

梁左端固定边界条件：$y(0, t) = 0$，$y_x(0, t) = 0$

梁右端自由边界条件：$-EIy_{xxx}(l, t) + \delta y_{xt}(l, t) = f_1(t)$，

$EIy_{xx}(l, t)=f_2(t)$,式中 $f_1(t)$, $f_2(t)$分别为作用在梁的右端上的控制力和力矩.

本节在考虑系统(9.5.4)式~(9.5.6)式时,研究的问题有二:

一是找到适当的控制律 $N_{RC}(t)$, $N_{FC}(t)$, $f_1(t)$, $f_2(t)$,使得系统相应于初值 $y(x,0)=y_1(x)$, $y_t(x,0)=y_2(x)$, $\theta(0)=\theta_1$, $\dot{\theta}(0)=\theta_2$, $\Omega(0)=\Omega_1$的解满足:当 $t\to\infty$时,

$$y(x, t)\to 0,\ y_t(x, t)\to 0,\ \dot{\theta}(t)\to 0,\ \Omega(t)\to 0 \tag{9.5.7}$$

且对 $\forall\ \theta_0\in[0, 2\pi]$, $\theta(t)\to\theta_0$,这就是系统的姿态定向控制问题;

二是镇定问题,即给出控制律 $N_{RC}(t)$, $N_{FC}(t)$, $f_1(t)$, $f_2(t)$,使得当 $t\to\infty$时,式(9.5.7)成立.

9.5.2 系统的控制律和受控系统的稳定性[119, 121, 252]

1. 系统的姿态定向控制

选取如下控制律:

弹性体——边界控制[226,228]

$$f_1(t)=-\alpha y_t(l, t),\ f_2(t)=-\beta y_{xt}(l, t),\ (\alpha, \beta)\text{ 为正数} \tag{9.5.8}$$

刚体——消除控制

$$\begin{aligned}N_{RC}(t)= &EI[ey_{xxx}(0, t)-y_{xx}(0, t)]-k_1\dot{\theta}(t)\\ &-k_2[\theta(t)-\theta_0]-M_F(t)\end{aligned} \tag{9.5.9}$$

由作用于“液体等效刚体”上的阻尼力矩产生的被动控制

$$N_{FC}(t)=-k_3\Omega(t) \tag{9.5.10}$$

$$(k_1, k_2, k_3\text{ 为正数})$$

令 $\theta_e(t)=\theta(t)-\theta_0$，将(9.5.9)式、(9.5.10)式代入(9.5.5)式和(9.5.6)式，得

$$I_R\ddot{\theta}_e(t)+k_1\dot{\theta}_e(t)+k_2\theta_e(t)=0,\ I'_R\dot{\Omega}(t)+k_3\Omega(t)=0 \tag{9.5.11}$$

从而存在正常数 K，γ(与初值 θ_1，θ_2，Ω_1 有关)，使得

$$|\ddot{\theta}_e(t)|\leqslant Ke^{-\gamma t}\qquad |\dot{\theta}_e(t)|\leqslant Ke^{-\gamma t}\qquad |\theta_e(t)|\leqslant Ke^{-\gamma t}$$

$$|\dot{\Omega}(t)|\leqslant Ke^{-\gamma t}\qquad |\Omega(t)|\leqslant Ke^{-\gamma t}\qquad t\geqslant 0 \tag{9.5.12}$$

为考查弹性振动 $y(x,t)$，将方程(9.5.4)式及(9.5.8)式放到函数空间中进行研究.

取 $H=L^2([0,l],\rho\mathrm{d}x)$，$H^k=H^k([0,l])$是 k 阶 Sobolev 空间.

记 $H_0=\{u\in H^2\mid u(0)=u'(0)=0\}$，对 $u\in H_0$ 定义：

$$\|u\|_{H_0}=\left[EI\int_0^l|u_{xx}|^2\mathrm{d}x\right]^{\frac{1}{2}} \tag{9.5.13}$$

易于验证 H_0 按范数(9.5.13)是一个 Hilbert 空间；显然 H 亦是 Hilbert 空间.

取能量相空间 $W=H_0\times H$，其上的能量范数为

$$\|Z\|=\left[EI\int_0^l y_{xx}^2\mathrm{d}x+\rho\int_0^l y_t^2\mathrm{d}x\right]^{1/2} \tag{9.5.14}$$

则相应于初始条件 $y(x,0)=y_1(x)=y_1$，$y_t(x,0)=y_2(t)=y_2$ 的振动方程(9.5.4)式等价于下述一阶线性发展方程系统

$$\frac{\mathrm{d}Z}{\mathrm{d}t}=AZ+B(t)Z+f(t),\qquad Z(0)=(y_1,y_2)^{\mathrm{T}} \tag{9.5.15}$$

这里，$Z=(u,v)^{\mathrm{T}}$，$u=y(.,t)$，$v=y_t(.,t)$.算子 A，$B(t)$和

函数 $f(t)$作如下定义：

$$A: W \to W,\ B(t): R_+ \times W \to W,\ f: R_+ \to W$$

$$A = \begin{bmatrix} 0 & 1 \\ -\rho^{-1} EI \dfrac{d^4}{dx^4} & \rho^{-1}\delta \dfrac{d^2}{dx^2} \end{bmatrix},\ B(t) = \begin{bmatrix} 0 & 0 \\ [\dot{\theta}_e(t)]^2 & 0 \end{bmatrix}$$

$$f(t) = \begin{bmatrix} 0 \\ -\ddot{\theta}_e(t)(e+x) \end{bmatrix} \tag{9.5.16}$$

A 的定义域 $D(A) = \{(u, v)^{\mathrm{T}} \mid u \in H^4 \cap H_0,\ v \in H_0,\ -EIu_{xxx}(l) + \delta v_x(l) = -\alpha v(l),\ EIu_{xx}(l) = -\beta v_x(l)\}$，其中 α，β 由边界控制(9.5.8)式给定.

引理 1 算子 A 是 W 上一压缩 C_0 半群 $T(t)$的无穷小母元，从而发展方程(9.5.15)，对任意初值 $Z_0 \in D(A)$存在惟一古典解，流-刚-弹耦合系统(9.5.4)式～(9.5.6)式在任意时刻存在惟一的空间位形[119, 232, 250, 252].

$$Z(t) = T(z)Z_0 + \int_0^t T(t-s)B(t-s)Z(s)\mathrm{d}S + \int_0^t T(t-s)f(s)\mathrm{d}S,\quad t \geqslant 0 \tag{9.5.17}$$

引理 2 算子 A 生成的半群 $T(t)$是指数衰减半群，即存在正常数 M 和 ζ，有[119, 252]

$$\| T(t) \|_w \leqslant M\mathrm{e}^{-\zeta t},\quad t \geqslant 0$$

定理[119, 250, 252] 对系统(9.5.4)式～(9.5.6)式，若采取控制(9.5.8)式～(9.5.10)式，则系统的姿态定向控制即可实现.

证明 根据(9.5.12)式、(9.5.16)式，存在正数 M_1，M_2 和 ζ_1，ζ_2，使得

$$\| B(t) \|_w \leqslant M_1\mathrm{e}^{-\zeta_1 t},\ \| f(t) \|_w \leqslant M_2\mathrm{e}^{-\zeta_2 t},\ t \geqslant 0 \tag{9.5.18}$$

对式(9.5.17)两边同乘 $e^{\zeta t}$ 并取范数，利用引理 2 和(9.5.18)式得

$$\| Z(t)e^{\zeta t} \|_w \leqslant M \| Z_0 \|_w + \frac{M_1 M_2}{\zeta - \zeta_2}[e^{(\zeta-\zeta_2)t} - 1]$$

$$+\int_0^t MM_1 e^{-\zeta_1 s} \| Z(s)e^{\zeta S} \|_w dS$$

利用 Bellman-Gronwal 引理的一般形式[180]，并且考虑到估计：

$$\int_0^t e^{-\zeta_1 S} dS \leqslant \int_0^\infty e^{-\zeta_1 S} dS \leqslant \frac{1}{\zeta_1}$$

可得

$$\| Z(t)e^{\zeta t} \|_w \leqslant M \| Z_0 \|_w + \frac{M_1 M_2}{\zeta - \zeta_2}[e^{(\zeta-\zeta_2)t} - 1]$$

$$+ \frac{M^2 M_1}{\zeta_1} e^{MM_1/\zeta}\left(\| Z_0 \|_w - \frac{M_2}{\zeta - \zeta_1}\right)(1 - e^{-\zeta_1 t})$$

$$- \frac{M^2 M_1 M_2}{(\zeta - \zeta_1)(\zeta - \zeta_1 - \zeta_2)} e^{MM_1/\zeta}[1 - e^{-(\zeta-\zeta_1-\zeta_2)t}]$$

不等式两边同乘 $e^{-\zeta t}$，可见 $Z(t)$ 指数衰减到 0.故(9.5.7)式中前两式成立.又由(9.5.12)式知(9.5.7)式中后两式亦成立，且 $\theta_e(t)\to 0(t\to\infty)$，即 $\theta(t)\to\theta_0(t\to\infty)$.定理获证.

2. 镇定问题

可以看出，镇定问题仅要求(9.5.7)式成立，而不要求 $\theta(t)\to\theta_0(t\to\infty)$.故选取的控制律(9.5.8)式、(9.5.10)式不变，刚体的消除控制律则为

$$N_{RC}(t) = EI[ey_{xxx}(0, t) - y_{xx}(0, t)]$$

$$- k_1 \theta(t) - M_F(t) \qquad (9.5.19)$$

(即(9.5.9)式中 $k_2=0$).可见上节中除 $|\theta_e(t)| \leqslant Ke^{-\gamma t}$ 不成立

外，其他推导和结论都是成立的.故采用上述控制，系统的镇定问题即得到解决.

3．说明

以上研究方法对三维充液系统也是适用的[121, 250].

§9.6 注　　记

1．关于多腔部分充液的情况

在前面已分析了单腔部分充液系统的算子方程及其动力学特性.在理论方法上,将不难推广到多腔部分充液的情况;但要注意研究特征频率出现重根的结构状态.而有关定理已经证明[8-10]:在这类问题中仅存在单初等因子,所以不会出现共振现象.

2．关于部分充液弹性梁的振动问题

设部分充液梁的长度为 l,将坐标系 $Oxyz$ 固联在梁的刚性中轴上;在列出系统的动能和势能以后,利用 H-O 积分变分原理(见§1.9)，可导出充液梁的扭转-弯曲振动方程(可对照方程(9.3.1)式);定义在区间(o, l)上的函数 $u_1(y)$，$u_2(y)$，$u_3(y)$构成的函数空间为 Hilbert 空间：E_1，E_2，E_3;定义内积：

$$\langle u_i, v_i\rangle_i = \int_0^l u_i v_i \mathrm{d}y,\quad u_i,\ v_i \in E_i,\ i = 1, 2, 3$$

函数 $u_4(P)$，$P\in S$(平衡自由液面)构成的函数空间(Hilbert 空间)为 E_4；$u_4(P)$在 S 上为平方可积函数;定义内积：

$$\langle u_4, v_4\rangle = \int_S u_4 v_4 \mathrm{d}S,\quad u_4,\ v_4 \in E_4$$

设乘积空间 $\mathscr{E}= E_1\times E_2\times E_3\times E_4$,并定义内积$\langle x, y\rangle = \sum_{j=1}^{4}\langle u_j, v_j\rangle_j$,矢量 x，$y\in\mathscr{E}$;当然，u_i($i=1, 2, 3$)还应满足梁的一些边界条件,而 u_4 也应满足液体运动的有关边界条件.

参考§9.3 引进适当的算子以后,可得在形式上类似于

(9.3.2)式的关于部分充液弹性梁的算子方程：

$$Lx_{tt} + Mx = 0$$

同样可证：如果 L 是自共轭、全连续、正算子，M 是自共轭正定算子，则系统是稳定的.但在这里的算子 L 不是全连续的，这是因为用无限维空间 $E_1 \times E_2 \times E_3$ 代替了有限维的矢量空间 E_0；当然，这个问题还是可以解决的，例如由泛函分析的定理可知：当 M^{-1} 为全连续算子时，从而 $M^{-1}L$ 也是全连续算子[10].

3. 关于函数空间中非线性系统的稳定性

对于§9.4中所论的函数空间中的非线性系统，其稳定性问题可以用 Lyapunov 泛函或构造推广的 Lyapunov 函数来研究；其中“矢量 V 函数方法”也是分析充液非线性系统动力学特性的有效方法之一；它的基本思路是：利用各子系统的 V 函数，再根据“比较原理”，将系统转化为一个降阶的“比较系统”(“集结模型”)，进而研究比较系统的稳定性以及时变子集的不变性与吸引性，由此可得出时变复杂系统在乘积空间的动力学特性[118].

4. 关于非线性泛函的应用问题

在这里仅对非线性泛函中“拓扑度理论”的一种应用做一点说明.例如，对于非线性系统周期解的存在性问题，可以转化为 Banach 空间中全连续算子不动点的存在问题.其基本的思路就是将它归结为“拓扑度”的计算(通过 Kronecker 定理).进而，再应用“拓扑度同伦”不变性，将其转化为简单的映射，并开发适当的算法来解决问题.这在充液系统动力学的研究方法中有一定的意义[42].

§9.7 结　　语

在本书前言中已表述过：本书将“重点叙述充液系统晃动动力学的理论分析和数值方法的研究成果，并重视流-刚-弹-控耦合复杂系统动力学与控制在航天高科技中的应用”.那么航天高科技的特点是什么？还有些什么值得研究的重要课题需要进一步的探讨呢？现仅就能够了解到的几个问题再简述一下：

1．航天高科技的特点[135]

航天高科技是整个科学技术的前沿部分，其研究对象的条件和环境都比较复杂：如过载、大气、引力场、电磁、强辐射、光压、超高真空、微重力场、温度场、湿度场等，其中有些还是互相耦合的；因此，航天高科技的特点是综合性、复杂性和开拓性．从第一颗人造地球卫星升空后的 40 多年来，航天高科技的发展很快，投入很大，效益也很可观．空间资源的开发与利用，将极大地提高劳动生产率；航天大国到 2010 年的目标是：航天产品和应用系统成为全球的最佳产品；其它，例如通信、气象、侦察、导航、资源、测地、防灾、救生、星际航行等，将带来巨大的政治、经济、科学、社会的效益．不论是飞船、航天飞机、单级入轨充液航天器、空间站系统、全球定位系统（GPS）、空间交会对接系统（RVD）、“信息高速公路”（信息社会基础设施）等都是以航天为重要依托，天地联网、自主智能控制、机器人卫星（RS）自主操作、人机对话等，综合构成一个复杂大系统；航天高科技为掌握“制天权”和巩固国防亦将作出重要贡献．

对于大型复杂航天器，其主体是空间柔性结构，并带有多充液贮箱，太阳帆板、天线、空间抓手机械臂等柔性伸展部件，有的还要求有交会对接和再入返回的能力．掌握这类复杂系统姿态动力学、稳定性、振动与控制的理论、计算方法，软件系统以及物理仿真试验等，是顺利完成航天任务必不可少的应用基础性研究课题，这也是综合性很强的工作．地面模型试验和分系统试验受到诸多条件的限制，而空间在轨试验的难度较大成本也高．因此，理论分析、数值模拟是非常重要的．

2．单级入轨充液航天器[62,126]

单级入轨垂直起降航天器是在多级运载火箭和航天飞机之后提出的．与多级运载火箭和航天飞机（一级半航天器）相比，单级入轨垂直起降航天器具有如下特点：①结构紧凑，其长度只有普通运载火箭长度的50%～60%，而直径却要大3～5倍；②性能高，采用低温高性能燃料；③有效载荷尺寸大，其重量约占总重的3%；④成本低，采用单级入轨，结构简单，不必抛掉火箭级，因而研制和发射费用大大节约，若考虑到其重复使用特点，成本更低；⑤发射性能好，其整体重心低，抗风能力强，稳定性好；⑥机动性能好，可在空中悬停和横向机动．由于上述特点，加之航天飞机的研制在解决吸气式发动机能在速度从0到20倍音速，能从地面到空气稀薄的天空大范围内稳定燃烧问题过程中遇到极大困难，国际上对单级入轨垂直起降航天器的研制给予高度重视．国外于1990年开始研制单级入轨垂直起降航天器，并于1993年8月完成了大气层内缩比样机垂直起降试验．单级入轨垂直起降航天器采用以液氢、液氧为推进剂的火箭发动机为推进工具．为了达到要求的入轨速度（$V>7.8\mathrm{km \cdot s^{-1}}$），液体推进剂在航天器总重中的比例需大于91%．如此大的湿、干重比使液体大幅晃动成为必须很好解决的问题．

该种航天器大幅晃动发生在地面发射阶段、轨道机动、再入返回及下降反推减速过程中．

(1)地面发射阶段．航天器发射前，液氧、液氢贮箱内液体充填系数约为0.97．其余空间被气态的氧、氢或氦气所占据．发射时，液体表面承受约5g的加速度，从而引起液体在贮箱的上部沿箱壁发生飞溅．

(2)轨道机动．包括以会合、对接为目的的变速以及航天器在紧急情况下，如可能与太空垃圾相撞时采取的大变速．

(3)再入返回过程中．刚进入大气层时，航天器头部朝前，迎着气流的姿态，襟翼张开产生气动阻力减速，到达一定高度后利用襟翼产生气动力矩，调整航天器姿态成头朝上的垂直状态下降．此过程中航天器贮箱内部还剩余有数量不少的液体燃料供航天器下降到一定高度时推力系统使用，进一步使航天器减速或产生横向机动．贮箱内部的液体燃料由于航天器姿态的变化产生大幅晃动．

(4)接近地面时，航天器发动机点火工作，反推减速，产生大幅晃动.

3.空间交会对接系统[113]

两个航天器的空间交会对接(RVD),是一项十分复杂的高度综合的难度很大的航天高技术.其中,对于充液挠性大系统空间交会对接动力学与控制问题的研究,将具有重要的理论意义与工程价值.

(1) RVD的各阶段

(a)地面导引阶段.将追踪飞行器导引至离目标飞行器后100km,轨道高度低30公里;在地面控制下,可用多次霍曼变轨或其它轨道控制技术来实现.当追踪飞行器处于地面站的观测弧段时,则对其飞行状态进行检测,如已捕到目标并建立通信联系后,即开始转入自动寻的阶段.

(b)自动寻的阶段.一般情况下,需用400N发动机执行四次ΔV机动.经地面站对追踪飞行器制导系统、状态和飞行轨迹进行检测后,当其距目标飞行器5km时,即开始捕获第一待命点.

(c)最后逼近阶段.经地面站检测合格后,追踪飞行器便可进行绕飞机动.可利用其本身的双组反作用控制系统产生推力,作大角度机动.如已捕获对接走廊,则停止机动,利用摄像机捕获目标,此时对相对距离进行控制,使其降到约200m.对准目标,沿对接轴平移至相对距离20m处待命.经地面站检测合格后,启动冷气推进系统,可完成最后平移机动,进入对接合拢阶段.

(d)对接合拢阶段.当两个飞行器趋于接触时,由接触敏感器发出对接信号.此时,关闭两个飞行器上的姿态和轨道控制系统,启动撞锁,完成对接合拢,成为对接大系统.

(2) 关于RVD过程的失稳现象

(a)关于液体大幅晃动的问题.对于地面导引中的霍曼变轨,自动寻的控制的ΔV机动,以及最后逼近阶段的绕飞大角度机动等过程,都有可能出现挠性腔体内液体的大幅晃动问题.其一般的标志是:液体的晃动振幅已达到贮箱半径的0.25倍,这是一类分布参数系统的非线性效应,在一定的频率范围内还将出现流体旋转等复杂现象，这都可能导致系统的失稳.

(b)关于流-固-控耦合失稳.研究表明,即使液体晃动振幅在贮箱半径的0.15倍以下的线性区域内，如果流体、固体、控制的频率比较接近,将会出现耦合失稳现象.对于RVD，当设计通频带较宽的控制系统及各种阻尼装置时，应特别注意上述耦合失稳问题.

(c)关于充液系统的分叉失稳.对于RVD，由于复杂系统的流体、固体、控制的某些参数的变化,有可能出现大系统的分叉失稳现象.所以在总体设计时,应对受控充液挠性复杂系统作深入的非线性系统分析.

(3) 关于大章动角湍流附面层问题

对于充有黏性流体的航天器，在RVD的变轨中,可能出现大章动角湍流附面层效应,将引起较大的阻尼.在不同的惯量比之下,它对于充液挠性航天器的稳定性有直接的影响,为了防止系统失稳,在设计控制系统时,应注意考查.

(4) 关于充液飞行器失控翻滚问题

在RVD的过程中，如果出现失控翻滚，则是一个很大的事故，它将威胁到航天器大型结构的安全;对于载人飞行,超负载加速度会伤害宇航员.所以应启动自身的液体喷射系统,由其产生的附加控制力矩来消滚,或利用抓手机械臂进行控制.

附录　微分几何基础

在一般情况下,应先介绍曲线论再介绍曲面论;但为了简要起见,在这里就不专门讲曲线论和曲面论了,而只是利用它们的一些有关结果来研究曲面上的几何性质及其在力学分析中的应用等[26,160,161].

1. 一般曲面

(1) 曲面方程　对于直角坐标系 $Oxyz$,若 $\boldsymbol{r}$ 为空间一点 P 的矢径,则曲面方程有以下各种形式:

隐函数形式　$F(x,y,z)=0$　(F.1.1)

可解出形式　$z=f(x,y)$　(F.1.2)

参数形式
$$\begin{cases} x=x(u,v) \\ y=y(u,v) \\ z=z(u,v) \end{cases} \tag{F.1.3}$$

矢量形式　$\boldsymbol{r}=x(u,v)\boldsymbol{i}+y(u,v)\boldsymbol{j}+z(u,v)\boldsymbol{k}$

或者写为

$$\boldsymbol{r}=\boldsymbol{r}(u,v),\ u,v\in D \tag{F.1.4}$$

其中,D 为 R^2 平面上的一个区域,而(u,v)是两个独立参数.$\boldsymbol{i}$,$\boldsymbol{j}$,$\boldsymbol{k}$ 分别为 x 轴、y 轴、z 轴的正向单位矢量.矢函数 $\boldsymbol{r}(u,v)$有连续的偏导数 $\boldsymbol{r}_u=\dfrac{\partial \boldsymbol{r}}{\partial u}$,$\boldsymbol{r}_v=\dfrac{\partial \boldsymbol{r}}{\partial v}$,或足够光滑.另外,同一个曲面方程可用不同的两个参数来确定,即曲面的参数方程不惟一,且在一定条件下它们之间存在着对应的变换关系.

(2) 参数曲线　对于(F.1.4)式,如令参数 v 的值固定:$v=v_0$,而让 u 变动,则 $\boldsymbol{r}=\boldsymbol{r}(u,v_0)$可代表曲面上以 u 为参数的一

条曲线,称为 u 线,它的切线是沿着 $\boldsymbol{r}_u$ 的方向;当 v_0 的值改变时,则有不同的 u 线.同理,如令参数 u 的值固定:$u=u_0$,而 v 变动,则 $\boldsymbol{r}=\boldsymbol{r}(u_0,v)$可代表曲面上以 v 为参数的一条曲线,称为 v 线,它的切线是沿着 $\boldsymbol{r}_v$ 的方向;当 u_0 的值改变时,则有不同的 v 线.从而,经过曲面上一点 $P_0(u_0,v_0)$,一般地有一条 u 线和一条 v 线.曲面上的 u 线和 v 线统称为参数曲线,一切参数曲线构成参数曲线网.而数对(u_0,v_0)称为点 P_0 的曲线坐标(Gauss 坐标).对于点 $P_0(u_0,v_0)$,如果两个切矢量彼此独立,即$(\boldsymbol{r}_u\times\boldsymbol{r}_v)_{u_0,v_0}\neq 0$,则称点 P_0 为曲面 S 上的一个正则点,否则,就是奇点.由一切正则点组成的曲面,称为正则曲面.今后,对于曲面 S 上的一切点 $P(u,v)$,皆设 $\boldsymbol{r}_u\times\boldsymbol{r}_v\neq 0$.

(3) 切面与法线　对于参数 t,曲面 S:$\boldsymbol{r}=\boldsymbol{r}(u,v)$上一条曲线 C 的参数方程可写为:$u=u(t)$,$v=v(t)$,或

$$\boldsymbol{r}=\boldsymbol{r}(u(t),v(t)),\quad t\in[t_1,t_2] \tag{F.1.5}$$

过点 $P_0(u_0,v_0)$任一条曲线 C_0 的参数方程为:$u_0=u(t_0)$,$v_0=v(t_0)$;而曲线 C_0 在点 P_0 的切线方向可表示为

$$\left(\frac{\mathrm{d}\boldsymbol{r}}{\mathrm{d}t}\right)_{t_0}=\boldsymbol{r}_u(u_0,v_0)\left(\frac{\mathrm{d}u}{\mathrm{d}t}\right)_{t_0}+\boldsymbol{r}_v(u_0,v_0)\left(\frac{\mathrm{d}v}{\mathrm{d}t}\right)_{t_0} \tag{F.1.6}$$

在 P_0 点,由于 $\boldsymbol{r}_u$ 与 $\boldsymbol{r}_v$ 不平行,则它们和 P_0 一起确定一个平面 Π.(F.1.6)式表明,曲线 C_0 的切线位于平面 Π上.又因 C_0 是曲面 S 上经过 P_0 的任意曲线,则曲面 S 上经过 P_0 的切线都在同一个平面上.该平面 Π 称为曲面 S 在点 P_0 的切面.平面 Π 在 P_0 的法线也称为曲面 S 在 P_0 的法线.如果法线矢量沿 $\boldsymbol{r}_u\times\boldsymbol{r}_v$ 的指向,则称曲面 S 是正向的;而当取$-(\boldsymbol{r}_u\times\boldsymbol{r}_v)$的指向,则称 S 是反向的.

2. 第一基本二次型

设曲面 S：$\boldsymbol{r}=\boldsymbol{r}(u, v)$上一条曲线 C 的参数方程为 C：$\boldsymbol{r}=\boldsymbol{r}(u(t), v(t))$，$t\in[t_1, t_2]$，从而有

$$\frac{\mathrm{d}\boldsymbol{r}}{\mathrm{d}t}=\boldsymbol{r}_u\frac{\mathrm{d}u}{\mathrm{d}t}+\boldsymbol{r}_v\frac{\mathrm{d}v}{\mathrm{d}t},\quad \mathrm{d}\boldsymbol{r}=\boldsymbol{r}_u\mathrm{d}u+\boldsymbol{r}_v\mathrm{d}v$$

如果以 s 表示曲线 C 的弧长，由于 $\mathrm{d}s^2=\mathrm{d}r^2$，则得

$$\begin{aligned}\mathrm{d}s^2&=\boldsymbol{r}_u^2\mathrm{d}u^2+2\boldsymbol{r}_u\cdot\boldsymbol{r}_v\mathrm{d}u\mathrm{d}v+\boldsymbol{r}_v^2\mathrm{d}v^2\\&=E\mathrm{d}u^2+2F\mathrm{d}u\cdot\mathrm{d}v+G\mathrm{d}v^2\end{aligned}\tag{F.2.1}$$

其中

$$E=\boldsymbol{r}_u^2,\qquad F=\boldsymbol{r}_u\cdot\boldsymbol{r}_v,\qquad G=\boldsymbol{r}_v^2\tag{F.2.2}$$

从而曲线 C 的弧长为

$$\int_{t_1}^{t_2}\frac{\mathrm{d}s}{\mathrm{d}t}\mathrm{d}t=\int_{t_1}^{t_2}\sqrt{E\left(\frac{\mathrm{d}u}{\mathrm{d}t}\right)^2+2F\frac{\mathrm{d}u}{\mathrm{d}t}\frac{\mathrm{d}v}{\mathrm{d}t}+G\left(\frac{\mathrm{d}v}{\mathrm{d}t}\right)^2}\,\mathrm{d}t\tag{F.2.3}$$

由公式(F.2.1)可知，它的右端关于微分 $\mathrm{d}u$,$\mathrm{d}v$ 的一个二次型，可表为

$$Q_1=\mathrm{d}s^2=E\mathrm{d}u^2+2F\mathrm{d}u\mathrm{d}v+G\mathrm{d}v^2\tag{F.2.4}$$

称 Q_1 为曲面 S 的第一基本二次型，它的系数 E, F, G 称为曲面 S 的第一基本量.

由于 $E=\boldsymbol{r}_u^2>0$，$EG-F^2=\boldsymbol{r}_u^2\boldsymbol{r}_v^2-(\boldsymbol{r}_u\cdot\boldsymbol{r}_v)^2=(\boldsymbol{r}_u\times\boldsymbol{r}_v)^2>0$，则按 Sylvester 定理知，$Q_1$ 是正定二次型.

3. 第二基本二次型

(1) 法矢　设曲面为 S：$\boldsymbol{r}=\boldsymbol{r}(u, v)$，并设矢函数 $\boldsymbol{r}(u, v)$

有连续的二阶偏导数 $\boldsymbol{r}_{uu}$，$\boldsymbol{r}_{uv}$，$\boldsymbol{r}_{vv}$.

定义一个单位矢量：

$$\boldsymbol{n}=\frac{\boldsymbol{r}_u\times\boldsymbol{r}_v}{|\boldsymbol{r}_u\times\boldsymbol{r}_v|}=\frac{\boldsymbol{r}_u\times\boldsymbol{r}_v}{\sqrt{EG-F^2}} \tag{F.3.1}$$

它是一个和矢量 $\boldsymbol{r}_u\times\boldsymbol{r}_v$ 有相同正向(沿曲面的法线方向)的么矢，称为曲面上一点的法矢.因为在任何曲面上,能够取到正交参数曲线网,所以三个矢量 $\boldsymbol{r}_u$，$\boldsymbol{r}_v$，$\boldsymbol{n}$ 构成右手正交系.

(2) 第二基本二次型　这里取弧长 s 作为参数,如果设曲面 S：$\boldsymbol{r}=\boldsymbol{r}(u,v)$ 上的一条曲线 C：$u=u(s)$，$v=v(s)$，或 $\boldsymbol{r}=\boldsymbol{r}(u(s),v(s))$，则得

$$\frac{\mathrm{d}\boldsymbol{r}}{\mathrm{d}s}=\boldsymbol{r}_u\frac{\mathrm{d}u}{\mathrm{d}s}+\boldsymbol{r}_v\frac{\mathrm{d}v}{\mathrm{d}s}$$

$$\frac{\mathrm{d}^2\boldsymbol{r}}{\mathrm{d}s^2}=\boldsymbol{r}_{uu}\left(\frac{\mathrm{d}u}{\mathrm{d}s}\right)^2+2\boldsymbol{r}_{uv}\frac{\mathrm{d}u}{\mathrm{d}s}\frac{\mathrm{d}v}{\mathrm{d}s}+\boldsymbol{r}_{vv}\left(\frac{\mathrm{d}v}{\mathrm{d}s}\right)^2+\boldsymbol{r}_u\frac{\mathrm{d}^2u}{\mathrm{d}s^2}+\boldsymbol{r}_v\frac{\mathrm{d}^2v}{\mathrm{d}s^2}$$

又因 $\boldsymbol{n}\cdot\boldsymbol{r}_u=\boldsymbol{n}\cdot\boldsymbol{r}_v=0$,则有

$$\begin{aligned}\boldsymbol{n}\cdot\frac{\mathrm{d}^2\boldsymbol{r}}{\mathrm{d}s^2}\mathrm{d}s^2&=\boldsymbol{n}\cdot\boldsymbol{r}_{uu}\mathrm{d}u^2+2\boldsymbol{n}\cdot\boldsymbol{r}_{uv}\mathrm{d}u\mathrm{d}v+\boldsymbol{n}\cdot\boldsymbol{r}_{vv}\mathrm{d}v^2\\&=L\mathrm{d}u^2+2M\mathrm{d}u\mathrm{d}v+N\mathrm{d}v^2\end{aligned} \tag{F.3.2}$$

其中

$$L=\boldsymbol{n}\cdot\boldsymbol{r}_{uu},\quad M=\boldsymbol{n}\cdot\boldsymbol{r}_{uv},\quad N=\boldsymbol{n}\cdot\boldsymbol{r}_{vv} \tag{F.3.3}$$

而(F.3.2)式可表为

$$Q_2=\boldsymbol{n}\cdot\frac{\mathrm{d}^2\boldsymbol{r}}{\mathrm{d}s^2}\mathrm{d}s^2=L\mathrm{d}u^2+2M\mathrm{d}u\mathrm{d}v+N\mathrm{d}v^2 \tag{F.3.4}$$

称 Q_2 为曲面 S 的第二基本二次型，它的系数 L，M，N 称为曲面 S 的第二基本量.

4. 第三基本二次型

对于法矢 $\boldsymbol{n}=\boldsymbol{n}(u,v)$，可得

$$Q_3=\mathrm{d}\boldsymbol{n}^2=(\boldsymbol{n}_u\mathrm{d}u+\boldsymbol{n}_v\mathrm{d}v)^2=e\mathrm{d}u^2+2f\mathrm{d}u\mathrm{d}v+g\mathrm{d}v^2 \tag{F.4.1}$$

其中

$$e=\boldsymbol{n}_u^2,\quad f=\boldsymbol{n}_u\cdot\boldsymbol{n}_v,\quad g=\boldsymbol{n}_v^2 \tag{F.4.2}$$

称 Q_3 为曲面 S 的第三基本二次型，其系数 e,f,g 称为曲面 S 的第三基本量.

5. 法曲率和主曲率

(1) 曲线的曲率与挠率　设 P 为曲面 S 上的固定点，而 C: $\boldsymbol{r}=\boldsymbol{r}(s)$为 S 上经过 P 的一条曲线.曲线 C 的切矢为 $\boldsymbol{e}_1=\boldsymbol{e}_1(s)$，主法矢为 $\boldsymbol{e}_2=\boldsymbol{e}_2(s)$,副法矢为 $\boldsymbol{e}_3=\boldsymbol{e}_3(s)$,则这三个单位矢都是弧长 s 的函数,它们互相垂直,并构成右手正交系.如令 $\dot{\boldsymbol{r}}=\dfrac{\mathrm{d}r}{\mathrm{d}s}$，$\dot{\boldsymbol{e}}_1=\dfrac{\mathrm{d}\boldsymbol{e}_1}{\mathrm{d}s}$，$\dot{\boldsymbol{e}}_2=\dfrac{\mathrm{d}\boldsymbol{e}_2}{\mathrm{d}s}$，$\dot{\boldsymbol{e}}_3=\dfrac{\mathrm{d}\boldsymbol{e}_3}{\mathrm{d}s}$,又因曲面上的曲线也是空间曲线，所以曲线论中的 Frenet 公式仍然成立：

$$\begin{cases}\dot{\boldsymbol{e}}_1=k\boldsymbol{e}_2\\ \dot{\boldsymbol{e}}_2=-k\boldsymbol{e}_1+\tau\boldsymbol{e}_3\\ \dot{\boldsymbol{e}}_3=-\tau\boldsymbol{e}_2\end{cases} \tag{F.5.1}$$

式中,$\dot{\boldsymbol{e}}_1=k\boldsymbol{e}_2$ 称为曲线 C 的曲率矢,$k=|\ddot{\boldsymbol{r}}|=|\dot{\boldsymbol{e}}_1|$称为曲线 C 的曲率，曲线 C 的切矢 $\boldsymbol{e}_1=\dfrac{\mathrm{d}\boldsymbol{r}}{\mathrm{d}s}=\dot{\boldsymbol{r}}$,而 $\tau=\dot{\boldsymbol{e}}_2\cdot\boldsymbol{e}_3=-\boldsymbol{e}_2\cdot\dot{\boldsymbol{e}}_3$ 称为曲线 C 的挠率.

(F.5.1)式即可写为矩阵分析的形式：

$$\frac{\mathrm{d}}{\mathrm{d}s}\begin{bmatrix}\boldsymbol{e}_1\\\boldsymbol{e}_2\\\boldsymbol{e}_3\end{bmatrix}=\begin{bmatrix}0&k&0\\-k&0&\tau\\0&-\tau&0\end{bmatrix}\begin{bmatrix}\boldsymbol{e}_1\\\boldsymbol{e}_2\\\boldsymbol{e}_3\end{bmatrix}=G\begin{bmatrix}\boldsymbol{e}_1\\\boldsymbol{e}_2\\\boldsymbol{e}_3\end{bmatrix}\tag{F.5.2}$$

式中，$G=-G^{\mathrm{T}}$ 为反对称矩阵.

(2) 法曲率　对于曲线 C: $\boldsymbol{r}=\boldsymbol{r}(s)$，由(F.5.1)式可知：$\ddot{\boldsymbol{r}}=\dot{\boldsymbol{e}}_1=k\boldsymbol{e}_2$，从而有

$$\boldsymbol{n}\cdot\ddot{\boldsymbol{r}}=\dot{\boldsymbol{e}}_1\cdot\boldsymbol{n}=k\boldsymbol{e}_2\cdot\boldsymbol{n}\tag{F.5.3}$$

又记 $\theta(0\leqslant\theta\leqslant\pi)$ 为 $\boldsymbol{e}_2$ 与 $\boldsymbol{n}$ 之间的夹角，则由(F.2.4)式、(F.3.4)式和(F.5.3)式可得

$$\frac{Q_2}{Q_1}=\boldsymbol{n}\cdot\ddot{\boldsymbol{r}}=k\boldsymbol{e}_2\cdot\boldsymbol{n}=k\cos\theta\tag{F.5.4}$$

或者

$$k\cos\theta=\frac{Q_2}{Q_1}=\frac{L\mathrm{d}u^2+2M\mathrm{d}u\mathrm{d}v+N\mathrm{d}v^2}{E\mathrm{d}u^2+2F\mathrm{d}u\mathrm{d}v+G\mathrm{d}v^2}\tag{F.5.5}$$

可见，只要 $\cos\theta\neq0$，总可以由上式求出曲面 S 上曲线 C 在 P 点的曲率 k.

考虑到(F.5.1)式及(F.5.4)式，并记

$$k_n=\frac{Q_2}{Q_1}=\boldsymbol{n}\cdot\ddot{\boldsymbol{r}}=\dot{\boldsymbol{e}}_1\cdot\boldsymbol{n}=k\boldsymbol{e}_2\cdot\boldsymbol{n}\tag{F.5.6}$$

则称 k_n 为曲面 S 在 P 点沿着所取方向的法曲率.又由公式(F.5.6)可知：法曲率 k_n 是曲率矢 $k\boldsymbol{e}_2$ 在法矢 $\boldsymbol{n}$ 上的投影.还可证明，如果曲面 S 上的两条曲线 C_1 和 C_2 在某一点相切，则它们在该点的法曲率也相同.

(3) 主曲率和主方向　对于(F.5.5)和(F.5.6)式，如果在曲面上一定点出现下列情况：

$$\frac{L}{E}=\frac{M}{F}=\frac{N}{G} \tag{F.5.7}$$

则称满足条件(F.5.7)式的点为脐点.这是曲面上的一些特殊的点.由(F.5.5)和(F.5.7)的比例关系可以看出,这类点的任何方向上的法曲率 k_n 恒取常值.

除了在曲面的脐点之外,法曲率将随着所选取的方向变化.可以证明:在曲面上一个非脐点,法曲率有两个逗留值(稳态值),而且其中有一个最大值和一个最小值.在曲面上一点,法曲率的每一个逗留值称为曲面在这一点的主曲率.对应于一个主曲率的方向,称为曲面在这一点的一个主方向.

其实,由(F.5.5)式和(F.5.6)式可得:

$$(Ek_n-L)\mathrm{d}u^2+2(Fk_n-M)\mathrm{d}u\mathrm{d}v+(Gk_n-N)\mathrm{d}v^2=0 \tag{F.5.8}$$

如令 $\xi=\frac{\mathrm{d}u}{\mathrm{d}v}$, $\eta=\frac{\mathrm{d}v}{\mathrm{d}u}$,则由(F.5.8)式可求出 ξ,η 应满足的方程式:

$$\varphi_1=(Ek_n-L)\xi^2+2(Fk_n-M)\xi+(Gk_n-N)=0$$

$$\varphi_2=(Gk_n-N)\eta^2+2(Fk_n-M)\eta+(Ek_n-L)=0$$

可见,在曲面 S 一点上,法曲率 k_n 是 ξ,η 的函数;从而可以计算 k_n 的逗留值条件:由于 $\varphi_1=\varphi_1(\xi,k_n)$, $\varphi_2=\varphi_2(\eta,k_n)$,则有

$$\begin{cases}\dfrac{\mathrm{d}k_n}{\mathrm{d}\xi}=-\dfrac{\partial\varphi_1}{\partial\xi}\Big/\dfrac{\partial\varphi_1}{\partial k_n}=0\\[2ex]\dfrac{\mathrm{d}k_n}{\mathrm{d}\eta}=-\dfrac{\partial\varphi_2}{\partial\eta}\Big/\dfrac{\partial\varphi_2}{\partial k_n}=0\end{cases} \tag{F.5.9}$$

从而,由(F.5.9)式可导出主曲率和主方向必须满足的条件:

$$\begin{cases}(Ek_n-L)\mathrm{d}u+(Fk_n-M)\mathrm{d}v=0\\(Fk_n-M)\mathrm{d}u+(Gk_n-N)\mathrm{d}v=0\end{cases} \tag{F.5.10}$$

由(F.5.10)式消去 k_n,则得确定主方向的方程式：

$$\begin{vmatrix} E\mathrm{d}u + F\mathrm{d}v & F\mathrm{d}u + G\mathrm{d}v \\ L\mathrm{d}u + M\mathrm{d}v & M\mathrm{d}u + N\mathrm{d}v \end{vmatrix} = 0 \tag{F.5.11}$$

而从(F.5.10)式消去 $\mathrm{d}u, \mathrm{d}v$,则得确定主曲率的方程：

$$\begin{vmatrix} Ek_n - L & Fk_n - M \\ Fk_n - M & Gk_n - N \end{vmatrix} = 0$$

或者展开上式，可得

$$(EG - F^2)k_n^2 - (EN - 2FM + GL)k_n + (LN - M^2) = 0 \tag{F.5.12}$$

显然 (F.5.12)式的两个根即可确定法曲率 k_n 的两个逗留值，即两个主曲率：k_1 和 k_2,从而两个主曲率半径可写为 $R_1 = \frac{1}{k_1}$, $R_2 = \frac{1}{k_2}$.

(F.5.12)式的判别式为

$$D = (EN - 2FM + GL)^2 - 4(EG - F^2)(LN - M^2)$$
$$= \left[(EN - GL) - \frac{2F}{E}(EM - FL)\right]^2 + \frac{4(EG - F^2)(EM - FL)^2}{E^2}$$

当且仅当

$$EN - GL = EM - FL = 0 \tag{F.5.13}$$

判别式 $D=0$；又由于(F.5.13)式可写为

$$\frac{L}{E} = \frac{M}{F} = \frac{N}{G}$$

所以在一个非脐点：判别式 $D>0$,方程(F.5.12)总有两个不相等的实根，即主曲率：$k_1 \neq k_2$.

(4) 曲率线　如果曲面 S 上一条曲线 C 在每一点的切线总是沿着在该点的一个主方向，则称 C 为 S 上的一条曲率线.可以证明，在曲面的一个非脐点，两个主方向彼此垂直；从而经过一般曲面的非脐点，有两条互相正交的曲率线；在不含有脐点的一片曲面上，曲率线构成一个正交网.还可证明，参数曲线成为曲率线的充分必要条件为 $F=M=0$，这相当于可归化为 Q_1 和 Q_2 成为标准二次型.

可以看到，如果将 E, F, G, L, M, N 皆视为 u, v 的函数，则(F.5.11)式就是曲率线网的微分方程式.由它可以求出两族曲率线.

(5) Rodrigues 方程　如果将主曲率和主方向应满足的条件(F.5.10)式改写为

$$\begin{cases} k_n(E\mathrm{d}u+F\mathrm{d}v)-(L\mathrm{d}u+M\mathrm{d}v)=0 \\ k_n(F\mathrm{d}u+G\mathrm{d}v)-(M\mathrm{d}u+N\mathrm{d}v)=0 \end{cases} \tag{F.5.14}$$

并代入下列表达式

$$E=\boldsymbol{r}_u^2,\quad F=\boldsymbol{r}_u\cdot\boldsymbol{r}_v,\quad G=\boldsymbol{r}_v^2$$

$$L=\boldsymbol{n}\cdot\boldsymbol{r}_{uu}=-\boldsymbol{n}_u\cdot\boldsymbol{r}_u$$

$$M=\boldsymbol{n}\cdot\boldsymbol{r}_{uv}=-\boldsymbol{n}_u\cdot\boldsymbol{r}_v=-\boldsymbol{n}_v\cdot\boldsymbol{r}_u$$

$$N=\boldsymbol{n}\cdot\boldsymbol{r}_{vv}=-\boldsymbol{n}_v\cdot\boldsymbol{r}_v$$

则得

$$\begin{cases} \boldsymbol{r}_u\cdot(k_n\mathrm{d}\boldsymbol{r}+\mathrm{d}\boldsymbol{n})=0 \\ \boldsymbol{r}_v\cdot(k_n\mathrm{d}\boldsymbol{r}+\mathrm{d}\boldsymbol{n})=0 \end{cases}$$

又因为

$$\boldsymbol{n}\cdot(k_n\mathrm{d}\boldsymbol{r}+\mathrm{d}\boldsymbol{n})=0$$

所以矢量$(k_n\mathrm{d}\boldsymbol{r}+\mathrm{d}\boldsymbol{n})$同时与三个不共面的矢量 $\boldsymbol{r}_u, \boldsymbol{r}_v, \boldsymbol{n}$ 垂直，这

是不可能的.即,它是零矢:

$$\mathrm{d}\boldsymbol{n} = -k_n \mathrm{d}\boldsymbol{r} \tag{F.5.15}$$

(F.5.15)式被称为 Rodrigues 方程.它表征了主方向的特性之一.事实上,如将(F.5.15)式改写为

$$(\boldsymbol{n}_u \mathrm{d}u + \boldsymbol{n}_v \mathrm{d}v) + k_n(\boldsymbol{r}_u \mathrm{d}u + \boldsymbol{r}_v \mathrm{d}v) = 0$$

再以 $\boldsymbol{r}_u$ 和 $\boldsymbol{r}_v$ 分别点乘上式,则可得(F.5.14)式;再由此消去 k_n 后,仍可得确定主方向的方程式(F.5.11);可见,Rodrigues 方程所表述的矢量 $\mathrm{d}\boldsymbol{n}$ 与矢量 $\mathrm{d}\boldsymbol{r}$ 互相平行的性质,揭示了主方向的一个重要特征.

6. 中曲率和全曲率

对于在非脐点两个不相等的主曲率,将分别称其平均值(中值) $K=\frac{1}{2}(R_1+R_2)$和其积 $H=k_1 k_2$,为曲面在这一点的中曲率(平均曲率)和全曲率(总曲率).由公式(F.5.12)可知

$$2K = k_1 + k_2 = \frac{EN - 2FM + GL}{EG - F^2} \tag{F.6.1}$$

$$H = k_1 \cdot k_2 = \frac{LN - M^2}{EG - F^2} \tag{F.6.2}$$

对于中曲率 $K=\frac{1}{2}(k_1+k_2)=\frac{1}{2}\left(\frac{1}{R_1}+\frac{1}{R_2}\right)$,可以在直角坐标系 $Oxyz$ 和柱坐标系 $Or\theta z$ 中求出其表达式.

(1) 直角坐标系　设曲面方程为可解出形式

$$z = f(x, y)$$

或其向量形式:

$$\boldsymbol{r} = x\boldsymbol{i} + y\boldsymbol{j} + f(x, y)\boldsymbol{k} \tag{F.6.3}$$

从而 $\boldsymbol{r}_x=\boldsymbol{i}+0\boldsymbol{j}+f_x\boldsymbol{k}$,　$\boldsymbol{r}_y=0\boldsymbol{i}+\boldsymbol{j}+f_y\boldsymbol{k}$,而法矢为

$$n = \frac{\boldsymbol{r}_x \times \boldsymbol{r}_y}{|\boldsymbol{r}_x \times \boldsymbol{r}_y|} = \frac{-f_x\boldsymbol{i} - f_y\boldsymbol{j} + \boldsymbol{k}}{\sqrt{1+f_x^2+f_y^2}}$$

另外

$$E = \boldsymbol{r}_x^2 = 1+f_x^2, \quad F = \boldsymbol{r}_x \cdot \boldsymbol{r}_y = f_xf_y, \quad G = \boldsymbol{r}_y^2 = 1+f_y^2$$

$$L = \boldsymbol{n} \cdot \boldsymbol{r}_{xx} = \frac{f_{xx}}{\sqrt{1+f_x^2+f_y^2}}, \quad M = \boldsymbol{n} \cdot \boldsymbol{r}_{xy} = \frac{f_{xy}}{\sqrt{1+f_x^2+f_y^2}},$$

$$N = \boldsymbol{n} \cdot \boldsymbol{r}_{yy} = \frac{f_{yy}}{\sqrt{1+f_x^2+f_y^2}}$$

将以上诸表达式代入曲率公式(F.6.1)，可得

$$2K = \frac{EN-2FM+GL}{EG-F^2} = \frac{(1+f_x^2)f_{yy}-2f_xf_yf_{xy}+(1+f_y^2)f_{xx}}{(1+f_x^2+f_y^2)^{3/2}}$$

$$= \frac{\partial}{\partial x}\left(\frac{f_x}{\sqrt{1+f_x^2+f_y^2}}\right) + \frac{\partial}{\partial y}\left(\frac{f_y}{\sqrt{1+f_x^2+f_y^2}}\right) \qquad (F.6.4)$$

(2) 柱坐标系　设曲面方程的可解形式为

$$z = f(r,\theta)$$

或其矢量形式

$$\boldsymbol{r} = r\cos\theta\boldsymbol{i} + r\sin\theta\boldsymbol{j} + f(r,\theta)\boldsymbol{k}$$

从而 $\boldsymbol{r}_r = \cos\theta\boldsymbol{i} + \sin\theta\boldsymbol{j} + f_r\boldsymbol{k}$，　$\boldsymbol{r}_\theta = -r\sin\theta\boldsymbol{i} + r\cos\theta\boldsymbol{j} + f_\theta(r,\theta)\boldsymbol{k}$，又由于柱坐标轴 r,θ,z 的单位矢量 $\boldsymbol{r}^0,\theta^0,\boldsymbol{z}^0$ 与直角坐标轴 x,y,z 的单位矢量 $\boldsymbol{i},\boldsymbol{j},\boldsymbol{k}$ 之间有下列变换关系

$$\boldsymbol{r}^0 = \cos\theta\boldsymbol{i} + \sin\theta\boldsymbol{j}$$

$$\theta^0 = -\sin\theta\boldsymbol{i} + \cos\theta\boldsymbol{j}$$

$$\boldsymbol{z}^0 = \boldsymbol{k}$$

所以 $\boldsymbol{r}_r = \boldsymbol{r}^0 + f_r\boldsymbol{k}$，　$\boldsymbol{r}_\theta = \boldsymbol{r}\theta^0 + f_\theta\boldsymbol{k}$，而法矢为

$$\boldsymbol{n}=\frac{\boldsymbol{r}_r\times\boldsymbol{r}_\theta}{|\boldsymbol{r}_r\times\boldsymbol{r}_\theta|}=\frac{-f_r\boldsymbol{r}_0-(f_\theta/\boldsymbol{r})\theta^0+\boldsymbol{k}}{\sqrt{1+f_r^2+(f_\theta/r)^2}}$$

此外，$E=\boldsymbol{r}_r^2=1+f_r^2$，　$F=\boldsymbol{r}_r\cdot\boldsymbol{r}_\theta=f_rf_\theta$，　$G=\boldsymbol{r}_\theta^2=r^2+f_\theta^2$

$$L=\boldsymbol{n}\cdot\boldsymbol{r}_{rr}=\frac{f_{rr}}{\sqrt{1+f_r^2+(f_\theta/r)^2}},$$

$$M=\boldsymbol{n}\cdot\boldsymbol{r}_{r\theta}=\frac{-(f_\theta/r)+f_{r\theta}}{\sqrt{1+f_r^2+(f_\theta/r)^2}}$$

$$N=\boldsymbol{n}\cdot\boldsymbol{r}_{\theta\theta}=\frac{rf_r+f_{\theta\theta}}{\sqrt{1+f_r^2+(f_\theta/r)^2}}$$

将以上各系数代入曲率公式(F.6.1)，则有

$$2K=\frac{EN-2FM+GL}{EG-F^2}$$

$$=\frac{(1+f_r^2)(rf_r+f_{\theta\theta})-2f_rf_\theta(-f_\theta/r+f_{r\theta})+r^2(1+f_\theta^2/r^2)f_{rr}}{r^2(1+f_r^2+f_\theta^2/r^2)^{3/2}}$$

或者写为下列微分的形式

$$2K=\frac{1}{r}\frac{\partial}{\partial r}\left[\frac{rf_r}{\sqrt{1+f_r^2+(f_\theta/r)^2}}\right]+\frac{1}{r^2}\frac{\partial}{\partial\theta}\left[\frac{f_\theta}{\sqrt{1+f_r^2+(f_\theta/r)^2}}\right] \tag{F.6.5}$$

如果所论曲面 S 为相对 z 轴对称的特殊情况，则可得曲率公式的简化形式

$$2K=\frac{1}{r}\frac{\mathrm{d}}{\mathrm{d}r}\left[\frac{rf_r}{\sqrt{1+f_r^2}}\right] \tag{F.6.6}$$

如果以弧长 s 为独立参量，即 $z=f(r)=f(r(s))$，则曲率的表达式为

$$2K=\frac{1}{r}\frac{\partial f}{\partial s}+\left[\frac{\partial r}{\partial s}\frac{\partial^2 f}{\partial s^2}-\frac{\partial f}{\partial s}\frac{\partial^2 r}{\partial s^2}\right] \tag{F.6.7}$$

7. 三个基本二次型的线性关系

由(F.2.4)式、(F.3.4)式和(F.4.1)式可知

$$Q_1 = E\mathrm{d}u^2 + 2F\mathrm{d}u\mathrm{d}v + G\mathrm{d}v^2$$

$$Q_2 = L\mathrm{d}u^2 + 2M\mathrm{d}u\mathrm{d}v + N\mathrm{d}v^2 \tag{F.7.1}$$

$$Q_3 = e\mathrm{d}u^2 + 2f\mathrm{d}u\mathrm{d}v + g\mathrm{d}v^2$$

并考虑到(F.2.1)式以及 Rodrigues 方程(F.5.15)，则得

$$Q_1 = \mathrm{d}s^2 = \mathrm{d}\boldsymbol{r}^2$$

$$Q_2 = k_n Q_1 = k_n \mathrm{d}\boldsymbol{r}^2 = -\mathrm{d}\boldsymbol{n}\cdot\mathrm{d}\boldsymbol{r} \tag{F.7.2}$$

$$Q_3 = \mathrm{d}\boldsymbol{n}^2$$

另外，如设 k_1，k_2 为 u 线和 v 线方向的主曲率，则由(F.5.1.5)式可得

$$\boldsymbol{n}_u = -k_1\boldsymbol{r}_u,\quad \boldsymbol{n}_v = -k_2\boldsymbol{r}_v \tag{F.7.3}$$

从而，有

$$\mathrm{d}\boldsymbol{r} = \boldsymbol{r}_u\mathrm{d}u + \boldsymbol{r}_v\mathrm{d}v \tag{F.7.4}$$

$$\mathrm{d}\boldsymbol{n} = -k_1\boldsymbol{r}_u\mathrm{d}u - k_2\boldsymbol{r}_v\mathrm{d}v \tag{F.7.5}$$

再以 k_2 乘(F.7.4)式并与(F.7.5)式相加，可得

$$(k_2 - k_1)\boldsymbol{r}_u\mathrm{d}u = k_2\mathrm{d}\boldsymbol{r} + \mathrm{d}\boldsymbol{n}$$

同理可得

$$(k_2 - k_1)\boldsymbol{r}_v\mathrm{d}v = k_1\mathrm{d}\boldsymbol{r} + \mathrm{d}\boldsymbol{n}$$

不失一般性，可在正交曲线网上选取坐标线，使得 $\boldsymbol{r}_u$ 与 $\boldsymbol{r}_v$ 正交，即 $\boldsymbol{r}_u\cdot\boldsymbol{r}_v = 0$，从而有

$$(k_2\mathrm{d}\boldsymbol{r} + \mathrm{d}\boldsymbol{n})\cdot(k_1\mathrm{d}\boldsymbol{r} + \mathrm{d}\boldsymbol{n}) = 0$$

展开上式并将(F.7.2)式代入，则得

$$k_1 k_2 Q_1 - (k_1 + k_2) Q_2 + Q_3 = 0$$

$$HQ_1 - 2KQ_2 + Q_3 = 0 \tag{F.7.6}$$

即，(F.7.6)式表征了三个基本二次型之间的线性关系.又因为(F.7.6)式对于任何 $\mathrm{d}u,\mathrm{d}v$ 的值都成立，所以有

$$\begin{aligned} HE - 2KL + e = 0 \\ HF - 2KM + f = 0 \\ HG - 2KN + g = 0 \end{aligned} \tag{F.7.7}$$

8. 关于中曲率的一阶变分

(1) 中曲率一阶变分表达式　设曲面方程 $\boldsymbol{r} = \boldsymbol{r}(u, v)$，曲面的法矢 $\boldsymbol{n} = \dfrac{\boldsymbol{r}_u \times \boldsymbol{r}_v}{|\boldsymbol{r}_u \times \boldsymbol{r}_v|} = \dfrac{\boldsymbol{r}_u \times \boldsymbol{r}_v}{W}$，　$W^2 = EG - F^2$，而中曲率为

$$K = \frac{EN - 2FM + GL}{2W^2}$$

其中

$$E = \boldsymbol{r}_u^2, \quad F = \boldsymbol{r}_u \cdot \boldsymbol{r}_v, \quad G = \boldsymbol{r}_v^2$$

$$L = \boldsymbol{n} \cdot \boldsymbol{r}_{uu} = -\boldsymbol{n}_u \cdot \boldsymbol{r}_u = \frac{(\boldsymbol{r}_{uu}, \boldsymbol{r}_u, \boldsymbol{r}_v)}{W}$$

$$(\boldsymbol{r}_{uu}, \boldsymbol{r}_u, \boldsymbol{r}_v) = (\boldsymbol{r}_{uu} \times \boldsymbol{r}_u) \cdot \boldsymbol{r}_v$$

$$M = \boldsymbol{n} \cdot \boldsymbol{r}_{uv} = -\boldsymbol{n}_v \cdot \boldsymbol{r}_u = -\boldsymbol{n}_u \cdot \boldsymbol{r}_v = \frac{(\boldsymbol{r}_{uv}, \boldsymbol{r}_u, \boldsymbol{r}_v)}{W}$$

$$N = \boldsymbol{n} \cdot \boldsymbol{r}_{vv} = -\boldsymbol{n}_v \cdot \boldsymbol{r}_v = \frac{(\boldsymbol{r}_{vv}, \boldsymbol{r}_u, \boldsymbol{r}_v)}{W}$$

这里

$$\begin{cases} \boldsymbol{r}_{uu} = A_{11}\boldsymbol{r}_u + A_{12}\boldsymbol{r}_v + L\boldsymbol{n} \\ \boldsymbol{r}_{uv} = A_{21}\boldsymbol{r}_u + A_{22}\boldsymbol{r}_v + M\boldsymbol{n} \\ \boldsymbol{r}_{vv} = A_{31}\boldsymbol{r}_u + A_{32}\boldsymbol{r}_v + N\boldsymbol{n} \end{cases} \tag{F.8.1}$$

其中

$$A_{11} = \frac{GE_u - 3FF_u + FE_v}{2W^2}, \qquad A_{12} = \frac{-FE_u + 2EF_u - EE_v}{2W^2}$$

$$A_{21} = \frac{GE_v - FG_u}{2W^2}, \qquad A_{22} = \frac{EG_u - EE_v}{2W^2}$$

$$A_{31} = \frac{-FG_v + 2GF_v - GG_u}{2W^2}, \qquad A_{32} = \frac{EG_v - 2FF_v + FG_u}{2W^2}$$

另外，由 Weingarten 公式可得

$$\begin{cases} \boldsymbol{n}_u = \dfrac{(FM - GL)\boldsymbol{r}_u + (FL - EM)\boldsymbol{r}_v}{W^2} \\ \boldsymbol{n}_v = \dfrac{(FN - GM)\boldsymbol{r}_u + (FM - EN)\boldsymbol{r}_v}{W^2} \end{cases} \tag{F.8.2}$$

从而

$$\begin{cases} \boldsymbol{n}_{uu} = a_{11}\boldsymbol{n}_u + a_{12}\boldsymbol{n}_v - e\boldsymbol{n} \\ \boldsymbol{n}_{uv} = a_{21}\boldsymbol{n}_u + a_{22}\boldsymbol{n}_v - f\boldsymbol{n} \\ \boldsymbol{n}_{vv} = a_{31}\boldsymbol{n}_u + a_{32}\boldsymbol{n}_v - g\boldsymbol{n} \end{cases} \tag{F.8.3}$$

其中

$$\begin{cases} a_{11} = \dfrac{ge_u - 2ff_u + fe_v}{2(eg - f^2)}, \qquad a_{12} = \dfrac{-fe_u + 2ef_u - ee_v}{2(eg - f^2)} \\ a_{21} = \dfrac{ge_v - fg_u}{2(eg - f^2)}, \qquad a_{22} = \dfrac{eg_u - fe_v}{2(eg - f^2)} \\ a_{31} = \dfrac{-fg_v + 2gf_v - gg_u}{2(eg - f^2)}, \qquad a_{32} = \dfrac{eg_v - 2ff_v + fg_u}{2(eg - f^2)} \end{cases} \tag{F.8.4}$$

设曲面受扰动后的方程：

$$\boldsymbol{r}'(u,v)=\boldsymbol{r}(u,v)+h(u,v)\boldsymbol{n}(u,v) \qquad (\mathrm{F}.8.5)$$

其中，$h(u,v)$为沿曲面法线方向的一阶小量.从而，有

$$\boldsymbol{r}'_u=\boldsymbol{r}_u+h\boldsymbol{n}_u+h_u\boldsymbol{n}$$

$$\boldsymbol{r}'_v=\boldsymbol{r}_v+h\boldsymbol{n}_v+h_v\boldsymbol{n}$$

$$\boldsymbol{r}'_{uu}=\boldsymbol{r}_{uu}+h\boldsymbol{n}_{uu}+2h_u\boldsymbol{n}_u+h_{uu}\boldsymbol{n}$$

$$\boldsymbol{r}'_{uv}=\boldsymbol{r}_{uv}+h\boldsymbol{n}_{uu}+h_u\boldsymbol{n}_v+h_v\boldsymbol{n}_u+h_{uv}\boldsymbol{n}$$

$$\boldsymbol{r}'_{vv}=\boldsymbol{r}_{vv}+h\boldsymbol{n}_{vv}+2h_v\boldsymbol{n}_v+h_{vv}\boldsymbol{n}$$

对于受扰曲面，如果仅写出 h 的一阶小量，则得

$$\begin{cases} E'=E-2Lh \\ F'=F-2Mh \\ G'=G-2Nh \end{cases} \qquad (\mathrm{F}.8.6)$$

$$\begin{cases} L'=L+(HE-2KL)h+h_{11} \\ M'=M+(HF-2KM)h+h_{12} \\ N'=N+(HG-2KN)h+h_{22} \end{cases} \qquad (\mathrm{F}.8.7)$$

这里

$$\begin{cases} h_{11}=h_{uu}-A_{11}h_u-A_{12}h_v \\ h_{12}=h_{uv}-A_{21}h_u-A_{22}h_v \\ h_{22}=h_{vv}-A_{31}h_u-A_{32}h_v \end{cases}$$

此时，受扰曲面的中曲率 K'可写为

$$K'=\frac{E'N'-2F'M'+G'L'}{2(E'G'-F'^2)} \qquad (\mathrm{F}.8.8)$$

或者

$$K' = \frac{2K - 2(2K^2 + H)h + \Delta h}{2(1 - 4Kh)} + \cdots$$

$$= \frac{1}{2}[2K - 2(2K^2 + H)h + \Delta h](1 + 4Kh) + \cdots$$

$$= K - (2K^2 + H)h + \frac{1}{2}\Delta h + 4K^2 h + \cdots$$

$$= K + (2K^2 - H)h + \frac{1}{2}\Delta h + \cdots \qquad (\text{F.8.9})$$

其中，$\Delta h = \dfrac{Eh_{22} - 2Fh_{12} + Gh_{11}}{EG - F^2}$，由(F.8.9)式，可将中曲率的一阶变分写为

$$\delta K = (2K^2 - H)h + \frac{1}{2}\Delta h \qquad (\text{F.8.10})$$

(2) 中曲率一阶变分的特殊形式　如果曲面为相对于 z 轴旋转对称的，则在柱坐标系中它的方程可写为：$z = f(r)$.

为了求出中曲率的一阶变分，则设曲面受扰动后方程的矢量式为

$$\boldsymbol{r}' = r\boldsymbol{r}^0 + f(r)\boldsymbol{k} + h(r, \theta, t)\boldsymbol{n}^0 \qquad (\text{F.8.11})$$

这里，$h(r, \theta, t)$为沿曲面法线方向 $\boldsymbol{n}^0$（单位法矢）的扰动量.由 $\boldsymbol{n}' = \dfrac{\boldsymbol{r}'_r \times \boldsymbol{r}'_\theta}{|\boldsymbol{r}'_r \times \boldsymbol{r}'_\theta|}$，并参照公式(F.6.5)和(F.8.9)推导过程，经过运算后可得受扰曲面的曲率的公式为

$$2K' = \frac{f_{rr}}{(1 + f_r^2)^{3/2}} + \frac{f_r}{r(1 + f_r^2)^{1/2}} + \frac{h_{rr}}{1 + f_r^2} + \frac{1}{r^2}h_{\theta\theta} + \frac{h_r}{r(1 + f_r^2)}$$

$$+ \left[\left(\frac{f_{rr}}{(1 + f_r^2)^{3/2}}\right)^2 + \left(\frac{f_r}{r(1 + f_r^2)^{1/2}}\right)^2\right]h + \cdots$$

$$= 2K + 2\delta K + \cdots \tag{F.8.12}$$

其中，中曲率的一阶变分为

$$\delta K = \frac{1}{2}\frac{h_{rr}}{1+f_r^2} + \frac{1}{2r^2}h_{\theta\theta} + \frac{h_r}{2r(1+f_r^2)} + \frac{1}{2}\left[\frac{f_r^2}{r^2(1+f_r^2)} + \frac{f_{rr}^2}{(1+f_r^2)^3}\right]h \tag{F.8.13}$$

如果再引进弧长 s 为独立参量，即 $r = r(s)$，则中曲率一阶变分的公式可写为

$$\delta K = \frac{1}{2}\frac{\partial^2 h}{\partial s^2} + \frac{1}{2r}\frac{\partial r}{\partial s}\frac{\partial h}{\partial s} + \frac{1}{2r^2}\frac{\partial^2 h}{\partial \theta^2} + \frac{1}{2}\left[\left(\frac{1}{r}\frac{\partial f}{\partial s}\right)^2 + \left(\frac{\partial r}{\partial s}\frac{\partial^2 f}{\partial s^2} - \frac{\partial f}{\partial s}\frac{\partial^2 r}{\partial s^2}\right)^2\right]h \tag{F.8.14}$$

可以看到，在这里所以要推导中曲率的表达式及其一阶变分的公式，主要是为了研究微重条件下充液腔体内液体晃动动力学的需要.当然,也可以供其它方面研究的参考和应用.

参考文献

[1] Poincaré H. Sur la précession des corps déformables. Bulletin astronomique, t. XX-VIII, 1910

[2] Lamb H. Hydrodynamics. Cambridge University Press, Cambridge, 1932

[3] Жуковский Н Е. О движении твердого тела, имеющего полости, наполненные однородной капельной жидкостью. Собр соч, Т II, Гостехиздат, 1948

[4] Ляпунов А М. Общая задача об устойчивости движения, Собр соч, Т II, Изд АН СССР, 1956.

英译文：Lyapunov A M. The general problem of the stability of motion. International Journal of control, 1992, 55(3):531～773

[5] Ляпунов А М. Об устойчивости эллипсоидальных форм равновесия вращающейся жидкости. Собр соч, Т. III, Изд АН СССР, 1959

[6] Четаев Н Г. Об устойчивости вращательных движений твердого тела, полость которого наполнена идеальной жидкостью. ПММ, Т XXI, вып. 2, 1957, 157～168

[7] Ишлинский А Ю, Темченко М Е. О малых колебаниях вертикальной оси волчка, имеющего полость, целиком наполненную идеальной несжимаемой жидкостью. ПМТФ, No 3, 1960, 65～75

[8] Соболев С Л. О движении симметричного волчка с полостью. наполненной жидкостью. ПМТФ, No.3, 1960, 20～55

[9] Румянцев В В. Устойчивость вращения твердого тела с эллипсоидальной полостью, наполненной жидкостью. ПММ, Т XXI, вып 6, 1957

[10] Моисеев Н Н. Румянцев В В. Динамика тела с полостями, содержащими жидкость. М, НАУКА, 1965

英译文：Moiseev N N and Rumjantsev V V. Dynamic stability of bodies containing fluid, Edited by Abramson H N, New York: Springer-Verlag, 1968

中译文：H H 莫依舍夫，B B 鲁面采夫，充液刚体动力学，韩子鹏译，北京：宇航出版社，1992

[11] Румянцев В В. О движении и устойчивости упругого тела с полостью, содержащей жидкость. ПММ, Т 33, вып 6, 1969, 946～957

[12] Румянцев В В, Озиранер А С. Устойчивость и стабилизация движения по

отношению к части переменных. М, НАУКА, 1987

[13] Ван Чжао-лин. Устойчивость положения относительного равновесия подвешенного на струне твердого тела с полостью, частично или целиком заполненной вязкой жидкстью. Диссертация МТУ Москва, 1963, 62～74

[14] Бабский В Г, Копачевский Н Д, Мышкис А Д, Слобожанин Л А, Тюпцов А Д Гидромеханика невесмости. М, НАУКА, 1976

[15] Микишев Г Н, Чурилов Г А. Некоторые результаты экспериментального определения гидродинамических козффициентов для цилиндра с ребрами, Изд Томского университета, 1977, 31～37

[16] Бабский В Г, Копачевский Н Д, Мышкис А Д, Слобожанин Л А. Гидромеханика невесомости : некоторые нерещенные проблемы. Гидромеханика и тепломассообмен в невесомости, М, 1982, 53～59

[17] Минайлос А Н. Точность численных решений уравне ний Навье-Стокса. Ж вычисл мат и мат физ, 1998, 38 (7), 1220～1232.

[18] K C 柯列斯尼可夫, B H 苏霍夫. 作为自动控制对象的弹性飞行器(关世义，常伯浚译，肖业伦，关世义校). 北京:国防工业出版社，1979

[19] Г Н 米基谢夫. 宇宙飞行器动力学实验法(夏正昕，吴天城，杨志钦，廖礼轩译，朴文学校). 北京:"强度与环境"编辑部，1980

[20] 黄怀德. 低重力环境下液体晃动研究. 宇航学报，1980，(1):71～84

[21] M H 卡普兰. 空间飞行器动力学与控制(凌福根译，胡海昌校). 北京:科学出版社,1981

[22] 林伟. 分布参数控制系统. 北京:国防工业出版社，1981

[23] 卫永华. 液体晃动对自旋卫星稳定性的影响. 控制工程，1981，(1):25～41

[24] F M 怀特.黏性流体动力学(魏中磊，甄思淼译). 北京:机械工业出版社,1982

[25] 莫欣农. 充液力学系统稳态运动稳定性. 清华大学科学报告，1982，(125):1～14.

[26] 吴大任编. 微分几何讲义. 北京:人民教育出版社，1982.

[27] 程其襄等编. 实变函数与泛函分析基础. 北京:高等教育出版社，1983.

[28] 徐硕昌. 论流体运动稳定性理论的两种方法. 力学进展，1983，13(2):146～162

[29] Li Li. On the stability of the rotational motion of a rigid body having a liquid filled cavity under finite initial disturbance. Appl Math Mech, 1983 , 4(5): 609～620

[30] 刘良栋. 空腔充液自旋卫星的稳态运动及稳定性. 宇航学报，1984，(4):13～29

[31] 秦元勋，管克英，李骊. 充液腔体旋转运动的稳定性. 科学通报，1984，(29):198～201

[32] 朱如曾．充液腔体旋转运动的稳定性理论．中国科学(A 辑)，1984，(7)：624～633.
[33] 朱大同．充液圆柱壳的自振特性．力学学报，1984，16(2)：141～150
[34] 陈景仁．流体力学及传热学．北京：国防工业出版社，1984
[35] 朱家鲲．计算流体力学，北京：科学出版社，1985
[36] O A 拉德任斯卡娅．黏性不可压缩流体动力学的数学问题(张开明译，郭柏灵，管楚诠校)．上海：上海科学技术出版社，1985
[37] 徐硕昌，戴世强．轴对称充液腔体旋转的定态解及其稳定性．应用数学与力学，1985，6(7)：573～582
[38] 王军平，林群．有限元方法的渐近展开式及其外推，系统科学与数学，1985，5(2)：114～120
[39] Л A 刘斯铁尔尼克，B И 索伯列夫．泛函分析概要．第二版(杨从仁译)．北京：科学出版社，1985
[40] F 沙特琳．线性算子的谱逼近(陈代旺等译)．天津：天津大学出版社，1987
[41] V 巴布．非线性半群与 Banach 空间中的微分方程(张万生译)．成都：四川大学出版社，1987
[42] 夏道行，舒五昌，严绍宗，章裕孙．泛函分析第二教程．北京：高等教育出版社，1987
[43] 威尔金森．代数特征值问题(石钟慈，邓键新译)．北京：科学出版社，1987
[44] 王嘉谟，沈毅等．并行计算方法(上、下册)．北京：国防工业出版社，1987
[45] 周叮，丁文镜．微重力状态下旋转对称刚性容器中液体晃动研究．上海力学，1987，(1)：31～41
[46] 陈滨．分析动力学．北京：北京大学出版社，1987
[47] 潘文全．工程流体力学．北京：清华大学出版社，1988
[48] 丁文镜，周叮．液体晃动力学参数的辨识．清华大学学报，1989，29(5)：96～103
[49] 黄圳珪，赵志建．大型航天器动力学与控制．长沙：国防科技大学出版社，1990
[50] 赵志建，王锦瑜．微重状态下带隔板球形贮箱中静液面形状优化计算．国防科技大学学报，1991，(3)：18～23
[51] 夏益霖，许婉丽．椭球形贮箱内液体晃动特性试验研究．宇航学报，1991，(4)：70～76
[52] 韩崇昭，胡保生．泛函分析及其在自动控制中的应用．西安：西安交通大学出版社，1991
[53] 黄发伦，黄永忠，郭发明．相应于具阻尼的 Euler-Bernoulli 梁的方程的 C_0 半群的解析性和可微性．中国科学，A 辑，1992，(2)：122～133

[54] Zhu Ruzeng. Distribution, stability, bifurcations and catastrophe of steady rotation of a symmetric heavy gyroscope with viscous liquid-filled cavity. Int J Non-Linear Mechanics. 1992, 27(3):477~488

[55] 曲广吉，彭成荣，马宗诚，于家瑛.俄罗斯大型航天器动力学及其试验技术.航天工程,1992,(3):1~7

[56] 丁文镜，曾庆长.晃动液体单摆模型动力学参数的频域辨识.振动工程学报，1992, 5(3):211~218

[57] 曹志远，张佑启.半解析数值方法.北京:国防工业出版社,1992, 229~262

[58] 刘春辉.微重力条件下部分充液贮箱中液体动力学的三维计算.强度与环境，1993, (3):1~9

[59] 刘春辉.微重力落塔试验设备.强度与环境,1993, (4):41~52

[60] 刘志宏，黄玉盈.任意的拉-欧边界元法解大晃动问题，振动工程学报，1993, 6(1):10~19

[61] 周波，周科健.贮箱内刚性和柔性防晃板的实验研究.宇航学报，1993，14(3):83~89.

[62] 林一平.单级火箭发射的垂直起降航天器.航天,1993, (1):8~9

[63] 陆启韶.分岔与奇异性.上海:上海科技教育出版社,1995

[64] 轨道航天器杜瓦贮箱中低温液氦泡沫晃动动力学数学模型.美国宇航局科技报告,N19970022374, 1995, 8, p16

[65] 苟兴宇，马兴瑞，黄怀德.液固耦合动力学及航天工程中的固一液一控耦合问题.航天器工程,1996, 5(4):1~12

[66] 洪儒珍，成瀛天.微重力下档板对脉冲加速度所激发流体晃动质心变动与衡量反馈力之功用.宇航学报,1996, 17(2):13~27

[67] 赵旭，李果，李铁寿，基于递推二次规划算法的燃料最优有限推力远地点变轨.航天控制,1997,15(6):23~28

[68] Ge Z-M, Lee C-I, Chen H-H And Lee S-C. Nonlinear dynamics and chaos control of a damped satellite with partially-filled liquid. J. of Sound and Vibration, 1998, 217(5):807~825

[69] 李铁寿.充液卫星姿态动力学.卫星姿态动力学与控制(1)，北京:宇航出版社，1999

[70] 苟兴宇，王本利，马兴瑞，黄怀德，李铁寿.小 Bond 数条件下圆柱贮箱中液体晃动的模部分析.应用数学和力学，1999，20(9):913~918

[71] 胡文瑞，徐硕昌.微重力流体力学.北京:科学出版社,1999

[72] 梅凤翔.李群和李代数对约束力学系统的应用.北京:科学出版社，1999

[73] Ge Z — M. Nonlinear and chaotic dynamics of gyroscopes. Taipei: Gau Lih Book Company, 2000

[74] 刘延柱．轴对称充液刚体的自旋稳定性．上海交通大学学报，1984，18(5)：1～8

[75] 刘延柱．关于充液刚体的动力学方程．上海力学，1987，8(3)：80～82

[76] 黄怡，刘延柱．带充液腔的自旋卫星稳定性问题．宇航学报，1988，9(1)：56～64

[77] Liu Yanzhu. On the generation of dynamical equations of a rigid body containing fluid. Z Angew Mathem u Mech，1990，70(3)：199～200

[78] 刘延柱，金锋．微重力场中液体在带隔板球腔内的晃动．应用力学学报，1990，7(3)：17～25

[79] 包光伟，刘延柱．充液陀螺在粗糙平面上的自旋稳定性．上海力学，1991，12(3)：1～7

[80] 刘延柱．带充液腔重刚体的自旋稳定性．力学学报，1992，24(3)：368～371

[81] Liu Y Z. The stability of a fluid-filled top rotating on a horizontal plane. Archive of Applied Mechanics，1992，62：487～494

[82] 包光伟，刘延柱．三轴定向充液卫星的稳定性．空间科学学报，1993，13(1)：31～38

[83] 刘延柱．充液 Chaplygin 球的稳定性．上海力学，1993，14(2)：8～11

[84] 刘延柱．球形流体转子陀螺仪动力学分析．上海交通大学学报，1993，27(4)：1～6

[85] 刘延柱．关于 Kelvin 问题．力学与实践，1994，16(3)：43～45

[86] Bao G W. Dynamic equations of spin spacecraft partially containing fluid in the presence of thrust. Archive of Applied Mechanics. 1994，64：111～118

[87] 刘延柱，包光伟．充液陀螺的稳定性问题．动力学、振动与控制的研究．北京：北京大学出版社，1994：16～21

[88] 刘延柱．航天器姿态动力学．北京：国防工业出版社，1995

[89] 刘延柱，成功．万有引力场中充液卫星的姿态稳定性．空间科学学报，1995，15(1)：19～23

[90] Bao G W，Pascal M. Stability of a spinning liuqid-filled spacecraft. Archive of Applied Mechanics，1997，67：407～421.

[91] 包光伟，刘延柱．充液卫星动力学的若干问题．振动与冲击，1997，16(增)：1～3

[92] 包光伟．带飞轮的充液摆的稳定性．空间科学学报，1997，17(4)：367～371

[93] 岳宝增，王照林，刘延柱．模拟三维黏性液体非线性大幅晃动的 ALE 有限元分步法．动力学、振动与控制的研究．长沙：湖南大学出版社，1998：166～173

[94] 岳宝增，刘延柱，王照林．低重力环境下三维液体非线性晃动的数值模拟．宇航学报，2000，21(4)：25～30

[95] 包光伟．带多个充液贮箱航天器的自旋稳定性．空间科学学报，2000,20(1)：74～80

[96] 王照林．运动稳定性与卫星姿态动力学．力学进展，1980,10(4)：15～30

[97] 王照林等编．现代控制理论基础．北京：国防工业出版社，1981

[98] 王照林，黄士涛．大系统加权 V 函数方法与力学系统的稳定性．清华大学学报，1983,23(2)：23～34

[99] 王照林，刘守圭，管晔辉，黄士涛．大系统方法与卫星姿态动力学．空间科学学报，1983,3(2)：81～102

[100] 王照林，邓重平．失重时球腔内液体晃动特性的研究．空间科学学报，1985，5(4)：294～302

[101] 王照林．关于分布参数大系统动力学问题．力学进展，1985，15(2)：137～146

[102] 王照林，邓重平．失重时方形容器内液体的自由晃动问题．清华大学学报，1986，26(3)：1～9

[103] 王耘，王照林．微重条件下平放圆筒形腔体内液体晃动问题．宇航学报，1986，(4)：40～55

[104] 曾凡才，王照林．微重力作用下旋转轴对称容器内液体静液面形状分析．力学与实践，1986，8(2)：13～16

[105] 王照林，曾凡才．大系统方法与部分充液系统的三轴稳定性分析．力学学报，1988：20(1)，49～57

或见 Acta Mechanica Sinica，1988，4(1)：59～66

[106] 王照林，廖敏，邓重平．部分充液球形中心贮箱的旋转卫星系统的运动分析．空间科学学报，1988，8(1)：66～74

[107] 王照林．充液系统动力学与航天高技术问题．力学进展，1988，18(3)：301～308

[108] 王照林，邓重平．偏置球腔内的液体晃动特征问题的边界元解．清华大学学报，1988，28(5)：104～112

[109] 王照林，全斌．带有网孔隔板的球形贮箱内液体的晃动问题，空间科学学报，1989,9(2)：136～147

[110] 王照林，廖敏，邓重平．部分充液球形偏置贮箱的旋转卫星系统的运动分析．力学学报，1989，21(3)：336～343

或见 Acta Mechanica Sinica，1989，5(3)：269～277

[111] 王照林，程绪铎，全斌．微重状态下带隔板的球形贮箱内液体晃动特性的研究．空间科学学报，1990,10(2)：107～118

[112] 王照林，全斌，邓重平，王士敏．复杂结构充液航天器晃动动力学与姿态稳定性．宇航学报，1991，(2)：1～8

[113] 王照林，李磊．航天器内部液体晃动对交会对接动力学与控制的影响．航天控

制，1991，(2)：24～32

[114] 王照林，匡金炉，欧阳实．弹性底板有限长方形容器内液体晃动．清华大学学报，1991，31(2)：33～38

[115] 王照林，程绪铎，全斌．微重条件下两底为半球面腰为圆柱面的贮箱中液体的晃动特性．力学与实践，1991，13(1)：24～27

[116] 王照林，匡金炉．全充黏性液体偏置多腔卫星系统自旋稳定性问题研究．宇航学报，1992，(2)48～54

[117] 王照林，匡金炉．微重状态下任意旋转对称容器内液体晃动特性研究．宇航学报，1992，(3)：65～71

[118] 王照林．运动稳定性及其应用．北京：高等教育出版社，1992

[119] 徐建国，王照林．带挠性附件充液飞行器的动力学与控制．清华大学学报(增刊)，1993，33(5)：53～59

[120] 王照林，匡金炉．充液飞行器大角度操纵变结构控制．宇航学报，1993，14(3)：76～82

[121] 王照林，匡金炉．带挠性梁的充液飞行器的边界控制．清华大学学报，1993，33(5)：7～16

[122] 王照林，张乃恭．微重力充液系统大幅晃动动力学及其在航天高技术中的应用．宇航学报，1993，14(4)：35～40

[123] 王照林，李磊．自由液面晃动对旋转充液腔体运动稳定性的影响．应用力学学报，1993，10(3)：9～18

[124] 王照林，匡金炉．利用能量-Casimir方法研究充液刚体的非线性稳定性．力学与实践，1993，15(2)：34～37

[125] 王照林，李磊．章动角对旋转章动充液腔体运动稳定性的影响．应用力学学报，1993，10(4)：1～7

[126] 王照林，董建令，李俊峰．多体充液复杂大系统动力学与航天高技术．非线性动力学学报，1994，1(4)：293～299

[127] 黄文虎，陈滨，王照林 主编．一般力学(动力学、振动与控制)最新进展．北京：科学出版社，1994

[128] 李磊，王照林，曾江红．旋转充液系统非线性稳定性和动力学分析．清华大学学报(自然科学版)，1995，35(2)：41～47

[129] 曾江红，王照林，程建华．充液航天器试验的三维数值分析．清华大学学报(自然科学版)，1995，35(2)：76～81

[130] 程绪铎，王照林．微重状态下旋转椭球容器内液体晃动的等效力学模型．力学与实践，1995，17(5)：42～45

[131] 王照林，吴翘哲．充液复杂系统晃动动力学与晃动抑制的研究．中国学术期刊文摘，科技快报，1995，1(2)：60～61

[132] 曾江红，王照林．黏性流体大幅晃动的 ALE 有限元模拟．强度与环境，1996，(3)：25～30

[133] 王照林．关于多体充液复杂系统动力学与运动稳定性研究．成都：西南交通大学出版社，1996

[134] 王照林，曾江红．卫星液体晃动气浮台仿真试验系统的运动分析．宇航学报，1996,17(3)：1～8

[135] 王照林，陈滨，李铁寿．复杂系统动力学与控制及其在航天高科技中的应用．现代力学与科技进步，北京：清华大学出版社，1997，第一卷：441～446

[136] 岳宝增，王照林，李俊峰．带有弹性隔板的圆柱形贮箱内液体晃动问题．清华大学学报，1997，37(8)：26～28

[137] 岳宝增，王照林，匡金炉．复杂腔体中流弹耦合振动的有限元解．空间科学学报，1997，17(3)：274～281

[138] 李磊，王照林．旋转充液系统中的液体复杂流动研究及其应用．现代力学与科技进步．北京：清华大学出版社，1997，第三卷：1507～1510

[139] 曾江红，王照林．航天器液体晃动动力学的研究方法概述．强度与环境，1997，(4)：37～43

[140] 程建华，王照林．全充液弦索系统稳态运动的稳定性研究．清华大学学报，1998,38(2)：9～11

[141] 岳宝增，王照林．非线性晃动问题的 ALE 边界元方法．宇航学报，1998，19(1)：1～7

[142] 李铁成，王照林，李俊峰，岳宝增．刚-流-弹耦合系统动力方程及其动力边界条件的建立．应用力学学报，1998，15(2)：127～131

[143] 李俊峰，王照林．带空间机械臂的充液航天器姿态动力学研究．宇航学报，1999，20,(2)：81～86

[144] 程绪铎，王照林．微重时矩形容器内静液面形状迭代法数值分析．工程力学，1999，16(16)：93～96

[145] 程绪铎，王照林，李俊峰．带弹性伸展附件充液航天器姿态动力学研究．空间科学学报，2000，20(3)：271～277

[146] 王照林，李俊峰．航天器充液复杂系统晃动动力学与控制．"力学 2000"．北京：中国气象出版社，2000

[147] Wang Zhao-lin. On the distributed parameter large-scale systems in modern applied mechanics. Inter. Workshop on Applied Differential Equations. World Scientific Publishing Co Pte Ltd., 1986：371～386

[148] Wang Zhaolin, Quan Bin. Supercomputing for simulation of viscous incompressible nonlinear free surface transient flow-parallel multigrid method. Proceedings of the International Conference on Dynamics, Vibration and Control (ICDVC). Peking

University Press, 1990:221~227

[149] Cheng Xuduo, Wei Jinduo, Wang Zhaolin. Liquid sloshing in spherical tank with partition boards under low-gravity. Proceedings of ICDVC. Peking University Press, 1990:67~73

[150] Wang Zhaolin, Wei Jinduo, Deng Zhongping. Dynamics of composite systems filled with liquid and problems in space technology. Proceedings of ICDVC. Peking University Press. 1990:228~237

[151] Wang zhaolin, Quan Bin, Cheng Xuduo. Viscoelastic plate-fluid interactive vibration and liquid sloshing suppression. Acta Mechanica Sinica. 1990, 6(3):273~280

[152] Wang Zhaolin, Kuang Jinlu, Chu Tianguang. Lyapunov stability of spinning spacecraft with partially liquid-filled cylindrical tanks. Proceedings of ISNPES. Science Press, Beijing, China, 1992:251~258

[153] Wang Zhaolin, Xu Jianguo. Attitude dynamics and control of spacecraft filled with liquid and attached a flexible appendage. Proceedings of International Conference on Nonlinear Mechanics/Ⅱ (ICNM/Ⅱ). Peking University Press, 1993:741~744

[154] Quan Bin, Wang Zhaolin. Parallel numerical simulation for strong nonlinear transient fluid flow. Proceedings of ICNM/Ⅱ. Peking University Press, 1993:404~407

[155] Li Lei, Wang Zhaolin. On the problems of instability of a spinning and precessing liquid-filled nonlinear system. Proceedings of ICNM/Ⅱ. Peking University Press, 1993:526~529

[156] Yue Baozeng, Wang Zhaolin. Liquid sloshing in cylindrical tank with elastic spacer. Communications in Nonlinear Science & Numerical Simulations, 1996, 1(2):66~69

[157] Shimin Wang, Zhaolin Wang. A new numerical method for instantaneous fluid flow with free surface. Advances in Astronautical Sciences, 1996, 91:299~308

[158] Zeng J H, Wang Z L, Wu Q Z, Dong J L. Dynamic characteristics of spacecraft sloshing under gravity-spinning environment. Space Technol, 1997, 16(5/6):337~341

[159] Wang Shimin, Wang Zhaolin, Li Junfeng. Buoy Relay for instantaneous fluid flow with free surface. Tsinghua Science and Technology, 2000, 5(1):34~38

[160] Blaschke W. Vorlesungen über differential-geometrie und geometrische grundlagen von Einsteins Relativitätstheorie. Berlin Verlag von Julius Springer, 1930

[161] Weatherburn C E. Differential geometry of three dimensions. Cambridge University Press, Cambridge, 1955

[162] Miles J W. On the sloshing of liquid in a flexible tank. J Applied Mechanics, 1958, Series E 25:277～283

[163] Stewartson K. On the stability of a top containing liquid. J Fluid Mech, 1959, 5(4):577～592

[164] Lindholm U S, Kana D D, Abramson H N. Breathing vibrations of a circular cylindrical shell with an internal liquid. J Aerospace Sciences, 1962, 29: 1052～1059

[165] Abramson H N.Dynamic behavior of liquid in moving containers. Applied Mechanics of Review, 1963, 16(7):501～506

[166] Noh C E L. A time-dependent two-space-dimensional coupled Eulerian-Lagrangian code. in: Alder B, Fernbach S and Rotenberg M, eds, Methods in computational physics 3. Academic Press, New York, 1964

[167] Bhuta P G, Praving G, Koval L R. Coupled oscillations of a liquid with a free surface in a tank. ZAMP, 1964, 15:466～480

[168] Saleme E, Liber T. Breathing vibrations of pressurized partially filled tanks. AIAA J, 1965, (3):132～136

[169] Harlow F H, Welch J E, Shannon J P and Daly B J. The MAC method, a computing technique for solving viscous, incompressible, transient fluid problems involving free surface. Report LA-3425. Los Alamos Scientific Laboratory, 1965

[170] Wedemeyer E H. Viscous correction to Stewartson's stability criterion, AD-489687, June, 1966

[171] Abramson H N. The dynamic behavior of liquid in a moving container with application to space vehicle technology. NASA SP-106. 1966

[172] Harlow F H and Welch J E. Numerical calculation of time dependent viscous incompressible flow of fluid with free surface. Phys of Fluid, 1966, 18(12):2182～2189

[173] Abramson H N, Chu W H and Kara D D. Some studies of nonlinear lateral sloshing in rigid containers. Journal of Applied Mechanics, 1966, 33(4):777～784

[174] Dodge F T And Garza L R. Experimental and theoretical studies of liquid sloshing at simulated low gravities. Journal of Applied Mechanics, 1967, 34(3), 555～562

[175] Garza L R, Dodge F T. A comparison of flexible and rigid ring baffles for slosh suppression. AIAA J Spacecraft Rockets, 1967, 4(6):555～561

[176] Meirovitch L. Analytical methods in vibration. New York: MacMillan, 1967

[177] Tsui T Y, Small N C. Hydroelastic oscillations of a liquid surface in an annular circular cylindrical tank with flexible bottom. J Spacecraft and Rockets, 1968, (5): 202～206

[178] Chorin A J. Numerical solution of the Naviver-Stokes equations. Math Comput,

1968, 22(104):745～762

[179] Chu, Wen-Hua. Low-gravity fuel sloshing in an arbitrary axisymmetric rigid tank. Trans of the ASME, J of Appl Mech, 1970, 37, Sept.:828～837

[180] Desoer C A. Notes for a second course on linear systems. New York: Van Nostrand Reinhold, 1970

[181] Chan R K C and Street R L. A computer study of finite-amplitude water waves. J comp Phys, 1970, 6:68～94

[182] Pfeiffer F. Einigl stabilitätsbetrachtungen zum Symphonie-satelliten. Raumfahrtforschung, 1972, 16(5):203～215

[183] Bauer H F. Theory of the fluid oscillations in a circular cylindrical tank partially filled with liquid. NASA TN-557

[184] Bauer H F, Wang J T S, Chen P Y. Axisymmetric hydroelastic sloshing in a circular cylindrical container. Aeronautical J, 1972, 76:704～712

[185] Bauer H F. Hydroelastische schwingungen in einen starren kreiszylinder bei elasticher flüssigkeitsoberflächenabdeckung. Zeitschrift flugwissenschaften, 1973, 21: 202～213

[186] Jain R K. Vibration of fluid-filled, orthotropic cylindrical shell. J Sound and Vibration, 1973, 30: 509～524

[187] Davey A. A simple numerical method for solving Orr-sommerfeld problems, Quarterly J Math And Appl Mech, 1973, 26(4):401～411

[188] Hirt C W, Amsden A A and Cook J L. An arbitrary Lagrangian-Eulerian computing method for all flow speeds. J Comp Phys. 1974, 14(3):227～253

[189] Pfeiffer F. Ein Naherungsverfahren für flüssigkeitsgefullte Kreisel, Ingenieur-Archiv, 1974, 43:306～316

[190] Hirt C.W. SOLA—A numerical solution algorithm for transient fluid flows. Report LA-5852. Los Alamos Scientific Laboratory, 1975

[191] Jamet P and Bonnerot R. Numerical solution of the Eulerian equations of compressible flow by a finite element method which follows the free boundary and the interfaces. J Comput Phys, 1975, 18:21～45

[192] Chan R K-C. A generalized arbitrary Lagrangian-Eulerian for incompresible flows with sharp interface. J Comp Phys. 1975, 17(3):311～331

[193] Zienkiewicz O C. The finite method. 3rd Ed. London: McGraw-Hill Book Co (UK) Ltd 1977, 356～376

[194] Kitchens C W, Gerber J N and Sedney R, Oscillations of a liquid in a rotating cylinder: Solid-Body Rotation. ARBRL-TR-02081, AD-A057759. June, 1978

[195] Pfeiffer F. Problems of contained rotating fluids with respect to aerospace applica-

tions. N78-20178, 51～62

[196] Balas M J. Feedback control of flexible system. IEEE Trans Auto Contr, 1978, 23(4):673～679

[197] Balas M J. Direct velocity feedback control of LSS. J Guid Contr, 1979, 2(3): 252～263

[198] Nichols B D and Hirt C W. Numerical simulation of boiling water reactor vent-clearing hydrodynamics. Nuclear Science And Engineering, 1980, 73:296～309

[199] Hughes T J R, Liu W K and Zimmerman T K, Lagrangian-Eulerian finite element formulation for incompressible viscous flows. Comput Methods Appl Mech Engrg, 1981, 29: 329～349

[200] Hirt C W and Nichols B D. Volume of fluid (VOF) method for the dynamics of free boundaries. Journal of Computational Physics, 1981, 39(1):201～225

[201] Schilling U, Siekmann J. Numerical calculation on the natural frequencies of a sloshing liquid in axial symmetrical tanks under strong capillary and weak gravity conditions. Israel J of Tech, 1981, 19:44～50

[202] El-Raheb M, Wagner P. Vibration of a liquid with a free surface in spinning spherical tank. J of Sound and Vibration, 1981, 76:83～93

[203] Nakayama T, Washizu K. The boundary element method applied to the analysis, of two-dimentional nonlinear sloshing problems. Int J for Num. Meths In Eng. 1981, 17:1631～1646

[204] Evans D J (ed). Parallel processing systems. Cambridge University Press, London, 1982

[205] Pocha J J. An experimental investigation of spacecraft sloshing. Biritish Aerospace, Space & Communications Division, 1982

[206] Bauer H F. Flüssigkeitsschwingungen in Kugelbehälterformen. Acta Mechanica, 1982, 43: 185～200

[207] Harnun M A, Housner G W. Earthquake response of deformable liquid storage tanks. J Applied Mehcanics, 1981, Series 48: 411～418

[208] Balendra T, Ang K K, Pramsivam P, Lee S L. Free analysis of cylindrical liquid storage tanks, In J Mechanical Science, 1982, 24:47～59

[209] Donea J, Guiliani S and Laval H. Finite element solution of unsteady Navier-Stokes equations by a fractional step method. Comput. Methods Appl Mech Engrg, 1982, 32:53～73

[210] Gerber N, Sedney R and Bartos J M. Pressure moment on a liquid-filled projectile: Solid Body Rotation. ARBRL-TR-02422, AD-A120567, Oct 1982

[211] Guibert J P. Liquid motion effects on spin-stabilized spacecraft-slosh tests and scal-

ing. N83-25761, 1982

[212] Guibert J P. Liquid motion effects on spin-stabilized spacecraft-analytical and empirical determination. N83-25763, 1982

[213] Agrawal B N. Stability of spinning spacecraft with partially liquid-filled tanks. J Guid Contr. 1982, 5(4):344~350

[214] Balas M J. Trends in large space structure control thoery: Foundest hopes, wildest dreams. IEEE Trans. Auto-Contr, 1982, 27(6):522~535

[215] Murphy C H. Angular motion of a spinning projectile with a viscous liquid payload. J Guidance, Control and Dynamics, 1983, 6(7-8):280~286

[216] Murphy J D. Accuracy of approximations to the Navier-Stokes equations, AIAA J, 1983, 21(2):1759~1760

[217] Ostrach S. Low-gravity fluid flows. Ann. Rev Fl Mech, 1982, 14:313~345

[218] Baker A J, Soliman M O. A finite element algorithm for computational fluid dynamics. AIAA J, 1983, 3(6):816~827

[219] Fox D W, Kutter J R. Sloshing frequencies. ZAMP, 1983, 34(5):668~696

[220] Pazy A. Semigroups of linear operators and applications to partial differential equations. Berlin: Springer-Verlag, 1983

[221] Yamaki N T. Tani J, Yamaji T. Free vibration of a clamped-clamped circular cylindrical shell partially filled with liquid. J Sound and Vibration, 1984, 94:531~550

[222] Washizu K, Nakayama T, Ikagawa M, Tanaka Y, Adachi T. Some finite element techniques for the analysis of nonlinear sloshing problems. Finite Elements in Fluid. Wiley, 1984, (5):357~376

[223] Miyata H and Nichimura S. Finite difference simulation of nonlinear waves generated by ships of arbitrary three-dimentional configuration. J Comp Phys, 1985, 60:391~463

[224] Torrey M D, Cloutman L D, Mjolsness R C & Hirt C W, NASA-VOF2D:A computer program for incompressible flows with free surfaces. LA-10612-MS, 1985

[225] Sakawa Y. Feedback control of second order evolution equations with unbounded observation. Int J Contr, 1985, 41(3):717~731

[226] Biswas S K and Ahmed N U. Modeling of flexible spacecraft and their stabilization. Int J System Sci. 1985,16(5):535~551

[227] Biswas S K, Ahmed N U. Stabilization of a class of hybrid system arising in flexible spacecraft. J Optimiz Theory Appl, 1986, 50(1):83~108

[228] Balakrishnan A V. Stability enhancement of flexible structures by nonlinear boundary feedback. Proc IFIP Working Conf on Boundary Control and Boundary Varia-

tions. Nice, France, 1986

[229] Miyata H. Finite-difference simulation of breaking waves. J Comput Phys, 1986, 65(1):179～214

[230] Bauer H F, Eidel W. Nonlinear liquid oscillations in spherical systems under aerogravity. Acta Mechanica, 1986, 65:107～126

[231] Holmes P. Chaotic motions in a weakly nonlinear model for surface waves. J Fluid Mech, 1986, 162:365～388

[232] Chen G, Delfour M C.et al. Modelling stabilization and control of serially connected beam. SIAM J Contr Optimiz, 1987, 25(3):526～546

[233] Torrey M D, Mjolsness R C & Stein I R, NASA-VOF3D: A three-dimensional computer program for incompressible flows with free surfaces. LA-11009-MS, 1987

[234] Dodge F T, Kana D D. Dynamics of liquid sloshing in upright and inverted bladdered tanks. J of Fluids Engineering, 1987, 109(1):58～63

[235] Ramasuwamy B, Kawahara M. Arbitrary Lagrangian-Eulerian finite element method for unsteady convective incompressible viscous free surface fluid flow. Int J Numer Methods fluids, 1987, (7):1053～1075

[236] Homicz G F, Gerber N. Numerical model for fluid spin-up from rest in a partially filled cylinder. J of Fluids Engineering, 1987, 109(2):194～197

[237] Balas M J. Model control of certain flexible dynamic system. SIAM J Contr Optimiz., 1987, 16:450～462

[238] Kannapel M D. Liquid oxygen sloshing in space shuttle external tank. AIAA Paper, 87～2019

[239] Myshkis A D. Low-gravity fluid mechanics, mathematical theory of capillary phenomena. New York, Heidelberg, Berlin: Springer-Verlag, 1987

[240] Kana D D. A model for nonlinear rotary slosh in propellant tanks. J of Spacecraft and Rockets, 1987, 24(2):169～177

[241] McIntyre J E, Tanner T M. Fuel slosh in a spinning on-axis propellant tank: an eigenmode approach. Space Communication and Broadcasting, 1987, (5):229～251

[242] Bailey P B and Chen P J. Natual modes of vibration of linear viscoelastic circular plates with free edges. Int J Solids Structures, 1987, 23(6):785～795

[243] Bauer H F. Natural frequencies and stability of immiscible spherical liquid systems. Applied Micrograviity Tech, 1988, (2):90～102

[244] Davis J H and Hirschorn R M. Tracking control of a flexible robot link. IEEE Trans Auto Contr, 1988, 33(3):238～248

[245] Huerta A and Liu W K. Viscous flow with large free surface motion. Comput Methods Appl Mech Engrg, 1988, 69:277～324

[246] Ebert K. Modeling of liquid sloshing effects in multi-body systems. NASA N89-26891/6/GAR, MBB-UK-0024/88-PUB, 1988

[247] Sakawa Y and Zheng H L. Modelling and control of coupled bending and torsional vibrations of flexible beams. IEEE Trans Auto Contr, 1989, 34(9):970～977

[248] Su T C, Wang Y. Numerical simulation of three-dimensional large amplitude liquid sloshing in cylindrical tanks subjected to arbitrary excitations. Flow-structure vibration and sloshing-1990. Presented at the 1990 pressure vessels and piping conference. Na Shoible, Tennessee, Jun. 1990

[249] Okamato T, Kawahara M. Two-dimensional sloshing analysis by Lagrangian finite element method. Int J Numer Methods Fluids, 1990, 11: 453～477

[250] Morgül Ö. Control and stabilization of a flexible beam attached to a rigid body. Int J Contr, 1990, 51(1):11～31

[251] Meirovitch L. Dynamics and control of structures, New York: Wiley, 1990

[252] Morgül Ö, Orientation and stabilization of a flexible beam attached to a rigid body: planar motion. IEEE Trans Auto Contrl, 1991, 36(8):953～962

[253] Hayashi M, Hatanaka K and Kawahara M, Lagrangian finite element method for free surface Navier-Stokes flow using fractional step methods. Int J Numer Methods Fluids, 1991, 13:805～840

[254] Singh R K, Kant T and Kakodkar A. Coupled shell-fluid interaction problems with degenerate shell and three-dimensional fluid elements. Computers and Structures, 1991, 30(5-6):515～528

[255] Balakrishnan A.V. Damping operators in continuum models of flexible structures: explicit models for proportional damping in beam bending with end-bodies. Appl Math Optimiz, 1990, 21:315～334

[256] Soluaimani A, Fortin M, Dhatl G and Ouellet Y. Finite elements simulation of two-and-three-dimensional free surface flows. Comput Methods Appl Mech Engrg, 1991, 86:265～296

[257] Chen G, Fulling S A, et al. Exponential decay of energy of evolution equations with locally distributed damping. SIAM J Appl Math, 1991, 51(1):266～301

[258] Tezduyar T E, Behr M and Liou J. A new strategy for finite element computations involving moving boundaries and interfaces—the deforming-spatial-domain/space-time procedure: Ⅱ computation of free-surface flows, two-liquid flows and flows with drifting cylinders. Comput Methods Appl Mech Engrg. 1992, 94:353～371

[259] Hall P, Sedney R and Gerber N. High Reynolds number flows in rotating and nu-

tating cylinders: spatial eigenvalue approach. AIAA Journal, 1992, 30(2):423～430

[260] Welt F, Modi V J. Vibration damping through liquid sloshing, part 2: experimental results. J Vibration & Acoustics, 1992, 114, Jan:17～23

[261] Agrawal N A. Dynmaic characteristics of liquid motion in partially filled tanks of a spinning spacecraft. J Guid Contr, 1993, 16(4):636～640

[262] Buseck R and Renaroya H. Mechanical models for slosh of liuqid fuel. AIAA-93-1093

[263] Clough R W. Dynamics of structures. New York: McGraw-Hill, Inc, 1993

[264] Chen K-H, Kelecy F J. Numerical and experimental study of three-dimensional liquid sloshing flows. Journal of Thermophysics and Heat Transfer, 1994, 8(3):507～513

[265] Noruma T. ALE finite element computations of fluid-structure interaction problems, Comput Methods Appl Mech Engrg, 1994, 112(n 1/4):291～308

[266] Behr M and Tezduyar T E. Finite element solution strategies for large-scale flow simulations. Comput Methods Appl Mech Engrg, 1994, 112:324

[267] Chen S, Johnson DB and Raad P, Velocity boundary conditions for the simulation of free surface fluid flow. J Comput Physics, 1995, 116:262～276

[268] Szabo P and Hassager O. Simulation of free surfaces in 3D with the arbitrary Lagrange-Euler method. Int. J. Numer. Methods Eng, 1995, 38:717～734

[269] Armenio V. On the analysis of sloshing of water in rectangular containers: numerical study and experimental validation. Ocean Engng, 1996, 23(8):705～737

[270] Armenio V. An improved MAC method (SIMAC) for unsteady high-reynolds free surface flows. International Journal for Numerical Methods in Fluids, 1997, 24(2):185～214.

[271] Yannacopoulos T, Mezić I, King G P & Rowlands C. Eulerian diagnostics for Lagrangian chaos in three dimensional Navier-Stokes flows. Phys Rev, 1998, E(57):482～490

[272] Pal N C, Bhattacharyya S K and Sina P K, Finite element coupled slosh analysis of rectangular liquid filled composite tank. J Reinforced Plastic Composite tank, 1999, 18:1375～1407

[273] Faltinsen O M, Rognebakke O F, Lukovsky I A & Timokha A N. Multidimensional modal analysis of nonlinear sloshing in a rectangular tank with finite water depth. J of Fluid Mechanics, 2000, 407:201～234

名词索引

F

G

H

其他